中 等 职 业 教 育 规 划 教 材
全国建设行业中等职业教育推荐教材

建筑施工技术与机械(第二版)

(建筑工程施工专业)

主编　李顺秋
主审　南振江

中国建筑工业出版社

图书在版编目（CIP）数据

建筑施工技术与机械/李顺秋主编. —2版. —北京：
中国建筑工业出版社，2018.6
中等职业教育规划教材　全国建设行业中等职业教育
推荐教材（建筑工程施工专业）
ISBN 978-7-112-22104-2

Ⅰ.①建…　Ⅱ.①李…　Ⅲ.①建筑工程-工程施工-中
等专业学校-教材②建筑机械-施工机械-中等专业学校-
教材　Ⅳ：①TU74②TU6

中国版本图书馆 CIP 数据核字（2018）第 077502 号

　　《建筑施工技术与机械》第二版是在原书基础上，按照现行的国家标准规范，结合中职教育建筑工程施工专业人才培养规格及当前施工技术的发展进行修订的。全书共分 10 个教学单元，包括土石方工程施工、地基处理及桩基础工程施工、砌体工程施工、钢筋混凝土工程施工、预应力混凝土工程施工、结构安装工程施工、建筑防水工程施工、建筑装饰装修工程施工、墙体保温节能工程、冬期与雨期施工。本书适合用于中等职业教育建筑工程施工专业教材，也可作为土建工程技术人员的参考用书。

　　为便于本课程教学，作者自制免费课件资源，请发送至 10858739@qq.com 索取。

责任编辑：朱首明　刘平平
责任校对：焦　乐

中 等 职 业 教 育 规 划 教 材
全国建设行业中等职业教育推荐教材
建筑施工技术与机械
（第二版）
（建筑工程施工专业）
主编　李顺秋
主审　南振江

*

中国建筑工业出版社出版、发行（北京海淀三里河路 9 号）
各地新华书店、建筑书店经销
北京红光制版公司制版
北京建筑工业印刷厂印刷

*

开本：787×1092 毫米　1/16　印张：21　字数：510 千字
2018 年 7 月第二版　　2020 年 7 月第三十次印刷
定价：**45.00 元**（赠课件）
ISBN 978-7-112-22104-2
（31993）

第 二 版 前 言

"建筑施工技术与机械"是建筑工程施工专业重要的职业技术课程之一,主要介绍了建筑工程各分部分项工程的施工工艺、技术方法、机械设备、质量安全措施等。

建筑工程的施工生产技术发展速度快,职业教育教学改革也正在不断地深化,本教材第一版内容已不能完全适应中等职业教育教学的要求,编者通过调查研究和广泛征集意见,结合我国现行的相关规范和标准,对本书第一版进行了全面修订。此次修订新增了教学单元9墙体保温节能工程内容,删除了涉及高层建筑施工的原两章内容,在相应教学单元增补了施工垂直运输设施、玻璃幕墙施工、预应力预制管桩施工等内容。其他各教学单元在细节处理上,对新的施工技术方法加以扩展或增加,把落后的施工技术方法进行淘汰。此外还通过补充大量的插图加强对施工机械设备的认知,每个教学单元增加实训题用以强化职业能力的训练。

本教材既可作为中等职业教育土建类专业建筑施工(技术)类课程的教材,也可作为土建工程专业技术人员的参考用书。

本教材由李顺秋主编,邹永超任副主编,南振江任主审。绪论及教学单元1、教学单元2、教学单元5、教学单元9由李顺秋编写,教学单元3、教学单元4由李米编写,教学单元7、教学单元8由邹永超编写,教学单元6、教学单元10由王洪健编写。全书由李顺秋负责统稿和修改工作。

由于编者的水平有限,书中难免有不足之处,恳切希望读者批评指正。

第 一 版 前 言

本书是根据建设部关于中等职业学校工业与民用建筑专业毕业生培养规格、专业教学计划、建筑施工技术与机械课程教学大纲以及国家的新标准、新规范编写的。适合于中等职业教育人才培养要求。本书系统地介绍了建筑工程施工过程中所涉及的基础理论、基本知识，着重阐明了建筑工程基本施工技术与方法、质量安全要求及常用建筑机械的特点，并在此基础上，介绍了国内外施工技术的新工艺、新材料和新方法。

全书共分十二章，其中绪论、第七章、第八章、第九章、第十章和第十二章由黑龙江建筑职业技术学院副教授李顺秋编写；第一章、第二章、第三章和第四章由山西建筑工程职业技术学院高级讲师白锋编写；第五章、第六章和第十一章由上海市建筑工程学校讲师张永辉编写，全书由南京工业大学教授刘伟庆任责任主审，王赫、岳昌年审稿，并提出修改意见。

限于时间和作者水平，书中不足之处在所难免，衷心欢迎广大读者批评指正。

目　录

绪论 ⋯⋯⋯⋯⋯⋯⋯⋯⋯⋯⋯⋯⋯⋯⋯⋯⋯⋯⋯⋯⋯⋯⋯⋯⋯⋯⋯⋯⋯⋯⋯⋯⋯⋯⋯ 1

教学单元 1　土石方工程施工 ⋯⋯⋯⋯⋯⋯⋯⋯⋯⋯⋯⋯⋯⋯⋯⋯⋯⋯⋯⋯⋯⋯ 3

1.1　概述 ⋯⋯⋯⋯⋯⋯⋯⋯⋯⋯⋯⋯⋯⋯⋯⋯⋯⋯⋯⋯⋯⋯⋯⋯⋯⋯⋯⋯⋯⋯ 3

1.2　土方工程施工准备与辅助工作 ⋯⋯⋯⋯⋯⋯⋯⋯⋯⋯⋯⋯⋯⋯⋯⋯⋯⋯⋯ 5

1.3　土方工程的机械化施工 ⋯⋯⋯⋯⋯⋯⋯⋯⋯⋯⋯⋯⋯⋯⋯⋯⋯⋯⋯⋯⋯ 19

1.4　基坑（槽）的开挖 ⋯⋯⋯⋯⋯⋯⋯⋯⋯⋯⋯⋯⋯⋯⋯⋯⋯⋯⋯⋯⋯⋯⋯ 24

1.5　土方回填与夯实 ⋯⋯⋯⋯⋯⋯⋯⋯⋯⋯⋯⋯⋯⋯⋯⋯⋯⋯⋯⋯⋯⋯⋯⋯ 26

1.6　土方工程质量标准与安全技术 ⋯⋯⋯⋯⋯⋯⋯⋯⋯⋯⋯⋯⋯⋯⋯⋯⋯⋯ 29

复习思考题 ⋯⋯⋯⋯⋯⋯⋯⋯⋯⋯⋯⋯⋯⋯⋯⋯⋯⋯⋯⋯⋯⋯⋯⋯⋯⋯⋯⋯⋯ 30

实训题 ⋯⋯⋯⋯⋯⋯⋯⋯⋯⋯⋯⋯⋯⋯⋯⋯⋯⋯⋯⋯⋯⋯⋯⋯⋯⋯⋯⋯⋯⋯⋯⋯ 31

教学单元 2　地基处理及桩基础工程施工 ⋯⋯⋯⋯⋯⋯⋯⋯⋯⋯⋯⋯⋯⋯⋯ 32

2.1　地基的局部处理 ⋯⋯⋯⋯⋯⋯⋯⋯⋯⋯⋯⋯⋯⋯⋯⋯⋯⋯⋯⋯⋯⋯⋯⋯ 32

2.2　地基加固 ⋯⋯⋯⋯⋯⋯⋯⋯⋯⋯⋯⋯⋯⋯⋯⋯⋯⋯⋯⋯⋯⋯⋯⋯⋯⋯⋯ 34

2.3　钢筋混凝土预制桩施工 ⋯⋯⋯⋯⋯⋯⋯⋯⋯⋯⋯⋯⋯⋯⋯⋯⋯⋯⋯⋯⋯ 43

2.4　钢筋混凝土灌注桩施工 ⋯⋯⋯⋯⋯⋯⋯⋯⋯⋯⋯⋯⋯⋯⋯⋯⋯⋯⋯⋯⋯ 50

2.5　桩基工程的质量检查与安全技术 ⋯⋯⋯⋯⋯⋯⋯⋯⋯⋯⋯⋯⋯⋯⋯⋯⋯ 59

复习思考题 ⋯⋯⋯⋯⋯⋯⋯⋯⋯⋯⋯⋯⋯⋯⋯⋯⋯⋯⋯⋯⋯⋯⋯⋯⋯⋯⋯⋯⋯ 63

实训题 ⋯⋯⋯⋯⋯⋯⋯⋯⋯⋯⋯⋯⋯⋯⋯⋯⋯⋯⋯⋯⋯⋯⋯⋯⋯⋯⋯⋯⋯⋯⋯⋯ 64

教学单元 3　砌体工程施工 ⋯⋯⋯⋯⋯⋯⋯⋯⋯⋯⋯⋯⋯⋯⋯⋯⋯⋯⋯⋯⋯⋯ 65

3.1　脚手架工程 ⋯⋯⋯⋯⋯⋯⋯⋯⋯⋯⋯⋯⋯⋯⋯⋯⋯⋯⋯⋯⋯⋯⋯⋯⋯⋯ 65

3.2　施工垂直运输设施 ⋯⋯⋯⋯⋯⋯⋯⋯⋯⋯⋯⋯⋯⋯⋯⋯⋯⋯⋯⋯⋯⋯⋯ 75

3.3　砖砌体施工 ⋯⋯⋯⋯⋯⋯⋯⋯⋯⋯⋯⋯⋯⋯⋯⋯⋯⋯⋯⋯⋯⋯⋯⋯⋯⋯ 81

3.4　砌块砌体施工 ⋯⋯⋯⋯⋯⋯⋯⋯⋯⋯⋯⋯⋯⋯⋯⋯⋯⋯⋯⋯⋯⋯⋯⋯⋯ 88

3.5　砌筑工程的安全技术 ⋯⋯⋯⋯⋯⋯⋯⋯⋯⋯⋯⋯⋯⋯⋯⋯⋯⋯⋯⋯⋯⋯ 94

复习思考题 ⋯⋯⋯⋯⋯⋯⋯⋯⋯⋯⋯⋯⋯⋯⋯⋯⋯⋯⋯⋯⋯⋯⋯⋯⋯⋯⋯⋯⋯ 94

实训题 ⋯⋯⋯⋯⋯⋯⋯⋯⋯⋯⋯⋯⋯⋯⋯⋯⋯⋯⋯⋯⋯⋯⋯⋯⋯⋯⋯⋯⋯⋯⋯⋯ 94

教学单元 4　钢筋混凝土工程施工 ⋯⋯⋯⋯⋯⋯⋯⋯⋯⋯⋯⋯⋯⋯⋯⋯⋯⋯ 96

4.1　模板工程 ⋯⋯⋯⋯⋯⋯⋯⋯⋯⋯⋯⋯⋯⋯⋯⋯⋯⋯⋯⋯⋯⋯⋯⋯⋯⋯⋯ 96

4.2　钢筋工程 ⋯⋯⋯⋯⋯⋯⋯⋯⋯⋯⋯⋯⋯⋯⋯⋯⋯⋯⋯⋯⋯⋯⋯⋯⋯⋯ 110

4.3　混凝土工程 ⋯⋯⋯⋯⋯⋯⋯⋯⋯⋯⋯⋯⋯⋯⋯⋯⋯⋯⋯⋯⋯⋯⋯⋯⋯ 128

4.4　钢筋混凝土工程的安全技术 ⋯⋯⋯⋯⋯⋯⋯⋯⋯⋯⋯⋯⋯⋯⋯⋯⋯⋯ 145

复习思考题 ⋯⋯⋯⋯⋯⋯⋯⋯⋯⋯⋯⋯⋯⋯⋯⋯⋯⋯⋯⋯⋯⋯⋯⋯⋯⋯⋯⋯ 146

实训题 ⋯⋯⋯⋯⋯⋯⋯⋯⋯⋯⋯⋯⋯⋯⋯⋯⋯⋯⋯⋯⋯⋯⋯⋯⋯⋯⋯⋯⋯⋯ 147

习题 ··· 147

教学单元 5　预应力混凝土工程施工 ·· 148

5.1　先张法 ·· 149

5.2　后张法 ·· 155

5.3　无粘结预应力混凝土施工 ·· 164

5.4　预应力混凝土质量检查与安全措施 ······································ 182

复习思考题 ·· 184

实训题 ·· 184

教学单元 6　结构安装工程施工 ··· 185

6.1　索具设备 ··· 185

6.2　起重机械 ··· 188

6.3　单层工业厂房结构吊装 ·· 194

6.4　结构安装工程质量要求及安全措施 ······································ 216

复习思考题 ·· 218

实训题 ·· 218

教学单元 7　建筑防水工程施工 ··· 219

7.1　建筑防水等级与设防措施 ·· 219

7.2　建筑防水的分类与防水材料 ·· 221

7.3　地下防水工程 ··· 222

7.4　屋面防水工程 ··· 231

复习思考题 ·· 239

实训题 ·· 239

教学单元 8　建筑装饰装修工程施工 ·· 240

8.1　门窗工程 ··· 240

8.2　抹灰工程 ··· 247

8.3　饰面板（砖）工程 ·· 252

8.4　涂饰工程 ··· 257

8.5　地面工程 ··· 262

8.6　玻璃幕墙工程 ··· 271

8.7　吊顶与隔墙工程 ·· 275

复习思考题 ·· 281

实训题 ·· 282

教学单元 9　墙体保温节能工程 ··· 283

9.1　外墙保温系统的构造 ·· 283

9.2　外墙外保温系统施工 ·· 286

9.3　外墙内保温系统施工 ·· 295

复习思考题 ·· 299

实训题 ·· 299

教学单元 10　冬期与雨期施工 ··· 300

10.1　概述 ……………………………………………………………………………… 300

10.2　地基基础工程的冬期施工 …………………………………………………… 301

10.3　砌体工程的冬期施工 …………………………………………………………… 305

10.4　混凝土结构工程的冬期施工 ………………………………………………… 307

10.5　装饰工程和屋面工程的冬期施工 …………………………………………… 322

10.6　雨期施工 …………………………………………………………………………… 324

10.7　冬期与雨期施工的安全技术 ………………………………………………… 326

复习思考题 …………………………………………………………………………………… 327

实训题 ………………………………………………………………………………………… 327

参考文献 …………………………………………………………………………………… 328

绪　　论

一、本课程的研究对象和任务

国家的发展、城市的建设以及国民经济各部门的扩大再生产均离不开基本建设，国家用于基本建设领域的资金巨大且不断增加。而建筑业的发展又对国民经济的其他行业起着重要的促进作用，它消耗大量的钢材、水泥、地方性建筑材料和其他国民经济部门的多种产品，又带动了如机械制造、交通运输，甚至服务等各个行业的发展。随着我国改革开放政策的深入贯彻和国民经济的不断发展，建筑业的支柱作用日益得到发挥。

建筑产品与人们的生产、生活活动息息相关，其质量及安全可靠性对国家和人民的生命财产安全具有直接的影响。建筑产品的制造生产过程又是整个建设程序中的关键阶段，对于从事建筑安装工程施工的有关人员，学好和掌握《建筑施工技术与机械》课程是十分重要的。

建筑物的施工是一个复杂的过程。为了研究方便，也便于组织施工及验收，常将建筑产品构成划分为若干个分部和分项工程。一般建筑工程按专业性质、建筑部位划分为地基与基础工程、主体结构工程、建筑屋面工程、建筑装饰装修工程以及给排水采暖、电气、智能、通风与空调、建筑节能和电梯十个分部工程。每一分部工程又可划分为若干个子分部工程，一个子分部工程又可划分为若干个分项工程，如混凝土结构子分部工程划分为模板工程、钢筋工程和混凝土工程等六个分项工程。每一分部分项工程的施工，都可以结合地质水文条件、气候条件，采用不同的施工方案、不同的施工技术方法、选择不同的机具设备等完成。《建筑施工技术与机械》就是以各分部分项工程为对象，研究其在各种不同的自然条件和施工条件下，合理的施工工艺方法、质量保证措施和施工安全的技术措施。本课程的任务就是从提高经济效益的角度出发，选择各分部分项工程最经济合理的施工方案和施工工艺方法，确保工程质量和施工安全，做到技术和经济的高度统一。

二、建筑施工技术发展概况

在古代，我们的祖先在建筑领域就已取得了辉煌的成就，建筑技术达到了相当高的水平。随着建设事业的不断发展，特别是中华人民共和国成立 60 多年来，我国的建筑施工技术水平发展很快，掌握了大型工业建筑、多、高层民用建筑和公共建筑施工的成套技术，而且在很多方面推广应用了先进的施工技术、施工方法。地基与基础工程中推广应用了钻孔灌注桩、旋喷桩、泥浆护壁桩、大直径挖孔桩、预应力管桩、振冲法、深层搅拌法、强夯法、化学加固法、地下连续墙、"逆作法"、土层锚杆支护等。钢筋混凝土工程中推广应用了大模板、早拆模板体系、爬模、滑模、台模；粗钢筋的电渣压力焊、气压焊、机械连接；预拌混凝土、泵送混凝土、喷射混凝土、高性能混凝土施工等。预应力混凝土工程采用了高效的后张有粘结、无粘结工艺及整体预应力结构。钢结构工程中采用了高层钢结构技术、空间钢结构技术、轻钢结构技术、钢-混凝土组合结构技术、高强螺栓连接技术和钢结构防护技术等。此外，在墙体改革、构件制作、大型结构整体吊装、先进的施工仪器与机械设备、建筑装饰等各方面均掌握开发应用了许多新的材料和新的施工技术，有力地推动了我国建筑施工技术的发展。

但是，我国目前的施工技术水平，与发达国家的一些先进施工技术相比，还存在着差距，尚需要我们加倍努力，加快实现建筑施工现代化的步伐。

三、本课程的学习要求

"建筑施工技术与机械"是建筑工程施工等专业的职业技术课程，综合性很强。它涉及建筑力学、建筑材料、建筑测量、建筑构造、建筑结构、地基与基础等多学科的知识，因此，要求学员必须学好以上这些相关课程，为学好本课程打下良好的基础。同时，本课程又与建筑施工组织与管理、建筑工程预算等课程有着密切的联系，学好本课程对学习建筑施工组织与管理、建筑工程预算起着重要的作用。它们之间既相互联系，又相互影响。

"建筑施工技术与机械"课程具有较强的实践性。学习中必须坚持理论与实践相结合的学习方法。要重视课程设计、现场教学、认识实习、生产实习、技能训练等实践环节，做到融会贯通，学以致用。授课方式除了采取一般的课堂讲授基础理论、基本知识和基本施工方法外，还应利用幻灯片、录像、多媒体以及信息化教学手段进行直观教学。

在学习本课程的过程中，还应深入了解国家的有关标准、规范等知识。国家颁发的建筑工程的各分部分项工程系列施工规范和施工质量验收规范，部颁的系列技术规程和安全规范，都是我们应学习并遵守的准则。

教学单元 1　土石方工程施工

1.1　概　　述

1.1.1　土方工程的分类及特点

1. 土方工程分类

根据土方工程的施工内容与方法的不同，土方工程有以下几种：

（1）场地平整：是指将天然地面改造成设计要求的平面所进行的土方施工过程。这类土方工程施工面积大，土方工程量大，应采用机械化作业。

（2）基坑（槽）开挖：是指开挖宽度在 3m 以内，长宽比≥3 的基槽或长宽比<3，底面积在 20m² 以内的基坑进行的土方开挖过程。这类土方开挖时，要求开挖的标高、断面、轴线准确，因此施工时，应制定合理的施工方案，尽量采用中小型施工机械，以提高生产率，加快施工进度和降低工程成本。

（3）基坑（槽）回填：基础完成后的基槽、房心需回填，为确保填方的强度和稳定性，必须正确选择填方土料与填筑方法。填筑应分层进行，并尽量采用同类土填筑。填土必须具有一定的压实密度，以避免建筑物产生不均匀沉降。

2. 土方工程施工特点

土方工程是建筑工程施工的主要工程之一，其施工特点有以下几点：

（1）工程量大，劳动强度高。如大型项目的场地平整，土方量可达数百万立方米以上，面积达数十平方公里，工期长。因此，为了减轻繁重的劳动强度，提高劳动生产率，缩短工期，降低工程成本，在组织土方工程施工时，应尽可能采用机械化或综合机械化方法进行施工。

（2）施工条件复杂。土方工程施工，一般为露天作业，土为天然物质，种类繁多。施工时受地下水文、地质、地下障碍、气候等因素的影响较大，不可确定的因素也较多。因此，施工前必须做好各项准备工作，进行充分的调查研究，详细研究各种技术资料，制定合理的施工方案进行施工。

（3）受场地限制。任何建筑物都需要有一定埋置深度，土方的开挖与土方的留置存放都受到施工场地的限制，特别是城市内施工，场地狭窄，周围建筑较多，往往由于施工方案不当，导致周围建筑设施不安全并失去稳定。因此，施工前必须详细了解周围建筑的结构形式及各种管线的分布走向，熟悉地质技术资料，制定切实可行的施工安全方案，充分利用施工场地。

1.1.2　土的分类与现场鉴别方法

土的种类繁多，其分类方法也很多。在工程上，土根据开挖难易程度分为八类（见表1-1），其中 1~4 类土为土，5~8 类土为岩石。表 1-1 中列出土的工程分类直观的鉴别方法，就是根据开挖的难易程度和开挖中使用不同的工具和方法来进行分类。

土的开挖难易程度直接影响土方工程的施工方案，劳动量消耗和工程费用。土越硬，劳动量消耗越多，工程成本越高。

土 的 工 程 分 类 表 1-1

土的分类	土 的 名 称	开挖方法及工具	可松性系数	
			K_S	K_S'
一类土 （松软土）	砂；粉土；冲积砂土层种植土；泥炭（淤泥）	用锹、锄头可挖掘	1.08～1.17	1.01～1.03
二类土 （普通土）	粉质黏土；潮湿的黄土、夹有碎石、卵石的砂；种植土；填筑土及亚砂土	用锹、锄头可挖掘，少许需用镐翻松	1.14～1.28	1.02～1.05
三类土 （坚土）	软及中等密实黏土；粗砾石；干黄土及含碎石的黄土、粉质黏土；压实的填土	主要用镐，少许用锹、锄头，部分用撬棍	1.14～1.28	1.04～1.07
四类土 （砂砾坚土）	重黏土及含碎石、卵石的黏土；粗卵石；密实的黄土；天然级配砂石；软泥炭岩及蛋白石	先用镐、撬棍，然后同锹挖掘，部分用楔子及大锤	1.24～1.30	1.06～1.09
五类土 （软石）	硬石炭纪黏土；中等密实的页岩、泥炭岩、白垩土；胶结不紧的砾岩；软的石灰岩	用镐或撬棍、大锤，部分用爆破方法	1.26～1.32	1.11～1.15
六类土 （次坚石）	泥岩；砂岩；砾岩；坚硬的页岩、泥灰岩；密实的石灰岩；风化花岗岩、片麻岩	用爆破方法，部分用风镐	1.33～1.37	1.10～1.20
七类土 （坚石）	大理岩；辉绿岩；玢岩；粗、中粒花岗岩；坚实的白云岩、砾岩、砂岩、片麻岩、石灰岩；风化痕迹的安山石、玄武石	用爆破方法	1.30～1.45	1.10～1.20
八类土 （特坚石）	安山石；玄武石；花岗片麻岩；坚实的细粒花岗岩、闪长岩、石英岩、辉长岩、辉绿岩；玢岩	用爆破方法	1.45～1.50	1.20～1.30

1.1.3 土的工程性质

土的工程性质对土方工程施工有直接影响，也是进行土方施工设计必须掌握的基本资料。土的主要工程性质有：

1. 土的可松性

它是指自然状态的土，经开挖后，其体积因松散而增加，以后虽经回填压实，仍不能恢复成原来体积的性质。由于土方工程量是以自然状态的体积来计算的，所以在土方调配、计算土方机械生产率及运输工具数量等的时候，应考虑土的可松性影响，土的可松性程度可用可松性系数表示，即

$$K_S = \frac{V_2}{V_1} \tag{1-1}$$

$$K_S' = \frac{V_3}{V_1} \tag{1-2}$$

式中 K_S——最初可松性系数；

K_S'——最终可松性系数；

4

V_1——土在天然状态下的体积；

V_2——土经开挖后的松散体积；

V_3——土经回填压实后的体积。

在土方施工中，K_s 是计算开挖工程量、施工机械及运土车辆等的主要参数，K_s' 是计算土方调配、回填用土量等的参数。

2. 土的天然含水量

它是指土中水的质量与土颗粒质量的百分比。表达式为

$$w = \frac{m_w}{m_s} \times 100\% \tag{1-3}$$

式中　w——土的天然含水量，%；

m_w——土中水的质量，kg；

m_s——土中固体颗粒质量，kg。

土的含水量大小会影响土方的开挖及填筑压实等施工。含水量超过 20% 会造成运土车辆的打滑或陷车，甚至影响挖土机的使用。回填土含水量过大，压实时会产生橡皮土，因此，对含水量过大的土，施工时应采取有效的排水、降水措施。

3. 土的渗透性

它是指土体被水透过的性质。土的渗透性用渗透性系数表示，即单位时间内水穿透土层的能力，一般由实验确定，表 1-2 可供参考。渗透性系数是计算降低地下水时涌水量的主要参数。根据土的渗透性不同，可分为透水性土（如砂土）和不透水性土（如黏土）。

土的渗透性系数　　　　　　　　　　　　　　表 1-2

土 的 种 类	K（m/d）	土 的 种 类	K（m/d）
亚黏土、黏土	<0.1	含黏土的中砂及纯细砂	20～25
亚黏土	0.1～0.5	含黏土的细砂及中砂	35～50
含亚黏土的粉砂	0.5～10	纯粗砂	50～75
纯粉砂	1.5～5.0	粗砂夹砾石	50～100
含黏土的细砂	10～15	砾石	100～200

1.2　土方工程施工准备与辅助工作

1.2.1　施工准备及定位放线

1. 施工准备工作

（1）场地清理：包括清理地上和地下各种障碍物，如旧建筑、迁移树木、拆除或改建通讯和电力设备、地下管线及建筑物，去除耕植物及河塘淤泥等。

（2）地面水排除：场地积水将影响施工，必须将地面水或雨水及时排走，使场地保持干燥，以利施工。地面排水一般可采用排水沟、截水沟、挡水土坝等措施。

2. 定位与放线

（1）建筑物定位：建筑物定位就是将建筑设计总平面图中建筑物外轮廓的轴线交点测定到地面上，用木桩标定出来，桩顶定小钉指示点位，称轴线桩，然后根据轴线桩进行细部测定。

为了进一步控制各轴线位置，应将主要轴线延长引测到安全地点并做标志，称为控制桩。为了便于开槽后施工各阶段中能控制轴线位置，可把轴线位置引测到龙门板上，用轴线钉标定。龙门板顶部标高一般为±0.000m，以便控制挖基槽和基础施工时的标高，如图1-1所示。

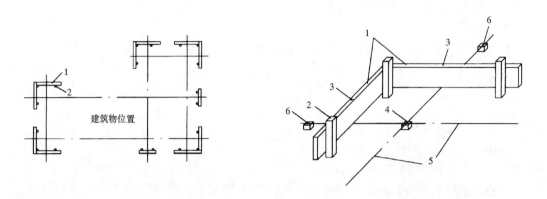

图1-1　龙门板的设置
1—龙门板（标志板）；2—龙门桩；3—轴线钉；4—轴线桩（角桩）；
5—轴线；6—控制桩（引桩、保险桩）

（2）放线：放线就是根据定位确定的轴线位置，用石灰划出基槽（坑）开挖的边线，基槽（坑）上口尺寸的确定应根据基础的设计尺寸和埋置深度、土类别及地下水情况确定是否留工作面或放坡，如图1-2所示。

工作面的留置要求为：砖基础不小于150mm，混凝土及钢筋混凝土基础为300mm。

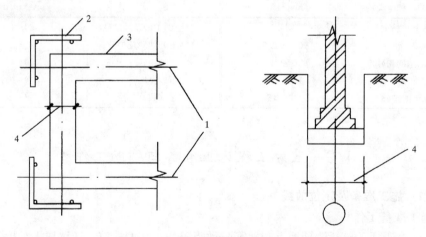

图1-2　放线示意图
1—墙（柱）轴线；2—龙门板；3—白灰线（基础边线）；4—基槽宽度

1.2.2　土方边坡

为保证土方工程施工时土体的稳定，防止塌方，保证施工安全，当挖土超过一定的深度时，应留置一定的坡度。

土方边坡的坡度依其高度H与底宽度B之比来表示（图1-3），边坡可以做成直线形边坡、折线形边坡及阶梯形边坡。

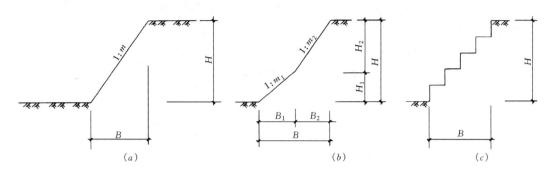

图 1-3　土方放坡

(a) 直线形；(b) 折线形；(c) 阶梯形

$$土方边坡坡度 = \frac{H}{B} = \frac{1}{B/H} = \frac{1}{m} \qquad (1\text{-}4)$$

式中　$m = \dfrac{B}{H}$ 称为坡度系数。

根据《建筑地基基础工程施工质量验收规范》GB 50202 的规定，临时性挖方的边坡值应符合表 1-3 的规定。

临时性挖方边坡值　　表 1-3

土的类别		边坡值（高∶宽）
砂土（不包括细砂、粉砂）		1∶1.25～1∶1.50
一般性黏土	硬	1∶0.75～1∶1.00
	硬、塑	1∶1.00～1∶1.25
	软	1∶1.50 或更缓
碎石类土	充填坚硬、硬塑黏性土	1∶0.50～1∶1.00
	充填砂土	1∶1.00～1∶1.50

注：1. 设计有要求时，应符合设计标准。
　　2. 如采用降水或其他加固措施，可不受本表限制，但应计算复核。
　　3. 开挖深度，对软土不应超过 4m，对硬土不应超过 8m。

根据工程实践调查分析，造成边坡塌方的主要原因有以下几点：

（1）未按规定放坡，土体本身稳定性不够而产生塌方；

（2）基坑上边缘附近堆物过重，使土体中产生的剪应力超过土体的抗剪强度；

（3）地面水及地下水渗入边坡土体，使土体的自重增大，抗剪能力降低，从而产生塌方。

因此，防止边坡塌方的主要措施有：

（1）放足边坡。边坡的留置应合乎规范的要求，其坡度大小，则应根据土的性质、水文地质条件、施工方法、开挖深度、工期的长短等因素而定。施工时应随时观察土壁变化情况。

（2）边坡上堆土方或材料以及有施工机械行驶时，应于边坡边缘保持一定距离。当土质良好时，堆土或材料应距挖方边缘 0.8m 以外，高度不应超过 1.5m。在软土地区开挖时，应随挖随运，以防由于地面加荷引起的边坡塌方。

（3）做好排水工作，防止地表水、施工用水和生活废水浸入边坡土体，在雨期施工时，应更加注意检查边坡的稳定性，必要时加设支撑。

当基坑开挖完后，可采用塑料薄膜覆盖，水泥砂浆抹面、挂网抹面或喷浆等方法进行边坡坡面防护，可有效防止边坡失稳。

在土方开挖过程中，应随时观察边坡土体，当出现如裂缝、滑动等失稳迹象时，应暂停施工，必要时将施工人员和机械撤出至安全地点。同时，应设置观察点，并对土体平面位移和沉降变化做好记录，随后与设计单位联系，研究相应的措施，如排水、支撑、减重反压和护坡等方法进行综合治理。有些情况下，也可采用通风疏干、电渗排水、爆破灌浆、化学加固等方法，改善滑动带岩土的性质，以稳定边坡。

1.2.3 基坑支护施工

现代建筑高度越来越大，层数越来越多，其基础埋置也较深，常常采用基坑大开挖的方案，同时高大建筑多建于建筑物密度较大的城市，施工场地较狭窄，不便于放坡时，如何确保深基坑开挖过程中基坑四周土壁的稳定，使邻近建（构）筑物、地下管线及道路不受损害，是深基坑施工的关键。

基坑（槽）支护结构的类型较多，由于不同的工程有各自的特点，因此，基坑支护结构的选用，应因地制宜，要根据工程的地质水文条件、周围环境条件及施工条件等，事先制定科学合理的施工组织设计（方案）。

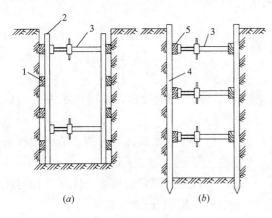

图1-4 横撑式支撑
(a) 断续式水平挡土板支撑；(b) 垂直挡土板支撑
1—水平挡土板；2—竖楞木；3—工具式支撑；
4—竖直挡土板；5—横楞木

1. 横撑式支撑

横撑式支撑一般用于开挖较窄基槽或管沟时的支护，随挖随支。横撑式支撑分为水平挡土板和垂直挡土板两种，如图1-4所示。

水平挡土板的布置又分为断续式和连续式两种。断续式水平挡土板支撑主要适用于适度小的黏土及挖土深度小于3m的基槽；连续式水平挡土板支撑主要适用于松散、湿度大及深度在5m以内的基槽。对于松散、湿度很高的土可用垂直挡土板式支撑，挖土深度可超过5m。

2. 板桩支护

板桩自身具有一定的强度和刚度，用柴油机或振动锤或液压千斤顶等机械设备将板桩逐个打（压）入地下，各板桩相互连接成一体形成板桩挡墙，用以挡土和止水，在转角处设置转角桩或异型板桩。板桩主要有钢筋混凝土板桩和钢板桩。钢筋混凝土板桩为事先预制，制作时各部位允许偏差应符合《建筑地基基础工程施工质量验收规范》GB 50202的规定，拆模时强度应达到设计强度等级的30%，吊运时强度应达到设计强度等级的70%，沉桩时强度应达到设计强度等级的100%。相邻板桩之间用凸凹榫口叉接。

钢板桩是由带锁口的热轧型钢制成，如图1-5所示。由于钢板桩强度高，结合紧密，施工简便并可多次重复使用，因而在软弱地基及地下水位较高的深基坑开挖中得到较广泛应用。

钢板桩的规格、材质及排列方式应符合设计要求或施工工艺要求，钢板桩堆放场地应平整坚实。

钢板桩打入前应进行验收，桩体不应弯曲，锁扣不应有缺口和变形，锁扣应通过套锁检查后再施工。

板桩回收应在地下结构与板桩墙之间回填施工完成后进行。钢板桩在拔除前应用振动

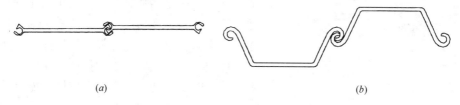

图 1-5 钢板桩

(a) 平板桩；(b) 波浪形板桩

锤夹紧并振动，拔除后的桩孔应及时注浆填充。

在无地下水且地质条件相对较好的地区，还常常采用 H 型钢桩作为基坑支护结构，间隔约 1.0～1.5m 布置一根，沉入方法同前。这种 H 型钢桩的支护方法能起到支护作用，但不具止水能力，适用于坑深度不很大的一般黏性土和砂性土。当坑壁土质为较松散的砂性土及粉土时，可随着基坑的开挖在两根 H 型钢桩之间加设厚度为 30～60mm 的横向木挡板，在挡板与型钢桩之间打入楔子，使横向挡板与土体紧密接触。H 型钢加挡板支撑如图 1-6 所示。

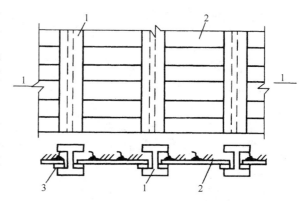

图 1-6 H 型钢加挡板支撑示意

1—型钢钢桩；2—挡土板；3—木楔

3. 土钉墙支护

在开挖基坑的侧壁面（常做成坡面）用机械钻成斜孔，孔内放钢筋或钢管并注浆，使钢筋或钢管锚固于侧壁土体中形成了土钉，再在坡面安装钢筋网并于土钉连接成为一体，最后分层喷射 80～200mm 厚混凝土，使土体、钢筋与喷射混凝土面板结合，成为土钉支护结构。如图 1-7 所示。该支护的施工可与基坑土方开挖穿插进行，如图 1-8 所示，其施工速度快、工期短，施工成本也低。只是因分段施工，易产生施工阶段的不稳定性，故多用于基坑土质相对较好（非软土、松散砂土）的深基坑支护。

4. 深层搅拌水泥土桩支护

深层搅拌水泥土桩，是利用水泥作固化剂，与饱和软黏土通过特别的深层搅拌机械就

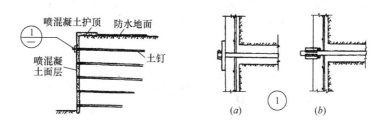

图 1-7 土钉墙支护

(a) 螺栓连接；(b) 钢筋焊接

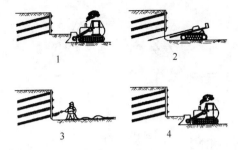

图 1-8　土钉墙支护与基坑开挖施工工艺流程
1—开挖；2—钻孔、置钉、注浆；3—铺设固定
钢筋网、喷混凝土；4—下层开挖

地将软土和固化剂强制搅拌，利用固化剂与软土之间的一系列物理化学反应，使软土结硬具有整体性、遇水稳定性和一定强度的搅拌桩，连续的桩体构成了水泥土搅拌支护挡墙。深层搅拌水泥土桩施工时无振动、无噪声，成桩后能有效防止地下水渗漏，施工成本低，适用于处理基坑深度不宜超过 6m 的淤泥、砂土、淤泥质土、泥炭土和粉土等，即可作为软土地区的防渗帷幕，又可作为重力坝式挡土墙。深层搅拌水泥土桩的成桩工艺及格构重力式挡墙平面布置示意分别如图 1-9、图 1-10 所示。

深层搅拌水泥土桩支护工艺方法还可以与型钢结合，就是在水泥土硬凝之前，在水泥土搅拌桩内插入 H 型钢，一般应在水泥土搅拌桩施工完成后 30min 内插入，形成 H 型钢水泥土搅拌挡墙。如图 1-11 所示。适用于黏性土、粉土、砂砾土，主要在软土地区应用，开挖深度不大于 15m 的基坑。这种方法施工时对临近土体扰动较少，具有可靠的止水性，成墙厚度可低至 550mm，占地少，废土外运量少，工程造价比钻孔灌注排桩节省20%～30%。

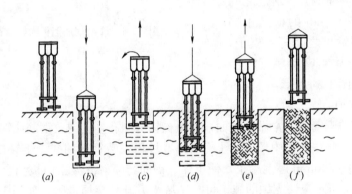

图 1-9　深层搅拌水泥土桩的成桩工艺流程
（a）定位；（b）预拌下沉；（c）提升喷浆搅拌；（d）重复下沉搅拌；
（e）重复提升搅拌；（f）成桩结束

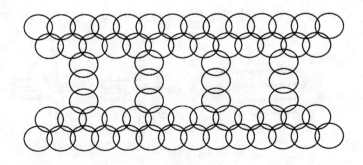

图 1-10　格构重力式挡墙平面布置示意

5. 地下连续墙

地下连续墙是在基坑开挖前筑于基坑周边的一道地下钢筋混凝土板墙。它是在地面上采用一种成槽机械，沿开挖工程的周边轴线，依靠泥浆护壁，开挖出一道狭长的深槽，在槽内放入钢筋笼，然后用导管法灌筑水下混凝土以置换泥浆，筑成一单元槽段，每个单元槽段长度宜为5～

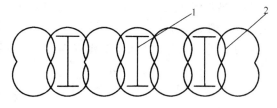

图 1-11　H 型钢水泥土搅拌挡墙平面布置示意
1—插在水泥土桩中的型钢；2—水泥土桩

8m。如此逐段进行，通过一定的接头方式整体连接，如图 1-12 所示，在地下筑成一道连续的具有抗渗、挡土及承重功能的钢筋混凝土墙壁。钢筋混凝土地下连续墙施工工艺流程如图 1-13 所示。

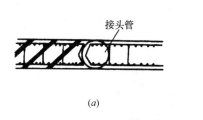

(a)

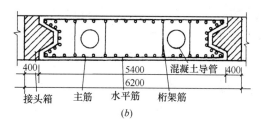

(b)

图 1-12　接头做法
(a) 接头管式接头；(b) 接头箱式楔形接头

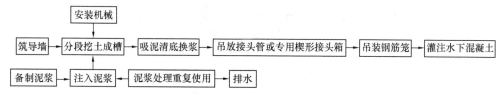

图 1-13　钢筋混凝土地下连续墙施工工艺流程

该支护结构刚度大，变形小，能承受较大的侧土压力，是各类支护结构中挡土能力与止水效果均较好的一种支护形式，适用于各种地质条件下的深基坑的支护，但造价相对较高，施工较复杂。

1.2.4　施工排水

1. 地面排水

为保证施工顺利进行，对施工现场的排水系统，应有一个总体规划，做到场地排水畅通，特别是雨期施工，应将地面水尽快排走，以保证场地土体干燥。地面水的排除可采取设置排水沟、截水沟或修筑土堤等设施来进行。在施工区域，考虑临时排水系统时，应注意与原排水系统相结合。原排水系统指原自然排水系统和已有的排水设施，临时排水设施应尽量与永久性排水设施相结合。

排水沟的设置应尽量利用自然地形，以便将水直接排至场外，或流入排水坑内，再用水泵抽走。主要排水沟最好设置在施工区域的边缘或道路的两旁，其断面大小由施工期内最大流量确定。一般横断面不小于 0.5m×0.5m，纵向坡度一般不小于 2‰～3‰。

在山坡地形施工时，应在较高一面的坡上，先做好永久性（或临时）截水沟，阻止山坡水流入施工现场。

在平坦地区施工时，除开挖排水沟外，必要时还应修筑土堤，以阻止场外水流入施工场地。

出水口应设置在原有的排水系统进水口处，或远离建筑物或构筑物的低洼地点，并应保证排水畅通。

2. 排除地下水

在土方开挖过程中，当基坑（槽）底面位于地下水位以下时，土的含水层被切断，地下水会不断地渗入基坑。雨期施工时，地面水也会流入基坑，为了保证施工的正常进行，一般采用明沟排水法排除基坑（槽）内的地下水。

（1）明沟排水法

这种方法是在基坑（槽）开挖过程中，当基底挖至地下水位以下时，沿基坑四周挖一定坡度的排水沟，设集水井，使地下水沿沟流入井内。然后用水泵抽走，抽水工作应持续到基础工程施工完毕进行回填土后才能停止（图1-14）。

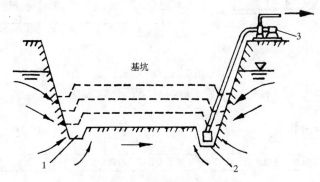

图 1-14　明沟排水
1—排水沟；2—集水井；3—水泵

集水井应该设置在基坑范围以外，地下水流的上游。根据地下水量、基坑平面形状及水泵的性能，集水井每隔 20~40m 设置一个，集水井的宽度一般为 0.6~0.8m，深度保持低于挖土面 0.8~1.0m，挖至设计标高后，井底应低于坑底 1~2m，并铺设碎石滤水层，以免在抽水时，将泥砂抽出，并防止井底土被扰动。排水沟一般设置在基坑周围或基槽的一侧或两侧。水沟截面应考虑基坑排水及邻近建筑物的影响，一般排水沟深度为 0.5~0.8m，最小 0.4m，宽度等于或大于 0.4m，水沟的边坡为 1:1~1:0.5，排水沟应有 2‰~5‰ 的最小纵向坡度，使水流不致阻滞而淤塞。

排水沟和集水井应随挖土加深而加深，以保持水流畅通。明沟排水法设备简单，使用广泛。但当地下水位较高、涌水量较大或土质为细砂或粉砂，易产生流砂，边坡塌方及管涌等现象，影响正常施工，甚至会引起附近建筑下沉，此时应采用人工降低地下水位。

（2）流砂现象

当基底挖至地下水位以下时，有时坑底土会成流动状态，随地下水涌入基坑，这种现象称为流砂现象。发生流砂现象时，土完全丧失承载力，工人难以立足，土边挖边冒，难以达到设计深度，流砂严重时会引起基坑边坡塌方，附近建筑物因地基被掏空而下沉、倾斜，甚至倒塌。因此，流砂现象如果不能控制，将对土方施工和附近建筑物产生很大的危害。

流砂现象产生的原因是动水压力大于等于土的浸水溶重。此时土粒失去稳定，悬浮于水中，并随地下水一起流动。动水压力指的是流动中水对土产生的作用力，这个力的大小与水位差成正比，与水流的路径成反比，与水流的方向相同。因此，防治流砂现象的主要途径是改变动水压力的方向和减小动水压力，其具体措施主要有：

1）选择在全年最低水位季节施工。因为地下水位低，坑里坑外水位差小，所以动水压力减小，也就不易产生流砂现象，至少可以减轻流砂现象。

2）抛大石块。往坑底抛大石块，可增加土体的压重，减小或平衡动水压力。采用此法时应组织土方的抢挖，使挖土速度大于冒砂速度，挖至标高后应立即铺草袋等并抛大石块把砂压住。此法主要用于解决局部或轻微的流砂现象比较有效。如果坑底冒砂快，土已丧失承载力，则抛入坑内的石块就会沉入土中，无法阻止流砂现象。

3）打钢板桩。沿基坑外侧打入超过基底以下深度的钢板桩，可以增加水流的路径，减小动水压力，同时可以改变水流的方向，使之向下，从而达到防治流砂的目的。但施工成本较高。

4）人工降低地下水位。使地下水流方向朝下，增大土粒间的压力，因而也就可以有效地制服了流砂现象。此法运用广泛。

3. 人工降低地下水位

人工降水法（井点降水法），就是在基坑开挖前，预先在基坑四周埋设一定数量的滤水管（井），利用抽水设备连续不断地抽水，使地下水位降至基底以下，直至基础施工完毕为止。因此，在基坑土方开挖过程中保持干燥，从而根本上消除了流砂现象，改善了工作条件。同时，由于土层水分排除后，还能使土密实，增加地基土承载能力。在基坑开挖时，土方边坡也可陡些，从而减少了挖方量。

人工降水法有：轻型井点、喷射井点、电渗井点、管井井点及深井井点等。施工时可根据土层的渗透性、要求降低水位的深度、设备条件及经济比较等因素确定，可参照表1-4。必要时应组织专家论证其可行性。

降水类型及适用条件　　　　　　　　　　　表 1-4

适用条件 降水类型	渗透系数（cm/s）	可能降低的水位深度（m）
轻型井点多级轻型井点	$10^{-2} \sim 10^{-5}$	3～6 6～12
喷射井点	$10^{-3} \sim 10^{-6}$	8～20
电渗井点	$<10^{-6}$	宜配合其他形式降水使用
深井井管	$\geqslant 10^{-5}$	＞10

（1）轻型井点降低地下水位

1）轻型井点的主要设备

轻型井点的设备包括管路系统和抽水设备两部分（图1-15）。

A. 管路系统包括：滤管、井点管、弯联管及总管等。

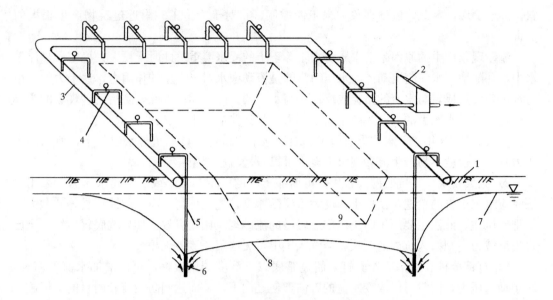

图 1-15 轻型井点法降低地下水位全貌图

1—地面；2—水泵房；3—总管；4—弯联管；5—井点管；6—滤管；

7—原地下水位；8—降水后水位；9—基坑地面

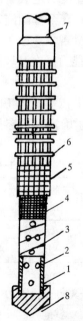

图 1-16 滤管构造

1—钢管；2—管壁上的小孔；3—塑料管；4—细滤网；5—粗滤网；6—粗铁丝保护网；7—井点管；8—铸铁头

滤管（图 1-16）为进水口，采用长度 1.0～1.5m，直径 φ38～φ55 的无缝钢管，管壁钻有直径 φ12～φ18 梅花型的滤孔。管壁外包两层滤网，内层为细滤网，采用 30～50 孔/cm² 黄铜丝布或生丝布，外层为粗滤网，采用 8～10 孔/cm² 的铁丝丝布或尼龙布。为使水流畅通，在管壁与滤网间用铁丝或塑料管隔开，滤网外面再绑一层粗铁丝保护网，滤管下端为一铸铁塞头，滤管上端与井点管连接。

井点管为 φ38～φ51，长 5～7m 的钢管。井点管上端通过弯联管与总管连接。集水总管为 φ100～φ127 的钢管，每段长 4m，其上装有间距 0.8m 或 1.2m 的短接头，并用皮管或塑料管与井点管连接。

B．抽水设备是由真空泵、离心泵和集水箱（又叫水气分离器）等组成，其工作原理如图 1-17 所示。工作时先开动真空泵，集水箱内部形成一定程度的真空，使地下水及空气受真空吸力的作用沿总管进入集水箱。当集水箱内的水达到一定高度时，开动离心水泵将集水箱内水排出。

2）轻型井点的布置，根据基坑大小与深度、土质、地下水位高低与流向、降水深度与要求及设备条件等确定。

A．平面布置 包括确定井点布置形式、总管的长度、井点管数量、水泵数量及位置等。

根据基坑（槽）形状，轻型井点可采用单排布置、双排布置及环状布置（图 1-18）。

单排布置适用于基坑（槽）宽度小于 6m，且降水深度不超过 5m

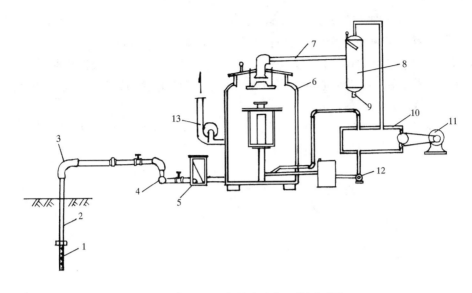

图 1-17　轻型井点抽水设备工作原理图

1—滤管；2—井点管；3—弯联管；4—总管；5—过滤器；6—集水箱；7—进水管；

8—副水气分离器；9—放水口；10—真空泵；11—电动机；12—循环水泵；13—离心水泵

的情况。井点布置在地下水流向的上游一侧，其两端的延伸长度一般不宜小于坑（槽）的宽度（图 1-18a）。

双排布置适用于基坑（槽）大于 6m 或土质不良的情况（图 1-18b）。

环状布置适用于基坑面积较大的情况（图 1-18c）。

井点管距离基坑壁一般不小于 0.7～1.0m，以防局部发生漏气。井点管的间距应根据土质、降水深度、工程性质等确定，通常为 0.8、1.2、1.6m 或 2.0m。

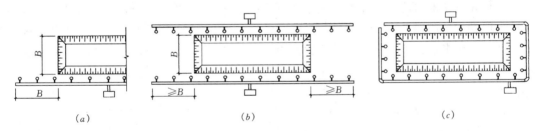

(a)　　　　　　　　(b)　　　　　　　　(c)

图 1-18　轻型井点的平面布置

(a) 单排布置；(b) 双排布置；(c) 环状布置

一套抽水设备的负荷长度（即集水总管长度）一般为 100～120m，泵的位置应在总管长度的中间。若采用多套抽水设备时，井点系统要分段，每段长度应大致相等，分段的位置应选在基坑拐弯处，以减少总管弯头数量，提高水泵抽吸能力。

B. 高程布置　确定井点管的埋设深度，即滤管上口至总管埋设面的距离可按下式进行计算（图 1-19）：

$$H \geqslant H_1 + h + IL \tag{1-5}$$

式中　H——井点管埋深，m；

H_1——井点管埋设面至基坑底的距离，m；

h——基底至降低后的地下水位线的距离，一般为 0.5～1m；

I——水力坡度，环状井点为 1/10，单排井点为 1/4～1/5，双排井点为 1/7；

L——井点管至水井中心的水平距离，当井点管为单排布置时，L 为井点管至边坡脚的水平距离，m。

一般轻型井点的降水深度在管壁处达 6～7m。当按上式计算出的 H 值，如大于 6～7m 时，则应降低井点管抽水设备的埋置面，以适应降水深度的要求。

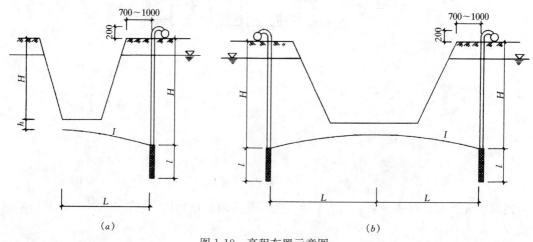

图 1-19　高程布置示意图

(a) 单排井点；(b) 双排、环状井点

当一级轻型井点达不到降水深度要求时，可采用二级井点。

3) 轻型井点降水法的施工

包括井点系统的埋设、安装、运行及拆除等。井点管的埋设，一般用水冲法，并分为冲孔与埋管两个过程。冲孔时，利用起重设备将冲管吊起并插在（图 1-20）井点的位置上，开动高压水泵将土冲松，冲管则边冲边沉。孔洞要垂直，直径一般为 300mm，以保证井管四壁有一定厚度的砂滤层，冲孔深度宜比滤管底深 0.5m 左右，以防冲管拔出时，部分土颗粒沉于底部而触及滤管底部。

井孔冲成后，随即拔出冲管，插入井点管。井点管于孔壁之间应立即用粗砂灌实，距地面 1.0～1.5m 深处，然后用黏土填塞密实，防止漏气。在井点管与孔壁之间填砂时，如管内的水面上升，则认为该管埋设合格。

轻型井点设备的安装程序为：先排放总管，再埋设井点管，然后用弯联管将井点管与总管连通，最后安装抽水设备。安装完毕后，先进行试抽，以检查有无漏气现象。轻型井点使用时，应连续抽水。若时抽时停，滤管易堵塞，也容易抽出土粒，使水浑浊，并引起附近建筑物由于土粒流失而沉降开裂。正常的排水是细水长流，出水澄清。轻型井点降水时，抽水影响范围较大，土层因水分排出后，土会产生固结，使得在抽水影响半径范围内引起地面沉降，往往会给周围的建筑物带来一定危害，要消除地面沉降可采用回灌井点方法。即在井点设置线外 4～5m 处，以间距 3～5m 插入注水管，将井点中抽出的水经过沉淀后用压力注入管内，形成一道水墙，以防止土体过量脱水，而基坑内仍可保持干燥。

井点系统的拆除应在地下结构工程竣工后，并将基坑回填土后进行。拔出井点管可借

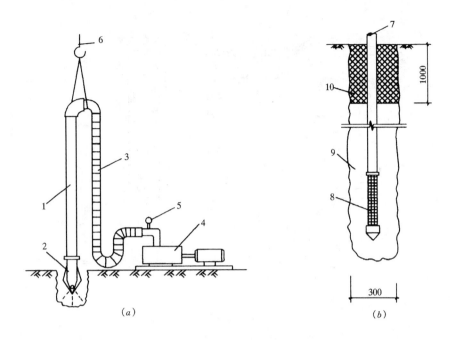

图 1-20　井点管的埋设

（a）冲孔；（b）埋管

1—冲管；2—冲嘴；3—胶管；4—高压水泵；5—压力表；
6—起重机吊钩；7—井点管；8—滤管；9—粗砂；10—黏土封口

助于倒链、起重机等。所留孔洞应用砂或土填塞，对地基有防渗要求时，地面下 2m 范围内用黏土填塞压实。

（2）喷射井点降低地下水位

当基坑开挖较深或降水深度超过 6m 时，可采用喷射井点降低地下水位，其降水深度可达 20m，适用于弱透水性土层。

喷射井点有喷水井点和喷气井点两种，其设备主要由喷射井管、高压水泵（或空气压缩机）和管路系统组成，如图 1-21（a）所示。喷射井管 1 由内管 8 和外管 9 组成，在内管下端有升水装置，即喷射扬水器与滤管 2 相连，如图 1-21（b）所示。当高压水泵开始工作时，具有一定压力的水经进水总管 3 进入井管的外管与内管之间的环形空腔，经扬水器的侧孔流向喷嘴 10。因喷嘴截面的突然缩小，压力水的流速急剧增加，并以很高流速喷入混合室 11，与此同时使喷嘴口周围空气被急速水流带走，造成混合室具有一定的真空度，地下水就被吸入喷嘴上方的混合室，与高压水汇合流经扩散管 12，由于扩散管 12 的内截面逐渐扩大，流速减低而转化为低压水流，沿内管上升流经排水总管 4 排于集水池 6 内，集水池内的水一部分用水泵 7 排走，另一部分供高压水泵压入井管再次使用。如此循环不断进行，连续排除地下水，使地下水位逐步降低。

高压水泵应根据排水流量、井管布置数量、降低水位要求等因素进行合理选择。常用喷射井点管的直径规格为：38、50、63、100、150mm。喷射井点的平面布置方式与轻型井点类似，当基坑宽度小于或等于 10m 时，井点可作单排布置；当基坑宽度大于 10m 时，可作双排布置；当基坑面积较大时，宜采用环形布置，如图 1-21（c）所示。井点布置间

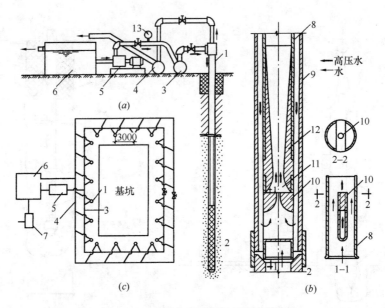

图 1-21　喷射井点设备及平面布置图

(a) 喷射井点设备图；(b) 喷射扬水器详图；(c) 喷射井点平面布置图

1—喷射井管；2—滤管；3—进水总管；4—排水总管；5—高压水泵；6—集水池；
7—水泵；8—内管；9—外管；10—喷嘴；11—混合室；12—扩散室；13—压力表

距一般为 2~3m。

井点管沉设方法同轻型井点，也是采用先冲孔后沉管，再填砂和黏土封口。

喷射井点设备安装施工工艺流程为：安装水泵设备及泵的进出水管路→敷设进水总管和回水总管→沉设井点管（包括灌填砂滤料）→接通进水总管及进行单根试抽、检验→井点管全部沉设完毕并接通回水总管，全面试抽→检查整个降水系统的运转状况及降水效果。

（3）深井井点降低地下水位

深井井点降水是将抽水设备放置在深井中进行抽水来降低地下水位。适用于抽水量大、降水较深的砂类土层，降水深可达 50m 以内。深井井点系统主要由井管和水泵组成，如图 1-22 所示。

井管用钢管、塑料管或混凝土管制成，管径一般为 300mm，井管内径一般应大于水泵外径 50mm。井管下部为过滤部分进行包裹和保护处理。一般沿基坑四周每隔 15~30m设一个深井井点。水泵应采用油浸式潜水泵或深井泵。

深井井点的埋设可根据土质条件和孔深等因素，分别采用冲击钻孔、回转钻孔、潜水钻钻孔或水冲法成孔等。

深井井点施工程序为：井位放样→做井口→安护筒→钻机就位→钻孔→回填井底砂垫层→吊放井管→回填管壁与孔壁间的过滤层→安装抽水控制电路→试抽→降水井正常工作。

4. 截水与回灌井点技术

在弱透水层和压缩性大的黏土层中降水时，由于地下水位下降等各种因素，会产生较大的地面沉降甚至影响到周围建筑物，严重时将使周围建筑物基础下沉或房屋开裂。因此，在原有建筑物附近进行井点降水时，应采取有效措施防止降水对周围区域内建筑物的影响。主要目标就是要阻止原有建筑物下面地下水的流失。为达到此目的，目前主要有截水和回灌井点等途径。

截水也称为截水帷幕，就是在拟建建筑物的降水区域与原有建筑物之间的土层中，设置一道固体抗渗屏幕，用于阻截或减少地下水通过基坑侧壁及基坑底流入基坑，控制基坑外地下水位的下降，从而达到预防周围建筑物沉降的作用。选择截水帷幕型式应结合工程水文地质条件、基坑支护结构类型、场地条件、施工条件等综合因素考虑，目前截水帷幕的做法有高压喷射注浆法、深层搅拌法、压力灌浆法、射水地下成墙法、小径钻孔灌注法等，必要时可采取多种截水措施联合使用，增强截水的可靠性。

回灌井点就是在降水井点与原有建筑物之间设置回灌井，通过回灌井向土层中灌入足够量的水，使降水井点的影响半径不超过回灌井点的范围。回灌井点就相当于一道隔水帷幕，可阻止回灌井点外侧原建筑物下的地下水流失，使其地下水位保持不变，因而土层压力仍处于原始平衡状态，有效地防止了降水井点对周围建筑物的影响。回灌井点技术是防止井点降水损害周围建筑物的一种经济、简便、有效的办法，它能将井点降水对周围建筑物的影响减少到最小程度。为确保基坑施工的安全和回灌的效果，回灌井点与降水井点之间应保持一定的距离，一般不宜小于 6m。

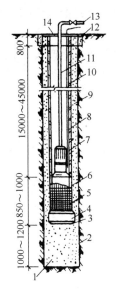

图 1-22　深井构造

1—中粗砂；2—ϕ600 井孔；3—开孔底板（下铺滤网）；4—导向管；5—滤网；6—过滤段（内填碎石）；7—潜水泵；8—ϕ300 井管；9—中、粗砂或小砾石；10—电缆；11—ϕ50 出水管；12—井口；13—ϕ50 出水总管；14—井盖 $\delta = 20$

为了观测降水及回灌后四周建筑物、管线的沉降情况及地下水位的变化情况，必须设置沉降观测点及水位观测井，并定时测量记录，以便及时调节灌、抽量，使灌、抽基本达到平衡，确保周围建筑物或管线等的安全。

1.3　土方工程的机械化施工

土方工程的施工过程主要有：土方开挖、运输、填筑与压实等。除量小分散不适宜用机械施工外，应尽量采用机械化施工，以减轻劳动强度，加快施工的进度，缩短工期。

1.3.1　土方机械的主要性能

1. 单斗挖掘机

单斗挖掘机是土方开挖常用的一种机械。按其行走装置的不同，分为履带式和轮胎式两类；按其工作装置的不同，可以更换为正铲、反铲、拉铲和抓铲四种；按其传动装置不同又可分为机械传动和液压传动两种。

（1）正铲挖掘机

正铲挖掘机外形如图 1-23 所示。工作特点是：前进向上，强制切土，挖掘力大，生产效率高。但需有汽车配合共同完成挖土运土工作。适用于开挖停机面以上一～三类土方，一般工作高度不小于 1.5m，可开挖大型干燥的基坑，但需修筑坡道。

正铲挖掘机的开挖方式根据开挖路线与汽车相对位置的不同分为正向挖土，侧向装车及正向挖土，反向装车两种。正向挖土，侧向装车，铲臂卸土时角度在 90°内，且汽车行驶方便，生产效率高，应用广泛。正向挖土，反向装车，铲臂回转角度较大（一般在180°左右），生产效率低，当开挖工作面狭小时可采用。

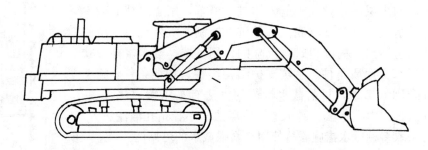

图 1-23　正铲挖掘机外形

（2）反铲挖掘机

反铲挖掘机的外形如图 1-24 所示。工作特点是：后退向下，强制切土。挖土能力比正铲小。能开挖停机面以下一～二类土，深度在 3～5m 的基坑、基槽、管沟，也可用于地下水位较高的土方开挖。反铲挖土机可以与自卸汽车配合，装土运走，也可弃土于坑槽附近。

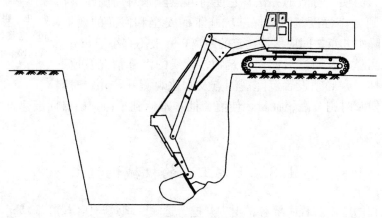

图 1-24　液压反铲挖掘机外形

反铲的开挖方法有沟端开挖和沟侧开挖两种。沟端开挖挖掘宽度不受机械最大挖掘半径限制，同时可挖到最大深度。沟侧开挖，铲臂回转角度小，能将土弃于沟边较远的地方，但边坡不好控制，稳定性较差，而且挖土的深度和宽度均较小，因此，只在无法采用沟端开挖或所挖的土不需运走时采用。

（3）拉铲挖掘机

拉铲挖掘机的土斗是用钢丝绳悬挂在挖掘机长臂上，挖土时在自重作用下落到地面切入土中，其外观如图 1-25。其工作特点是：后退向下，自重切土。其挖土深度和挖土半径均较大，能开挖停机面以下一～二类土，但是不如反铲挖掘机灵活准确。适用于开挖大型基坑及水下挖土。其作业方式与反铲挖掘机相同，有沟端开挖和沟侧开挖两种。

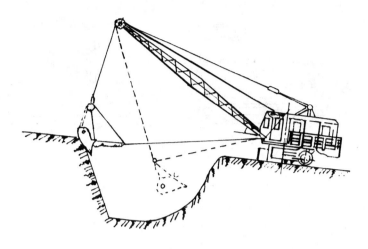

图 1-25　拉铲挖掘机的外形

（4）抓铲挖掘机

抓铲挖掘机是在挖掘机臂端用钢丝绳吊装一个抓斗，如图 1-26，其工作特点是：直上直下，自重切土，挖掘能力小。适用于开挖松软的土，在施工面狭窄而深的基坑、深槽、深井采用可取得较好的效果，也适用于水下挖土，是地下连续墙施工挖土的专用机械。

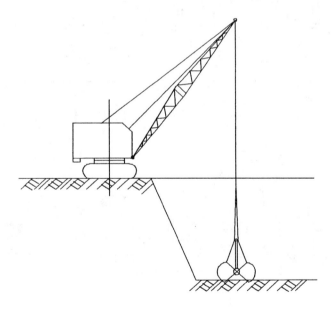

图 1-26　抓铲挖掘机的外形

2. 推土机

推土机由拖拉机和推土铲刀组成。按铲刀的操纵机构不同，推土机分为钢索式和液压式两种。目前主要使用的是液压式，其外形如图 1-27。

推土机能单独完成挖土、运土和卸土工作，具有操纵灵活，运转方便，所需工作面小，行驶速度快，易于转移，能爬 30°左右缓坡的特点。适用于场地清理，土方平整，开

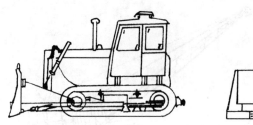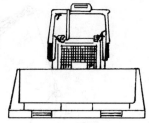

图 1-27　推土机外形

挖深度不大的基坑以及回填作业等。

推土机经济运距在 100m 以内，效率最高的运距在 60m。为提高生产效率，可采用槽形推土、下坡推土及并列推土等方法。

3. 铲运机

铲运机是一种能独立完成铲土、运土、卸土、填筑、整平的土方机械。按行走方式分为自行式铲运机和拖拉式铲运机两种，如图 1-28、图 1-29 所示。

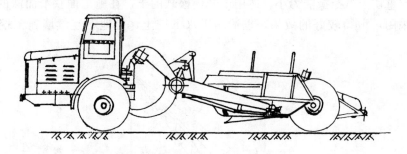

图 1-28　自行式铲运机外形

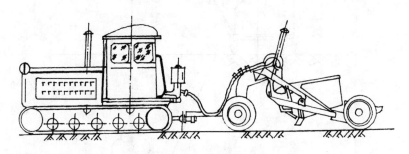

图 1-29　拖拉式铲运机外形

铲运机的特点是：对道路要求较低，操纵灵活，生产效率较高。它适用在一～三类土中直接挖、运土。经济运距在 600～1500m，当运距在 800m 效率最高。常用于坡度在 20° 以内的大面积场地平整，大型基坑开挖及填筑路基等，不适用于淤泥层，冻土地带及沼泽地区。坚硬土开挖时需用推土机助铲或松土机配合。

4. 装载机

装载机是以铲装和短距离转运松散物料（送土、砂石等）为主的工程机械。它以履带式拖拉机或轮胎式专用底盘为基础车，配以铲斗工作装置。

装载机按传动装置不同可分为机械传动和液压机械传动式两种。液压机械传动式装载机的牵引力和车速能随外阻的增加而变化，同时还可以减小冲击，减少动荷载，保护机器。目前装载机斗多采用液压传动。

履带式装载机的牵引性、通过性和稳定性要比轮胎式装载机好，适用于矿山、水利工程、松软或沼泽地带工作。轮胎式装载机具有机动灵活，转移迅速，并且有在短距离工作场地自铲自运的特点，主要用于道路工程、建筑工程、码头、港口、货场等地。

1.3.2 土方工程机械的选择

在土方工程施工中合理的选择土方机械，充分发挥机械效能，并使各种机械在施工中配合，以加快施工进度，提高施工质量，降低工程成本，具有十分重要的意义。

选择时应根据下列条件，经综合比较择优选择施工机械：

（1）基坑情况：几何尺寸大小、深浅、土质、有无地下水及开挖方式等。

（2）作业环境：占地范围，工程量大小，地上与地下障碍物（地上有无高压线，地下有无各种管道、管线、构筑物）等。

（3）气候与季节：冬、雨期时间长短，冬期温度与雨期降水量等情况。

（4）机械配套与供应情况。

（5）施工工期长短和选用适宜的土方机械，达到较高的经济效益。

各种土方机械的适用范围见表1-5。

基坑开挖机械的适用范围　　　　　　　　　　　　　　　　表1-5

机械名称	作业特点与条件	适用范围	辅助与配用机械
推土机	1. 推平； 2. 运距100m内的推土； 3. 助铲； 4. 牵引	1. 找平表面、场地、平整； 2. 短距离挖运； 3. 拖羊足碾	
铲运机	1. 找平； 2. 运距1500m内的挖运土； 3. 填筑堤坝	1. 场地平整； 2. 运距100～1500m； 3. 距离最小100m	开挖坚硬土时需要推土机助铲
正铲挖掘机	1. 开挖停机面以上的土方； 2. 在地下水位以上； 3. 填方高度1.5m以上； 4. 装车外运	1. 大型基坑开挖； 2. 工程量大的土方作业	1. 外运应配备自卸汽车； 2. 工作面应有推土机配合
反铲挖掘机	1. 开挖停机面以下的土方； 2. 挖土深度，随装置决定； 3. 可装土和甩土两用	1. 基坑、管沟； 2. 独立基坑	1. 外运应配备自卸汽车； 2. 工作面应有推土机配合
拉铲挖掘机	1. 开挖停机面以下的土方； 2. 由于铲斗悬挂在钢丝绳上，开挖断面误差较大； 3. 可以装车也可以甩土	1. 基坑、管沟； 2. 大量的外借土方； 3. 排水不良也能开挖	1. 配备推土机创造施工条件； 2. 外运应配备自卸汽车
抓铲挖掘机	1. 可直接开挖直井或在开口沉井内挖土； 2. 可以装车也可以甩土； 3. 钢丝绳牵拉，效率不高； 4. 液压式的深度有限	1. 基坑、基槽； 2. 排水不良也能开挖	外运应配备自卸汽车

1.4 基坑（槽）的开挖

1.4.1 基坑（槽）土方开挖

基坑（槽）的开挖施工，应根据规划部门或设计部门的要求，确定房屋的位置和标高，然后根据基坑的底面尺寸、埋置深度、土质情况、地下水位的高低及季节变化等不同情况，考虑施工需要，确定是否需要留置工作面、边坡、排水设施和设置支撑，从而制定土方开挖的施工方案。为保证施工质量与安全，土方开挖中应注意以下几方面：

（1）选择合理的施工机械、开挖顺序和开挖路线。一般情况，宜优先采用反铲挖掘机，自卸汽车运土。基坑（槽）应分层开挖，连续施工，尽快完成。在开挖深度较大时，需留设坡道满足机械及运土汽车出入基坑的要求。在软土地区施工时，施工机械行驶道路应填筑适当厚度的碎石或砾石，必要时应铺设工具式路基箱（板）、梢排等。在相邻基坑开挖坑（槽）时，应遵循先深后浅或同时进行的施工顺序。

（2）土方开挖施工宜在干燥环境下作业，当地下水位高于基坑底面时，施工前必须做好地面排水和降低地下水位工作，地下水位降至基坑底下 0.5～1.0m 后，方可施工。降水工作应持续到回填完毕。为防止坑内排出的水和地面雨水等向坑内回渗，在施工期内要保持坑顶地面排水的畅通，在边坡保护范围内的地面不应有积水。

（3）在基坑开挖过程中，不宜在坑边堆置弃土或使用其他重型机械，以尽量减轻地面荷载。为防止坑壁的坍塌，根据土质情况及坑（槽）深度，控制堆土距坑顶边的距离，一般情况下应不小于 1.2m，在垂直的坑壁边坡条件下不小于 3m。堆土高度不得超过 1.5m，否则，需进行边坡稳定性的验算。对软土地区开挖时，则不应将弃土堆放在坑边。

（4）在基坑开挖至接近坑底标高时，应注意避免超挖，防止造成坑底土的扰动，使土体结构破坏。当采用机械进行开挖时，应根据机械的种类，在基坑底标高以上留下 200～500mm 厚土方不挖，待基础施工前，用人工挖除铲平，如个别处超挖，应用与地基土压缩性相同的土料填平，并夯实到要求的密实度。如达不到要求的密实度，则应用碎石土填补，并仔细夯实，如在重要部位超挖时，可用低强度等级的混凝土填补。

（5）在基坑内已施工有工程桩桩体，应在打桩完成间隔一段时间后，再进行基坑的开挖，机械开挖的底标高，应高于桩顶 200～400mm，避免挖掘机作业时造成桩体的破坏，桩间土应采用人工作业。

（6）基坑开挖后，应根据设计要求及时作好坡面的防护工作，浇筑垫层封闭基坑。在基坑开挖过程中，随着土的挖除，下层土因逐渐卸载而有可能回弹，这种回弹变形会加大建筑物的后期沉降，因此应根据设计要求控制坑底的回弹变形。一般可加速建造主体结构，或逐步利用基础的重量来代替被挖去的体积重量。

（7）基坑开挖时，应对平面控制桩、水准点、基坑平面位置、水平标高、边坡坡度等经常进行复测检查，并应对土质情况、地下水位等的变化经常做检查，如发现基底土质与设计不符时，需经有关人员研究处理，并做好隐蔽工程的记录。

（8）在原有建筑物附近开挖基坑（槽），如开挖深度大于原有建筑物基础埋深时，应保持一定的距离，以免影响原有基础和挖方边的稳定（图 1-30）。一般应满足下列要求：

$$L \geqslant (1 \sim 2)\Delta H \qquad (1\text{-}6)$$

式中 L——原有建筑物基础底面边缘至挖方坡脚的距离；

ΔH——原有建筑物基础底面标高与坑（槽）底标高之差；

$1 \sim 2$——安全距离系数，地质条件良好无地下水时取 1，地质条件不良有地下水时取 1.5～2。

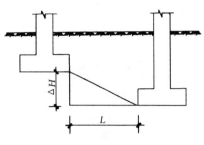

图 1-30 两基础距离示意图

1.4.2 基坑（槽）验收

所有建（构）筑物均应进行施工验槽。基坑（槽）开挖到设计标高清理完毕后，在垫层或基础施工前，承包单位应邀请勘察、设计单位、建设工程监理单位、工程质量监督部门及建设单位共同进行验槽工作。

天然地基基础基槽开挖后，应检验下列内容：

（1）核对基坑的位置、平面尺寸、坑底标高；

（2）核对基坑土质和地下水情况；

（3）空穴、古墓、古井、防空掩体及地下埋设物的位置、深度、性状。

基槽检验可采用直接观察法或轻型动力触探法。在进行直接观察时，可用袖珍式贯入仪作为辅助手段。当遇到持力层明显不均匀；浅部有软弱下卧层；有浅埋的坑穴、古墓、古井等，直接观察难以发现等情况之一时，应在基坑底普遍进行轻型动力触探。采用轻型动力触探进行基槽检验时，检验深度及间距应符合表 1-6 的规定。

轻型动力触探检验深度及间距表（m）　　　　　　　　　　表 1-6

排列方式	基槽宽度	检验深度	检验间距
中心一排	＜0.8	1.2	1.0～1.5m 视地层复杂情况定
两排错开	0.8～2.0	1.5	
梅花型	＞2.0	2.1	

当遇到下列情况之一时，可不进行轻型动力触探：

（1）基坑不深处有承压水层，触探可造成冒水涌砂时；

（2）持力层为砾石层或卵石层，且其厚度符合设计要求时。

当遇到下列情况之一时，应进行专门的施工勘察：

（1）工程地质条件复杂，详勘阶段难以查清时；

（2）开挖基槽发现土质、土层结构与勘察资料不符时；

（3）施工中边坡失稳，需查明原因，进行观察处理时；

（4）施工中地基土受扰动，需查明其性状及工程性质时；

（5）为地基处理，需进一步提供勘察资料时；

（6）建（构）筑物有特殊要求，或在施工时出现新的岩土工程地质问题时。

施工勘察应针对需要解决的岩土工程问题布置工作量，勘察方法可根据具体情况选用施工验槽、钻探取样和原位测试等。

1.5 土方回填与夯实

一般建筑工程的回填土主要有地基、基坑（槽）、室内地坪、室外场地、管沟、散水等，回填土是一项很重要的工作，要求回填土应有一定的夯实性，使回填土土层不致产生较大的沉降。在实际施工中，一些建筑物沉降过大，室内地坪和散水出现大面积严重开裂，主要原因之一就是由于回填压实，没有达到设计规范要求的缘故。

1.5.1 土料的选择

填方土料应符合设计要求，以保证填方的强度与稳定性。凡含水量过大或过小的黏土，含有 8% 以上的有水物质（腐烂物）的土，含有 5% 以上的水溶性硫酸盐的土、杂土、垃圾土、冻土等均不能作为回填土。

同一填方工程应尽量采用同类土填筑；如采用不同土填筑时，必须按类分层夯填，并将透水性大的置于透水性小的土层之下，以防填土内形成水囊。

1.5.2 压实的方法

填土压实的方法一般有碾压法、夯压法、振动压实法（图 1-31）及利用运输工具压实，对于大面积填土工程，多采用碾压或利用运输工具压实。

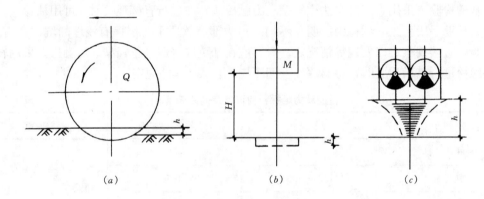

图 1-31　填土压实方法
(a) 碾压法；(b) 夯压法；(c) 振动压实法

1. 碾压法

碾压原理是利用沉重的滚轮碾压土的表面，使土在静压力作用下压实，适用于碾压黏性和非黏性土。

碾压机械有：平碾、气胎碾和羊足碾。平碾（图 1-32）是一种以内燃机为动力的自行式压路机，重量约为 8～20t，对砂土和黏性土均可压实，应用最普遍。气胎碾（图 1-33）在工作时是弹性体，其压力均匀，填土质量好。羊足碾靠拖拉机牵引（图 1-34），由于它与土接触面小，单位面积压力大，故压实效果好，主要用于黏性土的压实。

2. 振动压实法

振动压实法的原理是利用重锤振动，使土颗粒发生相对位移，从而达到密实状态，主要用于压实非黏性土。YZ-4.5 型振动压路机及 YZF-0.6 型手扶式振动压路机如图 1-35、图 1-36 所示。

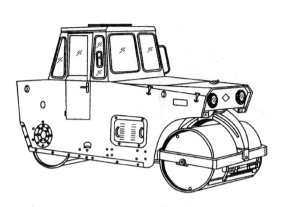

图 1-32　平碾光轮压路机

图 1-33　轮胎压路机

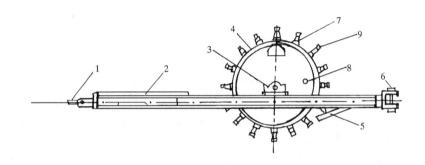

图 1-34　单筒羊足碾构造示意图

1—前拉头；2—机架；3—轴承座；4—碾筒；5—铲刀；
6—后拉头；7—装砂口；8—水口；9—羊蹄头

图 1-35　YZ-4.5 型振动压路机

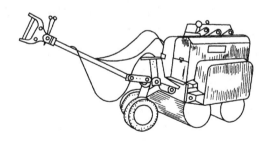

图 1-36　YZF-0.6 型手扶式振动压路机

3. 夯压法

夯压法（图 1-37）的原理是利用夯锤下落的冲击力压实土层，主要用于夯实黏性较低的土。有人工夯实和机械夯实两种。人工夯实用木夯或石夯，但目前已使用很少。机械夯实用夯锤、内燃夯土机和蛙式打夯机等。

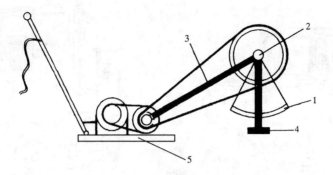

图 1-37　蛙式打夯机示意图

1—偏心块；2—轴承座；3—夯架；4—夯头；5—底盘

1.5.3　影响填土压实的因素

填土压实与许多因素有关，其中主要影响因素有：土的含水量、压实功以及每层铺土的厚度。

1. 土的含水量的影响

在同一压实功条件下，填土的含水量对压实质量有直接的影响。较为干燥的土，由于土颗粒之间的摩阻力较大而不宜压实。含水量过大时，土颗粒间的空隙被水分占去，也不宜压实。因此，只有当土具有适当含水量时，水起了润滑作用，土颗粒之间的摩阻力减小，土才宜被压实。如图 1-38 所示，土在这种含水状态下才能得到最大的密实度，因此把使土达到最大密实度的含水量称为土的最佳含水量。不同的土有不同的最佳含水量，如砂土为 8%～12%、黏土为 19%～23%、粉质黏土为 12%～15%、粉土为 15%～22%。工地简单检验黏性土含水量的方法一般是以手握成团落地开花为适宜。

为保证填土压实的最佳含水量，太干的土要适当加以润湿，太湿的土要翻松、晾晒、均匀掺入干土等。

2. 铺土厚度的影响

压实机具对土的压实作用随土层的厚度增加而逐渐减小（图 1-39）。其影响深度随压实机械、土的性质及含水量有关。铺土厚度应小于压实机械压土时的有效作用，铺土厚度有一个最优厚度范围，在此范围内，可使土料在获得设计要求密实度的条件下，压实机械所需的压实遍数最少，功耗费最低。可参照表 1-7 选用。

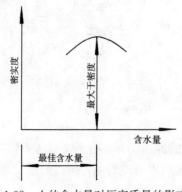

图 1-38　土的含水量对压实质量的影响

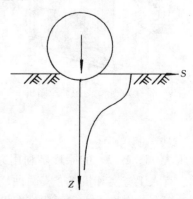

图 1-39　压实作用沿深度的变化

填土施工时的分层厚度及压实遍数		表 1-7
压实机具	分层厚度（mm）	每层压实遍数
平碾	250～300	6～8
振动压实机	250～350	3～4
柴油打夯机	200～250	3～4
人工打夯	＜200	3～4

3. 压实功的影响

填土压实后的密度与压实机械对填土所施加的功有一定的关系。土的密度与所耗的功的关系如图 1-40 所示。当土的含水量一定，在开始压实时，土的密度急剧增加，待接近土的最大密度时，虽然压实功增加了许多，但土的密度变化很小。施工中，对不同的土应根据压实机械和密度要求合理选择压实的遍数。

1.5.4 填土压实的质量检查

填土压实后必须达到要求的密实度，以免建筑物的不均匀沉降。填土密实度的大小由压实系数（λ_c）表示。

土的控制干密度 ρ_d 与最大干密度 ρ_{dmax} 的比值称为压实系数。

压实系数由设计根据不同的填方工程确定。一般场地平整，其压实系数为0.9 左右。利用填土作为地基时，设计规范规定了各种结构类型，不同填土部

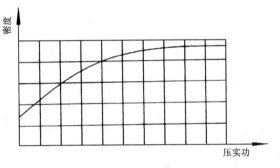

图 1-40 土的密度与压实功关系

位的压实系数值，例如砌体承重结构和框架结构，在地基主要持力层范围内，压实系数应大于 0.96，在地基主要持力层范围以下，则为 0.93～0.96。

土的最大干密度一般在实验室用击实试验确定。土的最大干密度与规范规定的压实系数的积，称为理论填土控制干密度。在填土施工时，土的实际干密度大于或等于理论填土控制干密度时，则符合质量要求。

土的实际干密度可用"环刀法"或灌砂（水）法测定。其取样组数为：基坑回填为20～50m² 取样一组；基槽、管沟回填每层按长度 20～50m 取样一组；室内填土每层按100～150m² 取样一组；场地平整填方每层按 400～900m² 取样一组。取样部位在每层压实后的下半部。

1.6 土方工程质量标准与安全技术

1.6.1 质量标准

（1）土方开挖工程的质量检验标准应符合表 1-8 的规定。

（2）填土工程质量检验标准应符合表 1-9 的规定。

土方开挖工程质量检验标准（mm） 表 1-8

项	序	检查项目	允许偏差或允许值					检验方法
			桩基基坑基槽	挖方场地平整		管沟	地（路）面基层	
				人工	机械			
主控项目	1	标高	−50	±30	±50	−50	−50	水准仪
	2	长度、宽度（由设计中心线向两边量）	+200 −50	+300 −100	+500 −150	+100	—	经纬仪，用钢尺量
	3	边坡	设计要求					观察或用坡度尺检查
一般项目	1	表面平整度	20	20	50	20	20	用 2m 靠尺和楔形塞尺检查
	2	基底土性	设计要求					观察或土样分析

注：地（路）面基层的偏差只适用于直接在挖、填方上做地（路）面的基层。

填土工程质量检验标准（mm） 表 1-9

项	序	检查项目	允许偏差或允许值					检验方法
			桩基基坑基槽	场地平整		管沟	地（路）面基础层	
				人工	机械			
主控项目	1	标高	−50	±30	±50	−50	−50	水准仪
	2	分层压实系数	设计要求					按规定方法
一般项目	1	回填土料	设计要求					取样检查或直观鉴别
	2	分层厚度及含水量	设计要求					水准仪及抽样检查
	3	表面平整度	20	20	30	20	20	用靠尺或水准仪

1.6.2 安全技术

（1）土方施工前，必须对场地内的地上和地下管道、电缆及高压水管等情况了解清楚。在特殊危险的地区中，工程必须在仔细的技术观测下设专人负责进行，挖土应用人工方法进行。

（2）基坑开挖时，人工开挖两人操作间距应大于 2～5m，多台机械开挖，挖土机间距应大于 10m。挖土应自上而下，逐层进行，严禁先挖坡角或逆坡挖土。

（3）基坑（槽）开挖应合理放坡或支撑护坡。施工时应随时注意土壁变动情况，如发现裂纹和部分坍塌现象，应及时进行支撑或放坡，并注意土壁的稳固和土壁的变化。坑上堆土或堆物需离开坑边 1m 以外。

（4）沟坑处应设防护，跨过沟槽的通道应搭设渡桥，并设扶手栏杆，夜间需设照明。

（5）回填土时，支撑的拆除应与基坑（槽）回填的施工进行配合。用手推车运土回填，不得放手让车自动翻转。用翻斗汽车运土，运输道路的坡度、转弯半径应符合有关安全规定。

复 习 思 考 题

1-1 土方工程的分类如何？有何特点？

1-2 土按工程性质可以分为哪几类？

1-3 什么是土的可松性？土的可松性对土方施工有何影响？

1-4 什么是土的天然含水量？什么叫最佳含水量？

1-5 土方边坡用什么方法表示？什么是边坡系数？造成边坡塌方的原因有哪些？

1-6 深基坑支护结构有哪些类型？各有什么特点？

1-7 试述明沟排水法的施工过程。

1-8 轻型井点降水法的工作原理是什么？其系统的组成和布置原则是什么？

1-9 喷射井点降水的基本原理是什么？适用于什么情况？深井井点降水方法有什么特点？

1-10 土方施工机械有哪几种？其适用范围如何？

1-11 基坑开挖应注意哪些问题？

1-12 基底验槽的内容有哪些？

1-13 回填土施工有哪些要求？

1-14 影响填土压实的因素是什么？如何进行检查？

1-15 土方工程有哪些主要的安全技术措施？

实 训 题

1-1 某厂拟建一单层无地下室砖砌体结构的仓库，仓库平面图及基础剖面图如图 1-41 所示。基础底部宽度为 620mm，下部设 100mm 厚混凝土垫层，垫层比基础每边宽出 100mm。基础底标高为 -1.5m，室外自然地坪标高（也做为室外设计标高）为 -0.3m。厂区地面平坦，土质为粉质黏土，无地下水，试述该工程在土方工程施工时将主要涉及哪些工程内容？并说明完成每项工程内容的过程或要点？

提示：涉及内容应包括——确定定位放线、确定开挖槽宽和深度、确定是否放坡或支撑、确定开挖方法、选择回填压实方法、计算土方开挖量和运输量等。

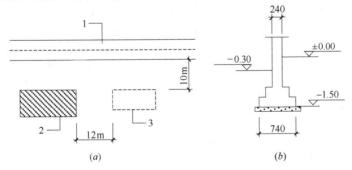

图 1-41 拟建仓库位置及基础图

(a) 拟建仓库总平面；(b) 基础剖面图

1—厂区道路；2—原有建筑；3—拟建仓库

1-2 某高层住宅楼工程，地下一层，地上 25 层，地下水位线位于自然地面以下 3m 处，土质为细砂，土的渗透系数为 5×10^{-3}cm/s。若采取基坑大开挖方案，基坑周围地面开阔，无原建及其他设施，基坑开挖尺寸为 100m（长）×20m（宽）×6m（深），试选择基坑支护方法、降水方法，确定挖土机械类型及开挖方法？

教学单元 2　地基处理及桩基础工程施工

2.1　地基的局部处理

在土方工程施工过程中，如发现地基土质局部过硬或过软不符合设计要求，或发现空洞、墓穴、枯井等存在，应本着使建筑物各部位沉降尽量趋于一致，以减小地基不均匀沉降的原则进行局部处理。

2.1.1　松土坑（填土、墓穴、淤泥等）的处理

松土坑处理的基本方法是将坑中松软虚土挖除，然后采用与坑边的天然土层压缩性相近的材料分层回填夯实，或用平板振捣器振密。每层厚度可根据填料、夯实方法不同而定。处理时有关要求如下：

（1）当天然土为第四纪砂土时，用砂或级配砂石夯填；如天然土为较密实的黏性土，则用 3:7 灰土夯填；如为中密的可塑的黏性土或新近沉积黏性土，则用 1:9 或 2:8 灰土夯填。

（2）当松土坑的范围较小，应将虚土全部挖出至坑底及四壁均见天然土为止。如图 2-1（a）所示。

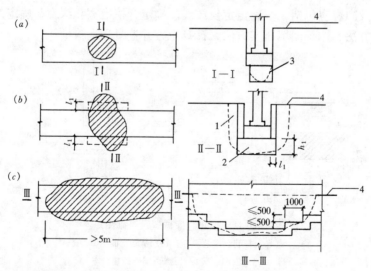

图 2-1　松土坑的处理

1—软弱土；2—2:8灰土；3—松土全部挖除然后填以好土；4—天然地面

（3）当坑的范围较大或其他条件限制，基槽不能开挖太宽，槽壁挖不到天然土层时，则应将该范围内的基槽适当加宽。当用砂土或砂石回填，基槽每边均应按 $l_1:h_1=1:1$ 放宽；当用 1:9 或 2:8 灰土回填按 $l_1:h_1=0.5:1$ 放宽；当用 3:7 灰土回填时，如坑长不大于 2m，且具有较大刚度的条形基础，基槽可不放宽，但需将灰土与松土壁接触处

紧密夯实。如图 2-1（b）所示。

（4）当坑在槽内长度较大（不小于 5m 长）且坑深度不大时，也可将基础落深，做 1：2 踏步与两端相接，每步高不大于 0.5m，长度不小于 1.0m。如图 2-1（c）所示。

（5）在以上几种情况中，如遇到地下水位较高或坑内积水无法夯实时，亦可用砂石或混凝土代替灰土。

（6）对于较深的松土坑（如坑深大于槽宽或大于 1.5m 时），槽底处理后，还应考虑是否需要加强上部结构的强度。如在灰土基础上 1～2 皮砖处（或混凝土基础内）、防潮层下 1～2 皮砖处及首层顶板处各配置 3～4 根 $\phi 8$～$\phi 12$ 钢筋。如图 2-2 所示。

2.1.2 砖井或土井的处理

当砖井在基础中间，井内填土已较密实，则应将井的砖圈拆除至槽底以下不少于 1m，挖除该深度井内土，用 2：8 或 3：7 灰土分层夯实至槽底。如图 2-3 所示。如井的直径大于 1.5m，则应适当考虑加强上部结构的强度，如在墙内配筋或做地基梁跨越砖井。

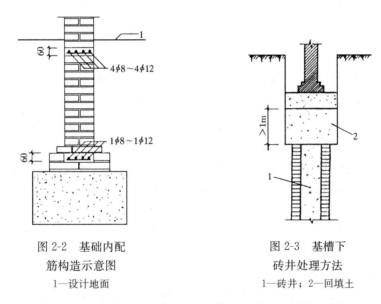

图 2-2　基础内配
筋构造示意图
1—设计地面

图 2-3　基槽下
砖井处理方法
1—砖井；2—回填土

若井在基础的转角处，除采用以上办法处理外，还应对基础加强处理。

（1）当井位于转角处，基础压在井上部分不多，则可从基础中挑梁。如图 2-4 所示。

（2）当井位于转角处，基础压在井上面积较大时，且采用挑梁办法较困难或不经济时，则可将基础沿墙长方向向外延长，延长部分落在天然土上的基础总面积应等于井圈范围内原有基础的面积（即 $A_1 + A_2 = A$），然后在基础墙内配筋或做钢筋混凝土梁来加强。如图 2-5 所示。

如井已回填但不密实，甚至还是软土时，可用大石块将下面软土挤紧，再选用上述办法回填处理。若井内不能夯填密实时，则可在井的砖圈上加钢筋混凝土盖封口，再回填处理至槽底。

2.1.3 局部范围内硬土（或其他硬物）的处理

当柱基或部分基槽下，有较其他部分过于坚硬的土质时，例如：基岩、旧墙基、老灰土、化粪池、大树根、砖窑底、压实的路面等，均应尽可能挖除，以防建筑物由于局部落于较硬物上造成不均匀沉降，而使上部建筑物开裂。

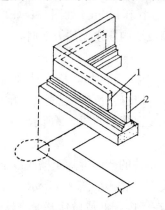 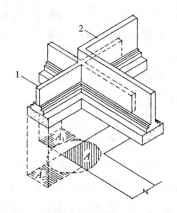

图 2-4 墙角下砖　　　　　　　图 2-5 墙角下砖
井处理方法之一　　　　　　　　井处理方法之二
1—挑梁；2—墙基　　　　　　　　1—挑梁；2—墙

硬土（或硬物）挖除后，视具体情况回填土砂混合物或落深基础。

2.1.4　橡皮土的处理

当地基为黏性土，且含水量很大趋于饱和时，夯拍后会使基土变成踩上去有一种颤动感觉的"橡皮土"。因此，如发现地基土含水量很大趋近于饱和时，要避免直接夯拍，这时，可采用晾槽或掺石灰粉的办法降低土的含水量。如已出现橡皮土，可铺填一层碎砖或碎石将土挤紧，或将颤动部分的土挖除，填以砂土或级配砂石。

2.2　地 基 加 固

2.2.1　灰土垫层地基

灰土垫层是用石灰和黏性土拌合均匀，然后分层夯实而成。采用的体积配合比一般为 2：8 或 3：7（石灰：土），其承载能力可达 300kPa。适用于一般黏性土地基加固，施工简单，取材方便，费用较低。

1. 材料要求

灰土的土料，可采用基槽挖出的土。凡有机质含量不大的黏性土都可用作灰土的土料。表面耕植土不宜采用。土料应过筛，粒径不宜大于 15mm。

用作灰土的熟石灰应过筛，粒径不宜大于 5mm，并不得夹有未熟化的生石灰块和含有过多的水分。

2. 施工要点

（1）施工前应验槽，将积水、淤泥清除干净，待干燥后再铺灰土。

（2）灰土施工时，应适当控制其含水量，以用手紧握土料成团，两指轻捏能碎为宜，如土料水分过多或不足时可以晾干或洒水润湿。灰土应拌合均匀，颜色一致，拌好后应及时铺好夯实。铺土应分层进行，每层铺土厚度可参照表 2-1 确定。

序	夯实机具	质量（t）	厚度（mm）	备　注
1	石夯、木夯	0.04～0.08	200～250	人力送夯，落距 400～500mm，每夯搭接半夯
2	轻型夯实机械	—	200～250	蛙式或柴油打夯机
3	压路机	机重 6～10	200～300	双轮

灰土最大虚铺厚度　　　　　　　　　　　　　　　　表 2-1

（3）每层灰土的夯打遍数，应根据设计要求的干密度在现场试验确定。一般夯打（或辗压）不少于 4 遍。

（4）灰土分段施工时，不得在墙角、柱墩及承重窗间墙下接缝，上下相邻两层灰土的接缝间距不得小于 0.5m，接缝处的灰土应充分夯实。当灰土垫层地基高度不同时，应做成阶梯形，每阶宽度不少于 0.5m。

（5）在地下水位以下的基槽、坑内施工时，应采取排水措施，使其在无水状态下施工。入槽的灰土，不得隔日夯打。夯实后的灰土三天内不得受水浸泡。

（6）灰土打完后，应及时进行基础施工，并及时回填土，否则要做临时遮盖，防止日晒雨淋。刚打完毕或尚未夯实的灰土，如遭受雨淋浸泡，则应将积水及松软灰土除去并补填夯实，受浸湿的灰土，应在晾干后再使用。

（7）冬期施工时，不得采用冻土或夹有冻土的土料，并应采取有效的防冻措施。

3. 质量检查

（1）灰土土料、石灰等材料及配合比应符合设计要求，灰土应搅拌均匀。

（2）施工过程中应检查分层铺设厚度、分段施工时上下两层的搭接长度、夯实时加水量、夯压遍数、压实系数。

（3）施工结束后，应检验灰土地基的承载力。

（4）灰土地基的质量验收标准应符合表 2-2 的规定。

灰土地基质量检验标准　　　　　　　　　　　　　　表 2-2

项	序	检 查 项 目	允许偏差或允许值		检 查 方 法
			单位	数值	
主控项目	1	地基承载力	设计要求		按规定方法
	2	配合比	设计要求		按拌合时的体积比
	3	压实系数	设计要求		现场实测
一般项目	1	石灰粒径	mm	≤5	筛分法
	2	土料有机质含量	%	≤5	试验室焙烧法
	3	土颗粒粒径	mm	≤15	筛分法
	4	含水量（与要求的最优含水量比较）	%	±2	烘干法
	5	分层厚度偏差（与设计要求比较）	mm	±50	水准仪

砂垫层和砂石垫层统称砂垫层，是用夯（压）实的砂或砂石垫层替换基础下部一定厚度的软土层，以起到提高基础下地基承载力，减少沉降，加速软土层的排水固结作用。一般适用于处理有一定透水性的黏性土地基，但不宜用于湿陷性黄土地基和不透水的黏性土地基，以免聚水而引起地基下沉和降低承载力。

2.2.2　砂垫层和砂石垫层地基

1. 材料要求

砂垫层和砂石垫层所用材料，宜采用颗粒级配良好、质地坚硬的中砂、粗砂、砾砂、碎（卵）石、石屑或其他工业废粒料。在缺少中、粗砂和砾砂地区，也可采用细砂，但宜同时掺入一定数量的碎石或卵石，其掺量按设计规定（含石量不应大于 50％）。所用砂石料，不得含有草根、垃圾等有机杂物。兼起排水固结作用时，含泥量不宜超过 3％。碎石或卵石最大粒径不宜大于 50mm。

2. 施工要点

（1）施工前应验槽，先将浮土清除，基槽（坑）的边坡必须稳定，防止塌土。槽底和两侧如有孔洞、沟、井和墓穴等，应在未做垫层前加以处理。

（2）人工级配的砂、石材料，应按级配拌合均匀，再行铺填捣实。

（3）砂垫层和砂石垫层的底面宜铺设在同一标高上，如深度不同时，施工应按先深后浅的程序进行。土面应挖成台阶或斜坡搭接，搭接处应注意捣实。

（4）分段施工时，接头处应作成斜坡，每层错开 0.5～1.0m，并应充分捣实。

（5）采用碎石垫层时，为防止基坑底面的表层软土发生局部破坏，应在基坑底部及四侧先铺一层砂，然后铺碎石垫层。

（6）垫层应分层铺垫，分层夯（压）实，每层的铺设厚度不宜超过表 2-3 规定数值。分层厚度可用样桩控制。捣实砂层应注意不要扰动基坑底部和四侧的土，以免影响和降低地基强度。每铺好一层垫层，经密实度检验合格后方可进行上一层施工。

砂垫层和砂石垫层每层铺设厚度及最佳含水量 表 2-3

捣实方法	每层铺设厚度（mm）	施工时最佳含水量（％）	施工说明	备　注
平振法	200～250	15～20	1. 用平板式振捣器往复振捣，往复次数以简易测定密实度合格为准 2. 振捣器移动时，每行应搭接三分之一，以防振动面积不搭接	不宜使用于细砂或含泥量较大的砂铺筑砂垫层
插振法	振捣器插入深度	饱和	1. 用插入式振捣器 2. 插入间距可根据机械振幅大小决定 3. 不应插至下卧黏性土层 4. 插入振捣完毕所留的孔洞，应用砂填实 5. 应有控制地注水和排水	不宜使用于细砂或含泥量较大的砂铺筑砂垫层
水撼法	250	饱和	1. 注水高度略超过铺设面层 2. 用钢叉摇撼捣实，插入点间距 100mm 左右 3. 有控制地注水和排水 4. 钢叉分四齿，齿的间距 30mm，长 300mm，木柄长 900mm，重 4kg	湿陷性黄土、膨胀土、细砂地基上不得使用
夯实法	150～200	8～12	1. 用木夯或机械夯 2. 木夯重 40kg，落距 400～500mm 3. 一夯压半夯，全面夯实	适用于砂石垫层
碾压法	150～350	8～12	6～10t 压路机往复碾压，碾压次数以达到要求密实度为准	适用于大面积的砂石垫层，不宜用于地下水位以下的砂垫层

（7）冬期施工时,不得采用夹有冰块的砂石作垫层,并应采取措施防止砂石内水分冻结。

3. 质量检查

（1）原材料、配合比应符合设计要求,砂、石应搅拌均匀。

（2）施工过程中必须检查分层厚度、分段施工时搭接部分的压实情况、加水量、压实遍数、压实系数。

（3）施工结束后,应检验砂石地基的承载力。砂、石地基的质量验收标准应符合表2-4的规定。

砂及砂石地基质量检验标准　　　　　　　　　　　表 2-4

项	序	检 查 项 目	允许偏差或允许值		检 查 方 法
			单位	数值	
主控项目	1	地基承载力	设计要求		按规定方法
	2	配合比	设计要求		检查拌合时的体积比或重量比
	3	压实系数	设计要求		现场实测
一般项目	1	砂石料有机质含量	%	≤5	焙烧法
	2	砂石料含泥量	%	≤5	水洗法
	3	石料粒径	mm	≤100	筛分法
	4	含水量（与最优含水量比较）	%	±2	烘干法
	5	分层厚度（与设计要求比较）	mm	±50	水准仪

2.2.3 强夯地基

强夯地基就是对地基进行强力夯击而改造土体结构的方法。在作用机理上与重锤夯实法有区别。它是将8～40t重的夯锤利用起重机械吊起,从6～30m的高处自由下落,产生巨大的冲击能,在土体中出现冲击波和很大的应力,而迫使土颗粒重新排列,排除孔隙中的气和水,改变了原地基土体的内部结构,从而提高地基强度,降低其压缩性。强夯法适用于碎石土、砂土、黏性土、湿陷性黄土及杂填土地基的深层加固。该法效果好、速度快、节省材料、施工简单,但施工时噪声和振动较大。

1. 机具设备

夯锤用铸钢或铸铁制作,也可用钢板外壳内浇钢筋混凝土制作。如图2-6所示。夯锤中宜设置若干个上下贯通的气孔,以减少夯击时的空气阻力。夯锤底面宜成圆形,易使锤印重合。底面积大小取决于表层土质,对砂土一般为$2～4m^2$,黏性土为$3～4m^2$,淤泥质土为$4～6m^2$。

起重机一般采用自行式起重机。起重能力应大于锤重的1.5倍。并需设安全装置,以防夯击时臂杆后仰。吊钩宜采用自动脱钩装置。如图2-7所示。

2. 有关技术参数

锤重Q（t）和落距h（m）可按下列经验公式选定。

$$H \backsimeq k \cdot \sqrt{Qh} \qquad (2-1)$$

式中　H——要求加固土层的深度,m;

　　　k——经验系数,一般取0.4～0.7。

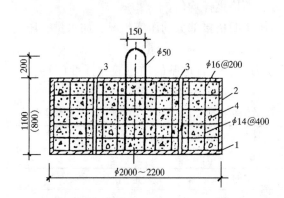 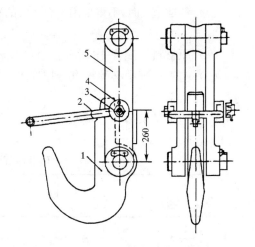

图 2-6　12t 钢筋混凝土夯锤　　　　　图 2-7　脱钩装置图

1—钢底板,厚 30mm;2—钢外壳,厚 18mm;3—$\phi159\times5$　　1—吊钩;2—锁卡焊合件;3—螺栓;

钢管 6 个;4—C30 钢筋混凝土,钢筋用 Q215F　　4—开口销;5—架板

夯点布置一般按正方形或梅花形网格排列。其间距可根据基础布置、加固土层深度和土质条件而定,一般为 5～15m。

夯击遍数通常为 2～5 遍,前 2～3 遍为"间夯",最后一遍为低能量的"满夯"。每遍每夯点一般为 3～10 击,最后一遍每夯点 1～2 击。

两遍的间隔时间一般为 1～4 周。对于黏性土或冲积土常为 3 周。若地下水位在 5m 以下,地质条件较好时,可隔 1～2d 或连续夯击。

加固范围对于一般建筑物,在最外围基础轴线以外 3m 布置一圈夯击点即可;对于重要工程应比设计的地基长、宽各加一个加固深度 H。

3. 施工要点

(1) 施工前应试夯,做好强夯前后试验结果对比分析,确定正式施工的各项参数。施工时以各个夯击点的夯击数为控制数值,也可采用试夯后确定的沉降量控制。

(2) 夯击时夯锤应保持平稳,夯位准确。如错位或坑底倾斜过大,宜用砂土将坑底整平才能进行下一次夯击。

(3) 每夯击一遍完成后,应随时测量场地平均下沉量,然后用土将夯坑填平,方可进行下一遍夯击。最后一遍的场地平均下沉量必须符合要求。

(4) 雨期施工,夯击坑内或夯击过的场地有积水时必须及时排除。冬期施工,首先应将冻土击碎,然后再按各点规定的夯击数施工。

(5) 强夯施工离原建小于 10m 时,应挖防震沟。沟深应超过原建筑物的基础深。

(6) 强夯施工应做好记录。

4. 质量检查

(1) 施工前应检查夯锤重量、尺寸,落距控制手段,排水设施及被夯地基的土质。

(2) 施工中应检查落距、夯击遍数、夯击点数、夯击范围。

(3) 施工结束后,检查被夯地基的强度并进行承载力检验。强夯地基质量检验标准应符合表 2-5 的规定。

项	序	检 查 项 目	允许偏差或允许值		检 查 方 法
			单位	数值	
主控 项目	1	地基强度	设计要求		按规定方法
	2	地基承载力	设计要求		按规定方法
一般 项目	1	夯锤落距	mm	±300	钢索设标志
	2	锤重	kg	±100	称重
	3	夯击遍数及顺序	设计要求		计数法
	4	夯点间距	mm	±500	用钢尺量
	5	夯击范围（超出基础范围距离）	设计要求		用钢尺量
	6	前后两遍间歇时间	设计要求		

2.2.4 振冲地基

振冲法加固地基，是以起重机吊起振冲器，通过高频振动和喷射高压水流的双重作用使振冲器沉入土中预定深度形成桩孔，经清孔后向孔内分层添加碎石填料或其他粒料并振挤密实，从而在地基土中形成多根大直径的密实桩体，与原地基构成复合地基。振冲加固地基后，提高了地基承载力，改善土体的排水降压通道，并对可能发生液化的砂土产生预振效应，防止液化。

振冲法加固地基在黏性土中应用，主要起置换作用，故称振冲置换。在砂性土中应用，起挤密作用，故称振冲挤密。不加填料的振冲挤密仅适用于处理黏粒含量小于10%的细砂、中砂地基。

1. 机具设备

设备主要有振冲器、起重机、水泵及供水管道、加料设备和控制设备等。

振冲器为立式潜水电机直接带动一组偏心块，产生一定频率和振幅的水平方向振力的专用机械。压力水通过振冲器空心竖轴从下端喷口喷出，其构造如图2-8所示。用附加垂直冲击式的振冲器则效果更好。

2. 施工工艺

碎石桩成桩施工过程如图2-9所示。主要包括定位、成孔、清孔和振密等。

（1）定位。振冲前应按设计图定出冲孔中心位置并编号。

（2）成孔。起重机悬吊振冲器，对准桩位，打开下喷水口，启动振冲器，在其自重和高压水流的作用下，以1～2m/min的速度沉入土中。每沉入0.5～1.0m宜留振5～10s进行扩孔，待孔内泥浆溢出时再继续沉入。

（3）清孔。当下沉达设计深度时，振冲器在孔底适当留振并关闭下喷口，打开上喷水口，用循环水带出孔中稠泥浆。

（4）振实。振冲器提出孔口，向孔内倒入填料约1m高，下落振冲器至填料中振密，待密实电流达到规定数值，振冲器提出孔口，重复填料、振密直至成桩。

3. 施工要点

（1）施工前应先在现场进行振冲试验，以确定振冲孔间距、密实电流值、成孔速度、

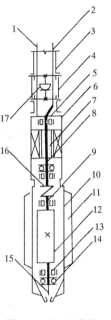

图 2-8 ZQC 系列
振冲器构造示意图
1—电缆；2—水管；
3—吊管；4—减振器；
5—电机垫板；6—潜水
电机；7—转子；8—电
机轴；9—中空轴；
10—壳体；11—翼板；
12—偏心体；13—向心
轴承；14—推力轴承；
15—射水管；16—联轴
节；17—万向节

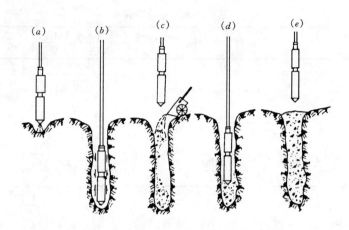

图 2-9　碎石桩制桩步骤

(*a*) 定位；(*b*) 振冲下沉；(*c*) 加填料；(*d*) 振密；(*e*) 成桩

留振时间和填料量等施工参数。

（2）水压宜为 400～600kPa，水量宜为 200～400L/min。

（3）在黏性土中成孔应重复 1～2 次，使孔内泥浆变稀，形成直径 0.8～1.2m 的孔洞。

（4）在施工场地应事先开设排泥水沟系统，将成桩中产生的泥水集中引入沉淀池。定期将池底的厚泥浆挖出，运送至预先安排的存放地点。沉淀池上部较清的水可重复使用。

（5）成孔施工顺序一般采用"由里向外"或"一边推向另一边"的方式，利于挤走部分软土。对抗剪强度很低的软黏土地基，为减少制桩时对原土的扰动，宜用间隔跳打法施工。

（6）振冲地基表面 0.1～1.0m 的范围内密实度较差，一般应予挖除。如不能挖除，则应加填碎石进行夯实或压路机辗压密实。

4. 质量检查

（1）施工前应检查振冲器的性能，电流表、电压表的准确度及填料的性能。

（2）施工中应检查密实电流、供水压力、供水量、填料量、孔底留振时间、振冲点位置、振冲器施工参数等。

（3）施工结束后，应在有代表性的地段做地基强度或地基承载力检验。振冲地基质量检验标准见表 2-6。

振冲地基质量检验标准　　　　　　　　　　　表 2-6

项	序	检 查 项 目	允许偏差或允许值		检查方法
			单位	数值	
主控项目	1	填料粒径	设计要求		抽样检查
	2	密实电流（黏性土） 密实电流（砂性土或粉土） （以上为功率 30kW 振冲器） 密实电流（其他类型振冲器）	A A A_0	50～55 40～50 1.5～2.0	电流表读数 电流表读数 电流表读数，A_0 为空振电流
	3	地基承载力	设计要求		按规定方法
一般项目	1	填料含泥量	%	<5	抽样检查
	2	振冲器喷水中心与孔径中心偏差	mm	≤50	用钢尺量
	3	成孔中心与设计孔位中心偏差	mm	≤100	用钢尺量
	4	桩体直径	mm	<50	用钢尺量
	5	孔深	mm	±200	量钻杆或重锤测

2.2.5 水泥土搅拌桩地基[①]

用水泥（或石灰）作为固化剂，通过特制的深层搅拌机械，如图 2-10 所示，在地基深处就地将软土和固化剂浆液强制搅拌，固化剂和软土之间产生一系列物理——化学反应，使软土硬结成具有整体性、水稳定性和一定强度的地基。该法适用于加固饱和软黏土地基，另外，还常作为重力式支护结构起挡土、挡水作用。

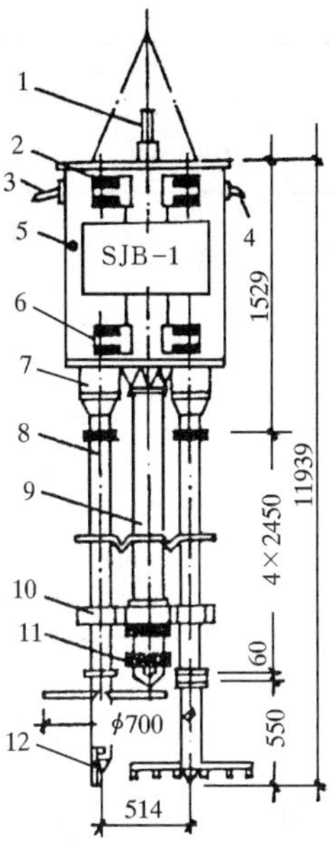

1. 施工工艺

水泥土搅拌桩地基施工又称为深层搅拌法，其施工工艺流程见教学单元 1 图 1-9。

（1）定位。起重机（塔架）悬吊深层搅拌机到达指定桩位，对中。当地面起伏不平时，应使起吊设备保持水平。

（2）预拌下沉。将深层搅拌机用钢丝绳吊挂在起重机上，用输浆胶管将贮料出罐砂浆泵同深层搅拌机接通，待深层搅拌机的冷却水循环正常后，启动搅拌机电机，放松起重机钢丝绳，使搅拌机借设备自重沿导向架搅拌切土下沉，下沉速度可由电机的电流监测表控制，一般为 0.38～0.75m/min，工作电流不应大于 70A。如果下沉速度太慢，可从输浆系统补给清水以利钻进。

（3）制备水泥浆。待深层搅拌机下沉到一定深度时，即开始按设计确定的配合比拌制水泥浆，待压浆前将水泥浆倒入集料斗中。

（4）喷浆搅拌提升。深层搅拌机下沉到达设计深度后，开启灰浆泵将水泥浆从搅拌机中心管不断压入地基中，边喷浆边搅拌，直至提出地面完成一次搅拌过程。同时严格按照设计确定的提升速度提升深层搅拌机，一般为 0.3～0.5m/min 的均匀速度提升。

（5）重复上下搅拌。深层搅拌机提升到设计加固深度的顶面标高时，集料斗中的水泥浆应正好排空。为使软土和水泥浆搅拌均匀，可再次将搅拌机边旋转边沉入土中，至设计加固深度后再将搅拌机提升出地面，即完成一根柱状加固体。

（6）清洗。向集料斗中注入适量清水，开启灰浆泵，清洗全部管路中残存的水泥浆，直到基本干净，并将粘附在搅拌头的软土清洗干净。

（7）移位。重复上述（1）～（6）步骤，进行下一根桩的施工。

考虑到搅拌桩顶部与上部结构的基础或承台接触部分受力较大，因此通常还可对桩顶 1.0～1.5m 范围内再增加一次输浆，以提高其强度。

2. 质量检验

（1）施工中应检查机头提升速度、水泥浆或水泥注入量、搅拌桩的长度及标高。

（2）施工结束后，应检查桩体强度、桩体直径及地基承载力。水泥土搅拌桩地基质量检验标准应符合表 2-7 的规定。

图 2-10 SJB-1 型
深层搅拌机

1—输浆管；2—外壳；3—出水口；4—进水口；5—电动机；6—导向滑块；7—减速器；8—搅拌轴；9—中心管；10—横向系板；11—球形阀；12—搅拌头

---

① 新规范中定名为水泥搅拌地基，即过去俗称的深层搅拌地基。

项	序	检 查 项 目	允许偏差或允许值		检 查 方 法
			单位	数值	
主控项目	1	水泥及外掺剂质量	设计要求		查产品合格证书或抽样送检
	2	水泥用量	参数指标		查看流量计
	3	桩体强度	设计要求		按规定办法
	4	地基承载力	设计要求		按规定办法
一般项目	1	机头提升速度	m/min	≤0.5	量机头上升距离及时间
	2	桩底标高	mm	±200	测机头深度
	3	桩顶标高	mm	+100 −50	水准仪（最上部 500mm 不计入）
	4	桩位偏差	mm	<50	用钢尺量
	5	桩径		<0.04D	用钢尺量，D 为桩径
	6	垂直度	%	≤1.5	经纬仪
	7	搭接	mm	>200	用钢尺量

2.2.6　旋喷地基

旋喷地基就是钻机钻到预定深度后，高压泵把水泥浆通过钻杆端头的特殊喷嘴水平方向喷入土层，同时，喷嘴缓慢旋转且钻杆徐徐提升，借助高压浆液的水平射流不断切削土层并与切削下来的土充分搅拌混合，在浆液的有效射程范围内，形成一个由圆盘状混合物连续堆积而成的圆柱状凝固体，即旋转喷射桩。桩的抗压强度可达 0.5～8MPa，从而使地基得到加固。适用于砂土、黏性土、湿陷性黄土及人工填土等地基加固。旋喷桩桩径一般为 0.5～1.5m，并可配筋，成桩深度最大可达 40m，桩体渗透系数很小，故亦可用作防渗的支护结构。

2.2.7　其他地基加固方法简介

1. 堆载预压法

堆载预压法是在建筑物施工前，在地基表面堆土或其他荷重，使地基土压密、沉降、固结，从而提高地基强度和减少建筑物建成后的沉降量。待达到预定标准后再卸载，建造建筑物。本法具有使用材料、机具方法简单直接，施工操作方便，但堆载预压需要一定的时间，对深厚的饱和软土，排水固结所需的时间很长，同时需要大量堆载材料等特点。适用于各类软弱地基。

2. 化学加固法

化学加固法是指利用化学溶液或胶结剂，通过压力灌注或搅拌混合等措施，而将土粒胶结起来的地基处理方法。本法具有设备工艺简单、加固效果好、可提高地基强度、消除土的湿陷性、降低压缩性等特点。适用于局部加固新建或已建的建（构）筑物基础、稳定边坡以及防渗帷幕等。

2.3 钢筋混凝土预制桩施工

建筑物的全部荷载是通过基础传给地基，根据建筑物荷载的大小及地基承载能力的情况，基础可分为浅基础和深基础。浅基础适用于地基较好的多层建筑物，它造价低，施工方便。深基础适用于建筑物荷载较大，且建造地点地基的软土层很厚的情况，它承载能力高，沉降小，稳定性好，但施工技术复杂，造价高，工期长。

深基础是指桩基础、沉井基础、墩基础、管柱基础、箱型基础和地下连续墙基础等，其中以桩基础应用最广。

桩基础是一种常用的深基础形式，它是由桩身和承台组成（图 2-11）。根据不同的目的，桩基可有以下几种分类情况：

1. 按荷载传递的方式不同分为

（1）端承桩　穿过软弱土层，而达深层坚硬土层的桩（图 2-11a）。外部荷载通过桩身直接传给坚硬层，桩的承载力主要由桩的端部提供，一般不考虑桩侧摩阻力的作用。如果桩的细长比很大，由于桩身的压缩，桩侧摩阻力也可能发挥部分作用。

（2）摩擦桩　悬浮在软弱土层中的桩（图 2-11b），外部荷载主要通过桩身侧表面与土层的摩阻力传递给周围的土层，桩尖部分承受的荷载很小，一般不超过 10%。

端承桩与摩擦桩的区别：首先是两者的受力不同，端承桩主要以桩尖阻力承担全部荷载，而摩擦桩主要靠桩身与土层的摩阻力承担全部荷载。其次是施工控制不同，端承桩施工时以控制贯入度为主，桩尖进入持力层深度或桩尖标高作为参考。摩擦桩施工时以控制桩尖设计标高为主，贯入度可做参考。所谓贯入度，指最后贯入度，施工中一般采用最后三次每击 10 锤的平均入土深度作为标准，由设计通过试桩确定。

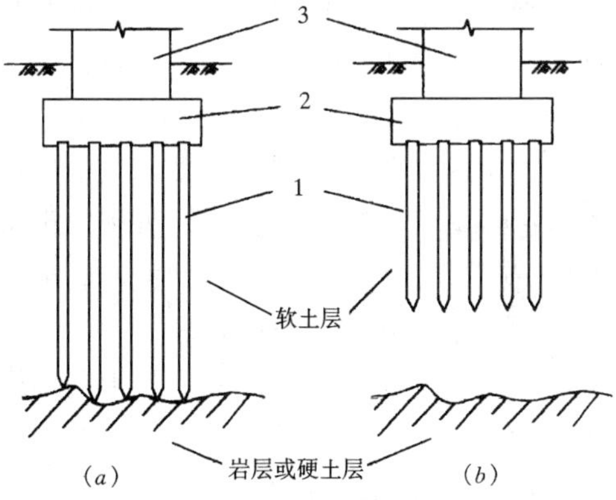

图 2-11　桩基础示意图
（a）端承桩；（b）摩擦桩
1—桩身；2—桩基承台；3—上部建筑物

2. 按施工方法可分为

（1）预制桩　是在工厂或施工现场制作的桩，包括钢筋混凝土桩、预应力混凝土桩、钢管或型钢桩等，用沉桩设备打入、压入或振入土中。

（2）灌注桩　是在施工现场的桩位上用机械或人工成孔，然后在孔内灌注混凝土而成。根据成孔方法不同分为钻孔、挖孔、冲孔、沉管和爆扩等灌注桩。

3. 按成桩方法不同分为

（1）挤土桩　在成桩过程中，桩周围的土被挤压并压实，因而使土层受到扰动，土的工程性质受到很大改变。这类桩主要有插入或压入的预制桩，打入的封底钢管桩和混凝土管桩，以及沉管灌注桩等。

（2）部分挤土桩　在成桩过程中，桩周围的土仅受到轻微的扰动，土的原状结构和工程性质变化不明显。这类桩主要有打入截面为 I 型和 H 型钢桩、钢板桩，开口式的钢管桩（管内土挖除），预钻孔打入预制桩和螺旋桩等。

（3）非挤土桩　在成桩过程中，将与桩体积相同的土挖出，因而桩周围的土较少受到扰动，没有应力现象。这类桩主要有各种形式的挖孔、钻孔桩，井筒管桩等。

混凝土预制桩特点是：能承受较大荷载，坚固耐久，施工速度快，易于在水上施工，抗腐性能强，桩身质量易于保证和检查。但造价较灌注桩高，当采用锤击或振动法施工时，噪声污染大，不易穿过较厚的硬土层等。适用于不需考虑噪声污染和振动影响的环境，水下桩基工程，持力层以上为软弱土层，且持力层顶面起伏变化不大，桩长易于控制，减少截桩的情况下。

2.3.1　混凝土预制桩的制作、起吊、运输和堆放

混凝土预制桩常用的有混凝土实心方桩和预应力混凝土空心管桩。直径一般为 250～550mm，单桩长度根据打桩机桩架高度，一般不超过 27m，超过时，需分段制作，打桩时逐段连接。较短的桩多在预制厂生产，较长的桩可在现场或现场附近制作。

预制桩的配筋应符合设计要求，混凝土的强度等级为 C30～C40。现场制作混凝土预制桩时，混凝土浇筑应由桩顶向桩尖连续浇筑捣实，一次完成，制作完后，养护的时间不少于 7d。

混凝土达设计强度 70% 后，方可起吊，达到设计强度的 100% 方可进行运输。如提前吊运，必须经过强度和抗裂验算合格。桩在起吊时，必须保证平稳，吊点位置和数目应符合设计规定。当吊点少于或等于 3 个时，其位置可按正负弯矩相等的原则计算确定，多于 3 个时，则应按反力相等的原则计算确定。

打桩前，桩从制作地点运至现场以备打桩，并根据打桩顺序随打随运，以避免二次搬运。桩的运输方式在运距不大时，可用起重机吊运，当运距较大时，常用平板拖车，并且桩下要设置活动支座。经过搬运的桩，必须进行外观检查，如质量不符合要求，应视具体情况，与设计单位共同研究处理。

桩的堆放场地必须平整坚实，垫木间距应根据吊点确定，并应设在同一垂线上，最下层垫木应适当加宽，堆放层数不宜超过四层。不同规格的桩，应分别堆放。

2.3.2　钢筋混凝土预制桩的施工

钢筋混凝土预制桩的施工方法有：锤击法、静力压桩法、振动法和辅助水冲法等。

1. 锤击沉桩（打入法）施工

锤击法是利用桩锤的冲击能量将桩沉入土中，锤击沉桩是钢筋混凝土预制桩最常用的沉桩方法。

（1）打桩设备及选择

打桩设备包括桩锤、桩架和动力装置。

桩锤——其作用是对桩施加冲击力，将桩沉入土中。

桩架——其作用是将桩吊到打桩位置，并在打入过程中引导桩的方向，保证桩锤能沿要求方向冲击。

动力装置——其作用是提供沉桩的动力，包括启动桩锤用的动力设施，如卷扬机、锅炉、空气压缩机等。

1）桩锤的选择

施工中常用的桩锤有：落锤、单动汽锤、双动汽锤、柴油桩锤（图 2-12）、振动桩锤和液压桩锤，其适用范围见表 2-8。

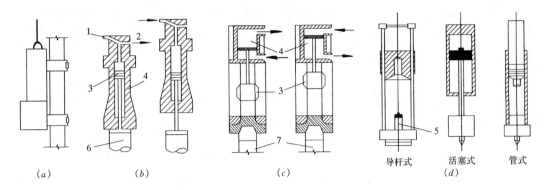

图 2-12　各种桩锤的示意图

(a) 落锤；(b) 单动汽锤；(c) 双动汽锤；(d) 柴油桩锤

1—进汽口；2—排汽口；3—活塞；4—汽缸；5—燃油泵；6—桩帽；7—桩

桩 锤 适 用 范 围 　　　　　　　　　　　　表 2-8

桩锤种类	适 用 范 围	优 缺 点	附 注
落　锤	1. 适宜打各种桩； 2. 黏土、含砾石的土和一般土层均可使用	构造简单，使用方便，冲击力大，能随意调整落距，但锤击速度慢，效率较低	落锤是指桩锤用人力或机械拉升，然后自由落下，利用自重夯击桩顶
单动汽锤	适宜打各种桩	构造简单，落距短，对设备和桩头不宜损坏，打桩速度及冲击力较落锤大，效率较高	利用蒸汽或压缩空气的压力将锤头上举，然后由锤头的自重向下冲击沉桩
双动汽锤	1. 适宜打各种桩，便于打斜桩； 2. 使用压缩空气时，可在水下打桩； 3. 可用于拔桩	冲击次数多，冲击力大，工作效率高，可不用桩架打桩，但设备笨重，移动较困难	利用蒸汽或压缩空气的压力将锤头上举及下冲，增加夯击能量
柴油桩锤	1. 最宜用于打木桩、钢板桩； 2. 不适于在过硬或过软的土层中打桩	附有桩架、动力等设备，机架轻、移动便利，打桩快，燃料消耗少，重量轻和不需要外部能源。但在软弱土层中，起锤困难，噪声和振动大，存在油烟污染公害	利用燃油爆炸，推动活塞，引起锤头跳动
振动桩锤	1. 适宜于打钢板桩、钢管桩、钢筋混凝土桩和木桩； 2. 宜用于砂土、塑性黏土及松软砂黏土； 3. 在卵石夹砂及紧密黏土中效果较差	沉桩速度快，适应性大，施工操作简易安全，能打各种桩并帮助卷扬机拔桩	利用偏心轮引起激振，通过刚性连接的桩帽传到桩上
液压桩锤	1. 适宜于打各种直桩和斜桩； 2. 可用于拔桩和水下打桩； 3. 适合于各种土层	不需外部能源，工作可靠操作方便，可随时调节锤击力大小，效率高，不损坏桩头，低噪声，低振动，无废气公害。但构造复杂，造价高	一种新型打桩设备，冲击缸体由液压油提升和降落。并且在冲击缸体下部充满氮气，用以延长对桩施加压力的过程获得更大的贯入度

桩锤的类型应根据施工现场情况，机具设备条件及工作方式和工作效率等条件选择。

桩锤类型选定之后，还应确定桩锤的重量，一般选择锤重比桩稍重为宜。桩锤过重，所需动力设备大，不经济；桩锤过轻，桩锤产生的冲击能量大部分被桩吸收，桩不易打入，且桩头容易打坏。因此打桩时，一般采用重锤低击和重锤快击的方法效果较好。

2）桩架的选择

桩架的选择应考虑桩锤类型、桩的长度和施工条件等因素。桩架高度一般按桩长加滑轮组高再加起锤移位高度之和决定。

桩架的形式多种多样，常用的有多功能桩架及履带式桩架两种。

A. 多功能桩架（图 2-13）。它由立柱、斜撑、回转工作台、底盘及传动机构组成。它的机动性和适应性很大，水平方向可以回转 360°，立柱可以前后倾斜，底盘下装有铁轮，可以在轨道上行走。缺点是机构庞大，现场组装和拆迁比较麻烦。

B. 履带式桩架（图 2-14）。它以履带式起重机为底盘，并增加由导杆和斜撑组成的导架，性能比多功能桩架灵活，移动方便，适用范围较广。

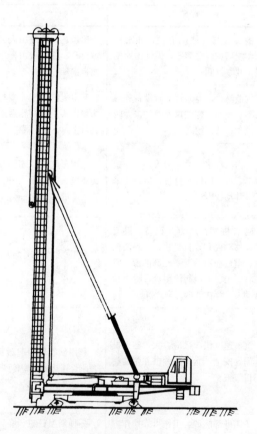

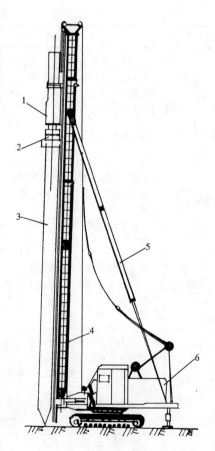

图 2-13　多功能桩架

图 2-14　履带式桩架

1—桩锤；2—桩帽；3—桩；

4—立柱；5—斜撑；6—车体

3）动力装置

动力装置的配置根据所选的桩锤性质决定，当选用蒸汽锤时，则需配备蒸汽锅炉和卷扬机。

（2）施工前的准备工作

打桩前应熟悉有关图纸资料，制定桩基工程施工技术措施，作好施工准备工作。

1）清除影响施工的地上和地下的障碍物，平整施工场地，作好排水工作。

2）定位放线

根据基础施工图确定桩基轴线，并将桩的准确位置测设到地面上，桩位可用石灰点或钉桩标出，桩基轴线偏差不得超过70mm，桩位标志应妥善保护。

3）确定打桩顺序

由于预制桩打入土中后，会对土体产生挤密作用，一方面能使土体密实，但同时在桩距较近时会使桩相互影响，或造成后打的桩下沉困难，或使先打的桩因受水平挤压而造成位移和变位，或被垂直挤拔造成浮桩，所以，群桩施工时，为保证打桩工程质量，应根据桩的密集程度、桩的规格、长短和桩架移动方便来确定选择打桩顺序。当桩距≤4d（桩径）时，桩较密集，可采取由中间向两侧对称施打，或由中间向四周施工，或采取分段施打，如图2-15所示。当桩距>4d时，可根据施工的方便确定打桩的顺序。

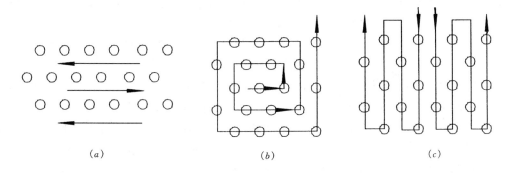

图 2-15 打桩的顺序

（a）中间向两侧对称施打；（b）中间向四周施工；（c）采取分段施打

当桩规格、埋深、长度不同时，宜先大后小，先深后浅，先长后短地施打，当一侧毗邻建筑物时，应由建筑物侧向另一方向施打。当桩头高出地面时，桩宜采取后退打。

4）设置水准点

为了检查桩的入土深度，在打桩现场附近设水准点，其位置应不受打桩影响，数量不得少于两个，同时，桩在打入前应在桩身的侧面，画上标尺或在桩架上设置标尺，以便观测桩身入土深度。

5）试桩　正式打桩前，经过试桩，可以校核拟订的设计是否完善，并为确定打桩方案及打桩的技术要求，保证质量措施提供依据。试桩应按设计规定进行，一般试桩数量不少于3根，并做好施工详细记录。

（3）预制桩的施工工艺

1）打桩的施工程序包括：桩机就位、吊桩、打桩、送桩、接桩、拔桩、截桩等。

2）施工要点：

A. 桩机就位：桩机就位时应垂直平稳，导杆中心与打桩方向一致，并检查桩位是否正确。桩机的垂直偏差不超过 0.5%，水平位置的偏差不超过 100~150mm。

B. 吊桩：桩机就位后，将桩运至桩架下，用桩架下的滑轮组将桩提升就位（吊桩）。吊桩时吊点的位置和数量与桩预制起吊时相同。当桩送至导杆内，校正桩垂直度，其偏差不超过 0.5%，然后固定桩帽和桩锤，使桩帽和桩锤在同一铅垂线上，确保桩的垂直下沉。

C. 打桩：打桩开始时锤的落距不宜过大，当桩入土一定深度稳定后，桩尖不易发生偏移时，可适当增大落距，并逐渐提高到规定的数值。

打桩宜采取"重锤低击"。重锤低击时，桩锤对桩头的冲击小，回弹也小，桩头不易损坏，大部分的能量用于克服桩身与土的摩阻力和桩尖阻力，桩能较快的沉入土中。

D. 送桩：当桩顶标高低于自然土面，则需用送桩管将桩送入土中，桩与送桩管的纵轴线应在同一直线上，拔出送桩管后，桩孔应及时回填或加盖。

E. 接桩：当设计桩较长时，需分段施打，且需在现场进行接桩。常用的接桩方法有：焊接法、法兰接法和浆锚式法。

F. 拔桩：在打桩过程中，打坏的桩需拔掉。拔桩的方法视桩的种类、大小和打入土中的深度来确定。一般较轻的桩或打入松软土中的桩，或深度在 1.5~2.5m 以内的桩，可以用一根圆木杠杆来拔出。较长的桩，可用钢丝绳绑牢，借助桩架或支架利用卷扬机拔出，也可用千斤顶或专门的拔桩机进行拔桩。

G. 截桩（桩头处理）：为使桩身和承台连为整体，构成桩基础，当打完桩后经过有关人员验收，即可开挖基坑（槽），按设计要求的桩顶标高，将桩头多余部分凿去（可用人工或风镐），但不得打裂桩身混凝土，并保证桩顶嵌入承台梁内的长度不小于 5cm，当桩主要承受水平力时，不应小于 10cm，主筋上粘着的混凝土碎块要清除干净。

当桩顶标高低于设计标高时，应将桩顶周围的土挖成喇叭口，把桩头表面凿毛，剥出主筋并焊接接长，与承台主筋绑扎在一起，然后与承台一起浇筑混凝土。

打桩必须满足贯入度或标高的设计要求，在打桩过程中如发现桩头被打碎，最后贯入度过大，桩尖标高达不到设计要求，桩身被打断，桩位偏差过大，桩身倾斜等严重质量问题，都应当会同设计单位研究，采取有效措施加以处理。

2. 静力压桩

静力压桩是利用静压力将桩压入土中，施工中虽然存在挤土效应，但没有振动和噪声，对周围干扰和影响小，适用于在城市内打桩施工及软弱土层中作业。

静力压桩机有机械式和液压式两大类。目前使用的主要是液压式静力压桩机，压力可达 400~500t，如图 2-16 所示。

目前常用的桩为预应力混凝土圆截面空心管桩，管桩实物如图 2-17 所示。采用工厂化先张法预制生产。管桩外径有 300、400、500、550、600、800、1000mm 几种。目前以外径 400mm、600mm 的应用较多。壁厚根据外径不同也有不同，如外径 300mm 的管桩壁厚为 70mm，外径 600mm 管桩壁厚为 110mm。每根桩长约为 8~12m。端头钢板厚度一般为 18~22mm，端板外缘沿圆周留有坡口，以便焊接接长。

静力压桩的施工工艺及施工要点如下：

（1）桩机就位。首先压桩机械移动就位至桩位放线点处，压桩机应保持水平，并控制

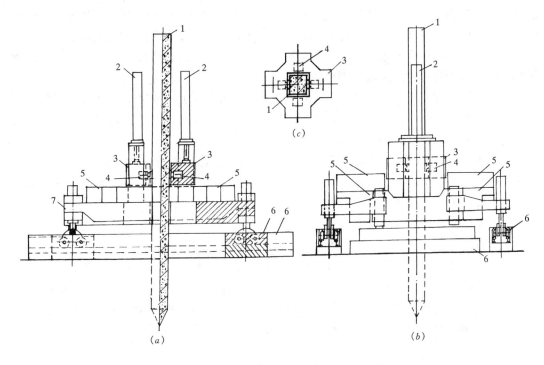

图 2-16 液压式静力压桩机工作原理示意图

(a)、(b) 侧视图及剖面图；(c) 压桩夹头俯视图

1—预制桩；2—主液压千斤顶；3—压桩夹头；4—夹紧千斤顶；5—压重；6—行走机构；7—机架

好平面位置。压桩机的型号和配重的选用应根据地质条件、桩型、桩的密集程度、单桩竖向承载力及现有施工条件等因素确定。设计压桩力不应大于机架和配重重量的 0.9 倍。压桩机沉桩时的路线不宜交叉或重叠。调整压桩机机身保持垂直，垂直度偏差不超过 1%。

（2）吊桩。利用压桩机上的吊机装置，把桩缓慢吊起呈直立状态，并对准桩位放线点。吊桩、喂桩的过程中，压桩机严禁行走和调整。喂桩时应避开夹具与空

图 2-17 预应力混凝土预制管桩实物图

心桩桩身两侧合缝位置的接触。起吊过程中应防止桩身受振动，桩身也不得与桩机碰撞。

（3）压桩。保持桩身与桩架平行后正式压桩。压桩沉桩顺序应按先深后浅、先大后小、先长后短、先密后疏的次序进行。第一节桩插入地面 0.5～1.0m 时，应调整桩的垂直度偏差不得大于 1/300。压桩时用两台经纬仪在两个垂直方向上观测垂直度，进行跟踪监测。压桩过程中应控制桩身的垂直度偏差不大于 1/200，桩位允许偏差为 150mm。

（4）接桩。当第一节桩压入后，为方便操作，在桩顶高出地面约 500～1000mm 时进行接桩。一般采用焊接法，即将上下两节桩的端板焊接连接。接桩使上下节接头端板表面应清洁干净，桩身应对中，错位不宜大于 2 mm，上下节桩段应保持顺直。接桩施焊时应

在坡口内多层满焊，每层焊缝接头应错开，并应采取措施减少焊接变形。焊接时宜沿四周对称进行，坡口、厚度应符合设计要求，不应有夹渣、气孔等缺陷。焊接完成后，应进行外观检查，检查合格后必须经 6min 自然冷却，方可继续沉桩。严禁浇水冷却或不冷却就开始沉桩。雨天焊接时应采取防雨措施。

（5）送桩。有的工程桩顶标高低于自然地面，应配备专用送桩器，送桩器的横截面外轮廓形状与所压桩相一致，器身的弯曲度不应大于 1‰。通过送桩器进行沉桩并直至达到设计要求。桩顶标高允许偏差为 ±50mm。

静压桩终压的控制标准应符合下列规定：静压桩应以标高控制为主，压力为辅；静压桩终压控制标准可结合现场试验结果确定；终压连续复压次数应根据桩长及地质条件等因素确定，对于入土深度大于或等于 8m 的桩，复压次数可为 2～3 次，对于入土深度小于 8m 的桩，复压次数可为 3～5 次；稳压压桩力不应小于终压力，稳定压桩的时间宜为 5～10s。送桩后留下的孔洞要采用方木、竹胶板覆盖，避免物品人员掉落，并及时回填，避免陷机。

（6）桩头处理。当工程全部压桩完成后，进入桩承台施工阶段，要进行桩头处理。桩顶高出设计标高的，要用专用截桩电锯截割去掉多余部分，在桩顶处绑扎安放钢筋骨架，骨架下半部的钢筋插入管桩孔内，露出管桩孔的骨架上半部钢筋呈喇叭形，与承台整体浇筑。钢筋骨架的配筋数量、等级、尺寸等按设计要求。如图 2-18 所示。

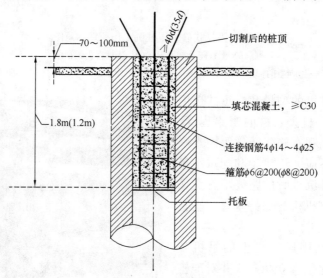

图 2-18　管桩桩顶与承台连接构造

2.4　钢筋混凝土灌注桩施工

灌注桩是直接在桩位上就地成孔，然后浇筑混凝土或钢筋混凝土而成。与预制桩相比，可节省钢材、木材和水泥，从而降低成本 30%～40%，可消除打桩对临近建筑物的有害影响。采用大直径钻孔或挖孔灌注桩时，单桩的总承载能力大，但操作要求严格，稍有疏忽，易产生质量事故，且工期长，不能立即受力，冬期施工困难。

根据成孔的工艺不同，分为干作业成孔，泥浆护壁成孔，套管成孔，爆扩成孔，人工挖孔等，其适用范围见表 2-9。

灌 注 桩 适 用 范 围 表 2-9

项 次	项 目		适 用 范 围
1	干作业成孔	螺旋钻	地下水位以上的黏性土、砂土及人工填土
		钻孔扩底	地下水位以上的坚硬、硬塑的黏性土及中密以上的砂土
		机动洛阳铲	地下水位以上的黏性土，稍密及松散的砂土
2	泥浆护壁成孔	冲抓	碎石土、砂土、黏性土及风化岩
		冲击	
		回转钻	
		潜水钻	黏性土、淤泥、淤泥质土及砂土
3	套管成孔	锤击振动	可塑、软塑、流塑的黏性土，稍密及松散的砂土
4	爆扩成孔		地下水位以上的黏性土、黄土、碎石土及风化岩石

2.4.1 干作业成孔灌注桩

干作业成孔灌注桩是先用钻机在桩位处进行钻孔，然后将钢筋骨架放入桩孔内，再浇筑混凝土而成，如图 2-19。目前常用螺旋钻孔机。

螺旋钻孔机灌注桩是利用动力旋转钻杆，向下切削土，削下的土便沿整个钻杆上升涌出孔外（图 2-20）。成孔直径一般为 300～600mm，钻孔深度 8～20m。

螺旋钻开始钻孔时，应保持钻杆垂直，位置正确，防止因钻杆晃动引起扩大孔径及增加孔底虚土。钻进速度应根据电流变化及时调整。在钻孔过程中，要随时清理孔口积土。如发现钻杆跳动，机架晃动，钻不进去或钻头发出响声时，说明钻机有异常情况，应立即停车，研究处理。当遇到地下水、塌孔、缩孔等情况时，应会同有关单位研究处理。

当钻孔钻到预定深度后，先在原处空钻清土，然后停钻提起钻杆。

桩孔钻成并清孔后，吊放钢筋骨架，浇筑混凝土。浇筑时，应随浇随振，每次高度不得大

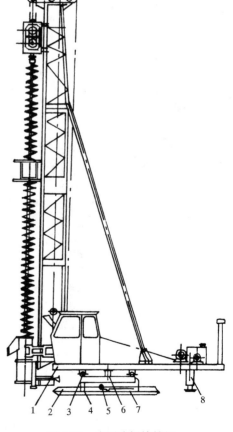

图 2-20 步履式螺旋钻机

1—上底盘；2—下底盘；3—回转轮；

4—行车轮；5—钢丝滑轮；6—回转中心；

7—行车液压缸；8—支腿

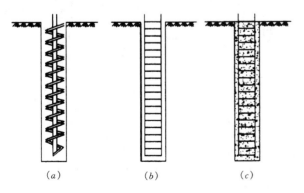

(a) *(b)* *(c)*

图 2-19 干作业成孔灌注桩工艺过程

(a) 钻孔；*(b)* 放钢筋笼；*(c)* 浇筑混凝土

51

于 1.5m。

螺旋钻孔灌注桩目前在国内外发展很快。除上述干作业螺旋钻机成孔外，还有钻孔压浆成桩法、超流态混凝土成桩法等。

钻孔压浆法的工艺原理是：先用螺旋钻机钻孔至预定深度，通过钻杆芯管利用钻头处的喷嘴向孔内自下而上高压喷注制备好的以水泥浆为主剂的浆液，使液面升至地下水位或无塌孔危险的位置处，提出全部钻杆后，向孔内沉放钢筋笼和骨料至孔口，最后再由孔底向上高压补浆，直至浆液达到孔口为止。成孔的桩径 300～1000mm，深度可达 50m。

这种方法连续作业一次成孔，多次由下而上高压注浆成桩，具有无振动、无噪声、无护壁、无泥浆排污等优点，又能在流砂、卵石、地下水位高、易塌孔等复杂地质条件下顺利成孔，而且由于高压注浆时水泥的渗透扩散，解决了断桩、颈缩、桩间虚土等问题，还有局部膨胀扩径现象，因此单桩承载力由摩擦力、支承力和端承力复合而成，比普通灌注桩约提高 1 倍以上。

超流态混凝土成桩法的施工工艺与钻孔成桩法的工艺基本相同。主要特点是先用螺旋钻成孔，然后自下而上用特殊钻头压力灌入超流态混凝土成桩，其工作原理如图 2-21 所示。

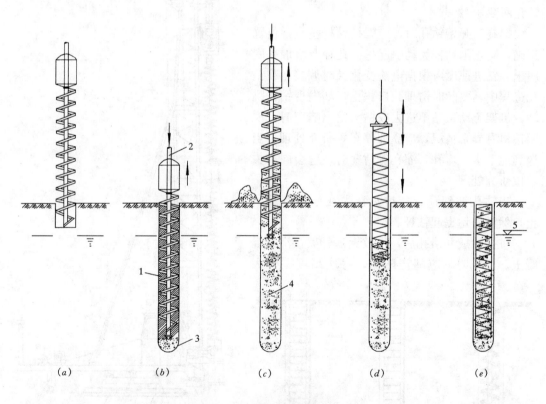

图 2-21　超流态混凝土桩成桩工艺

(a) 钻孔；(b) 压注混凝土；(c) 压注结束；(d) 沉入钢筋笼；(e) 成桩

1—被连续叶片破碎的土；2—带螺旋叶片的空心钻杆；3、4—自空心钻杆泵出的混凝土；5—地下水位

2.4.2　泥浆护壁成孔灌注桩

在地下水位较高的软土地区，采用干作业成孔灌注桩施工时，往往造成成孔施工的困

难，如塌孔、缩颈等质量事故，因此为保证成孔质量，需采用泥浆护壁措施，用泥浆保护孔壁，防止塌孔和排出土渣形成桩孔。其施工过程如图 2-22。

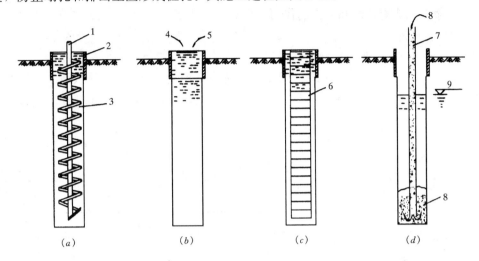

图 2-22　泥浆护壁成孔灌注桩施工过程
(a) 钻孔；(b) 清孔；(c) 放入钢筋笼；(d) 水下浇筑混凝土
1—钻杆；2—护筒；3—泥浆护壁；4—压缩空气；5—清水；
6—钢筋笼；7—导管；8—混凝土；9—地下水位

泥浆护壁成孔灌注桩施工工艺流程如图 2-23 所示。

1. 埋设护洞

(1) 护洞的作用

护洞是由 4~8mm 的钢板制成，内径应比桩径大 100mm，上部留有 1~2 个溢浆口，高度约 1.5~2m。其作用是固定桩孔位置，保护孔口，增加桩孔内水压，以防塌孔及成孔时引导钻头方向。

(2) 护筒的埋设

因护筒起定位作用，所以埋设位置应准确稳定，护筒中心线与桩位中心线偏差不得大于 50mm。护筒埋设应牢固密实，护筒与坑壁之间用黏土填实，以防漏水。护筒的埋设深度一般不宜小于 1.0~1.5m。护筒顶面高于地面 0.4~0.6m，并应保持孔内泥浆面高于地下水位 1m 以上，防止塌孔。当灌注桩混凝土达到设计强度 25% 以后，方可拆除护筒。

| 测定桩位 | → | 埋设护筒 | → | 桩机就位 | → | 成孔 | → | 清孔 | → | 安放钢筋骨架 | → | 浇筑水下混凝土 |

图 2-23　泥浆护壁成孔灌注桩工艺流程图

2. 制备泥浆

(1) 护壁泥浆的作用

为保证泥浆护壁成孔灌注桩的成孔质量，应在钻孔过程中，随时补充泥浆并调整泥浆的比重。其作用是：

1) 泥浆在桩孔内吸附在孔壁上，将孔壁上空隙填塞密实，防止漏水，保持孔内的水压，可以稳固土壁，防止塌孔。

2）泥浆具有一定的黏度，通过泥浆的循环可将切削下的泥渣悬浮后排出，起携砂、排土的作用。

3）泥浆对钻头有冷却和润滑的作用，提高钻进速度。

（2）泥浆的制备

制备泥浆的方法可根据钻孔土质确定。

在黏性土和粉质黏土中成孔时，可采用自选泥浆护壁，即在孔中注入清水，使清水和孔中钻头切削来的土混合而成。在砂土或其他土中钻孔时，应采用高塑性黏土或膨润土加水配制护壁泥浆。

（3）泥浆的比重要求（见表 2-10）

不同土层中护壁泥浆比重　　　　　　　　　　表 2-10

名　　称	粘土或粉质	砂土或较厚夹砂层	砂夹卵石或易塌孔土层
比　　重	1.1～1.2	1.1～1.3	1.3～1.5

施工中应经常测定泥浆比重，并定期测定浓度、含水率和胶体率等指标，对施工中废弃的泥浆、渣应按环境保护的有关规定处理。

3．成孔

泥浆护壁成孔灌注桩成孔的方法有：潜水钻机成孔、回转钻机成孔、冲击钻成孔和冲抓锤成孔等。

（1）潜水钻机成孔

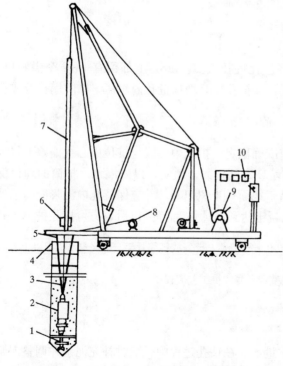

图 2-24　潜水钻机
1—钻头；2—潜水钻机；3—电缆；4—护筒；5—水管；
6—滚轮支点；7—钻杆；8—电缆盘；9—卷扬机；10—控制箱

潜水钻机（图 2-24）的工作部分由封闭式防水电机、减速机钻头组成，工作部分潜入水中工作。这种钻机体积小，重量轻，桩架轻便，移动灵活，钻进速度快（0.3～2m/min），噪声小，钻孔直径 600～1500mm，钻孔深度可达 50m。适用于地下水位高的淤泥质土、黏性土、砂土等土层中成孔。

（2）回转钻机成孔

回转钻机是由动力装置带动钻机的回转装置转动，从而使钻杆带动钻头转动，由钻头切削土壤，这种钻机性能可靠，噪声和振动小，效率高、质量好。适用于松散土层、黏性土层、砂砾层、软硬岩层等各种地质条件。

（3）冲击钻成孔

冲击钻是把带钻刃的重钻头（又称冲锤）提高，靠自由下落的冲击力来削切土层或岩层，排出碎渣成孔。它适用于碎石土、砂土、黏性土及风化岩层等，桩径可达 600～1500mm，如图 2-25 所示。

（4）冲抓锤成孔

冲抓锤成孔是将冲抓锤头提升到一定高度，锤斗内有压重铁块和活动抓片，下落时抓片张开，锤头自由下落冲入土中，然后开动卷扬机拉升锤头，此时抓片闭合抓土，将冲抓锤整体提升至地面卸土，依次循环成孔（图 2-26）。适用于松散土层，如腐殖土、砂土、黏土等。

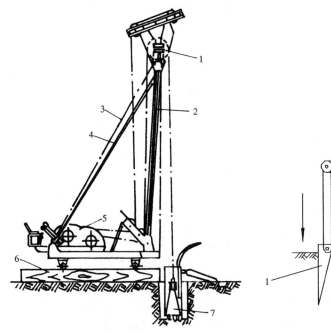

图 2-25　冲击钻机

1—滑轮；2—主杆；3—拉索；4—斜撑；

5—卷扬机；6—垫木；7—钻头

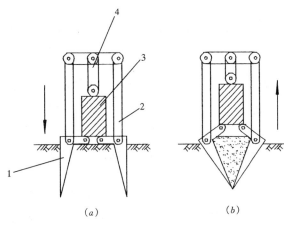

图 2-26　冲抓锤

（a）抓土；（b）提土

1—抓片；2—连杆；3—压重；4—滑轮组

（5）成孔过程的排渣方法

1）抽渣筒排渣

抽渣筒排渣（图 2-27）构造简单，操作方便，抽渣时一般需将钻头取出孔外，放入抽渣筒，下部活门打开，泥渣进入筒内，上提抽渣筒，活门在筒内泥渣的重力作用下关闭，抽渣筒将泥渣提出孔外。

2）泥浆循环排渣：可分为正循环排渣和反循环排渣法。如图 2-28 所示。

A. 正循环排渣法是泥浆由钻杆内部沿钻杆从端部喷出，携带钻下的土渣沿孔壁向上流动，由孔口将土渣带出流入沉淀池，经沉淀的泥浆流入泥浆池由泵注入钻杆，如此循环，沉

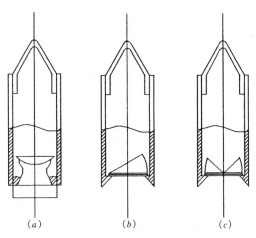

图 2-27　抽渣筒构造示意图

（a）碗形活门；（b）单扇活门；（c）双扇活门

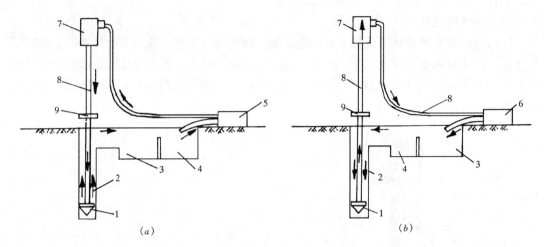

图 2-28　泥浆循环成孔工艺

(a) 正循环；(b) 反循环

1—钻头；2—泥浆循环方向；3—沉淀池；4—泥浆池；5—泥浆泵；6—砂石泵；

7—水龙头；8—钻杆；9—钻杆回转装置

淀的泥渣用泥浆车运出场外。

B. 反循环排渣法是泥浆由孔口流入孔内，同时砂石泵沿钻杆内部吸渣，使钻下的土渣由钻杆内腔吸出并排入沉淀池，沉淀后流入泥浆池。反循环工艺排渣效率高。

4. 清孔

当钻孔达设计要求深度后，应进行成孔质量的检查和清孔，清除孔底沉渣、淤泥，以减少桩基的沉降量，保证成桩的承载力。清孔可采用泥浆循环法或抽渣筒排渣。如孔壁土质较好不易塌孔时，也可用空气吸泥机清孔。

清孔后的泥浆相对密度，当在黏土中成孔时，泥浆比重应控制在 1.1 左右，土质较差时应控制在 1.15～1.25。在清孔过程中必须随时补充足够的泥浆，以保持浆面的稳定，一般应高于地下水位 1.0m 以上。清孔满足要求后，应立即安放钢筋笼，浇筑混凝土。

5. 浇筑水下混凝土

泥浆护壁成孔灌注桩混凝土的浇筑是在泥浆中进行的，故为水下浇筑混凝土。常用的方法主要有：导管法和泵送混凝土法等。如图 2-29 所示。

导管法浇筑混凝土时，先将分节安装好的导管吊入桩孔内，导管顶部高出泥浆面 3～4m，底部距孔底 0.3～0.5m。导管内设隔水栓，用细钢丝悬吊在导管下口。浇筑时，在导管内灌入足够量的混凝土，保证导管一次埋入混凝土面以下 0.8m 以上，剪断钢丝后，混凝土下沉至孔底并把导管埋入混凝土内，泥浆沿导管外上浮。然后连续浇筑混凝土。拔管应保证导管始终埋入混凝土中不少于 2m，孔内泥浆用潜水泵回收到贮浆槽里沉淀。

2.4.3　套管成孔灌注桩

套管成孔灌注桩是利用锤击或振动方法将带有桩尖（桩靴）的桩管（钢管）沉入土中成孔。当桩管打到要求深度后，放入钢筋骨架，边浇筑混凝土，边拔出桩管而成桩，其施工工艺过程如图 2-30 所示。

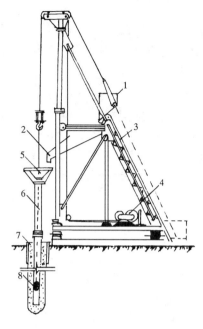

图 2-29　水下浇筑混凝土

1—上料斗；2—送料口；3—滑道；4—卷扬
机；5—漏斗；6—导管；7—护筒；8—隔水栓

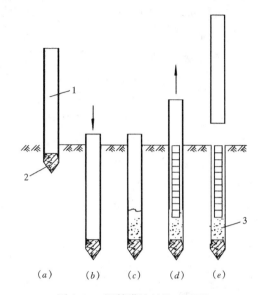

图 2-30　沉管灌注桩施工过程

(a) 就位；(b) 沉套管；(c) 初灌混凝土
(d) 放钢筋笼、灌注混凝土；(e) 拔管成桩

1—钢管；2—桩靴；3—桩

套管成孔灌注桩使用的机具设备与预制桩施工设备基本相同。它的施工特点是，施工方便，施工速度快，工期短，造价低，但振动、噪声较大，受桩管口径限制，影响单桩承载力，易产生颈缩隔层等质量问题。

1. 桩靴与桩管

桩靴可分为钢筋混凝土预制的（图 2-31）和活瓣式的（图 2-32）两种。其作用是阻止地下水及泥砂进入桩管，因此，要求桩靴应具有足够强度，开启灵活，并与桩管贴合紧密。

桩管一般采用无缝钢管，直径 270～600mm，其作用是形成桩孔，因此，要求桩管具有足够的刚度和强度。

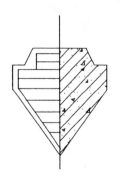

图 2-31　钢筋混凝土
预制桩尖

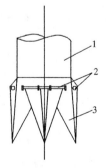

图 2-32　活瓣桩尖

1—桩管；2—锁轴；
3—活瓣

2. 成孔

常用的成孔机械有振动沉管机和锤击沉桩机,由于成孔不排土,而靠沉管壁把土挤压密实,所以群桩基础或桩中心距小于3~3.5倍的桩径,应制定合理的施工顺序,以免影响相邻的质量。

3. 混凝土浇筑与拔管

浇筑混凝土和拔起桩管是保证质量的重要环节。当桩管沉到设计标高后,停止振动或锤击,检查管内无泥浆或水进入后,即放入钢筋骨架,开始灌注混凝土并同时进行拔管,拔管时必须边振(打)边拔,以确保混凝土振捣密实。拔管时,桩管内的混凝土不少于2m,拔管速度必须严格控制。当采用振动沉桩时,在一般土层内拔管速度宜为1.2~1.5m/min,桩尖为预制时可适当加快,采用活瓣桩尖时宜慢;在软弱土层中宜控制在0.6~0.8m/min。当采用锤击沉管时,宜控制在0.8~1.2m/min。

2.4.4 人工挖孔灌注桩

人工挖孔灌注桩是采用人工挖孔后,安放钢筋笼,浇筑混凝土成型。也称大直径人工挖孔桩。直径在1~5m之间,有很高的强度和刚度,每根桩的承载力可达几百吨,甚至几千吨,适用于高层、超高层及重型工业厂房、设备基础等。

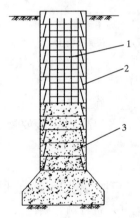

图 2-33　人工挖孔灌注桩
1—钢筋;2—护圈;3—混凝土

挖孔灌注桩的特点是:设备简单,噪声小,振动小,无挤土现象,施工质量可靠,桩径不受限制,承载力大,与其他桩相比较经济。但工人的作业环境较差,施工时应特别重视工人的人身安全如防毒、防触电等,必须严格按照操作规程进行施工,制定可靠的安全技术措施。

人工开挖为防止塌方造成事故,需做护圈,每挖一段则浇筑一段护圈,护圈一般为钢筋混凝土现浇的。否则对每一桩身则需事先施工围护,然后才能开挖。人工开挖还需注意通风、照明和排水。人工挖孔灌注桩如图2-33所示。

2.4.5 承台施工

承台就是在桩顶浇筑的钢筋混凝土梁或板。它支撑上部墙或柱传来的荷载并传给下面的桩基。承台的尺寸由设计确定,承台的钢筋保护层厚度不宜小于50mm。

承台施工应在桩基验收合格后进行。灌注桩的桩顶处理必须在桩身混凝土达到设计强度后方可进行。

桩头的处理:预制空心管桩在打完之后,桩尖以上1~1.5m范围内的空心部分应立即用豆石混凝土填实,上部用细砂填实,按设计规定的标高,将桩头多余的部分凿去,但应保证主筋伸入承台内,一般主筋伸入承台内长度,受拉时≥$25d$,受压时≥$15d$,其中 d 为钢筋直径。

当桩顶标高低于设计规定标高时,应在桩位上挖成喇叭口,将桩头表面混凝土凿毛,凿出主筋并焊接接长至设计要求的长度,并与承台底的钢筋绑扎在一起,然后,用桩身同标号的混凝土接长桩身与承台浇筑成一体。

承台施工时,先清除槽底虚土及杂物,然后安放绑扎钢筋,浇筑混凝土并进行隐蔽工程的验收。

2.5 桩基工程的质量检查与安全技术

2.5.1 桩基工程的质量检查

1. 混凝土预制桩

（1）桩在现场预制时，应对原材料、钢筋骨架、混凝土强度进行检查。采用工厂生产的成品桩时，进场后应进行外观及尺寸检查。见表 2-11、表 2-12。

预制桩钢筋骨架质量检验标准（mm）　　　　　表 2-11

项	序	检查项目	允许偏差或允许值	检查方法
主控项目	1	主筋距桩顶距离	±5	用钢尺量
	2	多节桩锚固钢筋位置	5	用钢尺量
	3	多节桩预埋铁件	±3	用钢尺量
	4	主筋保护层厚度	±5	用钢尺量
一般项目	1	主筋间距	±5	用钢尺量
	2	桩尖中心线	10	用钢尺量
	3	箍筋间距	±20	用钢尺量
	4	桩顶钢筋网片	±10	用钢尺量
	5	多节桩锚固钢筋长度	±10	用钢尺量

钢筋混凝土预制桩的质量检验标准　　　　　表 2-12

项	序	检查项目	允许偏差或允许值		检查方法
			单 位	数 值	
主控项目	1	桩体质量检验	按基桩检测技术规范		按基桩检测技术规范
	2	桩位偏差	见表 2-6		用钢尺量
	3	承载力	按基桩检测技术规范		按基桩检测技术规范
一般项目	1	砂、石、水泥、钢材等原材料（现场预制时）	符合设计要求		查出厂质保文件或抽样送检
	2	混凝土配合比及强度（现场预制时）	符合设计要求		检查称量及查试块记录
	3	成品桩外形	表面平整，颜色均匀，掉角深度＜10mm，蜂窝面积小于总面积 0.5%		直观
	4	成品桩裂缝（收缩裂缝或起吊、装运、堆放引起的裂缝）	深度＜20mm，宽度＜0.25mm，横向裂缝不超过边长的一半		裂缝测定仪，该项在地下水有侵蚀地区及锤击数超过 500 击的长桩不适用
	5	成品桩尺寸：横截面边长	mm	±5	用钢尺量
		桩顶对角线差	mm	＜10	用钢尺量
		桩尖中心线	mm	＜10	用钢尺量
		桩身弯曲矢高		＜1/1000l	用钢尺量，l 为桩长
		桩顶平整度	mm	＜2	用水平尺量

项	序	检查项目	允许偏差或允许值		检查方法
			单 位	数 值	
一般项目	6	电焊接桩：焊缝质量 　电焊结束后停歇时间 　上下节平面偏差 　节点弯曲矢高	min mm	＞1.0 ＜10 ＜1/1000*l*	秒表测定 用钢尺量 用钢尺量，*l* 为两节桩长
	7	硫磺胶泥接桩：胶泥浇筑时间 　浇筑后停歇时间	min min	＜2 ＞7	秒表测定 秒表测定
	8	桩顶标高	mm	±50	水准仪
	9	停锤标准	设计要求		现场实测或查沉桩记录

（2）桩位放样允许偏差为：20mm（群桩）和10mm（单排桩）。

（3）预制桩桩位允许偏差见表2-13。当桩顶设计标高低于施工场地标高，送桩后无法对桩位进行检查时，对打入桩可在每根桩顶沉至场地标高时，进行中间验收，待全部桩施工结束，承台或底板开挖到设计标高后，再做最终验收。

预制桩（钢桩）桩位的允许偏差（mm）　　　　表 2-13

项	项 目	允 许 偏 差
1	盖有基础梁的桩： （1）垂直基础梁的中心线 （2）沿基础梁的中心线	100＋0.01*H* 150＋0.01*H*
2	桩数为1～3根桩基中的桩	100
3	桩数为4～16根桩基中的桩	1/2桩径或边长
4	桩数大于16根桩基中的桩： （1）最外边的桩 （2）中间桩	1/3桩径或边长 1/2桩径或边长

注：*H* 为施工现场地面标高与桩顶设计标高的距离。

（4）预制桩施工中应对桩体垂直度、沉桩情况、桩顶完整状况、接桩质量等进行检查。对电焊接桩，重要工程应做10%的焊缝探伤检查。

（5）施工结束后，应对承载力及桩体质量做检验。桩体检验数量不应少于总桩数的10%，且不得少于10根。

2. 混凝土灌注桩

（1）现场搅拌混凝土，施工前应对水泥、砂、石、钢筋等原材料进行检查。

（2）桩位放样允许偏差同预制桩。

（3）桩位及垂直度偏差应符合表2-14的规定。桩顶标高至少要比设计标高高出0.5m。

序号	成孔方法		桩径允许偏差（mm）	垂直度允许偏差（%）	桩位允许偏差（mm）	
					1～3 根、单排桩基垂直于中心线方向和群桩基础的边桩	条形桩基沿中心线方向和群桩基础的中间桩
1	泥浆护壁钻孔桩	D≤1000mm	±50	<1	D/6，且不大于 100	D/4，且不大于 150
		D>1000mm	±50		100＋0.01H	150＋0.01H
2	套管成孔灌注桩	D≤500mm	－20	<1	70	150
		D>500mm			100	150
3	千成孔灌注桩		－20	<1	70	150
4	人工挖孔桩	混凝土护壁	＋50	<0.5	50	150
		钢套管护壁	＋50	<1	100	200

注：1. 桩径允许偏差的负值是指个别断面。

2. 采用复打、反撬法施工的桩，其桩径允许偏差不受上表限制。

3. H 为施工现场地面标高与桩顶设计标高的距离，D 为设计桩径。

（4）施工中应对成孔、清渣、放置钢筋笼、灌注混凝土等进行全过程检查。见表 2-15 和表 2-16。人工挖孔桩尚应复验孔底持力层土（岩）性。

项	序	检查项目	允许偏差或允许值	检查方法
主控项目	1	主筋间距	±10	用钢尺量
	2	长度	±100	用钢尺量
一般项目	1	钢筋材质检验	设计要求	抽样送检
	2	箍筋间距	±20	用钢尺量
	3	直径	±10	用钢尺量

项	序	检查项目	允许偏差或允许值		检查方法
			单　位	数　值	
主控项目	1	桩位	见表 2-14		基坑开挖前量护筒，开挖后量桩中心
	2	孔深	mm	＋300	只深不浅。用重锤测，或测钻杆、套管长度，嵌岩桩应确保进入设计要求的嵌岩深度
	3	桩体质量检验	按基桩检测技术规范。如钻芯取样，大直径嵌岩桩应钻至桩尖下 50cm		按基桩检测技术规范
	4	混凝土强度	设计要求		试件报告或钻芯取样送检
	5	承载力	按基桩检测技术规范		按基桩检测技术规范

项	序	检查项目	允许偏差或允许值		检查方法
			单 位	数 值	
一般项目	1	垂直度	见表 2-14		测套管或钻杆，或用超声波探测，干施工时吊垂球
	2	桩径	见表 2-14		井径仪或超声波检测，干施工时用钢尺量，人工挖孔桩不包括内衬厚度
	3	泥浆比重（黏土或砂性土中）	1.15～1.20		用比重计测，清孔后在距孔底 50cm 处取样
	4	泥浆面标高（高于地下水位）	m	0.5～1.0	目测
	5	沉渣厚度：端承桩 摩擦桩	mm mm	≤50 ≤150	用沉渣仪或重锤测量
	6	混凝土坍落度：水下灌注 干施工	mm mm	160～220 70～100	坍落度仪
	7	钢筋笼安装深度	mm	±100	用钢尺量
	8	混凝土充盈系数	>1		检查每根桩的实际灌注量
	9	桩顶标高	mm	+30 −50	水准仪，需扣除桩顶浮浆层及劣质桩体

（5）施工结束后，应检查混凝土强度，并应做桩体质量及承载力的检验。

（6）每浇筑 50m³ 必须有一组试件，小于 50m³ 的桩，每根桩必须有一组试件。

（7）对于地基基础设计等级为甲级或地质条件复杂时，承载力应采用静载荷试验的方法检验，桩数不应少于总数的 1%，且不应少于 3 根，当总数少于 50 根时不少于 2 根；桩身质量检验抽检数量不应少于总数的 30% 且不少于 20 根，每个柱子承台下不得少于 1 根。

2.5.2 桩基施工安全技术

施工过程中应认真按各道工序和各个工种的有关安全操作规程的规定。并注意以下几方面的问题：

（1）保证机械的稳定和安全。

（2）机具进场要注意危桥、陡坡、陷地和防止碰撞电杆、房屋等，以免造成事故。

（3）施工中机械安装的水平度和垂直度应在允许误差的范围内，并采取必要的保证措施，使其在自重、施工振动、冲击或拔管等产生的反力和偏心荷重作用下始终保持稳定状态。

（4）机械司机在操作时要思想集中服从指挥信号，不得随便离开工作岗位，并经常注意机械运转情况，发现异常及时纠正。

（5）预制桩施工时，严禁用手拨正桩头的垫料。不要在桩锤击打到桩顶即起锤或过早刹车，以免损坏桩机设备。

（6）灌注桩未浇混凝土前，桩口必须用盖板封严，钢管桩打桩后及时加盖临时桩帽，冲抓锤或冲孔锤作业时，不准任何人进入落锤区施工范围内，以防砸伤。

（7）防止对周围环境的危害

打入桩作业的噪声和振动、灌注桩施工中泥浆的流放，这些都可能对周围环境造成一定危害。因此，应采用预防或减轻各种危害的措施，防止造成损害邻近建筑物和公共环境的污染。如在已有建筑物附近打桩时，应采用隔振措施，并开挖防振沟，打隔离板及砂井排水等，或采取预钻取土打桩，静力压桩成桩方式。施工时排出的泥浆和含有水泥的废水应经沉淀处理后排放至指定地点。

（8）爆扩桩施工时，必须严格加强对炸药、雷管的管理，认真遵守有关规定和爆破安全规程。包炸药包时，不得用牙咬雷管和电线；遇雷雨时不要包药包；检查雷管和已经包好的药包的线路时，应作好安全防护；引爆时要划定安全区（一般不小于20m），并设专人警戒；当日使用的炸药、雷管必须保管好，剩余的雷管、炸药应当日收回专门仓库。

复 习 思 考 题

2-1 地基局部处理的原则是什么？

2-2 试述松土坑的处理方法（无地下水、有地下水）。

2-3 砖井或土井如何处理？当井位于房屋转角处应如何处理？

2-4 试述橡皮土的处理方法。

2-5 灰土如何配制？

2-6 灰土垫层的适用范围是什么？施工要点有哪些？

2-7 砂石垫层适用什么情况？施工过程中要点有哪些？如何进行质量控制？

2-8 试述强夯地基的加固机理。强夯施工技术参数有哪些？

2-9 试述振冲地基的施工工艺。振冲地基的施工质量如何控制？

2-10 深层搅拌地基适用于加固什么土壤？试述深层搅拌法的施工工艺。

2-11 什么是旋喷地基？

2-12 桩基由哪两部分组成？按桩的受力特点桩分几类？有何区别？

2-13 预制钢筋混凝土桩的制作要求是什么？

2-14 钢筋混凝土预制桩起吊及运输要求是什么？

2-15 钢筋混凝土预制桩堆放要求是什么？

2-16 如何确定桩架的高度和选择桩捶？

2-17 打桩前准备工作是什么？

2-18 如何确定合理的打桩顺序？打桩顺序有哪几种？

2-19 混凝土预应力管桩的施工工艺是什么？

2-20 灌注桩按成孔方法分为几种？它们的适用范围是什么？

2-21 护筒的作用与埋设要求是什么？

2-22 泥浆护壁成孔灌注桩施工时泥浆的作用是什么？如何制备？

2-23 泥浆护壁成孔灌注桩施工时排渣的方法有哪几种？内容是什么？

2-24 简述套管成孔灌注桩的施工工艺。

2-25 承台施工有哪些要求？

2-26 桩基工程的质量检查和安全技术有哪些要求？

实 训 题

2-1 某3层砌体结构小学教学楼工程，采用钢筋混凝土条形基础，在基槽土方开挖完成进行基槽检验时，在基底发现一个直径1.6m的圆形废弃砖井，深度约为3m。井内无地下水，井内填土松软。经测量其位置，基础底面的外转角点将位于井中心处，压在砖井上方约1/4的井面积。说说对这一问题的处置流程？提出技术处理方案？

2-2 做一次社会调查或通过收集资料，说说对桩基础的认识？论述桩基础施工与土方开挖关系？

提示：认识内容应包括——桩基础的应用情况、桩的类型、桩基础的优缺点、桩基础施工队伍情况等。

2-3 某软土地区拟建集商业和住宅功能的综合楼，设计采用泥浆护壁成孔灌注桩，共468根桩。桩距1.2m布置在承重墙下部，通过承台梁整体连接。按照已定的施工方案，是先将自然地面用推土机进行平整，然后在已平整的地面上开始桩身施工，之后开挖承台梁土方、进行承台梁施工等。试述该工程桩基础施工相关的工作内容？并阐述桩的施工流程？

提示：相关内容应包括——放线定桩位点、选择适宜的成孔设备并进场、相关准备工作如各种材料、混凝土搅拌设备、抽渣设备、铁皮护筒、钢筋笼制作、泥浆池等。

教学单元 3 砌体工程施工

砌体工程是利用砂浆将砖、石、砌块砌筑成设计要求的构筑物或建筑物的施工过程。砌体结构是一种古老的传统结构,从古至今,一直被广泛应用,如埃及的金字塔、我国的万里长城、西安的大小雁塔、南京明孝陵的无梁殿等等。这种结构具有就地取材、造价低、耐久性、耐火性好、施工简便、同时具有良好的保温隔热性等优点,但抗震能力较低,砌筑劳动强度较大,不利于工业化施工等。此外,黏土砖还存在与农业争地等问题。因此从节能节地考虑,应限制黏土砖的使用。利用工业废料或天然材料研制各种中小型砌块或各种轻质高强的新型墙体材料,既是砌体改革的一个方向,也是处理工业废料的一个良好途径。

3.1 脚手架工程

脚手架是土木工程施工必须使用的重要设施,是保证高处作业安全、顺利进行施工而搭设的工作平台或作业通道。砌体施工用的脚手架的作用是:使工人可以连续操作,材料可以按规定堆放,并可进行短距离的水平运输。

3.1.1 基本要求

(1) 有足够的面积,能满足施工工人操作、堆放材料和运输的需要。宽度一般为 1.5~2.0m,步架高度为 1.2~1.4m。

工人在砌筑砖墙时,劳动生产受砌筑高度的影响,一般在 0.6m 时效率最高,高于或低于 0.6m 时生产效率均下降。当砌筑到一定高度后,不搭设脚手架则砌筑工作无法进行。此高度称作"可砌高度",通常为 1.5m。考虑到砌筑的工作效率和施工组织等因素,每次脚手架的搭设高度以 1.2m 较为适宜,称作"一步架高"。

(2) 安全可靠。具有足够的强度、刚度和稳定性。能保证施工期间在各种荷载和气候条件下不变形、不倾斜、不摇晃。

(3) 装拆方便,并能多次重复使用。

3.1.2 脚手架的分类

(1) 按材料分:有木脚手架、竹脚手架、金属脚手架。

(2) 按构造形式分:有多立杆式、框式、桥式、吊式、挂式、升降式等。

(3) 按搭设位置分:有外脚手架和里脚手架。

3.1.3 外脚手架

外脚手架是沿建筑物外墙外侧周边搭设的一种脚手架。它既可用于砌筑,又可用于外装修。

1. 多立杆式脚手架

多立杆式外脚手架由立杆、纵向水平杆(大横杆)、横向水平杆(小横杆)、斜撑、脚手板等组成。其特点是每步架高可根据施工需要灵活布置，取材方便，钢、木、竹均可应用（图 3-1）。

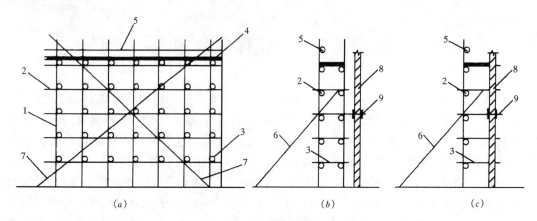

图 3-1　多立杆式脚手架

（a）立面；（b）侧面（双排）；（c）侧面（单排）

1—立杆；2—大横杆；3—小横杆；4—脚手板；5—栏杆；

6—抛撑；7—斜撑；8—墙体；9—连墙杆

钢管扣件式脚手架目前应用广泛，其特点是：杆件数量较少，装拆方便，有利于施工操作，搭设灵活，搭设高度大，坚固耐用，虽然一次投资较大，但其周转次数多，摊销费低。

扣件式脚手架是由许多钢管杆件用扣件连接而成的，主要杆件有钢管杆件（包括立杆、横杆、斜杆）、扣件、底座、脚手板、连接件等组成。钢管杆件一般采用外径 48mm，壁厚 3.5mm 的无缝钢管。长度为大横杆、立杆和斜杆 4～6m，小横杆 2.1～2.3m。

扣件是钢管与钢管之间的连接件。用可锻铸铁铸成或钢板压成，其基本形式有三种，如图 3-2 所示。

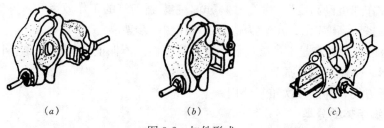

图 3-2　扣件形式

（a）回转扣件；（b）直角扣件；（c）对接扣件

钢管扣件式脚手架的构造要求：

（1）纵向水平杆宜设置在立杆内侧，其长度不宜小于 3 跨；两根相邻纵向水平杆的接头不宜设置在同步或同跨内，且在水平方向错开的距离不应小于 500mm；各接头中心至最近主节点的距离不宜大于立杆纵距的 1/3；接长宜采用对接扣件连接，也可采用搭接，搭接长度不应小于 1m，应等间距设置 3 个扣件固定。

（2）主节点处必须设置一根横向水平杆，用直角扣件扣接且严禁拆除；主节点处两个直角扣件的中心距不应大于 150mm；作业层上非主节点处的横向水平杆，宜根据支承脚手板的需要等间距设置，最大间距不应大于纵距的 1/2。

（3）每根立杆底部应设置底座或垫板；立杆接长除顶层顶步可采用搭接外，其余各处必须采用对接扣件连接；两根相邻立杆的接头不应设在同步内，同步内隔一根立杆的两个相隔接头在高度方向错开不宜小于 500mm；各接头中心至主节点的距离不宜大于步距的 1/3；搭接时长度不应小于 1m，应采用不少于 2 个旋转扣件固定。

（4）作业层脚手板应铺满、铺稳，离开墙面 120～150mm；脚手板应有三根横向水平杆支承，当板长小于 2m 时可采用两根支承；脚手板对接平铺时，接头处必须设置两根横向水平杆，外伸长取 130～150mm；脚手板搭接铺设时，接头必须支在横向水平杆上，搭接长应大于 200mm，每块板端伸出横向水平杆的长度应不小于 100mm。

（5）连墙件数量应符合表 3-1 的规定；高度在 24m 以下的单、双排脚手架，宜采用刚性连墙件与建筑物可靠连接，亦可采用拉筋和顶撑配合使用的附墙连接方式，严禁使用仅有拉筋的柔性连墙件；高度在 24m 以上的双排脚手架，必须采用刚性连墙件与建筑物可靠连接。

连墙件布置最大间距 表 3-1

脚手架高度		竖向间距 (h)	水平间距 (l_a)	每根连墙件覆盖面积 （m^2）
双 排	≤50m	$3h$	$3l_a$	≤40
	>50m	$2h$	$3l_a$	≤27
单 排	≤24m	$3h$	$3l_a$	≤40

注：h——步距；
　　l_a——纵距。

（6）单、双排脚手架应设置剪刀撑，每道剪刀撑宽度不应小于 4 跨，且不应小于 6m，其跨越立杆的根数宜按表 3-2 确定；高度在 24m 以下的单、双排脚手架，均必须在外侧立面的两端各设置一道剪刀撑，并应由底至顶连续设置，中间各道剪刀撑之间的净距不应大于 15m；高度在 24m 以上的双排脚手架应在外侧立面整个长度和高度上连续设置剪刀撑；剪刀撑斜杆的接长宜采用搭接。

剪刀撑跨越立杆的最多根数 表 3-2

剪刀撑斜杆与地面的倾角 α	45°	50°	60°
剪刀撑跨越立杆的最多根数 n	7	6	5

（7）一字型、开口型双排脚手架的两端均必须设置横向斜撑，中间宜每隔 6 跨设置一道；横向斜撑应在同一节间，由底至顶层呈之字形连续布置；封闭型双排脚手架高度在 24m，以下可不设，高度在 24m 以上除拐角处设置外，中间每隔 6 跨设置一道。

2. 碗扣式钢管脚手架

碗扣式钢管脚手架的核心部件是碗扣接头，由上下碗扣、横杆接头和上碗扣的限位销等组成（图 3-3）。其特点是构件全部轴向连接，力学性能好，接头构造合理，工作安全可靠，装拆方便，不存在扣件丢失的问题。

碗扣式钢管脚手架的主要部件有立杆、顶杆、横杆、斜杆和底座等。立杆和顶杆各有

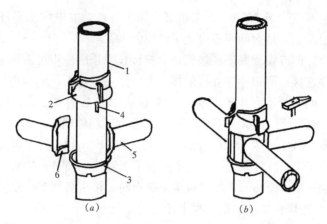

图 3-3　碗扣接头

(a) 连接前；(b) 连接后

1—立杆；2—上碗扣；3—下碗扣；4—限位销；5—横杆；6—横杆头

两种规格，在杆上均焊有间距为 600mm 的下碗扣，每一碗扣接头可同时连接 4 根横杆，可以相互垂直或偏转一定角度。立杆和顶杆相互配合，可以构成任意高度的脚手架，立杆接长时，接头应错开，至顶层再用两种顶杆找平。

3. 门式钢管脚手架

门式钢管脚手架（亦称框架组合式脚手架）是一种工厂生产，现场搭设的脚手架。是目前国际应用最普遍的脚手架，已形成系列产品。不仅可以搭设外、里脚手架、满堂脚手架，还可以搭设用于垂直运输的井字架等。

这种脚手架的搭设高度限制在 45m 以内，采取一定措施后可达到 80m 左右，当架高在 19～38m 范围内可三层同时操作，17m 以下时可四层同时作业。

门式钢管脚手架的特点是装拆方便、构件规格统一，其基本单元如图 3-4（a）所示。

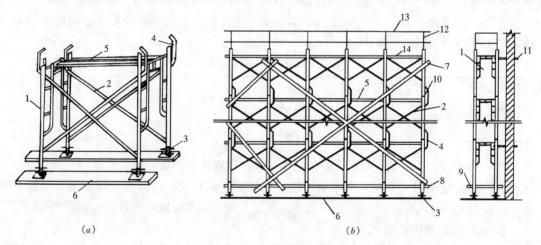

图 3-4　门式钢管脚手架

(a) 基本单元；(b) 整片门式脚手架

1—门式框架；2—交叉支撑；3—螺旋基脚；4—锁臂；5—水平梁架；6—木板；7—剪刀撑；8—扫地杆；
9—封口杆；10—连接棒；11—连墙杆；12—栏杆；13—扶手；14—脚手板

将若干单元通过连接器再竖向叠加，可组成多层框架。在水平方向，用加固杆和水平梁使相邻单元连成整体（图 3-4b）。为提高整体性，应注意纵横支撑、剪刀撑的布置及其与墙的拉接。

3.1.4　里脚手架

里脚手架搭设于建筑内部，每砌完一层墙后，即将脚手架转移到上一层楼的楼面，进行新的一层墙砌筑。里脚手架也用于室内装饰施工。里脚手架用料省，轻便灵活，装拆方便，但装拆频繁。其结构型式有折叠式、支柱式、门式等多种。

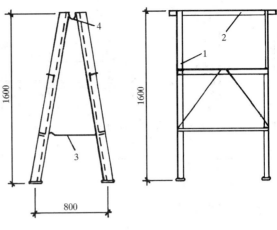

图 3-5　折叠式里脚手架
1—立柱；2—横楞；3—挂钩；4—铰链

（1）角钢折叠式脚手架（图 3-5），上铺脚手板，其架设间距，砌墙时不超过 7m，粉刷时不超过 2.5m，可以设两步，第一步高 1m，第二步高 1.65m。

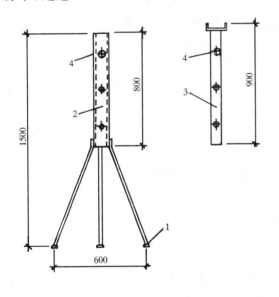

图 3-6　套管式支柱脚手架
1—支脚；2—立管；3—插管；4—销孔

（2）套管支柱脚手架（图 3-6），它是支柱式里脚手架的一种，将插管插入立管中，以销孔间距调节高度，在插管顶端的凹形支托内搁置横杆，横杆上铺设脚手板，其搭设高度为 1.5～2.2m。

（3）门架式里脚手架（图 3-7），是由两片 A 形支架与门架组成，其架设高度为 1.5～2.4m，两片 A 形支架间距为 2.2～2.5m。

3.1.5　脚手架的安全使用要求

确保脚手架使用安全是施工中的重要问题，因此，在脚手架使用中一般应做好以下几个方面内容：

（1）做好安全宣传教育，制定安全措施，按照安全技术规程搭设、使用和拆除脚手架。

（2）在搭设前要制定周密的作业方案，进行安全措施和详细的技术交底。按规定位置设置安全网、护栏、挡板等安全装置。

（3）脚手架所用材料和加工质量必须符合规定要求，不得使用不合格品。

（4）脚手架人员必须是经过按现行国家标准《特种作业人员安全技术考核管理规则》GB 5036 考核合格的专业架子工。上岗人员应定期体检，合格者方可持证上岗。

（5）在搭设和使用过程中，要经常进行检查。暂停工程复工和大风、大雨、大雪后对脚手架须进行全面的检查，发现倾斜、沉陷、悬空、接头松动、扣件破裂、杆件折裂等，

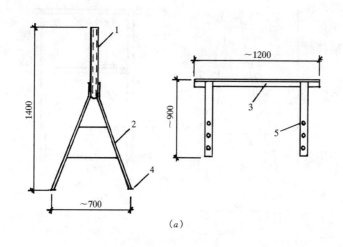
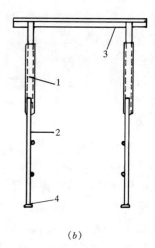

图 3-7　门架式里脚手架

(a) A 形支架与门架；(b) 安装示意图

1—立管；2—支脚；3—门架；4—垫板；5—销孔

应及时加固。

(6) 严格控制脚手架的使用荷载，确保有较大的安全储备。对多立柱式外脚手架，施工均布活荷载标准规定为：维修脚手架为 $1kN/m^2$，装饰脚手架为 $2kN/m^2$，结构脚手架为 $3kN/m^2$。若需超载，则应采取相应措施并进行验算。

(7) 在脚手架使用期间，严禁拆除下列杆件：①主节点处的纵、横向水平杆，纵、横向扫地杆；②连墙杆。

(8) 金属及其他脚手架，在山区以及高于附近建筑物的地方，雷雨季节应设置防雷装置。

(9) 金属脚手架上设置电焊机等电气设备时，应放在干燥的木板上。施工用电线路须按安全规定架设。

(10) 搭拆脚手架时，地面应设围栏和警戒标志，并派专人看守，严禁非操作人员入内。

3.1.6　高层建筑脚手架

高层建筑脚手架的类型选择及方案制定将直接影响到工程的经济合理性、施工可行性及施工安全性等，与多层建筑施工脚手架相比较，高层建筑施工用的外脚手架往往在其选型、设计计算、构造和安全技术等方面有着更严格的要求。

高层建筑脚手架的选用方案一般有以下几种：

(1) 分层（段）悬挑式的多立杆外脚手架＋里脚手架；

(2) 附着式升降外脚手架＋里脚手架；

(3) 分层（段）悬挑式的外防护脚手架＋吊篮式外脚手架＋里脚手架。

其中里脚手架可按前述的几种形式进行搭设，也可根据建筑层高、工程施工内容及工程量大小等，采用钢管扣件、门式脚手等搭设满堂脚手架，如图 3-8 所示，还可利用钢管扣件、门式脚手等制作可移动式里脚手架（活动操作平台），如图 3-9 所示。

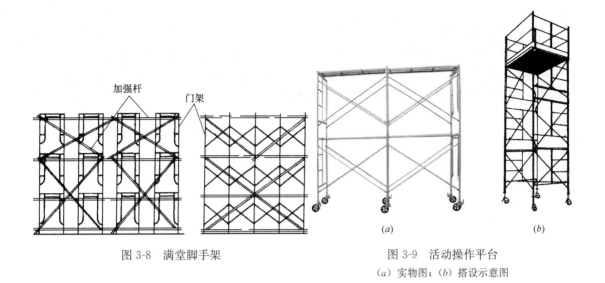

图 3-8　满堂脚手架

图 3-9　活动操作平台

（a）实物图；（b）搭设示意图

外防护脚手架主要是用于建筑施工安全防护，在架子外面挂设密目安全网，在水平方向每隔几层安装水平安全网或铺设硬防护等，因此在外装修阶段，随着自上而下的拆除，采用吊篮式外脚手架配合进行工程外装修。吊篮式脚手架实物及安装示意如图 3-10 所示。

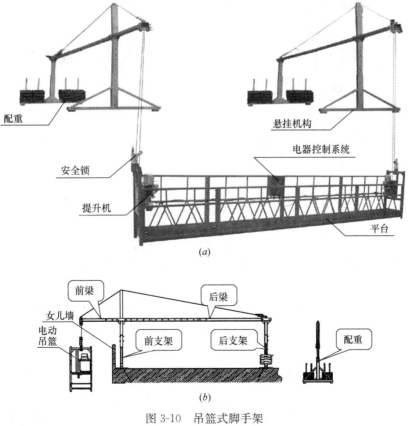

图 3-10　吊篮式脚手架

（a）吊篮式脚手架实物图；（b）吊篮式脚手架安装示意图

1. 悬挑式外脚手架

悬挑式外脚手架，是利用建筑结构外边缘向外伸出的悬挑结构来支撑外脚手架，将脚手架的全部荷载或部分荷载传递给建筑结构。悬挑脚手架的支点是悬挑支承结构，它必须有足够的强度、刚度和稳定性，并能将脚手架的荷载传递给建筑结构。悬挑支承结构以上部分的脚手架搭设方法通常与一般扣件式钢管脚手架相似。

（1）悬挑式外脚手架的结构型式

悬挑式外脚手架按其下部支承结构型式的不同大致可分为两大类：

1）下撑式（图 3-11a）。用型钢焊接的三角桁架作为悬挑支承结构的悬挑脚手架。悬出端的支承杆件是三角斜撑压杆。

2）斜拉式（图 3-11b）。用型钢作梁挑出，端头加钢丝绳（或用钢筋花篮螺栓拉杆）与上部结构斜拉形成悬挑支承结构的悬挑脚手架。

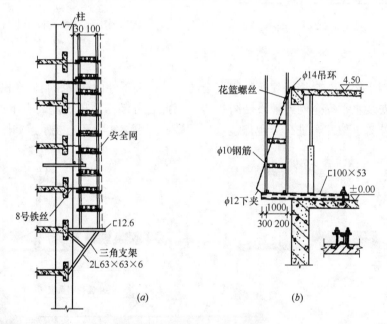

图 3-11　悬挑外脚手架的结构型式

(a) 下撑式；(b) 斜拉式

下撑式悬挑脚手架，悬出端支承杆是斜撑受压杆件，其承载能力由压杆稳定性控制，因此所需型钢的断面往往较大，钢材用量较多且笨重，而斜拉式悬挑脚手架悬出端支承杆件是斜拉索（或拉杆），其承载能力由拉索（或拉杆）的强度控制，因此断面要小得多，能节省钢材且自重轻。但在实际工程施工时，不论采用何种型式的悬挑脚手架，均应结合脚手架搭设的实际高度、荷载大小做出合理的内力分析，并经准确验算后，方可确定悬挑支承结构的间距及其各杆件的断面尺寸。

（2）悬挑脚手架的适用范围

在高层建筑施工中，遇到下列情况时，可考虑采用悬挑脚手架方案。

1）±0.000 以下结构工程的回填土不能及时回填，而主体结构工程必须立即进行，否则将影响工期。

2）高层建筑主体结构四周为裙房，脚手架不能直接支承在地面上。

3）超高层建筑施工，脚手架搭设高度超过了架子的容许搭设高度，因此将整个脚手架在高度方向分成若干段，每段脚手架分别支承在相应的支撑结构上。

2. 附着式升降脚手架（爬架）

附着式升降脚手架（图 3-12）是高层建筑主体结构和装饰装修施工进行高空作业较常用的脚手架。它的主要特点是：脚手架的材料用量仅为建筑物总高度的一部分，因此材料用量少，造价较低；脚手架附着（固定）在建筑物上，而其本身又带有升降机和升降设备，可随工程的进展沿建筑物升降，满足结构和外装修施工的需要。

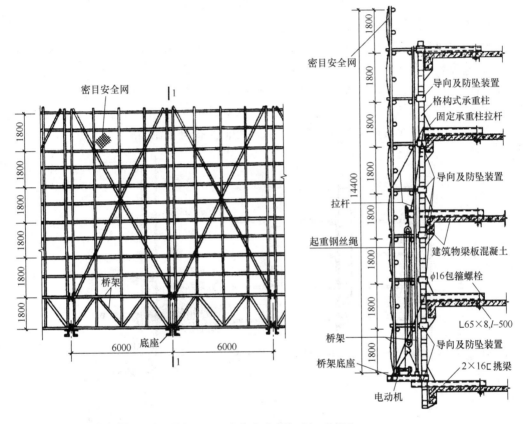

图 3-12　附着式升降脚手架示意图

（1）附着式升降脚手架的组成

附着式升降脚手架通常由架体、爬升机构、动力及控制设备和安全装置四部分组成。

架体一般均采用扣件式钢管搭设，架体高度不少于 4 个楼层的高度，架宽不宜超过 1.2m，分段单元脚手架长度不应超过 8m。每一单元架体常用型钢桁架作为底部的承力装置，桁架两端支撑于横向刚架或托架上，横向刚架又通过与其连接的附件支座固定于建筑物外边缘结构上。

爬升机构是实现架体升降、导向、防坠、固定提升设备、连接吊点和架体通过横向刚架与附墙支座连接的传力机构。其作用主要是进行可靠的附墙并能将架体上的荷载安全、准确地传递到建筑结构上。

动力设备的作用是为架体实现升降提供动力的。主要有手拉葫芦、环链式电动葫芦、液压千斤顶、螺杆升降机、升板机、卷扬机等。目前多用较易控制的电动葫芦作为提升架体的动力设备。

安全装置包括导向装置、防坠装置和同步提升控制装置。导向装置可限定架体只能沿垂直方向运动，并防止架体在升降过程中晃动、倾覆和水平向错动；防坠装置是在提升动力设备的制动装置失效、起重钢丝绳或吊链突然断裂等情况发生时，能迅速、准确锁住架体下坠的自锁装置；同步提升控制装置的作用是使架体在升降过程中，控制各提升点保持在同一水平位置上，以防止架体本身与附墙支座的附墙固定螺栓产生次应力和超载而发生事故。

（2）附着式升降脚手架的分类

目前使用的附着式升降脚手架按其构造与升降方式可分为：导轨式、主套架式、悬挑式和互爬式等数种形式（图3-13）。其中主套架式和互爬式爬架的架体多采用分段升降的方法，而悬挑式、导轨式爬架既可采用分段升降，也可采用整体升降。需说明的是，在实际工程中，无论采用何种形式的附着式升降脚手架，均应考虑好其与建筑物之间的固定措施、升降过程中的防倾覆措施及安全防坠落措施和同步提升控制措施。

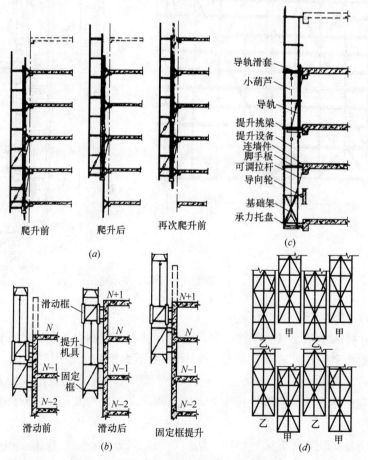

图 3-13　附着式升降脚手架的形式
（a）导轨式；（b）主套架式；（c）悬挑式；（d）互爬式

建筑施工中不论采用哪种类型的脚手架，均应按照有关要求，使脚手架与主体结构之间进行刚性连接，以保证脚手架的整体稳定。连接点的数量、间距均应符合相应规定要求。脚手架与主体结构的刚性连接方式如图 3-14 所示。

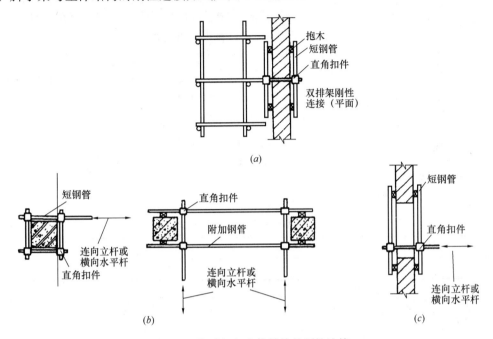

图 3-14　脚手架与主体结构的刚性连接

（a）与墙的连接；（b）与框架柱的连接；（c）与门窗洞口处墙的连接

3.2　施工垂直运输设施

建筑工程自主体结构施工阶段开始，无论是砌体结构工程还是钢筋混凝土结构工程，均有大量的材料或构配件从地面垂直运送到施工楼层，因此解决好材料和构配件的运输是建筑施工的重要内容之一，直接影响施工速度、施工质量、施工安全及施工成本等方面。

建筑工程的施工运输主要包括：地面水平运输、垂直运输和楼面水平运输。其中地面和楼面的水平运输，主要是能保证与垂直运输的协同配合，满足施工需要即可，且在相应教学单元中有介绍，而垂直运输能力则是施工的关键，本节主要介绍几种垂直运输设施。

3.2.1　塔式起重机

塔式起重机的起重臂安装在塔身上部，具有较大的起重高度和工作幅度，工作速度快，生产效率高，广泛用于多层和高层的工业与民用建筑施工。

塔式起重机按起重能力可分为：

（1）轻型塔式起重机：起重量为 0.5～3t，一般用于六层以下民用建筑施工。

（2）中型塔式起重机：起重量为 3～15t，适用于一般工业建筑与高层民用建筑施工。

（3）重型塔式起重机：起重量为 20～40t，一般用于大型工业厂房的施工和高炉等设

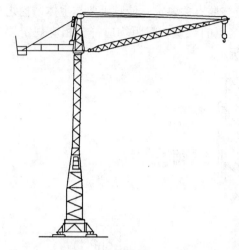

图 3-15　QT₁-6 型塔式起重机

备的吊装。

塔式起重机按构造性能可分为轨道式（移动式）、爬升式、附着式（固定式）几种。各种型式的塔式起重机型号很多，现仅介绍几种：

1. 轨道式起重机

（1）QT₁-6 型塔式起重机

QT₁-6 型塔式起重机是一种轨道式上旋转塔式起重机，如图 3-15 所示。起重量为 2～6t，幅度为 8.5～20m，最大起重力矩达 400kN·m，轨距为 3.8m，自重 24t，其性能见表 3-3。适用于工业与民用建筑的吊装或材料运输、装卸工作。

QT₁-6 型塔式起重机起重性能　　　　　　　　　　　　　　　　　表 3-3

幅度（mm）	起重量（t）	起重高度		
		无延接架	带一节延接架	带两节延接架
8.5	6.0	30.4	35.5	40.6
10	4.9	29.7	34.8	39.9
12.5	3.7	28.2	33.6	38.4
15	3	26.0	31.1	36.2
17.5	2.5	22.7	27.8	32.9
20	2.0	16.2	21.3	26.4

（2）QT₁-2 型塔式起重机

QT₁-2 型塔式起重机为轨道式塔身下回转式轻型起重机。起重量 1～2t，起重力矩 160kNm，轨距 2.8m，起升速度 14.1m/min，自重 13t。适用于五层以下民用建筑和中小型多层工业厂房的结构吊装，如图 3-16 所示。

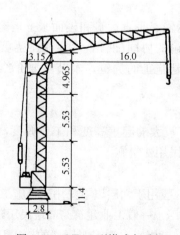

图 3-16　QT₁-2 型塔式起重机

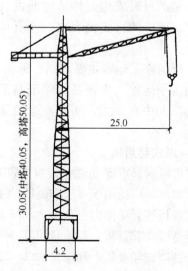

图 3-17　QT60/80 塔式起重机

（3）QT60/80 塔式起重机

QT60/80 塔式起重机是轨道是上旋转塔式起重机，起重力矩为 $600\sim800kN\cdot m$，起重量 10t，适用于工业厂房与较高的民用建筑结构吊装，如图 3-17 所示。

2. 爬升式塔式起重机

爬升式塔式起重机主要安装在建筑物内部框架或电梯间结构上，每隔 1～2 层楼爬升一次。其特点是机身体积小，安装简单，适用于现场狭窄的高层建筑结构安装。

爬升式塔式起重机由底座、塔身、塔顶、行走式起重臂、平衡臂等部分组成。如图 3-18 所示。爬升式塔式起重机性能见表 3-4。

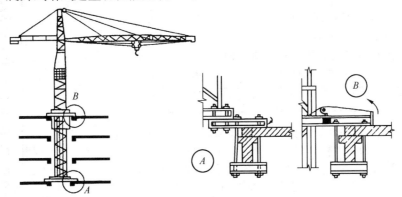

图 3-18　爬升式塔式起重机

爬升式塔式起重机性能　　　　　　　　　　　　　　　　　　　　　　表 3-4

型　　号	起重量（t）	幅度（m）	起重高度（m）	一次爬升高度（m）
QT_4-4/40	4	2～11	110	8.6
	2～4	11～20		
QT_4-4	4	2.2～15	80	8.87
	3	15～20		

起重机的爬升过程如图 3-19 所示。即固定下支座——提升套架——下支座脱空——提升塔身——固定下支座。

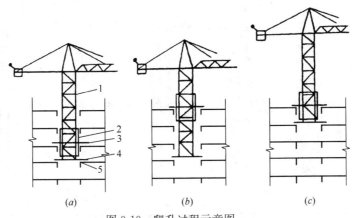

图 3-19　爬升过程示意图

（a）工作位置；（b）爬升套架；（c）提升塔身

1—塔身；2—套架；3—套架梁；4—塔身底座梁；5—建筑物楼盖梁

3. 附着式塔式起重机

附着式塔式起重机是固定在建筑物附近钢筋混凝土基础上的起重机，它随建筑物的升高，利用液压自升系统逐步将塔顶顶升，塔身接高。为了减少塔身的计算长度应每隔20m左右将塔身与建筑物用锚固装置联结起来。

QT_4-10型附着式起重机起重能力可达1600kN·m，最大起重量50kN～100kN，回转半径为3～30m，每次接高2.5m，最大起吊高度可达160m，如图3-20所示。主要性能见表3-5。

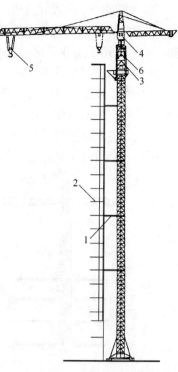

QT_4-10 附着式自升塔式起重机的
主要技术性能表　　　　　表 3-5

项　目		单位	数　据					
起重臂长		m	30			35		
工作幅度		m	3～16	20	30	3～16	25	35
起重量		t	10.0	8.0	5.0	8.0	5.0	3.0
起升速度	4 索	m/min	80					
	2 索	m/min	160					
小车牵引速度		m/min	18					
回转速度		r/min	0.47					

图 3-20　QT_4-10 型塔式起重机
1—撑杆；2—建筑物；3—标准节；
4—操纵室；5—起重小车；
6—顶升套架

QT_4-10型附着式塔式起重机的液压顶升系统主要包括：顶升套架、长行程液压千斤顶、支承座、顶升横梁及定位销等。液压千斤顶的缸体装在塔式起重机上部结构的底端支承座上。活塞杆通过顶升横梁支承在塔身顶部。其爬升过程如图3-21所示。

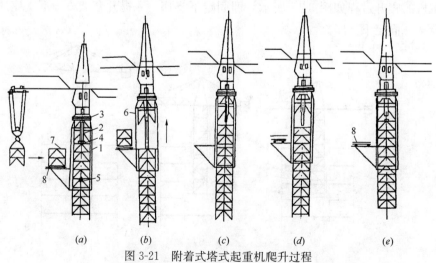

(a)　　　*(b)*　　　*(c)*　　　*(d)*　　　*(e)*

图 3-21　附着式塔式起重机爬升过程
1—顶升套架；2—液压千斤顶；3—支承座；4—顶升横梁；
5—定位销；6—过渡节；7—标准节；8—摆渡小车

3.2.2 井字架和龙门架

1. 井字架

井字架是用型钢或钢管架设，平面为"□"形或"井"字形的钢架，搭设高度可达50m～100m，在井字架的内空间垂直提升运送物料，有时还可在架体上部附带摇臂扒杆，因而在井字架外部空间也能运输物料，其起重量达5～10kN，回转半径可达10m。型钢井字架如图3-22所示。井字架除可搭设单孔架体外，也可组装成两孔或三孔，每孔可分别设吊盘和混凝土料斗，使其吊运物料灵活多用。井字架是一种简便的垂直运输设施，它的稳定性好，运输量较大牵引动力采用卷扬机。

2. 龙门架

龙门架由两根立柱及天轮梁（横梁）构成门型主结构，立柱用角钢制作成标准节，用螺栓连接安装接高。在龙门架上装设滑轮、导轨、吊盘（上料平台）、安全装置以及起重索、缆风绳等，形成完整的垂直运输体系，如图3-23所示。

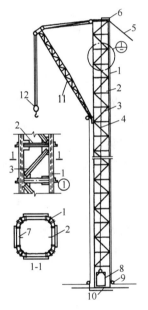

图 3-22　普通型钢井架

1—立柱；2—平撑；3—斜撑；4—钢丝绳；

5—缆风绳；6—天轮；7—导轨；8—吊盘；

9—地轮；10—垫木；11—摇臂扒杆；

12—滑轮组

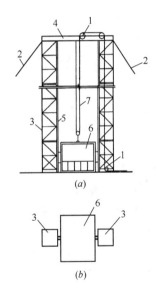

图 3-23　龙门架

（a）立面；（b）平面

1—天轮；2—缆风绳；3—立柱；4—横梁；

5—导轨；吊盘；6—地轮；7—钢丝绳

龙门架构造简单，制作容易，用材少，装拆方便，起重能力一般在20kN以内，提升高度一般为40m以内，运送能力比井字架稍差，适用于中小型工程。为了适应高层建筑施工的需要，通过改进立柱结构、增加附墙拉结等，可使龙门架安装高度大幅提高，可用于一般的高层建筑施工。

龙门架一般可单独设置，当有外脚手架时可设在脚手架的外侧，或设在脚手架的中间，但应与脚手架拉结牢固，保证龙门架和脚手架的稳定。

井字架和龙门架均要与卷扬机配合使用，可根据需要选择单筒或双筒卷扬机。通过卷扬机卷筒转动缠绕钢丝绳产生拉力，形成提升动力或使摇臂变幅等。单筒卷扬机外形如图 3-24 所示。

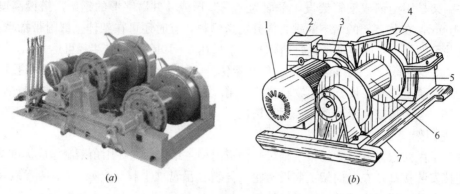

图 3-24　卷扬机
（a）双筒卷扬机实物图；（b）JKDI 型卷扬机（单筒）示意图
1—电动机；2—制动器；3—弹性联轴器；4—圆柱齿轮减速器；
5—十字联轴器；6—光面卷筒；7—机座

　　井字架及龙门架的搭设和使用，必须确保安全，应由符合资质的队伍或专业人员安装，安装检验合格后方可使用；必须按规定设置缆风绳和附墙拉结；井字架和龙门架的外围要搭设防护架并挂设安全网；井字架和龙门架均不得用于吊运施工人员。

　　随着社会经济和建筑产业的不断发展，高层建筑的层数越来越多，建筑高度也越来越大，更由于建筑机械的快速发展，井字架和龙门架在工程中的使用也越来越少，已逐步被施工升降机所取代。

3.2.3　施工升降机

　　施工升降机也称施工电梯或外用电梯，是唯一可运送人员的垂直运输设施，是人货两用电梯。在高层建筑施工中采用施工升降机运送工人上下班，可大大压缩工时损失和提高工效。统计资料表明，施工升降机运送人员所用时间占整个运营时间达 60%，施工升降机能够实现分层运送物料，既可服务于主体施工，也可服务于装饰施工，已成为目前高层建筑施工中不可或缺的施工垂直运输设施。

　　施工升降机按驱动方式分有齿轮齿条驱动式、绳轮驱动式和混合型驱动式三种，目前主要采用齿轮齿条驱动式，即驱动装置的齿轮与导轨架上的齿条啮合，并装有多级安全装置，安全可靠性好。SCD200/200 施工升降机的细部构造如图 3-25 所示。主要由天轮装置、顶升套架、对重机构、吊笼（轿厢）、电气控制系统、驱动装置、限速器、导轨架、吊杆、底笼、附墙架和安全装置等组成。SCD200/200 施工升降机，S 表示施工升降机，C 表示齿轮齿条式，D 表示有对重，200/200 表示双吊笼，每个吊笼的额定载重 2000kg。

　　施工升降机能自升接高，安装转移迅速，施工使用时应与建筑结构刚性拉结，每三层楼应用附着装置与结构墙柱等连接牢固。施工升降机与建筑结构拉结示意如图 3-26 所示。施工升降机应随着建筑物向上施工逐节接高，附着后的悬臂高度（即附着点以上的自由高度）为 12～15m，最大架设高度达 200m，可适用于 30 层以上的高层建筑施工。

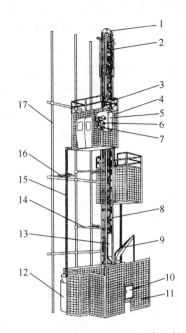

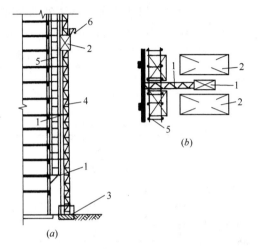

图 3-25 SCD200/200 施工升降机构造

1—天轮装置；2—顶升套架；3—对重绳轮；
4—吊笼；5—电气控制系统；6—驱动装置；
7—限速器；8—导轨架；9—吊杆；10—电源箱；
11—底笼；12—电缆笼；13—对重；14—附墙架；
15—电缆；16—电缆保护架；17—立管

图 3-26 施工升降机与建筑物的
相互关系及其拉结示意

（a）立面图；（b）平面图

1—附着装置；2—梯笼；3—缓冲机构；
4—塔架；5—脚手架；6—小吊杆

3.3　砖　砌　体　施　工

3.3.1　施工前的准备

1. 砖的准备

砖应按设计要求的数量、品种、强度等级及时组织进场，按砖的强度等级、外观、几何尺寸进行验收，并检查出厂合格证。

常温下施工时，对普通黏土砖、空心砖应提前 1～2 天浇水湿润，以水浸入砖内 1cm 左右为宜，避免砖干燥吸收砂浆中过多的水分而影响粘结力，并可除去砖面上的粉末。但浇水过多会产生砌体走样或滑动。

2. 砂浆的准备

砌筑用砂浆有水泥砂浆、石灰砂浆和混合砂浆。砂浆在砌体中的作用是传递上部荷载，粘结砌体，提高砌体的整体强度。砂浆种类选择及其等级的确定，应根据设计要求而定。一般水泥砂浆主要用于潮湿环境和强度要求较高的砌体。石灰砂浆主要用于砌筑干燥环境中以及强度要求不高的砌体。混合砂浆主要用于地面以上强度要求较高的砌体。

砂浆的配合比应根据设计要求经试验确定。当砂浆组成材料有变更时，其配合比应重新确定。砂浆配料应采用重量比，配料要准确。制备混合砂浆的石灰膏，应经筛网过滤，并经充分熟化，熟化时间不少于 7d，严禁使用脱水硬化的石灰膏。水泥出厂不应超过三个月，否则应复查试验，并按其结果使用。砂宜选用中砂，不得含有有害杂物，含泥量不应超过规定。

砂浆宜采用机械搅拌，拌制时间，自投料完成后算起，水泥砂浆和混合砂浆不得少于1.5min。对水泥粉煤灰砂浆和掺用外加剂的砂浆不得少于 3min。掺用有机塑化剂的砂浆，应为 3～5min。砂浆应随拌随用，水泥砂浆与混合砂浆必须分别在拌后的 3h 和 4h 内使用完毕，如气温在 30℃以上，则必须分别在 2h 和 3h 内用完。砂浆的稠度应符合表3-6中的规定。

砌筑砂浆稠度　　　　　　　　　　　　　　表 3-6

砌体种类	砂浆稠度（mm）
烧结普通砖砌体	70～90
混凝土实心砖、混凝土多孔砖砌体 普通混凝土小型空心砌块砌体 蒸压灰砂砖砌体 蒸压粉煤灰砖砌体	50～70
烧结多孔砖、空心砖砌体 轻骨料小型空心砌块砌体 蒸压加气混凝土砌块砌体	60～80
石砌体	30～50

砂浆强度标准值应以标准养护龄期为 28d 试块抗压强度试验结果为准。每 250m³ 的砌体中的各种类型及强度等级的砂浆，每台搅拌机应至少检查一次，每次至少应制作一组试块（每组 6 块）。如砂浆强度等级或配合比变更时，还应重新制作试块。

3. 机具准备

砌筑前，必须按施工组织设计要求组织垂直和水平运输机械。其中垂直运输机械是影响砌筑工程施工速度的重要因素。

常用的垂直运输机具有龙门架、井字架、塔式起重机等。

塔式起重机生产效率高，可同时完成水平运输，在可能条件下宜优先选用。在层数不多的砌体结构工程中，也可选用井架或龙门架。

井架其起重臂起重能力为 5～10kN，在其外伸工作范围内也可进行一定的水平运输。吊盘起重量为 10～15kN，可放置运料小车或其他散装材料。

龙门架根据立柱结构不同，其起重量为 5～15kN，在吊盘上放置运料小车与车内材料同上同下，也可直接运送散料。门架高度为 15～30m。

水平运输除可由塔式起重机进行外，也可用双轮手推车或机动翻斗车进行。

除准备施工必需的机械设备外，还应按施工要求准备脚手架、砌筑工具、质量检查工具（靠尺、皮数杆、百格网）等。

3.3.2　砖砌体的施工工艺

砌砖施工通常包括抄平、放线、摆砖样、立皮数杆、砌筑、清理和勾缝等工序。

（1）抄平

砌砖前应在基础顶面或楼面上定出各楼层标高，并用 M7.5 的水泥砂浆或 C10 细石混凝土找平，使各段砖墙能在同一标高位置开始砌筑。

（2）放线

确定各段墙体砌筑的位置。根据轴线桩或龙门板上轴线位置，在做好的基础顶面，弹出墙身中线及边线，同时弹出门洞口的位置。二层以上墙的轴线可以用经纬仪或锤球将轴线引上，并弹出各墙的轴线、边线、门洞口位置线。如图 3-27 所示。

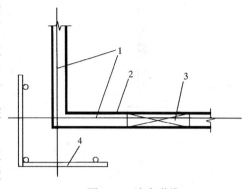

图 3-27　墙身弹线
1—墙轴线；2—墙边线；3—门洞位置线；4—龙门板

（3）摆砖样

摆砖样是为选定组砌的形式，在基础顶面放线位置试摆砖样（不铺灰），尽量使门窗垛等处符合砖的模数，偏差小时可通过调整竖向灰缝，以减少砍砖数量，并使砌体灰缝均匀、整齐，同时可提高砌筑的效率。

常用的砌体的组砌形式有一顺一丁、三顺一丁、梅花丁、全顺（用于半砖墙）、全丁（用于圆弧砌体，如烟筒、水塔）等，见图 3-28。无论选用哪种组砌形式，都必须保证上下皮砖至少错开 1/4 的砖长。

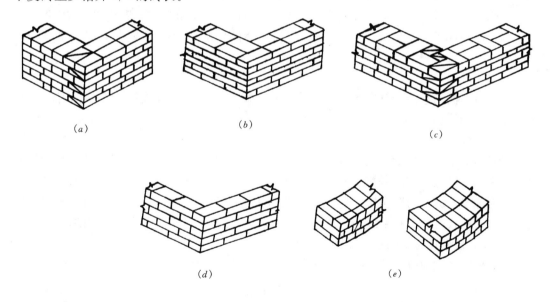

（a）　　　　　　　　（b）　　　　　　　　　　　（c）

（d）　　　　　　　　（e）

图 3-28　砖墙各种组砌形式
（a）一顺一丁；（b）三顺一丁；（c）梅花丁；（d）全顺；（e）全丁

（4）立皮数杆

皮数杆是指在其上划有每皮砖和灰缝厚度，以及门窗洞口、过梁、楼板、梁底、预埋件等标高位置的一种木制方杆，如图 3-29 所示。它的作用是砌筑时控制砌体的竖向尺寸，同时可控制砖层及灰缝水平。

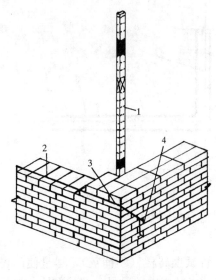

图 3-29　皮数杆示意图
1—皮数杆；2—准线；3—竹片；4—铁钉

皮数杆一般立于房屋的四大角，内外墙交接处、楼梯间以及洞口多的地方，砌体较长时，每隔 10～15m 增设。皮数杆固定时，应用水准仪抄平，并用钢尺量出楼层高度，定出本楼层楼面标高，使皮数杆上所画室内地面标高与设计要求一致。

（5）砌筑

砖砌体的砌筑方法较多，与各地的习惯、使用的工具有关，常用的砌筑方法有："三一"砌砖法、挤浆法、刮浆法和满口灰法等，其中最常用的是"三一"砌砖法和挤浆法。"三一"砌砖法：即一块砖、一铲灰、一挤揉，并将挤出的砂浆刮去的砌筑方法。其特点是灰缝饱满，粘结力好，墙面整洁。砌筑实心墙时宜选用"三一"砌砖法。

挤浆法：即先在墙顶面铺一段砂浆，然后双手或单手拿砖挤入砂浆中，达到下齐边、上齐线、横平竖直要求。其特点是：可连续砌几块砖，减少繁琐的动作，平推平挤可使灰缝饱满，效率高。

砌砖时，通常先在墙角以皮数杆进行盘角，每次盘角不得超过六皮砖，然后将准线挂在墙侧，作为墙身砌筑的依据，24 墙及其以下墙体单侧挂线，37 墙及其以上墙体双侧挂线。

（6）清理

为保持墙面的整洁，每砌十皮砖应进行一次墙面清理，当该楼层墙体砌筑完毕后，应进行落地灰的清理。

（7）勾缝

勾缝是清水墙的最后一道工序，具有保护墙面和增加墙面美观的作用。内墙面或混水墙可采用砌筑砂浆随砌随勾缝，称为原浆勾缝。外墙应采用 1：（1.5～2）水泥砂浆勾缝，称为加浆勾缝。勾缝应横平竖直，深浅一致，横竖缝交接处应平整，表面应充分压实赶光。缝的形式有凹缝和平缝等，凹缝深度一般为 4～5mm。勾缝完毕，应清理墙面。

3.3.3　砖砌体施工的技术要求

（1）砌筑基础前应校核放线尺寸，允许偏差应符合表 3-7 的规定。

放线尺寸的允许偏差　　　　　　　　　　　　　　　表 3-7

长度 L、宽度 B（m）	允许偏差（mm）	长度 L、宽度 B（m）	允许偏差（mm）
L（或 B）≤30	±5	60<L（或 B）≤90	±15
30<L（或 B）≤60	±10	L（或 B）>90	±20

（2）砌筑顺序应符合下列规定：基底标高不同时，应从低处砌起，并应由高处向低处搭砌。当设计无要求时，搭接长度不应小于基础扩大部分的高度；砌体的转角处和交接处应同时砌筑。当不能同时砌筑时，应按规定留槎、接槎。

（3）不得在下列墙体或部位设置脚手眼：120mm 厚墙、料石清水墙和独立柱；过梁上与过梁成 60°角的三角形范围及过梁净跨度 1/2 的高度范围内；宽度小于 1m 的窗间墙；砌体门窗洞口两侧 200mm 和转角处 450mm 范围内；梁或梁垫下及其左右 500mm 范围内；设计不允许设置脚手眼的部位。施工脚手眼补砌时，灰缝应填满砂浆，不得用干砖填塞。

（4）设计要求的洞口、管道、沟槽应于砌筑时正确留出或预埋，未经设计同意，不得打凿墙体和在墙体上开凿水平沟槽。宽度超过 300mm 的洞口上部，应设置过梁。

（5）240mm 厚承重墙的每层墙的最上一皮砖，砖砌体的阶台水平面上及挑出层，应整砖丁砌。

（6）尚未施工楼板或屋面的墙或柱，当可能遇到大风时，其允许自由高度不得超过规范规定。

（7）搁置预制梁、板的砌体顶面应找平、安装时应坐浆。当设计无具体要求时，应采用 1：2.5 的水泥砂浆。

（8）砌体施工时，楼面和屋面堆载不得超过楼板的允许荷载值。施工层进料口楼板下，宜采取临时加撑措施。

（9）楼层标高的传递及控制

在楼房建筑中，楼层或楼面标高由下向上传递常用的方法有以下几种：

1）利用皮数杆传递；

2）用钢尺沿某一墙角的±0.000 标高起向上直接丈量；

3）在楼梯间吊钢尺，用水准仪直接读取传递。

每层楼墙砌到一定高度（一般为 1.2m）后，用水准仪在各内墙面分别进行抄平，并在墙面上弹出离室内地面高 500mm 的水平线（"＋0.500"标高线），这条线可作为该楼层地面和室内装修施工时，控制标高的依据。

（10）钢筋混凝土构造柱的施工

设有钢筋混凝土构造柱的多层砖房，应先绑扎钢筋，再砌筑墙体，最后浇筑混凝土。构造柱部位的砖墙应砌成马牙槎，砌墙时应做到"五进五出"，即沿高每 300mm 伸出 60mm，再退回 60mm，马牙槎从每层楼面柱脚开始，应先退后出；构造柱下部应埋入地面以下不小于 500mm 或伸入地圈梁内，构造柱顶部要伸入顶层圈梁内，以形成封闭的骨架。为了加强构造柱与墙体的拉结，应沿墙高每 500mm 设 2φ6 钢筋，每边伸入墙内应不小于 1m。

（11）施工洞的留设

砌体结构施工时，为了使装修阶段的材料运输和人员能通过，常常在外墙和单元楼分隔墙上留设临时性施工洞，为保证墙身的稳定和人身安全，洞口侧边距丁字相交的墙面不小于 500mm，洞口净宽度不应超过 1m。抗震设防烈度为 9 度的地区建筑物的临时施工洞口位置，应经设计单位确定。

（12）减少不均匀沉降

沉降不均匀将导致墙体开裂，对结构危害很大，砌体施工时要严加注意。若房屋相邻高差较大时，应先建高层部分；分段施工时，砌体相邻施工段的高差，不得超过一个楼层，也不得大于 4m，柱和墙上严禁施加大的集中荷载（如架设起重机），以减少因灰缝变形而导致砌体沉降。现场施工时，砖墙每天砌筑的高度不宜超过 1.8m，雨天施工时，每天砌筑高度不宜超过 1.2m。

3.3.4 砖砌体的质量要求

砖砌体的质量要求为：横平竖直、灰浆饱满、上下错缝、接槎可靠。

1. 横平竖直

（1）横平　即要求每一皮砖必须保持在同一水平面上，每块砖必须摆平。为此，在施工时首先做好基础或楼面抄平工作。砌筑时严格按皮数杆挂线，将每皮砖砌平。

（2）竖直　即要求砌体表面轮廓垂直平整，竖向灰缝必须垂直对齐，对不齐而错位时，称为游丁走缝，影响砌体的外观质量。

墙体垂直与否，直接影响砌体的稳定性，墙面平整与否，影响墙体的外观质量。在施工过程要做到"三皮一吊，五皮一靠"随时检查砌体的横平竖直。检查墙面的平整度可用塞尺塞进靠尺与墙面的缝隙中，检查此缝隙的大小，如图 3-30 所示。检查墙垂直度时，可用 2m 靠尺靠在墙面上，看指针的位置。如图 3-31 所示。

2. 灰浆饱满

砂浆在砌体中的主要作用是传递荷载，粘结砌体。砂浆饱满度不够将直接影响砌体内力的传递和整体性，所以施工验收规范规定砂浆饱满度水平灰缝不低于 80%，且灰缝厚度控制在 8～12mm 之间。影响砂浆饱满度的主要因素有：

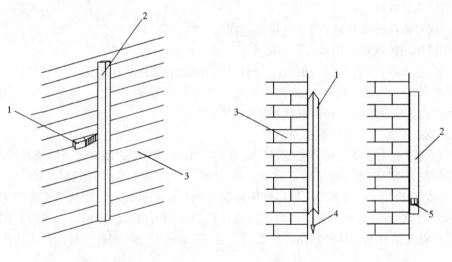

图 3-30　墙面平整度检查　　　　　图 3-31　墙面垂直度检查
1—塞尺；2—靠尺；3—墙　　　　1、2—托线板（靠尺）；3—墙；4—线锤；5—读表

（1）砂浆的和易性：和易性好不仅操作方便，而且铺灰厚度均匀，易达到砂浆饱满度要求。水泥砂浆的和易性要比混合砂浆的差，虽然混合砂浆的抗压强度比水泥砂浆的低，但其砌体的强度一般均不低于水泥砂浆砌筑的砌体。因此砌体结构施工时宜采用混合砂浆进行砌筑。

（2）砖的湿润程度：干砖上墙使砂浆的水分被吸收，影响砖与砂浆间的粘结力和砂浆饱满度。因此，砖在砌筑前必须浇水湿润，使其含水率达到 10%～15%。

（3）砌筑方法：掌握正确的砌筑方法可以保证砌体的砂浆饱满度，通常采用"三一砌砖法较好。

（4）在砌筑过程中，砌体的水平灰缝砂浆饱满度，每检验批抽查不应少于5处（每处3块砖），饱满度平均值不得低于80%。

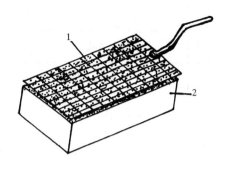

检查砂浆饱满度的方法是：掀起砖，将百格网放于砖底浆面上（图3-32），看粘有砂浆的部分占格数以百分率计。砌体的竖向灰缝也应饱满，不得出现透明缝、瞎缝和假缝。

3. 上下错缝

为了保证砌体有一定的强度和稳定性，应选择合理的组砌形式，使上下两皮砖的竖缝相互错开至

图3-32　砂浆饱满度检查
1—百格网；2—砖

少1/4的砖长。并且应内外搭砌不准出现通缝。否则在垂直荷载的作用下，砌体会由于"通缝"丧失整体性而影响强度。同时，纵横墙交接、转角处，应相互咬合牢固可靠。

4. 接槎可靠

为保证砌体的整体稳定性，砖墙转角处和交接处应同时砌筑，对不能同时砌筑而需临时间断。先砌的砌体与后砌筑的砌体之间的接合称为接槎。接槎方式合理与否对砌体的整体性影响很大，尤其是抗震设防区的接槎质量将直接影响房屋的抗震能力，必须予以足够的重视。砖砌体的转角处和交接处应同时砌筑，严禁无可靠措施的内外墙分砌施工。对不能同时砌筑而又必须留置的临时间断处，应砌成斜槎，斜槎水平投影长度不应小于高度的2/3（图3-33a）。临时间断处的高差不得超过一步脚手架的高度。非抗震设防及抗震设防烈度为6度、7度地区的临时间断处，当不能留斜槎时，除转角处外，可留直槎，但直槎必须做成凸槎。留直槎处应加设拉结钢筋，数量为每120mm墙厚放置1φ6拉结钢筋（120mm厚墙放置2φ6拉结钢筋），间距沿墙高不应超过500mm；埋入长度从留槎处算起每边均不应小于500mm，对抗震设防烈度6度、7度的地区，不应小于1000mm；末端应有90°弯钩（图3-33b）。

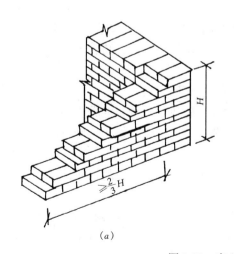

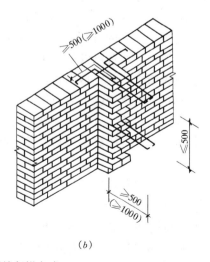

（a）　　　　　　　　　　　　（b）

图3-33　实心砖墙临时间断处留槎方式
（a）斜槎；（b）直槎

砖砌体尺寸、位置的允许偏差及检验见表3-8。

砖砌体尺寸、位置的允许偏差及检验　　　　　　　　　　表 3-8

项次	项　目			允许偏差（mm）	检验方法	抽检数量
1	轴线位移			10	用经纬仪和尺或用其他测量仪器检查	承重墙、柱全数检查
2	基础、墙、柱顶面标高			±15	用水准仪和尺检查	不应少于 5 处
3	墙面垂直度	每层		5	用 2m 托线板检查	不应少于 5 处
		全高	≤10m	10	用经纬仪、吊线和尺或用其他测量仪器检查	外墙全部阳角
			>10m	20		
4	表面平整度	清水墙、柱		5	用 2m 靠尺和楔形塞尺检查	不应少于 5 处
		混水墙、柱		8		
5	水平灰缝平直度	清水墙		7	拉 5m 线和尺检查	不应少于 5 处
		混水墙		10		
6	门窗洞口高、宽（后塞口）			±10	用尺检查	不应少于 5 处
7	外墙上下窗口偏移			20	以底层窗口为准，用经纬仪或吊线检查	不应少于 5 处
8	清水墙游丁走缝			20	以每层第一皮砖为准，用吊线和尺检查	不应少于 5 处

3.4　砌块砌体施工

我国自 20 世纪 50 年代就开始研制生产砌块，经过半个多世纪的发展，砌块在建筑工程中的应用越来越广泛。砌块具有质量轻、保温隔热性能好、节省资源等优点，有的砌块还具有环保性能。在施工过程中还可大幅地降低砌筑工人的劳动强度、施工速度快、节约砌筑砂浆等，用砌块代替烧结普通砖做墙体材料，是墙体改革的重要途径之一。

砌块按尺寸和质量的大小不同分为小型砌块、中型砌块和大型砌块。砌块系列中主规格的高度大于 115mm 而小于 380mm 的称作小型砌块、高度为 380～980mm 称为中型砌块、高度大于 980mm 的称为大型砌块。目前以中小型砌块在建筑工程中应用较多。

砌块按孔洞设置可以分为实心砌块和空心砌块，空心砌块有单排方孔、单排圆孔和多排扁孔三种形式，其中多排扁孔对保温比较有利。

按砌块在组砌中的位置与作用可以分为主砌块和各种辅助砌块。

按砌块材料不同有普通混凝土与装饰混凝土小型空心砌块、轻骨料混凝土小型空心砌块、粉煤灰小型空心砌块、蒸汽加气混凝土砌块、免蒸加气混凝土砌块、煤矸石砌块和石膏砌块等。

按主要用途分承重砌块和非承重砌块。普通混凝土小型空心砌块、粉煤灰硅酸盐砌块可用于承重结构的砌筑。

由于砌块的材料、种类及规格等众多，每种砌块的施工工艺方法也各有不同，本节主要介绍中小型砌块可参照使用的砌筑工艺方法以及用于承重结构的普通混凝土小型空心砌块和用于非承重的框架填充墙砌块两种具体情况的施工等内容。

3.4.1 中小型砌块砌体施工

1. 一般要求

中小型砌块尤其中型砌块其体积较大，虽容重较小但单块也较重，不像砖块那样可以随意搬动，且砌筑时应使用整块砌筑，不可随意砍凿，因此，在施工前应解决好两个问题：一是搬运移动和安装问题；二是砌块合理组合排列问题。

搬运移动和安装问题，仍可采用与砖一样的垂直运输方案，将砌块运输到施工楼层，但在楼层上应使用专门设备进行搬运移动和砌筑安装摆放砌块。一般是在施工的楼面上，搭设台灵架进行吊运，用以代替人力搬运并配合完成砌筑工作。如图 3-34 所示。

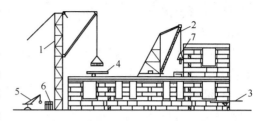

图 3-34　砌块吊运、安装及台灵架工作示意图
1—井架；2—台灵架；3—杠杆车；4—砌块车；
5—少先吊；6—砌块；7—砌块夹

砌块合理组合排列问题，一般是根据工程的平面图、立面图及门窗洞口的大小、楼层标高、构造要求等条件，事先绘制出各墙的砌块排列图，用以指导吊装砌筑施工。如图 3-35 所示。

砌块排列图绘制要点：用 1：50 的比例绘出；保证砌体平面长度和高度是块体尺寸加灰缝的倍数；以主规格砌块为主，辅助规格砌块为辅，减少镶砖；图中标出构件和洞口；满足砌块错缝搭接的构造要求；小砌块墙体应对孔错缝搭砌，搭接长度不应小于 90mm。

墙体的个别部位不能满足有关要求时，应在水平灰缝中设置拉结钢筋或钢筋网片，如图 3-36 所示，但竖向通缝不得超过两皮。砌块砌体的水平灰缝厚度一般为 10～20mm，有配筋的水平灰缝厚度为 20～25mm；竖缝的宽度为 15～20mm，当竖缝宽度大于 30mm 时，应用强度等级不低于 C20 的细石混凝土填实，当竖缝宽度大于等于 150mm 或楼层高不是砌块加灰缝的整数倍时，应用普通砖镶砌。

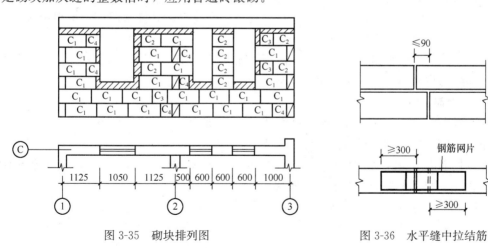

图 3-35　砌块排列图　　　　　　　图 3-36　水平缝中拉结筋

2. 砌块施工工艺

砌块施工的主要工序是：铺灰、砌块吊装和就位、校正、灌缝和镶砖。

（1）铺灰

砌块墙体所采用的砂浆，应具有良好的和易性，其稠度以 50～70mm 为宜，铺灰应平整饱满，每次铺灰长度一般不超过 5m，炎热天气及严寒季节应适当缩短。

（2）砌块吊装和就位

采用塔式起重机、井架等进行砌块、砂浆的垂直运输，用台灵架按砌块排列图进行砌块的吊装和就位，配合完成砌块砌体的砌筑作业。当划分施工段组织施工时，相邻施工段之间留阶梯形斜槎。

（3）校正

砌块吊装就位后，用托线板检查砌块的垂直度，拉准线检查水平度，并用撬棍、楔块调整偏差。

（4）灌缝

灌缝是指对竖缝灌浆，可用夹板在墙体竖缝处内外夹住，然后专门灌注砂浆，用竹片插或铁棒捣实。当砂浆吸水后用刮缝板把竖缝和水平缝刮齐。灌缝后，一般不应再撬动砌块，以防损坏砂的粘结力。

（5）镶砖

当砌块间出现较大竖缝或不足整块砌块尺寸以及需要找平时，均应镶砖。镶砖砌体的竖直缝和水平缝应控制在 15～30mm 以内。镶砖工作应在砌块校正后即刻进行，镶砖时应注意使砖的竖缝灌密实。

3.4.2 混凝土小型空心砌块砌体施工

1. 一般要求

进入施工现场的砌块必须持有产品合格证明书，同时砌筑墙体时，小砌块产品养护龄期不应小于 28d。

底层室内地面以下或防潮层以下的砌体，应采用水泥砂浆砌筑，小砌块的孔洞应采用强度等级不低于 Cb20 或 C20 的混凝土灌实。

小砌块砌筑时的含水率，对普通混凝土小砌块，宜为自然含水率，当天气干燥炎热时，可提前浇水湿润；对轻骨料混凝土小砌块，宜提前 1～2d 浇水湿润。不得雨天施工，小砌块表面有浮水时，不得使用。

承重墙体使用的小砌块应完整、无破损、无裂缝。小砌块表面的污物应在砌筑时清理干净，灌孔部位的小砌块，应清除掉孔洞周围的混凝土毛边。

2. 砌块砌筑施工

当砌筑厚度大于 190mm 的小砌块墙体时，宜在墙体内外侧双面挂线。

小砌块应将生产时的底面朝上反砌于墙上。

小砌块墙内不得混砌黏土砖或其他墙体材料。当需局部嵌砌时，应采用强度等级不低于 C20 的适宜尺寸的配套预制混凝土砌块。

小砌块砌体应对孔错缝搭砌。搭砌应符合下列规定：

（1）单排孔小砌块的搭接长度应为块体长度的 1/2，多排孔小砌块的搭接长度不宜小于砌块长度的 1/3；

（2）当个别部位不能满足搭砌要求时，应在此部位的水平灰缝中设 $\phi4$ 钢筋网片，且网片两端与该位置的竖缝距离不得小于 400mm，或采用配块；

（3）墙体竖向通缝不得超过 2 皮小砌块，独立柱不得有竖向通缝。

墙体转角处和纵横交接处应同时砌筑。临时间断处应砌成斜槎，斜槎水平投影长度不应小于斜槎高度。临时施工洞口可预留直槎，但在补砌洞口时，应在直槎上下搭砌的小砌块孔洞内用强度等级不低于 Cb20 或 C20 的混凝土灌实。如图 3-37 所示。

厚度为 190mm 的自承重小砌块墙体宜与承重墙同时砌筑。厚度小于 190mm 的自承重小砌块墙宜后砌，且应按设计要求预留拉结筋或钢筋网片。

砌筑小砌块时，宜使用专用铺灰器铺放砂浆，且应随铺随砌。当未采用专用铺灰器时，砌筑时的一次铺灰长度不宜大于两块主规格砌块的长度。水平灰缝应满铺下皮小砌块的全部壁肋或单排、多排孔小砌块的封底面。竖向灰缝宜将小砌块一个端面朝上，满铺砂浆，上墙应挤紧，并应加浆插捣密实。

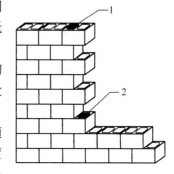

图 3-37　施工临时洞口
直槎砌筑示意
1—先砌洞口灌孔混凝土（随砌随灌）；
2—后砌洞口灌孔混凝土（随砌随灌）

砌筑小砌块墙体时，对一般墙面，应及时用原浆勾缝，勾缝宜为凹缝，凹缝深度宜为 2mm。

小砌块砌体的水平灰缝厚度和竖向灰缝宽度宜为 10mm，但不应小于 8mm，也不应大于 12mm，且灰缝应横平竖直。水平灰缝和竖向灰缝的砂浆饱满度，按净面积计算，不得小于 90%。

需移动砌体中的小砌块或砌筑完成的砌体被撞动时，应重新铺砌。

砌入墙内的构造钢筋网片和拉结筋应放置在水平灰缝的浆层中，不得有露筋现象。钢筋网片应采用点焊工艺制作，且纵横筋相交处不得重叠点焊，应控制在同一平面内。

直接安放钢筋混凝土梁、板或设置挑梁墙体的顶皮小砌块应正砌，并应采用强度等级不低于 Cb20 或 C20 混凝土灌实孔洞，其灌实高度和长度应符合设计要求。

固定现浇圈梁、挑梁等构件侧模的水平拉杆、扁铁或螺栓所需的穿墙孔洞，宜在砌体灰缝中预留，或采用设有穿墙孔洞的异型小砌块，不得在小砌块上打洞。

砌筑小砌块墙体应采用双排脚手架或工具式脚手架。当需在墙上设置脚手眼时，可采用辅助规格的小砌块侧砌，利用其孔洞作脚手眼，墙体完工后应采用强度等级不低于 Cb20 或 C20 的混凝土填实。

正常施工条件下，小砌块砌体每日砌筑高度宜控制在 1.4m 或一步脚手架高度内。

3. 混凝土芯柱施工

芯柱是按设计要求设置在小型混凝土空心砌块墙的转角处、纵横墙交接处和楼梯间四角的孔洞中插入钢筋并浇筑混凝土而成。芯柱的构造要求如下：

（1）芯柱截面不宜小于 120mm×120mm，宜用不低于 C20 的细石混凝土浇筑；

（2）钢筋混凝土芯柱每孔内插竖筋不应小于 $1\phi10$ 或 $\phi12$（6～8 度抗震设防），底伸入室内地面下 500mm 或与基础圈梁锚固，顶部与屋盖圈梁锚固；

（3）在钢筋混凝土芯柱处，沿墙高每隔 600mm 应设 $\phi4$ 钢筋网片拉结，每边伸入墙体不小于 600mm 或 1000mm（6～8 度抗震设防），如图 3-38 所示；芯柱混凝土应沿房屋的全高贯通，并与各层圈梁整体现浇。

砌筑芯柱部位的墙体，应采用不封底的通孔小砌块。

每根芯柱的柱脚部位应采用带清扫口的 U 型、E 型、C 型或其他异型小砌块砌留操

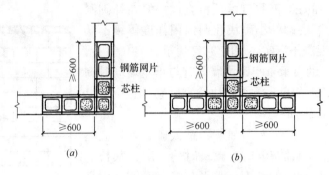

图 3-38 钢筋混凝土芯柱处拉筋

(a) 转角处；(b) 交接处

作孔。砌筑芯柱部位的砌块时，应随砌随刮去孔洞内壁凸出的砂浆，直至一个楼层高度，并应及时清除芯柱孔洞内掉落的砂浆及其他杂物。

芯柱混凝土宜采用符合现行行业标准《混凝土砌块（砖）砌体用灌孔混凝土》JC861的灌孔混凝土。

浇筑芯柱混凝土，应符合下列规定：

（1）应清除孔洞内的杂物，并应用水冲洗，湿润孔壁；

（2）当用模板封闭操作孔时，应有防止混凝土漏浆的措施；

（3）砌筑砂浆强度大于 1.0MPa 后，方可浇筑芯柱混凝土，每层应连续浇筑；

（4）浇筑芯柱混凝土前，应先浇 50mm 厚与芯柱混凝土配比相同的去石水泥砂浆，再浇筑混凝土；每浇筑 500mm 左右高度，应捣实一次，或边浇筑边用插入式振捣器捣实；每次连续浇筑高度宜为半个楼层，但不应大于 1.8m；

（5）应预先计算每个芯柱的混凝土用量，按计量浇筑混凝土；

（6）芯柱与圈梁交接处，可在圈梁下 50mm 处留置施工缝。

芯柱混凝土在预制楼盖处应贯通，不得削弱芯柱截面尺寸。

芯柱混凝土的拌制、运输、浇筑、养护、成品质量，应符合现行国家标准《混凝土结构工程施工质量验收规范》GB 50204 的要求。

4. 质量检查

小砌块的质量检查，应包括其品种、规格、尺寸、外观质量及强度等级，符合设计及产品标准要求后方可使用。

小砌块砌体工程施工中，应对主控项目及一般项目进行检查，并应形成检查记录。

小砌块砌体工程施工过程中，应对拉结钢筋或钢筋网片进行隐蔽前的检查。

小砌块砌体的芯柱检查芯柱混凝土密实性，应采用锤击法进行检查，也可采用钻芯法或超声法进行检测；楼盖处芯柱尺寸及芯柱设置应逐层检查。

小砌块砌体的尺寸、位置的允许偏差应符合表 3-8 的规定。

3.4.3 框架填充墙的施工

框架的柱和梁施工完后，就应按设计砌筑内外墙体，墙体砌筑所用的材料，有黏土空心砖、焦渣空心砖、蒸压加气混凝土砌块、轻骨料混凝土小型空心砌块等。无论哪种材料均应与框架进行锚固，一般应在框架柱施工时预埋锚筋，锚筋的设置为沿柱高每 500mm

配置2φ6钢筋。伸入墙内长度，一二级框架宜沿墙全长设置，三四级框架不应小于墙长的1/5，且不应小于700mm，锚筋的位置必须准确。

砌体施工时，将锚筋凿出并拉直砌在砌体的水平砌缝中，确保墙体与框架柱的连接。有的锚筋由于在框架柱内伸出的位置不准，施工中把锚筋打弯甚至扭转使之伸入墙身内，从而失去了锚筋的作用，会引起墙身与框架间出现裂缝。因此，当锚筋的位置不准时，将锚筋拉直用C20细石混凝土浇筑至与砌体模数吻合，一般厚度为20～50mm。实际工程中，为了解决预埋锚筋位置容易错位的问题，往往在框架柱施工时，采用在规定留设锚筋位置处预留铁件或沿柱高设置2φ6～8预埋钢筋，当进行砌体施工前，按设计要求的锚筋间距将其凿出与锚筋焊接。当填充墙长度大于5m时，墙顶部与梁宜有拉结措施，墙高度超过4m时，宜在墙高中部设置与柱连接的通长的钢筋混凝土水平墙梁。

砌体砌筑前块材应提前1～2d浇水湿润。在厨房、卫生间、浴室等处采用轻骨料混凝土小型空心砌块和蒸压加气混凝土砌块砌筑墙体时，墙底部宜现浇混凝土坎台等，其高度宜为150mm。门窗洞口的侧壁也应用黏土实心砖镶框砌筑，并与砌块相互咬合。蒸压加气混凝土砌块砌体和轻骨料混凝土小型空心砌块砌体不应与其他块材混砌。

填充墙砌筑时应错缝搭砌，蒸压加气混凝土砌块搭砌长度不应小于砌块长度的1/3；轻骨料混凝土小型空心砌块搭砌长度不应小于90mm；竖向通缝不应大于2皮。

填充墙砌体的灰缝厚度和宽度应正确。空心砖、轻骨料混凝土小型空心砌块的砌体灰缝应为8～12mm。蒸压加气混凝土砌块砌体的水平灰缝厚度和竖向灰缝宽度不应超过15mm。用尺量5皮空心砖或小砌块的高度和2m砌体长度折算。

填充墙砌体的砂浆饱满度要求及一般尺寸允许偏差见表3-9和表3-10。

填充墙砌体的砂浆饱满度及检验方法 表3-9

砌体分类	灰缝	饱满度及要求	检 验 方 法
空心砖砌体	水平	≥80%	采用百格网检查块体底面或侧面砂浆的粘结痕迹面积
	垂直	填满砂浆，不得有透明缝、瞎缝、假缝	
蒸压加气混凝土砌块和轻骨料混凝土小型空心砌块砌体	水平	≥80%	
	垂直	≥80%	

填充墙砌体尺寸、位置的允许偏差及检验方法 表3-10

项次	项 目		允许偏差（mm）	检验方法
1	轴线位移		10	用尺检查
2	垂直度（每层）	小于或等于3m	5	用2m托线板或吊线、尺检查
		大于3m	10	
3	表面平整度		8	用2m靠尺和楔形塞尺检查
4	门窗洞口高、宽（后塞口）		±10	用尺检查
5	外墙上、下窗口偏移		20	用经纬仪或吊线检查

框架本身在建筑中构成骨架，自成体系，在设计中只承受本层隔墙、板及活荷载所传给它的压力，故（除黏土实心砖外）施工时不准许先砌墙，后浇筑框架梁，因这样会使框

架梁失去作用，并增加底层框架梁的应力，甚至产生事故。

3.5 砌筑工程的安全技术

（1）在操作之前必须检查操作环境是否符合安全要求，道路是否通畅，机具是否完好牢固，安全设施和防护用品是否齐全，经检查符合要求后方可施工。

（2）砌基础时，应检查和注意基坑土质的变化情况，堆砖应离槽（坑）边 1m 以上。

（3）砌筑高度超过一定高度时，应搭设脚手架。脚手架必须牢固稳定，架上堆放材料不得超过规定荷载标准值，堆砖高度不得超过三皮侧砖，同一脚手板上的操作人员不得超过两人。按规定搭设安全网。

（4）严禁在墙顶站立划线、勾缝、清扫墙面或做检查工作。不准用不稳定的工具或物体在脚手板上面垫高而继续作业。

（5）砍砖时应面向墙面，工作完毕应将脚手板和砖墙上的砖、灰浆清扫干净，防止掉落伤人。

（6）已砌好的山墙，应用临时联系杆放置在各跨山墙上，或加设支撑，防止倒塌。

（7）雨天或每日下班时，应做好防雨准备，以防雨水冲走砂浆，致使砌体倒塌。

（8）垂直运输的机具（如吊笼、钢丝绳等），必须满足负荷要求。吊运时应随时检查，不得超载。对不符合规定的应及时采取措施。

（9）起吊砌块的夹具要牢固，就位放稳后，方可松开夹具。

复 习 思 考 题

3-1 脚手架的作用和要求是什么？

3-2 脚手架如何进行分类？各种脚手架的特点如何？

3-3 脚手架的使用有哪些安全技术要求？高层建筑施工有哪些脚手架？

3-4 建筑施工垂直运输设施有哪些？

3-5 塔式起重机有哪些类型？塔式起重机的构成和特点有哪些？

3-6 井字架、龙门架适用于什么情况？施工升降机有什么优点？

3-7 砖砌体施工前应进行哪些准备工作？

3-8 砖为什么要提前进行浇水湿润？湿润的标准是什么？

3-9 皮数杆的作用是什么？怎样安放皮数杆？

3-10 砖砌体的施工工艺是什么？有哪些技术要求？

3-11 砖砌体质量要求的内容是什么？如何保证这些质量要求？

3-12 常用的砌块有哪些？砌块砌体施工与砖砌体有什么不同？

3-13 混凝土小型空心砌块砌体有什么特点？

3-14 框架填充墙的施工技术要求有哪些？

3-15 砌筑工程的安全技术要求有哪些？

实 训 题

3-1 某 24 层钢筋混凝土框架结构写字楼工程，陶粒混凝土砌块围护墙，说说你会采用怎样的脚手架方案？垂直运输方案？陶粒混凝土砌块围护墙砌筑施工如何组织？

提示：什么阶段开始安排砌筑、怎样运料、如何质量管理等。

3-2　某 3 层砌体结构小学教学楼工程，黏土实心砖为承重墙体，现浇钢筋混凝土楼板。为保证砖墙砌筑工程的质量，作为施工员应重点关注或检查哪些内容？

教学单元 4　钢筋混凝土工程施工

钢筋混凝土结构是我国应用最广泛的一种结构形式，因此，在建筑施工领域里钢筋混凝土工程的地位极为重要，它对工程的造价、建设的速度、劳动力消耗影响极大。

钢筋混凝土由混凝土和钢筋两种材料组成。混凝土是由水泥、粗、细骨料和水经搅拌而成的混合物，以模板作为成型的工具，经过养护，混凝土达到规定的强度，拆除模板，成为钢筋混凝土结构构件。钢筋混凝土工程由模板工程、钢筋工程和混凝土工程所组成，在施工中三者之间要紧密配合。

4.1　模　板　工　程

模板工程的施工工艺包括：模板的选材、选型、设计、制作、安装、拆除和周转等过程。模板工程是钢筋混凝土工程的重要组成部分，特别是在现浇钢筋混凝土结构施工中占主导地位，决定施工方法和施工机械的选择，直接影响工期和造价。一般情况下，模板工程费用占结构工程费用的 30% 左右，劳动量占 50% 左右。

4.1.1　模板的作用、组成及基本要求

由水泥、石子、砂子、水及外加剂经过搅拌机搅拌出的混凝土具有一定的流动性，需要灌注在与构件形状尺寸相同的模型内，经过凝结硬化，才能成为需要的结构构件。模板就是使钢筋混凝土结构或构件成型的模型。

钢筋混凝土结构或构件的模板由模板及支撑系统两部分组成。

模板的形状和尺寸要与结构构件相同，并应具有一定的强度和刚度，以保证在混凝土自重、施工荷载及混凝土侧压力的作用下，不破坏，不变形，不漏浆。

支撑系统是保证模板形状、尺寸及其空间位置的支撑体系。根据不同的结构构件及其空间位置来选择和设计不同的支撑系统。支撑系统既要保证模板的空间位置的准确性，又要承受模板、钢筋、混凝土的自重及施工荷载。所以要求支撑系统具有足够的强度、刚度和稳定性，在上述荷载作用下不沉降，不变形，不破坏。

因此，在现浇钢筋混凝土结构施工中，对模板系统的基本要求是：

（1）要保证结构和构件各部分的形状、尺寸及相互位置的正确性；

（2）具有足够的强度、刚度和稳定性；

（3）构造简单，装拆方便，能多次周转使用；

（4）接缝严密，不得漏浆。

4.1.2　模板的分类

（1）模板按其所用的材料不同，可分为木模板、钢模板、钢木模板、胶合板模板、塑料模板、玻璃钢模板等。目前，组合钢模板应用广泛和胶合板模板应用较普遍。组合钢模板基本组件如图 4-1 所示。其中的主件平面模板规格尺寸为：长度有 450、600、750、

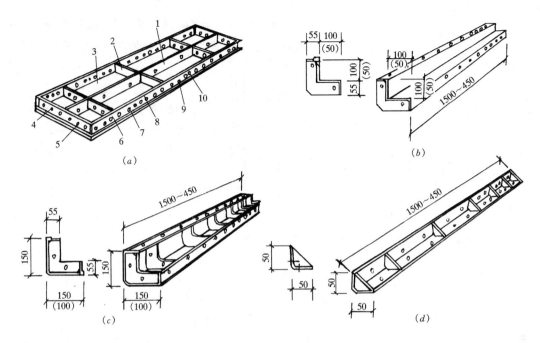

图 4-1　组合钢模板常用构件

(a) 平板模板；(b) 阳角模板；(c) 阴角模板；(d) 连接角模

900、1200、1500mm 多种，宽度有 100、150、200、250、300mm 多种。不同规格的组件能任意组合，可拼装基础、柱、梁、板、墙等各种构件的模板。各单件之间的连接用 U 形卡（也称回形销）或 L 形插销，整体安装固定采用钩头螺栓、紧固螺栓、对拉螺栓等。如图 4-2 所示。

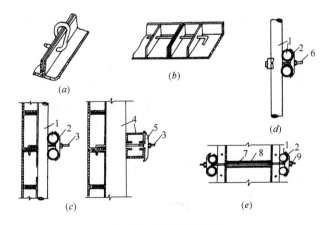

图 4-2　钢模板连接件

(a) U 形卡连接；(b) L 形插销连接；(c) 钩头螺栓连接；(d) 紧固螺栓连接；(e) 对拉螺栓连接

1—圆形钢管钢楞；2—3 形扣件；3—钩头螺栓；4—内卷边槽钢钢楞；5—蝶形扣件；

6—紧固螺栓；7—对拉螺栓；8—塑料套管；9—螺母

胶合板模板分为木胶合板和竹胶合板两种，成品规格为 1.22m×2.44m，常用厚度为 15、18mm，可任意割锯，拼装各种现浇构件的模板。使用时根据构件尺寸事先制作加工

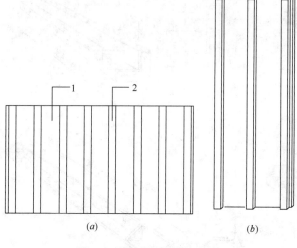

图 4-3　胶合板制作模板拼板

（*a*）墙模板拼板；（*b*）柱模板拼板

1—胶合板面板；2—板肋（木方）

成带肋（木方）的单块拼板，如图 4-3 所示，然后在安装位置整体拼装加固。

（2）模板按其装拆方法不同，可分为固定式、移动式和永久式。固定式是指一般常用的模板和支撑安装完毕后位置不变动，待所浇筑的混凝土达到规定的强度标准值后，方可拆除。移动式是指模板和支撑安装完毕后，随混凝土浇筑而移动，直到混凝土结构全部浇筑结束才一次拆除，如滑升模板、隧道模板。永久式是指模板在混凝土浇筑以后与结构连成整体，不再拆除，常用的如叠合板。

（3）模板按规格形式可分为定型模板（如小钢模板）和非定型模板（如木模板等散装模板）。

（4）按结构类型可分为基础模板、柱模板、墙模板、梁和楼板模板、楼梯模板等。

4.1.3　现浇结构中常用模板的构造与安装

1. 模板的构造

（1）基础模板

基础的特点是高度较小而体积较大，基础模板一般利用地基或基槽（基坑）进行支撑。安装阶梯形基础模板时要保证上下模板不发生相对位移。如土质良好，基础也可进行原槽浇筑。

基础支模方法和构造如图 4-4、图 4-5 所示。

（2）柱模板

柱子的断面尺寸不大但比较高。因此，柱模板的构造和安装主要考虑保证垂直度及抵

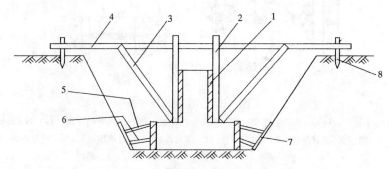

图 4-4　组合条形基础模板常用构件

1—上阶侧板；2—上阶吊木；3—上阶斜撑；

4—轿杠；5—下阶斜撑；6—水平撑；7—垫木；8—木桩

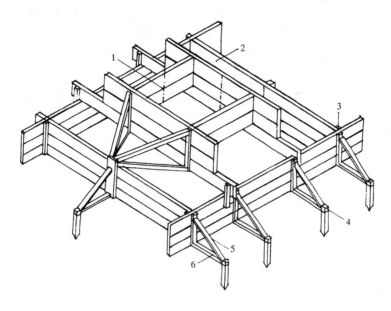

图 4-5　阶形基础模板

1—中线；2—侧板；3—木档；4—木桩；5—斜撑；6—平撑

抗新浇混凝土的侧压力，与此同时，也要便于浇筑混凝土、清理垃圾与钢筋绑扎等。图 4-6 为矩形柱模板，由板模板和柱箍组成，柱箍除使板模板保持柱的形状外，还要承受由

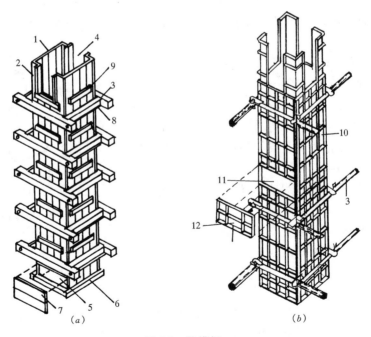

图 4-6　柱模板

(a) 木制柱模板；(b) 钢制柱模板

1—内拼板；2—外拼板；3—柱箍；4—梁缺口；5—清理孔；6—木框；

7—盖板；8—拉紧螺栓；9—拼条；10—平面钢模板；11—浇筑孔；12—盖板

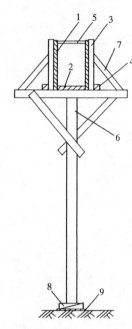

图 4-7　单梁模板

1—侧模板；2—底模板；3—侧模拼条；4—夹木；5—水平拉条；6—顶撑；7—斜撑；8—木楔；9—木垫板

模板传来的新浇混凝土的侧压力，因此柱箍的间距取决于侧压力的大小及模板的刚度。柱模板顶部开有与梁模板连接的缺口，底部开有清理孔。高度超过 3m 时，应沿高度方向每隔 2m 左右开设混凝土浇筑孔，以防混凝土在大高差下落时，分层离析。安装时应校正其相邻两个侧面的垂直度，检查无误后，即用斜撑支牢固定。

（3）梁模板

梁的跨度较大而宽度不大。梁底一般是架空的，混凝土对梁侧模板有水平侧压力，对梁底模板有垂直压力，因此梁模板及支架必须能承受这些荷载而不致发生超过规范允许的过大变形。

梁模板主要由底模、侧模、夹木及其支架系统组成，如图 4-7 所示。为承受垂直荷载，在梁底模板下每隔一定间距（800～1200mm）用顶撑顶住。顶撑可以用圆木、方木或钢管制成。顶撑底要加垫一对木楔块以调整标高。为使顶撑传下来的集中荷载均匀地传给地面，在顶撑底加铺垫板。多层建筑施工中，应使上、下层的顶撑在同一条竖向直线上。侧模板用长板条加拼条制成，为承受混凝土的侧压力，底部用夹木固定，上部由斜撑和水平拉条固定。

单梁的侧模板一般拆除的较早，因此，侧模板包在底模板的外面。柱的模板与梁的侧模板一样，可较早拆除，梁的模板也不应伸到柱模板的开口内，如图 4-8 所示。同样次梁模板也不应伸到主梁侧板的开口内。

梁跨度等于或大于 4m 时，模板应起拱，如设计无要求时，钢模的起拱高度为全跨长度的 1‰～2‰，木模的起拱高度为 2‰～3‰。

（4）楼板模板

楼板的特点是面积大而厚度一般不大，因此横向侧压力很小，楼板模板及支撑系统主要是承受混凝土的垂直荷载和施工荷载，保证模板不变形下垂。楼板模板是由底模和横楞组成，横楞下方由支柱承担上部荷载，如图 4-9 所示。

梁与楼板支模，一般先支梁模板后支楼板的横楞，再依次支设下面的横杠和支柱。在楼板与梁的连接处则靠托木支撑，经立档传至梁下支柱。楼板底模板铺在横楞上。

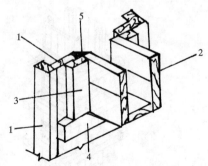

图 4-8　梁模板连接

1—柱侧板；2—梁侧板；3、4—衬口档；5—斜口小木条

（5）墙体模板

墙体具有高度大而厚度小的特点，其模板主要承受混凝土的侧压力，因此，必须加强面板刚度并设置足够的支撑，以确保模板不变形和不发生位移，如图 4-10 所示。

（6）楼梯模板

楼梯模板要倾斜支设，且要能形成踏步。

图 4-11 是一种楼梯模板，安装时，在楼梯间的墙上按设计标高画出楼梯段、楼梯踏

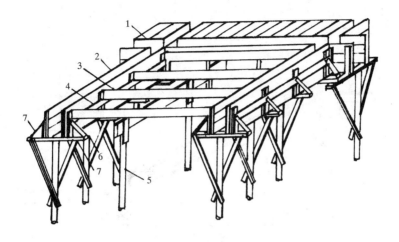

图 4-9　有梁楼板模板

1—楼板模板；2—梁侧模板；3—搁栅；

4—横档支撑；5—支撑；6—夹条；7—斜撑

步及平台板、平台梁的位置。先立平台梁、平台板的模板，然后在楼梯基础侧板上钉托木，楼梯模板的斜楞钉在基础梁和平台梁侧板外的托木上。在斜楞上面铺钉楼梯底模。在楼梯段模板放线时要注意每层楼梯第一步和最后一个踏步的高度，常因疏忽了楼地面面层的厚度不同，而造成高低不同的现象，影响使用。

2. 模板的安装

安装现浇结构的上层模板及其支架时，下层楼板应具有承受上层荷载的承载力，或加设支架；上、下层支架的立柱应对准，并铺设垫板。

在涂刷模板隔离剂时，不得沾污钢筋和混凝土接槎处。

模板安装应满足下列要求：

（1）模板的接缝不应漏浆；在浇筑混凝土前，木模板应浇水湿润，但模板内不应有积水；

（2）模板与混凝土的接触面应清理干净并涂刷隔离剂，但不得采用影响结构性能或妨碍装饰工程施工的隔离剂；

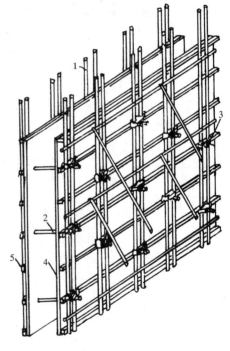

图 4-10　墙模板支板图

1—钢管围檩；2—螺栓拉杆；3—定位配件；

4—墙模板；5—木搁栅

（3）浇筑混凝土前，模板内的杂物应清理干净；

（4）对清水混凝土工程及装饰混凝土工程，应使用能达到设计效果的模板。

固定在模板上的预埋件、预留孔和预留洞均不得遗漏，且应安装牢固，其偏差应符合

表 4-1 的规定。

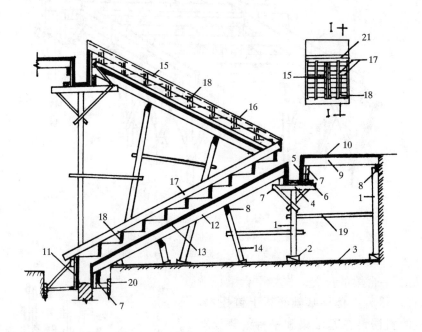

图 4-11 楼梯模板

1—支柱；2—木楔；3—垫板；4—平台梁底板；5—梁侧板；6—夹板；7—托木；8—杠木；
9—木楞；10—平台底板；11—梯基侧板；12—斜木楞；13—楼梯底板；14—斜向顶撑；
15—边板；16—横挡板；17—反三角板；18—踏步侧板；19—拉杆；20—木桩；21—平台梁模

预埋件和预留孔洞的允许偏差   表 4-1

项　　　　目		允许偏差（mm）
预埋钢板中心线位置		3
预埋管、预留孔中心线位置		3
插　　筋	中心线位置	5
	外露长度	+10，0
预埋螺栓	中心线位置	2
	外露长度	+10，0
预留洞	中心线位置	10
	尺　　寸	+10，0

注：检查中心线位置时，应沿纵、横两个方向量测，并取其中的较大值。

　　在浇筑混凝土前，应对模板工程进行验收。模板安装和浇筑混凝土时，应对模板及其支架进行观察和维护。发生异常情况时，应按施工技术方案及时进行处理。

　　现浇结构模板安装的允许偏差及检验方法见表 4-2。

项 目		允许偏差（mm）	检验方法
轴线位置		5	钢尺检查
底模上表面标高		±5	水准仪或拉线、钢尺检查
截面内部尺寸	基础	±10	钢尺检查
	柱、墙、梁	+4，−5	钢尺检查
层高垂直度	不大于5m	6	经纬仪或吊线、钢尺检查
	大于5m	8	经纬仪或吊线、钢尺检查
相邻两板表面高低差		2	钢尺检查
表面平整度		5	2m靠尺和塞尺检查

注：检查轴线位置时，应沿纵、横两个方向量测，并取其中的较大值。

4.1.4 高层建筑的模板体系

目前，钢筋混凝土结构仍然是高层建筑常见的结构形式，因其混凝土浇筑量大，合理制定选择模板体系方案，对提高混凝土工程的质量，加快施工进度，降低成本等具有重要意义。因此，模板的工具化、定型化以及提高周转率、利用率等一直是国内外长期以来的发展方向。

1. 大模板

大模板是一种大型的定制模板，主要用来浇筑混凝土墙体。其尺寸一般与楼层高度和开间尺寸相适应。采用大模板，并配以相应的施工机械，通过合理的施工组织，以工业化生产方式在现场浇筑钢筋混凝土墙体，这就是大模板施工。大模板施工具有以下特点：

（1）施工工艺简单，操作方便，机械化程度高。

（2）劳动强度减轻，现场用工减少，提高了劳动生产率。

（3）大模板施工对垂直运输机械依赖性强。

（4）大模板一次性投资和耗钢量较大，故在工程结构设计和模板设计方面应尽可能配套并定型化，以便利于模板的周转和通用，降低摊销费用。

（1）大模板的分类与组成

大模板按面板材料分为木质面板、金属面板、化学合成材料面板和玻璃纤维、钢丝网水泥面板；按组拼方式分为整体式模板、模数组合式模板、拼装式模板；按构造外形分为平模、小角模、大角模和筒子模。

大模板主要由面板系统、支撑系统、操作平台和附件组成，如图 4-12 所示。

面板系统包括面板、小肋板、横肋和竖肋。面板一般采用厚 4～5mm 的整块钢板焊成。小肋板可用 40×6 扁钢，间距 400～500mm。横肋可用 8 号槽钢，间距 300～350mm。竖肋可用成对的 8 号槽钢，间距 1000～1400mm。

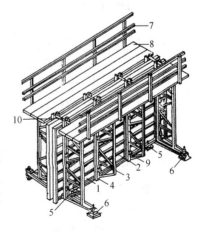

图 4-12 大模板组成构造示意图
1—面板；2—水平加劲肋；3—支撑桁架；4—竖楞；5—调整水平度的螺旋千斤顶；6—调整垂直度的螺旋千斤顶；7—栏杆；8—脚手板；9—穿墙螺栓；10—固定卡具

支撑系统包括支撑架和地脚螺栓。其作用是传递水平荷载，防止模板倾覆。地脚螺栓可调节模板的垂直度及水平标高。大模板平模构造如图 4-13 所示。

操作平台包括平台架、脚手平台和防护栏杆。是施工人员操作的场所和运行的通道。为运输存放方便，支撑系统和操作平台可以拆卸，但必须防止变形。

附件主要有穿墙螺栓和上口卡子。上口卡子又称铁卡，用来控制墙体厚度和承受一部分混凝土侧压力。

（2）大模板施工

高层建筑内外墙全现浇的大模板施工工艺分为外承式外模和悬挑式外模两种施工方法。外承式外模施工时，可先将外墙外模板安装在下层混凝土外墙面上挑出的支承架上，如图 4-14 所示。支承架可做成三角架，用螺栓通过下一层外墙预留孔挂在外墙上。为了保证安全，要设防护栏杆和安全网。外墙外模板安装好后，再安装内墙模板和外墙的内模板。

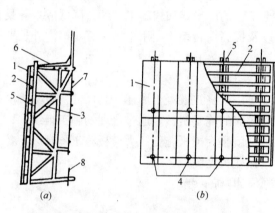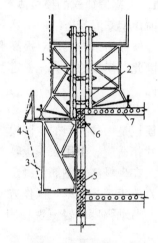

图 4-13　整体式大模板平模构造示意图
（a）侧立面图；（b）正立面图
1—面板；2—横肋；3—支架；4—穿墙螺栓；5—竖向主肋；
6—操作平台；7—铁爬梯；8—地脚螺栓

图 4-14　外承式外模
1—外墙外模；2—外墙内模；
3—外承架；4—安全网；
5—现浇外墙；6—穿墙卡具；
7—楼板

外承式大模板施工工艺如图 4-15 所示。

全现浇结构的外墙门窗洞口模板，宜采用固定在外墙里模板上活动折叠模板。门窗洞口模板与外墙钢模用合页连接，可转动 60°。洞口支好后，用固定在模板上的钢支撑顶牢。

当采用悬挑式外模板施工时，其重点也是外墙外模板的安装支承问题。外墙的内侧模板和内墙模板一样，均可支承在楼板上。

悬挑式外模板的施工顺序一般为：先安装内墙模板，再安装外墙内模，然后将外模板通过内模上端的悬臂梁直接悬挂在内模板上。如图 4-16 所示。悬臂梁可采用一根 8 号槽钢焊在外侧模板的上口横筋上，内外模板之间用两道对销螺栓拉紧，下部靠在下层外墙混凝土壁上。

大模板应按施工组织设计的规定分区堆放，各区之间保持一定距离。存放场地必须平

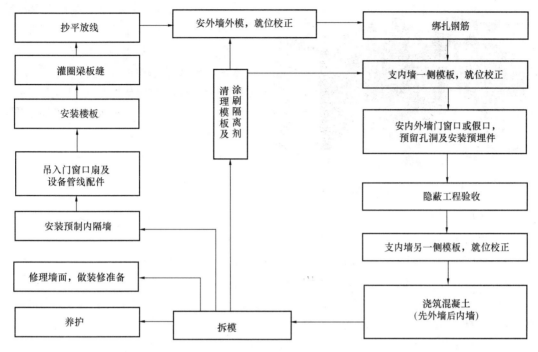

图 4-15　外承式大模板施工程序

整夯实，不得存放在松土和洼坑不平的地方。

　　大模板存放，必须将地脚栓提上去，使自稳角成为 20~30°，应用拉杆连接绑牢。存放在楼层时，须在大模板横梁上挂钢丝绳或花篮螺栓，钩在楼板吊钩或墙体钢筋上。见图4-17。

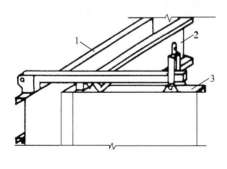

图 4-16　悬挑式外模
1—外墙外模；2—外墙内模；3—内墙模板

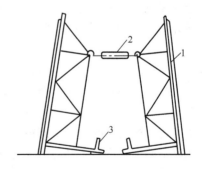

图 4-17　大模板堆放示意图
1—大模板；2—花篮螺栓；3—调垂直用螺旋千斤顶

　　大模板安装时，应对号就位。单面模板就位后，用钢筋三角支架插入板面螺栓眼上支撑牢固。双面模板就位后，用拉杆或螺栓固定。未就位固定前不得摘钩。

　　模板安装和拆除时，指挥、挂钩和安装人员应经常检查吊环，对筒形模要预先调整好重心。起吊时应用卡环和安全吊钩，不得斜吊。严禁操作人员随模板起落。

　　六级及以上大风，应停止吊运。

　　（3）组合式大模板

图 4-18　组合式钢大模板实物图

近些年来，随着建筑产业的不断发展，一些企业研发并推广应用了多种形式的组合式大模板，其组成、安装工艺等与整体式大模板基本相同，但从根本上解决了传统大模板按照墙体结构设计制造而不便通用的问题。组合式钢大模板实物如图4-18所示。

组合式钢大模板具有以下优点：

1）通用性强、使用方便，可满足任何结构墙体的需要及可用于其他结构如楼板、柱、梁等的模板；

2）装拆简易、易于掌握，模板全部采用螺栓或板销连接，操作方便，提高效率；

3）表面平整、拼缝严密，可用于清水混凝土墙；

4）重量轻、费用低，重量和费用均低于整体式大模板。

组合大模板一般为钢制，刚度大，板面尺寸可比整体式大模板要小，但大于常规的定型组合钢模板（小钢模），运输也较方便。

2. 液压滑升模板

液压滑升模板（简称"滑模"）施工是在建筑平面内，自结构的底部开始沿墙、柱、梁等构件的周边，一次装设高度约为1.2m的模板，随着模板内不断浇筑混凝土和绑扎钢筋，利用液压提升设备将模板不断向上提升，混凝土结构连续成型，直至全部完成。滑模装置主要包括模板系统、操作平台系统和提升机具系统三部分，如图4-19所示。

液压滑升模板施工具有如下特点：

（1）大量节约模板、脚手架，节省劳动力。

（2）大量地减少支、拆模，搭、拆脚手架等工作，提高工效，施工速度快、工期短。

（3）混凝土始终在模板上口，易于振捣密实，提高了施工质量。

（4）连续施工无施工缝，结构整体性强，抗震性能好。

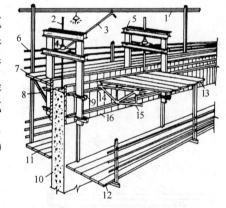

图 4-19　液压滑升模板的组成

1—支架；2—支承件；3—油管；4—千斤顶；5—提升架；6—栏杆；7—外平台；8—外挑架；9—收分装置；10—混凝土墙；11—外吊平台；12—内吊平台；13—内平台；14—上围圈；15—桁架；16—模板

（5）施工人员在操作平台和吊脚手架上施工，利于安全生产。

（6）对于复杂结构其适用性较差。

3. 升模法

升模法施工吸收了液压滑升模板和大模板工艺的优点，用提升机提升钢模板，可用于多高层现浇结构的施工。升模法施工的原理是将每层的墙、梁、柱混凝土浇筑完毕后，拆开的模板用提升机提升到楼板以上一定高度处，进行该层楼板的支模、绑筋和浇混凝土工作，楼板浇筑完成后再降下模板并重新组装上一层结构的墙、梁、柱模板，所浇混凝土达到一定强度后，拆开模板再次提升。如此循环施工直到顶层。升模系统主要由提升机具（以升板机为主）、承力架、钢柱、操作平台、墙梁柱模板以及外挂式脚手架等组成，如图 4-20 所示。升模工程施工程序如图 4-21 所示。

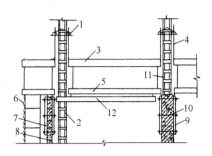

图 4-20　升模法施工示意图
1—升板机；2—工具式钢柱；3—提升架；
4—吊杆；5—平台；6—外挂脚手架；
7—墙模板；8—混凝土墙；9—柱模板；
10—混凝土柱；11—劲性柱；12—梁侧模板

升模法施工具有以下优点：

（1）用提升机具来完成墙、梁、柱大量模板的垂直运输，可以节约高层塔吊的吊次用以解决其他材料的运输。

（2）大模板只需垂直提升，利于稳定和施工安全，克服六级风对塔吊运输的影响。

（3）模板在原位提升、组装和拆开，大大简化模板施工中的模板就位、吊运等工序。

（4）使用可以代替结构钢筋的劲性钢柱，或能重复使用的工具式劲性钢柱，作为模板整体升降施工过程中的受力结构，可以最大限度地降低施工模具的用钢量。

升模法施工也存在用钢量较大，一次性投资费用较大的缺点。

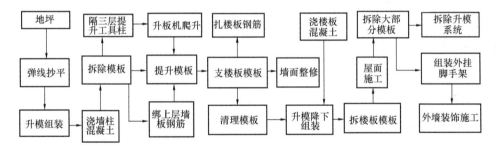

图 4-21　升模工程施工程序图

4. 快速脱膜体系（早拆模板体系）

快速脱膜是用于加速施工进度、提高模板周转率的技术，主要用于楼板施工。在现浇楼板施工中，由于浇筑后的混凝土强度在短时内较难达到规范要求的拆模强度，势必需要多配置模板数量，从而增加了工程成本。快速脱膜就是将楼板的模板分成可早拆部分和立柱支撑部分，当混凝土强度达到能自我支撑时就可把早拆部分模板拆除（无需等到规范允许的脱模强度），并周转到上一层模板的支模使用，楼面的全部荷载由尚未脱去的立柱支撑支承。

虽然早拆模板的材质及其构造形式较多，且不同结构部位所用的模板附件及其支撑系统又有一定的差异，但其支拆的工艺及早期拆模的原理是基本相同的，现介绍一种钢框木组合的早拆模板体系。

（1）早拆模板的组成

钢框木早拆模板（图 4-22），通常有模板块、支撑系统、附件和辅助零件组成。

模板块是由钢边框内镶可更换的木胶合板或其他面板组成。钢边框一般采用 16Mn 热轧带

107

有承托面板的异型钢材焊接而成，厚度为70mm；面板多用12mm厚的两面均经树脂覆膜处理的木胶合板。模板宽度一般为300mm、600mm两种，非标准板块可达900mm、1200mm；长度一般为900mm、1200mm、1500mm、1800mm，非标准板块长度可达2400mm。

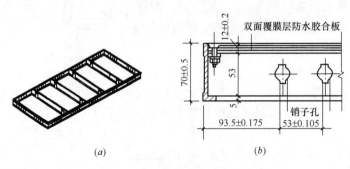

图 4-22　钢框木胶合板模板示意图
(a) 模板块外形；(b) 模板块剖面

支撑系统由早拆柱头、主梁、次梁、支柱、横撑、斜撑、调节螺栓组成（图 4-23）。通常早拆柱头（图 4-24）与支柱插接，薄钢板空腹结构的主梁（图 4-25）两端通过舌头挂在柱头的梁托上，而主梁两侧带有 50mm 宽的翼缘，用于支设模板块。

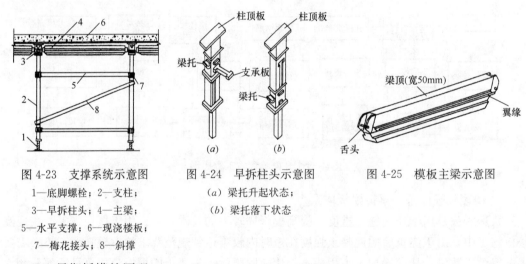

图 4-23　支撑系统示意图
1—底脚螺栓；2—支柱；
3—早拆柱头；4—主梁；
5—水平支撑；6—现浇楼板；
7—梅花接头；8—斜撑

图 4-24　早拆柱头示意图
(a) 梁托升起状态；
(b) 梁托落下状态

图 4-25　模板主梁示意图

（2）早期拆模的原理

加置于支柱顶部的早拆柱头是早拆体系模板的关键部件，可随支拆的需要上下调节梁托的位置。支模时将其支承板（支承销板）调整至最上端，使梁托升起，以保证模板块安装后的板面标高符合设计的要求；拆模时即可用锤子敲击早拆柱头的支承板，使梁托落下（120mm 左右）。此时便可先拆除模板梁及模板块，而柱顶板仍然支顶着现浇楼板，直到混凝土强度达到规范要求拆模强度为止。早期拆模的原理如图 4-26 所示。

（3）支拆工艺顺序

1）支模顺序

A. 根据模板设计，先在楼板或地面上弹出立柱的位置线；

B. 根据楼层标高先初步调整好立柱的高度，并安好早拆柱头，将早拆柱头梁托升起，

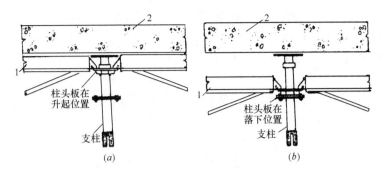

图 4-26 早期拆模原理示意

(a) 梁托升起支模；(b) 梁托落下拆模

1—模板主梁；2—现浇板

并将支承销板调整至上端后销紧（可在楼面或地面上进行此项工作）；

C. 按已弹的立柱位置线，先立第一根柱，将第一榀主梁的一端挂在早拆柱头的梁托上，再将另一侧的立柱与主梁挂接并就位，最后用水平支撑和连接件将两根立柱作临时固定；

D. 完成第一个格构的立柱和梁的支设工作后，根据梁的长度，调整立柱的位置，使立柱垂直，随后安装模板块；

E. 依次架设其余开间的立柱、梁及模板，直至完成整个面积。

2）拆模顺序

A. 用锤子将早拆柱头的支承销板打下，落下梁托，模板与梁随之落下；

B. 卸下模板块及模板下的梁，拆除部分水平支撑及斜撑；

C. 将卸下的模板块、模板梁、水平撑、斜撑等整理码放好备用；

D. 待楼板混凝土强度达到规范要求后，再拆除全部支撑立柱。

4.1.5 现浇结构模板的拆除

模板的拆除日期取决于混凝土的强度、各个模板的用途、结构的性质、混凝土硬化时的气温。及时拆模，可提高模板的周转率，也可为其他工作创造条件。但过早拆模，混凝土会因强度不足以承担本身自重，或受到外力作用而变形甚至断裂，造成重大的质量事故。

1. 拆除日期

（1）不承重的侧模板拆除日期，应在混凝土强度能保证其表面及棱角不因拆除模板而受损坏时，方可拆除。一般当混凝土强度达到 2.5MPa 后，就能保证混凝土不因拆除模板而损坏。

（2）承重模板的拆除日期，在混凝土强度达到表 4-3 规定的强度（按设计强度标准值的百分率计）后方能拆除。

底拆模时的混凝土强度要求   表 4-3

构件类型	构件跨度（m）	按设计的混凝土强度标准值的百分率（%）
板	≤2	≥50
	>2, ≤8	≥75
	>8	≥100
梁、拱、壳	≤8	≥75
	>8	≥100
悬臂构件	—	≥100

对后张法预应力混凝土结构构件，侧模宜在预应力张拉前拆除；底模支架的拆除应按施工技术方案执行，当无具体要求时，不应在构件建立预应力前拆除。

后浇带模板的拆除和支顶应按施工技术方案执行。

2. 拆除顺序

一般是先支的先拆，后支的后拆，先拆除侧模板部分，后拆除底模板部分。重大复杂模板的拆除，事先应制定拆模方案。对于肋形楼板的拆除顺序，首先是柱模板，然后是楼板底模板、梁侧模板，最后是梁底模板。

多层楼板模板支架的拆除，应按下列要求进行：上层楼板正在浇筑混凝土时，下一层楼板的模板支架不得拆除，再下层的楼板模板的支架，仅可拆除一部分。跨度 4m 及 4m 以下的梁下均应保留支架，其间距不得大于 3m。

3. 注意事项

拆模时，应尽量避免混凝土表面或模板受到损坏，防止整块下落伤人。拆下的模板，有钉子的，要使钉尖向下，以免扎脚。拆下的模板，应及时加以清理、修理，按种类及尺寸分别堆放，以便下次使用。对定型钢模板，若其背面油漆脱落，应补刷防锈漆。已拆除模板及其支架的结构，应在混凝土强度达到设计的混凝土强度标准值后，才能够承担全部的使用荷载。模板拆除时，不应对楼层形成冲击荷载。

4.2 钢 筋 工 程

4.2.1 钢筋的验收和存放

1. 钢筋的验收

钢筋是否符合质量标准，直接影响结构的使用安全。在施工中必须加强对钢筋进场验收和质量检查工作。

钢筋进场应持有出厂质量证明书或检验报告单。每捆或每盘钢筋均应有标牌。钢筋进场后应按品种、批号与直径分批验收，并分别堆放不得混杂。验收的内容包括查对标牌、外观检查，并按规定抽取试样作屈服强度、抗拉强度、伸长率、弯曲性能和重量偏差检验，符合相应标准方可使用。

成型钢筋进场时，应抽取试件作屈服强度、抗拉强度、伸长率和重量偏差检验。同一厂家、同一类型、同一钢筋来源的成型钢筋，不超过 30t 为一批，每批中每种钢筋牌号、规格均应至少抽取 1 个试件，总数不应少于 3 个。

钢筋应平直、无损伤，表面不得有裂纹、油污、颗粒状或片状老锈。成型钢筋的外观质量和尺寸偏差应符合国家现行有关标准的规定。同一厂家、同一类型的成型钢筋，不超过 30t 为一批，每批随机抽取 3 个成型钢筋。

盘卷钢筋调直后应进行力学性能和重量偏差检验，其强度应符合国家现行有关标准的规定，其断后伸长率、重量偏差应符合表 4-4 的规定。

钢筋加工过程中，如发现脆断、焊接性能不良或机械性能显著不正常等现象时，应对该批钢筋进行化学成分检验或其他专项检验。

对按一、二、三级抗震等级设计的框架和斜撑构件（含梯段）中的纵向受力普通钢筋应采用 HRB335E、HRB400E、HRB500E、HRBF335E、HRBF400E 或 HRBF500E 钢筋，其强度和最大力下总伸长率的实测值应符合下列规定：

盘卷钢筋调直后的断后伸长率、重量偏差要求 表 4-4

钢筋牌号	断后伸长率 A（%）	重量偏差（%）	
		直径 6~12mm	直径 14~16mm
HPB300	≥21	≥-10	—
HRB335、HRBF335	≥16	≥-8	≥-6
HRB400、HRBF400	≥15		
RRB400	≥13		
HRB500、HRBF500	≥14		

注：断后伸长率 A 的量测标距为 5 倍钢筋直径。

（1）抗拉强度实测值与屈服强度实测值的比值不应小于 1.25；

（2）屈服强度实测值与屈服强度标准值的比值不应大于 1.30；

（3）最大力下总伸长率不应小于 9%。

2. 钢筋的存放

当钢筋运进施工现场后，必须严格按批分等级、牌号、直径、长度，挂牌存放，并注明数量，不得混淆。钢筋应尽量堆入仓库或料棚内。条件不具备时，应选择地势较高，土质坚实，较为平坦的露天场地存放。在仓库或场地周围挖排水沟，以利泄水。堆放时钢筋下面要加垫木，离地不宜少于 200mm，以防钢筋锈蚀和污染。钢筋成品要分工程名称和构件名称，按号码顺序存放。同一项工程与同一构件的钢筋要存放在一起，按号挂牌排列，牌上注明构件名称、部位、钢筋类型、尺寸、钢号、直径、根数，不能将几项工程的钢筋混放在一起。同时不要和产生有害气体的车间靠近，以免污染和腐蚀钢筋。

4.2.2 钢筋的冷加工

钢筋的冷加工是充分发挥材料的效用、节约钢材和满足预应力钢筋要求的重要途径，最常用的冷加工方法有冷拉和冷拔两种。

1. 钢筋的冷拉

钢筋冷拉是指在常温下将钢筋进行强力拉伸，使拉应力超过屈服强度产生塑性变形，达到提高强度和节约钢材的目的。

（1）钢筋冷拉的原理

简单地说是利用钢筋"变形硬化"的性质来提高钢筋强度。也就是说，钢筋受拉的应力超过屈服强度后，会产生塑性变形。当卸去荷载，钢筋发生弹性回缩，但有残余变形。经时效后，再次加荷后会获得新的应力应变曲线，由于新的应力应变曲线的屈服点明显高于冷拉前的屈服点，所以提高了钢筋的强度。

钢筋冷拉后，屈服点提高（一般可达 25%~30%）、塑性降低（变脆），这种现象称变形硬化。另外，钢筋冷拉后不加任何外力的情况下，屈服强度会随着时间的推移而提高，称时效硬化。这是因为冷拉钢筋内部存在着内应力，晶格变形仍在继续着，直至稳定为止。故冷拉钢筋只有在时效硬化后才具有稳定的强度。对于Ⅰ、Ⅱ级钢筋在常温下一般要经过 15~20 天才能完成这一过程，这种时效方法叫自然时效；为加速时效可对钢筋进行加温，这种方法叫人工时效。Ⅰ、Ⅱ级钢筋加温至 100℃，2h 即可完成时效过程；Ⅲ、

Ⅳ级钢筋在常温下难以完成时效过程，必须采用人工时效，只需通电加热至120～200℃经过15～20min即可完成这个时效过程。

（2）钢筋冷拉控制方法

钢筋冷拉控制可用控制冷拉率或控制冷拉应力两种方法。

1）控制冷拉率法：控制冷拉率时，冷拉率控制值必须经试验确定。测定同炉批钢筋冷拉率的冷拉应力，应按表4-4规定的冷拉应力选用。冷拉率的测定方法：从需要冷拉的钢筋中截取不少于4个试件，分别在试验机上按表4-5规定的冷拉应力作拉伸试验。求出每个试件的冷拉率，再取算术平均值作为该批钢筋冷拉时的控制冷拉率。这种方法操作简便，但是冷拉后应力精度不够精确。所以在无法分清炉批的热轧钢筋不应采用控制冷拉率法。

测定冷拉率时钢筋的冷拉应力　　表 4-5

项次	钢 筋 级 别		冷拉应力（N/mm²）
1	Ⅰ级 $d \leqslant 12$		310
2	Ⅱ	$d \leqslant 25$	480
		$d = 28 \sim 40$	460
3	Ⅲ级 $d = 8 \sim 40$		530
4	Ⅳ级 $d = 10 \sim 28$		730

冷拉控制应力及最大冷拉率　　表 4-6

项　次	钢 筋 级 别		冷拉应力（N/mm²）	最大冷拉率（%）
1	Ⅰ级 $d \leqslant 12$		280	10
2	Ⅱ	$d \leqslant 25$	450	5.5
		$d = 28 \sim 40$	430	
3	Ⅲ级 $d = 8 \sim 40$		500	5
4	Ⅳ级 $d = 10 \sim 28$		700	4

2）控制应力法：此法以控制钢筋冷拉应力为主，同时满足最大冷拉率要求。控制应力值如表4-6，冷拉时应检查钢筋的冷拉率，其值不得超过表4-5规定的最大冷拉率。

冷拉时，如果钢筋达到规定的控制应力，而冷拉率超过规定的最大冷拉率，则应对该钢筋进行机械性能检验，按实际的级别使用。控制应力法精确度较高，多用于预应力钢筋的冷拉。

（3）冷拉钢筋的检查与验收

冷拉钢筋应分批进行验收，每批由不大于20t的同级别、同直径冷拉钢筋组成。检查的内容包括外观与机械性能检验。

外观检查要求钢筋表面不得有裂纹和局部颈缩。作为预应力钢筋时，应逐根检查。机械性能检查时，从每批钢筋中抽取两根钢筋，每根钢筋取两个试件分别进行拉力试验和冷弯试验。其结果应符合表4-7的要求。其中一项不符合规定时，应另取双倍数量的试件重做试验，如果仍有一个试件不合格，则认为该批冷拉钢筋为不合格品。

（4）冷拉工艺

根据机械设备和冷拉钢筋品种规格以及场地布置的具体情况的不同，冷拉工艺主要有阻力轮冷拉工艺、卷扬机冷拉工艺、丝杠粗钢筋冷拉工艺等。

冷拉钢筋的机械性能

表 4-7

钢筋级别	直径（mm）	屈服点（N/mm）	抗拉强度（N/mm）	伸长率（%）	冷弯	
		不小于			弯曲角度	弯曲直径
冷拉Ⅰ级	6～12	280	380	11	180°	3d
冷拉Ⅱ级	8～25	450	520	10	90°	4d
	28～40	430	500	10	90°	5d
冷拉Ⅲ级	8～40	500	580	8	90°	5d
冷拉Ⅳ级	10～28	700	850	6	90°	5d

注：d 为钢筋直径。

冷拉钢筋前，应对测力器进行校核。为安全起见，钢筋冷拉速度不宜太快，一般以每秒拉长 5mm 或每秒增加 5N/mm² 拉应力为宜。当拉至控制值时，停车 2～3min 后，再放松，使钢筋晶体组织变形较为完全，以减少钢筋的弹性回缩。卷扬机前面及固定端后面，应设置防护设备，以防钢筋拉断滑脱夹具，飞出伤人，冷拉时不许跨越钢筋，正对钢筋端头不许站人。

2. 钢筋的冷拔

冷拔是使直径 6～8mm 的Ⅰ级钢筋强力通过特制的钨合金拔丝模孔（图 4-27），使钢筋产生塑性变形，以改变其物理力学性能。冷拔后的钢筋断面缩小，塑性降低，抗拉强度标准值可提高 50%～

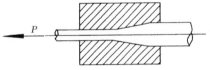

图 4-27　钢筋冷拔示意图

90%。这种经冷拔加工的钢筋称为冷拔低碳钢丝。冷拔低碳钢丝分为甲、乙级，甲级钢丝主要用作预应力混凝土构件的预应力钢筋，乙级钢丝用于焊接网片和焊接骨架、架立筋、箍筋和构造钢筋。

钢筋冷拔的工艺过程是：轧头→剥皮→通过润滑剂→进入拔丝模。钢丝冷拔时，对钢号不明或无出厂证明书的钢材应先取样试验。甲级冷拔低碳钢丝宜用符合Ⅰ级热轧钢筋标准的普通低碳钢盘条拔制。冷拔设备由拔丝机、拔丝模、剥皮机、轧头机等组成。

4.2.3　钢筋接头的连接

钢筋接头连接方法有：绑扎连接、焊接连接和机械连接。绑扎连接由于需要较长的搭接长度，浪费钢筋，且连接不可靠，故宜限制使用。焊接连接的方法较多，成本较低，质量可靠，宜优先选用。机械连接无明火作业，设备简单，节约能源，不受气候影响可全天候施工，连接可靠，技术易于掌握，适用范围广，尤其适用于现场焊接有困难的场合。

钢筋的接头宜设置在受力较小处。同一纵向受力钢筋不宜设置两个或两个以上接头。接头末端至钢筋弯起点的距离不应小于钢筋直径的 10 倍。

1. 绑扎连接

钢筋搭接处，应在中心及两端用 20 号～22 号铁丝扎牢。纵向受力钢筋绑扎搭接接头的最小搭接长度应符合有关规定。光圆钢筋绑扎接头的末端应做弯钩，带肋钢筋可不做弯钩。

同一构件中相邻纵向受力钢筋的绑扎搭接接头宜相互错开。绑扎搭接接头中钢筋的横向净距不应小于钢筋直径，且不应小于25mm。

钢筋绑扎搭接接头连接区段的长度为$1.3l_1$（l_1为搭接长度，搭接长度取相互连接两根钢筋中较小直径计算），凡搭接接头中点位于该连接区段长度内的搭接接头均属于同一连接区段。同一连接区段内，纵向钢筋搭接接头面积百分率即该区段内有搭接接头的纵向受力钢筋截面面积与全部纵向受力钢筋截面面积的比值应符合设计要求；当设计无具体要求时，应符合下列规定：（1）对梁类、板类及墙类构件，不宜大于25%；基础筏板，不宜大于50%；（2）对柱类构件，不宜大于50%；（3）当工程中确有必要增大接头面积百分率时，对梁类构件，不应大于50%。

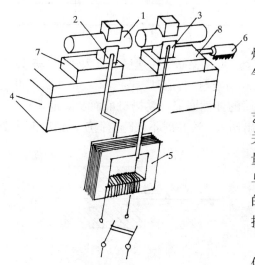

图4-28 钢筋闪光对焊原理
1—焊接的钢筋；2—固定电极；3—可动电极；
4—基座；5—变压器；6—平动顶压机构；
7—固定支座；8—滑动机构

2. 焊接连接

钢筋焊接方法：常用的有闪光对焊、电弧焊、电渣压力焊和电阻点焊、埋弧压力焊以及气压焊等。

钢筋的焊接质量与钢材的可焊性、焊接工艺有关。可焊性与含碳、合金元素的数量有关，含碳量、锰量增加，则可焊性差；而含适量的钛，可改善可焊性。焊接工艺（焊接参数与操作水平）亦影响焊接质量，即使可焊性差的钢材，若焊接工艺合宜，亦可获得良好的焊接质量。

受力钢筋采用焊接接头时，设置在同一构件内的焊接接头应相互错开。在同一连接区段内（指纵向受力钢筋直径d的35倍，且不小于500mm的区段），同一个钢筋不宜有两个接头；在该区段内有接头的受力钢筋截面面积占受力钢筋总截面面积的百分率，应符合下列规定：①受拉接头，不宜超过50%；受压接头不限制。②直接承受动力荷载的结构构件中，不宜采用焊接。

（1）闪光对焊

钢筋闪光对焊的原理（图4-28）是利用对焊机使两段钢筋接触，通过低压的强电流，待钢筋被加热到一定温度局部熔融变软后，进行轴向加压顶段，形成对焊接头。闪光对焊机外形如图4-29所示。

闪光对焊广泛用于钢筋接长以及预应力钢筋与螺丝端杆的焊接。热轧钢筋的接长宜优先用闪光对焊，不可能时才用电弧焊。

钢筋闪光对焊按工艺可分为：连续闪光焊、预热闪光焊、闪光—预热—闪光焊三种。对Ⅳ级钢筋有时在焊接后进行通电热处理。

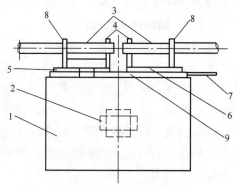

图4-29 闪光对焊机
1—机架；2—变压器；3—钢筋；4—夹紧机构；
5—固定座板；6—动板；7—送进机构；
8—顶座；9—导轨

对焊接头的机械性能检验应按钢筋品种和直径分批进行，每100个接头为一批，每批切取6个试件，其中3个做拉力试验，3个做冷弯试验。试验结果应符合热轧钢筋的机械性能指标或符合冷拉钢筋的机械性能指标。做破坏性试验时亦不应在焊缝处或热影响区内断裂。

（2）电弧焊

电弧焊是利用弧焊机使焊条与焊件之间产生高温电弧，使焊条和电弧燃烧范围内的焊件熔化，待其凝固后便形成焊缝或接头。电弧焊广泛用于钢筋接头、钢筋骨架焊接、装配式结构接头的焊接、钢筋与钢板的焊接及各种钢结构焊接。

钢筋电弧焊的接头形式有：搭接焊（单面焊缝或双面焊缝）、帮条接头（单面焊缝或双面焊缝）、坡口接头（平焊或立焊），如图4-30所示。

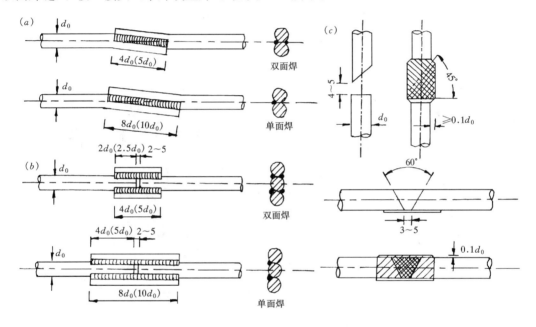

图4-30　电弧焊接头形式

（a）搭接焊（平焊、立焊）；（b）帮条焊（单面焊、双面焊）；（c）坡口焊（平焊、立焊）

弧焊机有直流和交流两种，常用的为交流弧焊机。

焊条的种类很多，根据钢材等级和焊接接头形式选择焊条。焊条表面涂有焊药，它可保证电弧稳定，使焊缝免致氧化，并产生熔渣覆盖焊缝以减缓冷却速度。

焊接电流根据钢筋和焊条的直径选择。

采用帮条焊或搭接焊时，焊缝的长度不应小于帮条或搭接长度，焊缝高度 $h \geqslant 0.3d$，并不得小于4mm；焊缝宽度 $b \geqslant 0.7d$，并不得小于10mm。电弧焊一般要求焊缝表面平整、无裂纹、无较大凹陷、焊瘤，无明显咬边、气孔、夹渣等缺陷。在现场安装条件下，每一层楼以300个同类型接头为一批，每一批选取三个接头进行拉伸试验。如有一个不合格，取双倍试件复验，再有一个不合格，则该批接头不合格。如对焊接质量有怀疑或发现异常情况，还可以进行非破损方式（X射线、γ射线、超声波探伤等）检验。

（3）电渣压力焊

电渣压力焊（图4-31）是利用电流通过渣池产生的电阻热将钢筋端部熔化，然后施加压力使钢筋焊合，多用于现浇混凝土结构构件内竖向钢筋的接长，一般可焊Ⅰ～Ⅱ级钢筋。与电弧焊比较，它工效高、成本低，在高层建筑施工中使用，已取得良好的效果。

电渣压力焊采用的弧焊机，其功率与钢筋直径大小有关，焊接直径22mm以内的钢筋时，可采用一台20kVA交流弧焊机；当直径大于22mm时，可采用一台40kVA弧焊机或2台20kVA弧焊机并联使用。

焊接夹具和焊接示意如图4-32。夹具由下钳口（固定电极）、上钳口（活动电极）、加压机及焊剂盒组成。焊接时，先清除钢筋端部120mm范围内的铁锈等，然后将钢筋分别夹入钳口，在上、下钢筋接触铁丝小球或导电剂，通电后钢筋端头及焊剂相继熔化而形成渣池，维持数秒后，用操纵杆使钢筋缓缓下降，熔化量达到规定值（用标尺控制）后，断开电路并用力迅速顶压挤出熔渣和熔化金属，形成坚实的焊接接头，待冷却1～3min后，打开焊剂盒，卸下夹具，敲去熔渣。

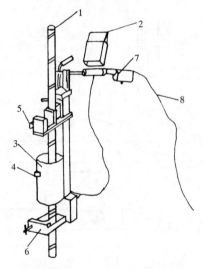

图4-31　钢筋电渣焊示意图

1—钢筋；2—监控仪表；3—焊剂盒；
4—焊剂盒扣环；5—活动夹具；6—固定夹具；
7—操作手柄；8—控制电缆

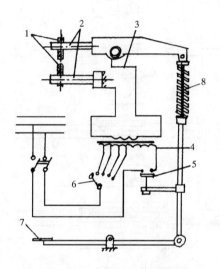

图4-32　点焊机工作示意图

1—电极；2—电极臂；3—变压器次级线圈；
4—变压器初级线圈；5—断路器；6—变压
器调节级数开关；7—踏板；8—压紧机构

电渣压力焊要求接头四周铁浆饱满均匀，没有裂缝；上下钢筋的轴线一致，其最大偏移不得超过$0.1d$，同时不得大于2mm。抗拉试验的要求与闪光对焊接头相同。

（4）电阻点焊

电阻点焊的工作原理是：将钢筋的交叉点放在点焊机的两个电极间，电极通过钢筋闭合电路通电，点接触处电阻较大，在接触的瞬间，全部电流都集中在钢筋接触点上，接触点的电阻使金属产生热而熔化，同时在电极加压下使焊点金属得到焊合。点焊机的工作原理如图4-32所示。

常用的点焊机有单点点焊机、多头对焊机、悬挂式对焊机（可焊接钢筋骨架或钢筋网）、手提式点焊机（用于施工现场）。

电阻点焊的主要参数为：电流强度、通电时间和电极压力与焊点压入深度等。应根据钢筋级别、直径及焊机性能合理选择。

电阻点焊主要用于钢筋的交叉连接，如焊接钢筋网片、钢筋骨架等。采用点焊代替绑扎，可提高工效，节约劳动力，成品刚性好，便于运输，并可节约钢材。

焊点应进行外观检查和强度试验。热轧钢筋的焊点应进行抗剪强度的试验。冷加工钢筋除进行抗剪试验外，还应进行拉伸试验。

（5）气压焊

钢筋气压焊是用氧-乙炔火焰使焊接接头加热至塑性状态，加压形成接头。这种方法具有设备简单、工效高、成本低等优点，适用于各种位置钢筋的焊接。

钢筋气压焊设备由氧气瓶、乙炔瓶、烤枪、钢筋卡具、液压缸及液压泵等组成（图4-33）。

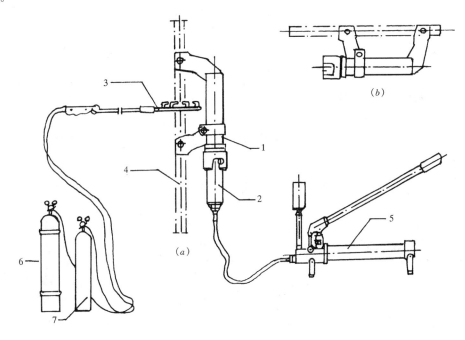

图 4-33　气压焊设备

（a）竖向焊接；（b）横向焊接

1— 压接器；2—顶压液压缸；3—加热器；4—钢筋；5—加压器（手动）；6—氧气；7—乙炔

钢筋气压焊工艺过程如下：施焊前先磨平钢筋端面，并与钢筋轴线基本垂直，清除接头附近的铁锈、油污等杂物。然后用卡具将两根被焊的钢筋对正夹紧，即对钢筋施加 30～50MPa 的初压力，使钢筋端面压密实。再用氧-乙炔火焰将钢筋接头处加热。在开始阶段，火焰应用还原焰，以防钢筋端面氧化。待接头完全闭合后再改用中性焰加热，以提高火焰温度，加快升温速度，此时火焰在以裂缝为中心的两倍钢筋直径范围内均匀摆动。当钢筋端面加热到 1250～1300℃时，再次对钢筋轴向加 30～50N/mm² 压力，待接头所需的凸出量时停止加热、解除压力，取下卡具，气压焊接头完成。

3. 钢筋机械连接

钢筋机械连接包括挤压连接和锥螺纹套筒连接。是近年来大直径钢筋现场连接的主要方法。

（1）钢筋挤压连接

钢筋挤压连接亦称钢筋套筒冷压连接。它是将需连接的变形钢筋插入特制钢套筒内，利用液压驱动的挤压机进行径向或轴向挤压，使钢套筒产生塑性变形，使它紧紧咬住变形钢筋实现连接（图4-34）。它适用于竖向、横向及其他方向的较大直径变形钢筋的连接。

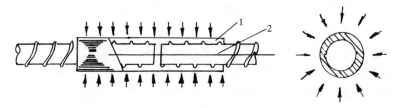

图4-34　钢筋径向挤压连接原理图
1—钢套筒；2—被连接的钢筋

钢筋挤压连接的工艺参数，主要是压接顺序、压接力和压接道数。压接顺序应从中间逐道向两端压接。压接力要保证套筒与钢筋紧密咬合，压接力和压接道数取决于钢筋直径、套筒型号和挤压机型号。

（2）钢筋锥螺纹套筒连接

用于这种连接的钢套筒内壁，用专用机床加工有锥螺纹，钢筋的对接端头亦在套丝机上加工有与套筒匹配的锥螺纹。连接时，经对螺纹检查无油污和损伤后，先用手旋入钢筋，然后用扭矩扳手紧固至规定的扭矩即完成连接（图4-35）。

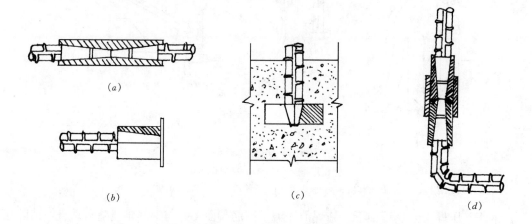

（a）　　　　　　　　　　　（b）　　　　　（c）　　　　　　　　（d）

图4-35　钢筋锥螺纹套筒连接示意图
（a）两根直钢筋连接；（b）在金属结构上接装钢筋；
（c）在混凝土构件中插接钢筋；（d）一根直钢筋与一根弯钢筋的连接

（3）钢筋直螺纹套筒连接

直螺纹连接是目前应用很广的钢筋连接技术。先将钢筋端部用冷镦机镦粗，再用直螺纹套丝机切削直螺纹，最后在施工作业区用内壁加工有直螺纹的套筒对接。钢筋剥肋滚丝机如图4-36所示。钢筋丝头加工还有剥肋滚轧、直接滚轧直螺纹接头，直螺纹套筒连接技术不仅具有钢筋锥螺纹连接的优点，成本相近，而且套筒短，一般螺纹扣数少，不需力矩扳手，连接速度快；如利用扩孔口型套筒（套筒一端增设 45°角扩口段）和钢筋端部的加长螺纹，且两根连接钢筋端部加工有正反丝扣，则可用于钢筋笼等不能转动钢筋的场合，使应用范围增大。

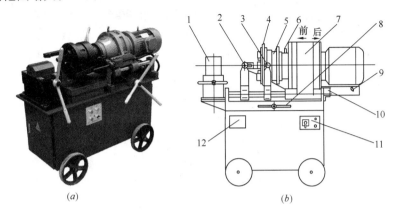

图 4-36　钢筋剥肋滚丝机

(a) 实物图；(b) 示意图

1—台钳；2—涨刀触头；3—收刀触头；4—剥肋机构；5—滚丝头；6—上水管；
7—减速机；8—进给手柄；9—行程挡块；10—行程开关；11—控制面板；12—标牌

直螺纹钢筋丝头加工应符合下列规定：钢筋端部应采用带锯、砂轮锯或带圆弧形刀片的专用钢筋切断机切平；镦粗头不应有与钢筋轴线相垂直的横向裂纹；钢筋丝头长度应满足产品设计要求，$0\sim2.0p$（p 为螺距）；钢筋丝头宜满足 6f 级精度要求，应用专用直螺纹量规检验，通规能顺利旋入并达到要求的拧入长度，止规旋入不得超过 $3p$。

各规格的自检数量不应少于 10%，检验合格率不应小于 95%。

直螺纹接头的安装应符合下列规定：安装接头时可用管钳扳手拧紧，钢筋丝头应在套筒中央位置相互顶紧，标准型、正反丝型、异径型接头安装后的单侧外露螺纹不宜超过 $2p$；接头安装后应用扭力扳手校核拧紧扭矩，最小拧紧扭矩值应符合表 4-8 的规定；校核用扭力扳手的准确度级别可选用 10 级。

直螺纹接头安装时最小拧紧扭矩值　　　　　　　　　　　　　　表 4-8

钢筋直径（mm）	≤16	18～20	22～25	28～32	36～40	50
拧紧扭矩（N·m）	100	200	260	320	360	460

螺纹套筒应符合现行行业标准《钢筋机械连接用套筒》（JG/T 163）的有关规定，安装前检验项目有：套筒标志、进场套筒适用的钢筋强度等级、进场套筒与型式检验的套筒尺寸和材料的一致性。

钢筋机械连接接头现场抽检应按验收批进行，接头现场抽检项目应包括极限抗拉强度试验、加工和安装质量检验。同钢筋生产厂、同强度等级、同规格、同类型和同型式接头应以 500 个为一个验收批进行检验与验收，不足 500 个也应作为一个验收批。每一验收批应在工程结构中随机抽取 3 个接头试件做极限抗拉强度试验，按设计要求的接头等级进行评定。当 3 个接头试件的极限抗拉强度均符合《钢筋机械连接技术规程》（JGJ 107）相应等级的强度要求时，该验收批应评为合格。当仅有一个试件的极限抗拉强度不符合要求，应再取 6 个试件进行复检。复检中仍有一个试件的极限抗拉强度不符合要求，该验收批应评为不合格。

螺纹接头安装后，应在每个验收批中抽取 10％的接头进行拧紧扭矩校核，拧紧扭矩值不合格数超过被校核接头数的 5％时，应重新拧紧全部接头，直到合格为止。

同一接头类型、同型式、同等级、同规格的现场检验连续 10 个验收批抽样试件抗拉强度试验一次合格率为 100％时，验收批接头数量可扩大为 1000 个。对有效认证的接头产品，验收批数量可扩大至 1000 个。

现场截取抽样试件后，原接头位置的钢筋可采用同等规格的钢筋进行绑扎、焊接或机械连接方法补接。

对抽检不合格的接头验收批，应由工程有关各方研究后提出处理方案。

当受力钢筋采用机械连接接头或焊接接头时，设置在同一构件内的接头宜相互错开。

纵向受力钢筋机械连接接头及焊接接头连接区段的长度为 35 倍 d（d 为相互连接两根钢筋的直径较小值）且不小于 500mm，凡接头中点位于该连接区段长度内的接头均属于同一连接区段。同一连接区段内，纵向受力钢筋机械连接及焊接的接头面积百分率即该区段内有接头的纵向受力钢筋截面面积与全部纵向受力钢筋截面面积的比值应符合设计要求；当设计无具体要求时，应符合下列规定：

（1）受拉接头不宜大于 50％，受压接头可不受限制；

（2）接头不宜设置在有抗震设防要求的框架梁端、柱端的箍筋加密区；当无法避开时，应采用Ⅱ级接头或Ⅰ级接头，且接头面积百分率不应大于 50％；

（3）直接承受动力荷载的结构构件中，不宜采用焊接接头；当采用机械连接接头时，不应大于 50％。

4.2.4 钢筋的加工

钢筋加工前应根据图纸按不同的构件提出配料单，作为钢筋加工的依据。

1. 钢筋的配料

钢筋配料是根据构件配筋图计算所有钢筋的直线下料长度、总根数及钢筋的总重量，并编制钢筋配料单，绘出钢筋加工形状、尺寸，作为钢筋加工的依据。

（1）钢筋下料长度的计算

钢筋切断时的直线长度称为下料长度。

结构施工图中注明的钢筋尺寸是指加工后的钢筋外轮廓尺寸（从钢筋外皮到外皮量得的尺寸），称为钢筋外包尺寸。钢筋的外包尺寸是由构件的外形尺寸减去混凝土的保护层厚度求得。

由于钢筋弯曲时，外皮伸长而内皮缩短，只是轴线长度不变，而量得的外包尺寸总和要大于钢筋轴线长度，弯曲钢筋的外包尺寸和轴线长之间存在的差值称量度差值。量度差值在计算下料长度时必须加以扣除，否则，加工后的钢筋尺寸要大于设计要求的外包尺寸，可能无法放入模板内，造成质量问题并浪费钢材。

1）量度差值：钢筋弯折后的量度差值与钢筋的弯折角度和钢筋直径有关。若取钢筋直径为 d，弯弧内直径 $D＝4d$，则弯折不同角度的量度差值（亦称弯曲调整值）见表 4-9。

钢筋弯曲角度	30°	45°	60°	90°	135°
钢筋弯曲调整值	0.3d	0.5d	1d	2d	3d

钢筋弯曲调整值　　　　　　　　　　　　　　　　　　表 4-9

注：d 为钢筋直径。

2）弯钩增加长度：弯钩的形式有三种：半圆钩、直弯钩、斜弯钩，如图 4-37 所示。

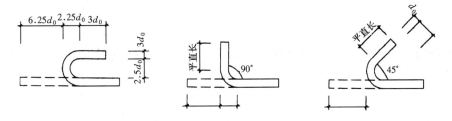

图 4-37　钢筋端头的弯钩形式

弯钩增长值可按下式计算：

弯 180°时，	$0.5\pi(D+d)-(0.5D+d)+$平直长度	(4-1)
弯 90°时，	$0.25\pi(D+d)-(0.5D+d)+$平直长度	(4-2)
弯 135°时，	$0.375\pi(D+d)-(0.5D+d)+$平直长度	(4-3)

按现行规范，受力钢筋弯折的弯弧内直径和弯折后平直段长度应符合下列规定：

A. 光圆钢筋末端应作 180°弯钩，其弯弧内直径不应小于钢筋直径的 2.5 倍，弯钩的弯后平直部分长度不应小于钢筋直径的 3 倍，代入式（4-1）得，每个弯钩的增长值为 6.25d；

B. 纵向受力钢筋末端做 90°或 135°弯钩（弯折）时，335MPa 级、400MPa 级带肋钢筋弯弧内直径不应小于钢筋直径的 4 倍；500MPa 级带肋钢筋弯弧内直径不应小于钢筋直径的 6 倍（直径＜28mm）或 7 倍（直径≥28mm）。纵向受力钢筋的弯折后直段长度应符合设计要求。以 400MPa 级带肋钢筋为例，代入式（4-2）、式（4-3），则得弯钩增长值分别为 0.93d＋平直长度（90°）和 2.89d＋平直长度（135°），其余均可计算得出增长值。

因钢筋末端有弯钩，加工后其中心长度大于标注的外包尺寸，下料时应加上弯钩的增长部分，即：

$$下料长度＝外包尺寸－弯折处量度差值＋端部弯钩加长值 \qquad (4-4)$$

3）箍筋：箍筋下料长度仍按式（4-4）计算，量度差取值按表 4-7，弯钩增长值按式（4-1）、式（4-2）、式（4-3）计算。箍筋末端变钩形式应符合设计要求，当设计无具体要求时，应符合下列规定：

A. 箍筋弯钩的弯弧内直径除应满足上述受力钢筋的弯钩和弯折规定外，尚应不小于受力钢筋直径；

B. 箍筋弯钩的弯折角度：对一般结构构件，不应小于 90°；对有抗震等要求或设计有专门要求的结构构件，应大于 135°；

C. 箍筋弯后平直部分长度：对一般结构构件，不应小于箍筋直径的 5 倍；对有抗震等要求的结构构件，不应小于箍筋直径的 10 倍。

对于一般结构，为便于计算箍筋下料长度，也可用箍筋调整值的方法计算。调整值即为弯钩加长值和弯曲调整值之差。如表 4-10 所示，计算时将箍筋外包尺寸（外周长）或内皮尺寸（内周长）加上箍筋调整值即为箍筋下料长度。

箍筋调整值　　　　　　　　　　　　　　　　表 4-10

箍筋量度方法	箍筋直径（mm）			
	4～5	6	8	10～12
量外包尺寸	40	50	60	70
量内包尺寸	80	100	120	150～170

【例 4-1】 某建筑物第一层楼共有 5 根 L_1 梁，梁的配筋图见图 4-38 所示，试编制 L_1 梁的配料单。

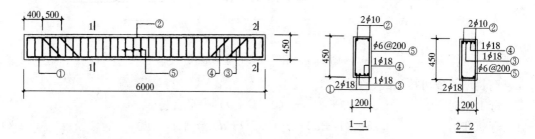

图 4-38　L_1 配筋图

【解】 梁上下保护层厚度取 25mm，梁两端保护层厚度取 10mm。

1. ①号钢筋是 2 根 Φ18 mm 的直线钢筋，下料长度计算如下：

直线钢筋下料长度＝构件长－两端保护层厚度＋两端弯钩增加长度

$= 6000 - 2 \times 10 + 2 \times 6.25 \times 18 = 6205$mm

2. ②号钢筋是 2 根 Φ10 mm 架立钢筋（直筋），下料长度计算如下：

$6000 - 2 \times 10 + 2 \times 6.25 \times 10 = 6105$mm

3. ③号钢筋是 1 根 Φ18 mm 弯起钢筋，下料长度计算如下：

弯起钢筋下料长度＝直线段＋斜线段＋弯钩增加长度－弯曲调整值

$= (400 - 10) \times 2 + [6000 - 2 \times 400 - 2 \times (450 - 2 \times 25)] + (450 - 2 \times 25) \times 1.41 \times 2 + 2 \times 6.25 \times 18 - 4 \times 0.5 \times 18 = 780 + 4400 + 1128 + 225 - 36 = 6497$mm

4. ④号钢筋也是 1 根 Φ18 mm 弯起钢筋，下料长度计算同③号钢筋。

下料长度＝$1780 + 3400 + 1128 + 225 - 36 = 6497$mm

5. ⑤号钢筋是 Φ6 mm 箍筋，下料长度计算如下：

下料长度＝周长＋箍筋调整值

$= (450 - 2 \times 25 \times 2) + (200 - 2 \times 25 \times 2) + 100 = 400 \times 2 + 150 \times 2 + 100 = 1200$mm

6. 箍筋的个数

$(5980 \div 200) + 1 = 31$ 个

配料计算完成后，需要填写配料单，申请加工；钢筋工班接到配料单后，按钢筋号，每号钢筋制作一块料牌，料牌可用 100mm×70mm 的薄木板、纤维板或其他薄板制成。L_1 梁的钢筋配料单如表 4-11 所示。

（2）钢筋代换

在钢筋配料中如遇有钢筋品种或规格与设计要求不符，需要代换时，可参照以下原则进行钢筋代换。

1）代换原则

A. 等强度代换：不同种类的钢筋代换，按抗拉强度值相等的原则进行代换；

B. 等面积代换：相同种类和级别的钢筋代换，应按面积相等的原则进行代换。

2）代换方法

A. 等强度代换方法

钢 筋 配 料 单　　　　　　　　　　　　　　　　表 4-11

构件名称	钢筋编号	简　图	直径(mm)	钢筋级别	下料长度(m)	单位(根数)	合计(根数)	重量(kg)
1 号厂房 L_1 梁 共计 5 根	①	⌐—————5980—————⌐	18	Φ	6.21	2	10	123
	②	5980	10	Φ	6.11	2	10	37.5
	③	390　564　4400　564　390	18	Φ	6.49	1	5	64.7
	④	890　564　3400　564　890	18	Φ	6.49	1	5	64.7
	⑤	412　162	6	Φ	1.20	31	165	41.3
备注		合计 Φ6＝41.3kg，Φ10＝37.5kg，Φ18＝252.4kg						

如设计图中所用的钢筋设计强度为 f_{y1}，钢筋总面积 A_{S1}，代换后的钢筋设计强度为 f_{y2}，钢筋总面积 A_{S2}，则应使

$$A_{S1} f_{y1} \leqslant A_{S2} f_{y2} \tag{4-5}$$

因为　　$$n_1 \cdot \pi \cdot \frac{d_1^2}{4} \cdot f_{y1} \leqslant n_2 \cdot \pi \cdot \frac{d_2^2}{4} \cdot f_{y2}$$

所以　　$$n_2 \geqslant \frac{n_1 d_1^2 f_{y1}}{d_2^2 f_{y2}} \tag{4-6}$$

式中　n_1——原设计钢筋根数；

n_2——代换后钢筋根数；

d_1——原设计钢筋直径；

d_2——原设计钢筋直径。

B. 等面积代换方法

$$A_{S1} \leqslant A_{S2} \tag{4-7}$$

$$n_2 \geqslant \frac{n_1 d_1^2}{d_2^2} \tag{4-8}$$

【例 4-2】 某墙体设计配筋为 Φ14@200，现无 Φ14 钢筋，拟用 Φ12 的钢筋代换，试计算代换后每米几根。

【解】 因钢筋的级别相同，所以可按面积相等的原则进行代换。

代换前墙体每米设计配筋的根数：$n_1 = \dfrac{1000}{200} = 5$ 根

所以　　$n_2 \geqslant \dfrac{n_1 d_1^2}{d_2^2} = \dfrac{5 \times 14^2}{12^2} = 6.8 \approx 7$ 根

配筋为 Φ12@150。

（3）钢筋代换注意事项

钢筋代换时，应征得设计单位同意，并应符合下列规定：

1）对重要构件，如吊车梁、薄腹梁桁架下弦等，不宜用Ⅰ级光面钢筋代替变形钢筋，以免裂缝开展过大。

2）钢筋代换后，应满足混凝土结构设计规范中所规定的钢筋间距、锚固长度、最小钢筋直径、根数等要求。

3）当构件受裂缝宽度或挠度控制时，钢筋代换后应进行刚度、裂缝验算。

4）梁的纵向受力钢筋与弯起钢筋应分别代换，以保证正截面与斜截面强度。偏心受压构件（如框架柱、有吊车的厂房柱、桁架上弦等）或偏心受拉构件作钢筋代换时，不取整个截面配筋量计算，应按受力面（受拉或受压）分别代换。

5）有抗震要求的梁、柱和框架，不宜以强度等级较高的钢筋代换原设计中的钢筋。如必须代换时，尚应符合抗震对钢筋的要求。

6）预制构件的吊环，必须采用未经冷拉的Ⅰ级热轧钢筋制作，严禁以其他钢筋代换。

2. 钢筋的加工

钢筋加工包括调直、除锈、切断和弯曲成型等工作。

（1）调直：钢筋调直主要是对盘卷（盘圆）形状的钢筋，通过机械的方法使其顺直，以便加工制作和安装施工。而对新进场的直条钢筋（成捆）无需进行调直。钢筋调直主要使用钢筋调直机，一般用作箍筋，直径为 4mm～14mm 的钢筋均可用调直机调直。调直机的种类较多，有单一调直功能的，有调直和剪切功能的，如图 4-39 所示，还有调直、弯曲、剪切综合功能的。钢筋调直应布置相应的操作场地，满足拉伸长度的需要，并与加工、摆放、场内运输等环节相协调。

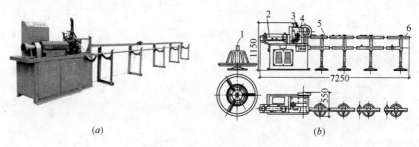

图 4-39　钢筋调直剪切机

（a）实物图；（b）示意图

1—放盘架；2—调直筒；3—传动箱；4—机座；5—承受架；6—定尺板

（2）除锈：经冷拉或机械调直的钢筋，一般不必进行除锈。但对产生鳞片状锈蚀的钢筋，使用前应进行除锈。除锈的方法有：电动除锈机（图 4-40）除锈；手工用钢丝刷、砂盘（图 4-41）等除锈；喷砂及酸洗除锈。

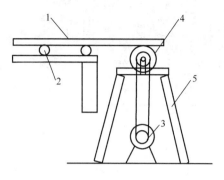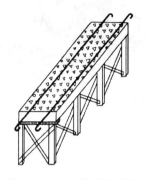

图 4-40　固定式钢筋除锈机　　　　图 4-41　砂盘除锈示意图

1—钢筋；2—滚道；3—电动机；4—钢丝刷

（3）切断：钢筋下料时需按下料长度进行剪切。钢筋剪切可采用钢筋剪切机或手动剪切器，前者可切断直径 40mm 的钢筋，后者一般只用于切断直径小于 12mm 的钢筋。大于 40mm 的钢筋需用氧—乙炔焰或电弧割切。机械式和液压式钢筋切断机如图 4-42、图 4-43所示。

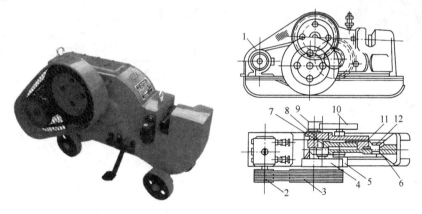

图 4-42　卧式钢筋切断机（机械式）

（a）实物图；（b）示意图

1—电动机；2、3—V 带；4、5、9、10—减速齿轮；6—固定刀片；7—连杆；

8—曲柄轴；11—滑块；12—活动刀片

（4）弯曲成型：钢筋切断后，要根据图纸要求弯曲成一定的形状。根据弯曲设备的特点及工地习惯进行划线，以便弯曲成所规定的（外包）尺寸。当弯曲形状比较复杂的钢筋时，可先放出实样，再进行弯曲。钢筋弯曲宜采用弯曲机，如图 4-44、图 4-45 所示。可弯直径 6～40mm 的钢筋。直径小于 25mm 的钢筋，当无弯曲机时也可采用板钩弯曲。

目前，用于钢筋制作加工的机械种类很多。全自动数控钢筋加工设备，可自动完成钢筋定尺、调直、切断和弯箍，加工精度高、生产效率高，可代替约 20 名工人，减轻了工人的劳动强度，提高了钢筋制作加工的自动化、机械化、工厂化水平。全自动数控钢筋弯箍机如图 4-46 所示。

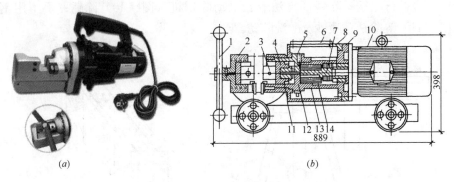

图 4-43　液压式钢筋切断机

(a) 手提式切断机实物图；(b) 卧式切断机构造示意图

1—手柄；2—支座；3—主刀片；4—活塞；5—放油阀；6—观察玻璃；7—偏心轴；

8—油箱；9—连接架；10—电动机；11—皮碗；12—液压缸体；13—液压泵缸；14—柱塞

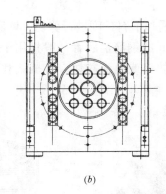

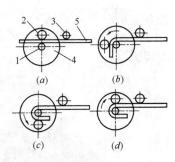

图 4-44　钢筋弯曲机

(a) 弯曲机实物图；(b) 弯曲机上视图

图 4-45　钢筋弯曲机工作
过程示意图

(a) 装料；(b) 弯 90°；

(c) 弯 180°；(d) 回位

1—心轴；2—成型轴；3—固定挡铁；

4—工作盘；5—钢筋

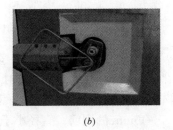

图 4-46　全自动数控钢筋弯箍机

(a) 整机实物图；(b) 弯曲处大样图

钢筋加工的形状、尺寸应符合设计要求，其偏差应符合表 4-12 的规定。

钢筋加工的允许偏差	表 4-12

项　目	允许偏差（mm）
受力钢筋沿长度方向的净尺寸	±10
弯起钢筋的弯折位置	±20
箍筋外廓尺寸	±5

4.2.5　钢筋的绑扎与安装

钢筋绑扎和安装之前，先熟悉施工图纸，核对成品钢筋的钢号、直径、形状、尺寸和数量是否与配料单、料牌相符，研究钢筋安装和有关工种的配合的顺序，准备绑扎用的铁丝、绑扎工具、绑扎架等。

钢筋骨架的绑扎一般采用 20～22 号铁丝（火烧丝）或镀锌铁丝（铅丝），其中 22 号铁丝只用于绑扎直径 12mm 以下的钢筋。

钢筋骨架的绑扎与模板架设的工序搭接关系是：柱子一般是先绑扎成型钢筋骨架后架设模板；梁一般是先架设梁底模板，然后在模板上绑扎钢筋骨架；现浇楼板一般是模板安装后，在模板上绑扎钢筋网片；墙是在钢筋网片绑扎完毕并采取临时固定措施后，架设模板。

1. 钢筋绑扎程序

钢筋绑扎程序是：划线、摆筋、穿箍、绑扎、安放垫块等。划线时应注意间距、数量，标明加密箍筋的位置。板类摆筋顺序一般先排主筋后排副筋；梁类一般先摆纵筋。摆放有焊接接头和绑扎接头的钢筋应符合规范规定，有变截面的箍筋，应事先将箍筋排列清楚，然后安装纵向钢筋。

2. 钢筋绑扎要求

（1）绑扎墙和板的钢筋网时，除靠近外围两行钢筋的交叉点全部扎牢外，网的中间部分的交叉点可以交错跳点绑扎，但应能保证受力钢筋不发生位移。而对于双向受力的钢筋则必须绑扎全部的交叉点，确保所有受力钢筋的正确位置。

（2）柱、梁的箍筋绑扎，除设计有特殊要求外，应保证与梁、柱受力主钢筋垂直，箍筋的端钩位置应错开布置，不能集中在一根受力主筋上。

（3）柱的竖向受力筋接头处的弯钩应指向柱中心，这样既有利于钩的嵌固，又能避免露筋。

（4）板、次梁与主梁交叉处，板的钢筋在上，次梁的居中，主梁的钢筋在下；当有梁垫或圈梁时，主梁的钢筋在上。

（5）钢筋绑扎完毕后，应采用水泥砂浆垫块、短钢筋头或塑料卡等控制保护层厚度。垫块一般呈梅花形设置，其间距不大于 1m。

此外，在绑扎墙、板的钢筋时，应注意受力筋的方向，受力钢筋与构造筋的上下位置不能倒置，以免减弱受力筋抗弯能力。

3. 质量要求

安装钢筋时，配置的钢筋级别、直径、根数和间距均应符合设计要求。绑扎或焊接的钢筋网钢筋骨架，不得有变形、松脱和开焊。钢筋安装位置的允许偏差和检验方法见表4-13。

项　　目			允许偏差（mm）	检　验　方　法
绑扎钢筋网	长、宽		±10	钢尺检查
	网眼尺寸		±20	钢尺量连续三档，取最大偏差值
绑扎钢筋骨架	长		±10	钢尺检查
	宽、高		±5	钢尺检查
纵向受力钢筋	间距		±10	钢尺量两端、中间各一点，取最大偏差值
	排距		±5	
	保护层厚度（包括箍筋）	基础	±10	钢尺检查
		柱、梁	±5	钢尺检查
		板、墙、壳	±3	钢尺检查
绑扎箍筋、横向钢筋间距			±20	钢尺量连续三档，取最大偏差值
钢筋弯起点位置			20	钢尺检查
预埋件	中心线位置		5	钢尺检查
	水平高差		+3，0	钢尺和塞尺检查

注：检查预埋件中心线位置时，应沿纵、横两个方向量测，并取其中偏差的较大值。

受力钢筋保护层厚度的合格点率应达到 90％及以上，且不得有超过表 4-13 中数值 1.5 倍的尺寸偏差。在同一检验批内，梁、柱和独立基础，应抽查构件数量的 10％，且不应少于 3 件；墙和板应按有代表性的自然间抽查 10％，且不少于 3 间。

钢筋工程属隐蔽工程，在浇筑混凝土前应对钢筋及预埋件进行验收，并做好隐蔽工程记录。钢筋隐蔽工程验收内容包括：

（1）纵向受力钢筋的牌号、规格、数量、位置等；

（2）钢筋的连接方式、接头位置、接头数量、接头面积百分率、搭接长度、锚固方式及锚固长度；

（3）箍筋、横向钢筋的牌号、规格、数量、间距、位置，箍筋弯钩的弯折角度及平直段长度；

（4）预埋件的规格、数量、位置等。

4.3　混　凝　土　工　程

混凝土工程包括混凝土的配制、搅拌、运输、浇筑捣实和养护等过程，各个施工过程相互联系和影响，哪一个施工过程处理不当都将会影响混凝土工程的最终质量。混凝土结构一般是建（构）筑物的承重部分，因此确保混凝土工程的质量极为重要。

近年来，由于混凝土外加剂的发展和应用大大改善了混凝土的性能和施工工艺。此外，自动化、机械化的发展和新的施工机械和施工工艺的应用，也大大提高了混凝土工程的施工质量。

4.3.1 混凝土的制备

1. 混凝土的施工配料

施工配料是保证混凝土质量的重要环节之一，必须加以严格控制。施工配料时影响混凝土质量的主要因素有两个方面：一是称量不准；二是未按砂、石骨料实际含水率的变化进行施工配合比的换算。这样必然会改变原理论配合比的水灰比、砂石比（含砂率）及浆骨比。因此施工配料要求称量准确，随时按砂、石骨料实际含水率的变化，调整施工配合比。

设实验室配合比为：水泥：砂：石 $=1:x:y$，水灰比 W/C，现场砂、石含水率分别为 W_x、W_y，则施工配合比为：

水泥：砂：石 $=1:x(1+W_x):y(1+W_y)$，水灰比 W/C 不变，但加水量应扣除砂、石中的含水量。

施工配料是确定每拌一次需用的各种原材料量，可根据换算后的施工配合比和搅拌机的出料容量计算。

【例 4-3】 某工程混凝土实验室配合比为 $1:2.3:4.27$，水灰比 $W/C=0.6$，每立方米混凝土水泥用量为 300kg，现场砂石含水率分别为 3%、1%，求施工配合比。若采用 350 公升搅拌机，求每拌一次材料用量。

解： 施工配合比　水泥：砂：石 $=1:x(1+W_x):y(1+W_y)$

$$=1:2.3(1+0.03):4.27(1+0.01)$$
$$=1:2.37:4.31$$

每搅一次材料用量

水泥：$300\times0.35=105$kg（取两袋 100kg）

砂：$100\times2.37=237$kg

石：$100\times4.31=431$kg

水：$100\times0.6-100\times2.3\times0.03-100\times4.27\times0.01=48.8$kg

配料前应先检查水泥、砂、石和外加剂的质量是否符合有关规定。使用的衡器应有校验制度，经常保持其准确性。各种材料投料偏差不得超过施工质量验收规范规定值：水泥、掺合料为 ±2%；粗、细骨料为 ±3%；水、外加剂为 ±2%。

混凝土的实验室配合比，也称为理论配合比，通常由施工单位和监理单位人员在现场对水泥、砂子、石子等见证取样，送达实验室（符合资质要求的建筑材料检测机构）进行材料质量检验（也称二次复试），同时，按照委托合同要求，实验室也要根据拟配制的混凝土强度等级进行配合比试配，从而确定了混凝土实验室配合比，并向施工单位提供混凝土配合比报告单。

2. 混凝土的搅拌

混凝土的搅拌，就是将水、水泥和粗细骨料进行均匀拌合及混合的过程。同时，通过搅拌还可以使材料达到强化、塑化的作用。

（1）搅拌方法

混凝土搅拌方法主要有人工搅拌和机械搅拌两种。人工搅拌一般用"三干三湿"法：即先将水泥加入砂中干拌两遍，再加入石子翻拌一遍，此后，边缓慢地加水，边反复湿拌三遍。人工搅拌拌合质量差，水泥耗量多，只有在工程量很少时采用。目前工程中一般采用机械搅拌。

（2）混凝土搅拌机

混凝土搅拌机按搅拌原理分为自落式搅拌机和强制式搅拌机两类。自落式搅拌机多用于搅拌塑性混凝土和流动性混凝土，适用于施工现场，如图 4-47。强制式搅拌机主要用以搅拌干硬性混凝土和轻骨料混凝土，也可以搅拌低流动性混凝土，一般用于预制厂或混凝土集中搅拌站，如图 4-48。

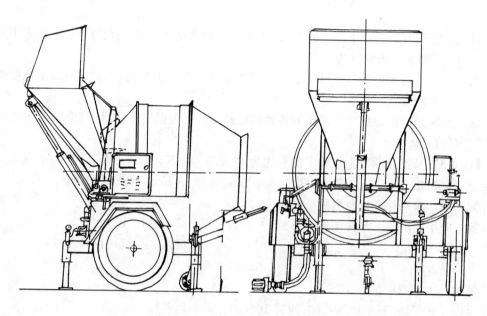

图 4-47　自落式混凝土搅拌机

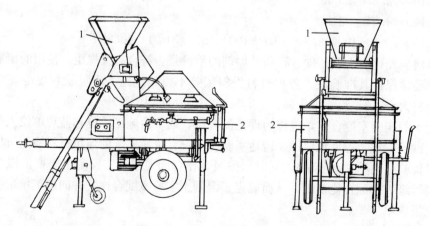

图 4-48　强制式混凝土搅拌机
1—上料斗；2—搅拌筒

我国规定混凝土搅拌机以其出料容量（m³）×1000 为标定规格，故国内混凝土搅拌机的系列为：50，150，250，350，500，700，1000，1500 和 3000。

选择搅拌机的类型和规格时，要根据工程量大小、混凝土的坍落度、骨料品种及粒径而定。在满足技术要求的基础上，考虑节省能源，降低成本，提高经济效益。

（3）搅拌制度的确定

为了获得质量优良的混凝土拌合物，除正确选择搅拌机外，还必须正确确定搅拌制度，即确定搅拌时间、投料顺序及搅拌要求等。

1）搅拌时间

应为全部材料投入搅拌筒起，到开始卸料为止所经历的时间。它是影响混凝土质量及搅拌机生产率的一个主要因素。搅拌时间过短，混凝土不均匀；搅拌时间过长，会降低搅拌的生产效率，同时会使不坚硬的骨料破碎、脱角，有时还会发生离析现象，从而影响混凝土的质量。因此，应兼顾技术要求和经济合理，确定合宜的搅拌时间。混凝土搅拌的最短时间可按表 4-14 确定。

2）投料顺序

投料顺序应从提高搅拌质量，减少机械磨损、水泥飞扬，改善工作环境，提高混凝土强度，节约水泥等方面综合考虑确定。常用的方法有一次投料法、二次投料法和水泥裹砂法等。

A. 一次投料法：是在料斗中先装入石子，再加入水泥和砂子，然后一次投入搅拌机。对自落式搅拌机应在搅拌筒内先加入水，对强制式搅拌机则应在投料的同时缓缓均匀分散地加水。

混凝土搅拌的最短时间（s）   表 4-14

混凝土坍落度 (mm)	搅拌机类型	搅拌机出料量（L）		
		<250	250~500	>500
≤30	强制式	60	90	120
	自落式	90	120	150
>30	强制式	60	60	90
	自落式	90	90	120

这种投料顺序是把水泥夹在石子和砂子之间，上料时不致飞扬，而且水泥也不致粘在料斗底和鼓筒上。上料时水泥和砂先进入筒内形成水泥浆，缩短了包裹石子的过程，能提高搅拌机生产率。

B. 二次投料法：分为预拌水泥砂浆法和预拌水泥净浆法。

预拌水泥砂浆法是先将水泥、砂和水加入搅拌筒内进行充分搅拌，成为均匀的水泥砂浆后，再加入石子搅拌成均匀的混凝土。

预拌水泥净浆法是将水泥和水充分搅拌成均匀的水泥净浆后，再加入砂和石子搅拌成混凝土。

国内外的试验表明，二次投料法搅拌的混凝土与一次投料法相比较，混凝土强度可提高约 15％，在强度等级相同的情况下，可节约水泥 15％～20％。

C. 水泥裹砂法：是先将砂子表面进行湿度处理，控制在一定范围内，然后将处理过的砂子、水泥和部分水进行搅拌，使砂子周围形成粘着性很强的水泥糊包裹层。加入第二次水和石子，经搅拌，部分水泥浆便均匀地分散在已经被造壳的砂子及石子周围，最后形成混凝土。

采用该法制备的混凝土与一次投料法相比较，强度可提高 20％～30％，混凝土不易产生离析现象，泌水少，工作性好。

3）搅拌要求

在搅拌混凝土前，搅拌机应加适量的水运转，使搅拌筒表面润湿，然后将多余水排干。搅拌第一盘混凝土时，考虑到筒壁上粘附砂浆的损失，石子用量应按配合比规定减半。搅拌时进料容量超过规定容量的 10% 以上，就会使材料在搅拌筒内无充分的空间进行掺合，影响混凝土拌合物的均匀性；反之，如装料过少，则又不能充分发挥搅拌机的效能。

搅拌好的混凝土要卸尽，在混凝土全部卸出之前，不得再投入拌合料，更不得采取边出料边进料的方法。

混凝土搅拌完毕或预计停歇 1h 以上时，应将混凝土全部卸出，装入石子和清水，搅拌 5～10min，把粘在料筒上的砂浆冲洗干净后全部卸出。料筒内不得有积水，以免料筒和叶片生锈，同时还应清理搅拌筒以外积灰，使机械保持清洁完好。

4.3.2 混凝土的运输

1. 对混凝土运输的要求

混凝土自搅拌机中卸出后，应及时运至浇筑地点，为保证混凝土的质量，对混凝土运输的基本要求是：

（1）混凝土运输过程中要能保持良好的均匀性、不离析、不漏浆；

（2）保证混凝土具有设计配合比所规定的坍落度；

（3）使混凝土在初凝前浇入模板并捣实完毕；

（4）保证混凝土浇筑能连续进行。

2. 混凝土运输工具

混凝土运输分为地面运输、垂直运输和楼面运输三种。

（1）地面水平运输工具

地面水平运输的工具主要有：搅拌运输车、自卸汽车、机动翻斗车和手推车。

混凝土运距较远时宜采用搅拌运输车（图 4-49），也可用自卸汽车；运距较近的场内运输宜用机动翻斗车，也可用手推车。

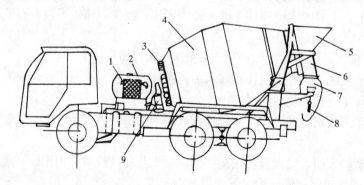

图 4-49 混凝土搅拌运输车

1—水箱；2—外加剂箱；3—齿轮；4—搅拌筒；5—进料斗；6—固定卸料溜槽；

7—活动卸料溜槽；8—活动卸料调节机构；9—传动系统

（2）垂直运输工具

混凝土垂直运输工具有：井架、塔式起重机等。

井架运输机适用于多层工业与民用建筑施工时的混凝土运输。井架装有平台或混凝土自动倾卸料斗（翻斗）。混凝土搅拌机一般设在井架附近，当用升降平台时，手推车可直接推到平台上；用料斗时，混凝土可倾卸在料斗内。

塔式起重机作为混凝土的垂直运输工具，一般均配有料斗。如图 4-50 所示。料斗的容积一般为 $0.3m^3$，上部开口装料，下部安装扇形手动闸门，可直接把混凝土卸入模板中。当搅拌站设在起重机工作半径范围内时，起重机可完成地面、垂直及楼面运输而不需要二次倒运。

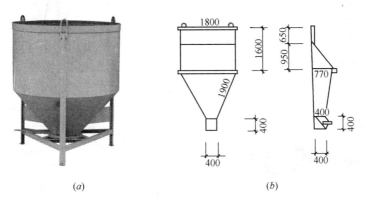

图 4-50　混凝土料斗

（a）混凝土吊斗（圆锥筒形）；（b）混凝土浇筑布料斗

（3）楼面运输工具

楼面运输工具有：手推车、皮带运输机，也可用塔式起重机、混凝土泵等。楼面运输应采取措施保证模板和钢筋位置，防止混凝土离析等。

（4）泵送混凝土

泵送混凝土是利用混凝土泵通过管道将混凝土输送到浇筑地点，一次完成地面水平运输、垂直运输及楼面水平运输。泵送混凝土具有输送能力大、速度快、效率高、节省人力、能连续作业特点。因此，它已成为施工现场运输混凝土的一种重要的方法。当前，泵送混凝土的最大水平输送距离可达 $800m$，最大垂直输送高度可达 $300m$。

采用泵送混凝土时，应使混凝土供应、输送和浇筑的效率协调一致，原则上应保证泵送工作连续进行，防止泵的管道阻塞。如果间歇时间超过 $45min$ 或混凝土出现离析时，应立即用压力水或其他方法冲洗管内残留的混凝土，严防混凝土在管内硬结而堵塞。此外，在混凝土泵输送过程中，受料斗应经常保持足够的混凝土，防止吸入过多的空气而形成阻塞。

混凝土泵按作用原理分为液压活塞式、挤压式和气压式三种；按行走情况分为移动式和固定式，如图 4-51、图 4-52、图 4-53 所示。使用固定式混凝土泵时，应用布料机（杆）

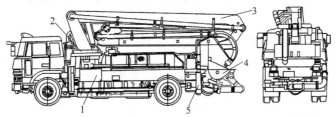

图 4-51　混凝土泵车外形

1—汽车底盘；2—回转机构；3—布料装置；4—进料斗；5—支腿

配合浇筑混凝土。布料机如图 4-54 所示。

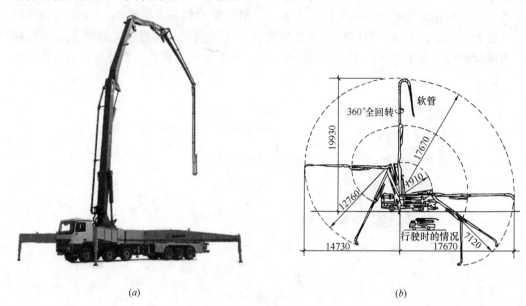

(a)　　　　　　　　　　　　(b)

图 4-52　三折叠式混凝土泵车
(a) 混凝土泵车实物展开图；(b) 混凝土泵车浇筑范围

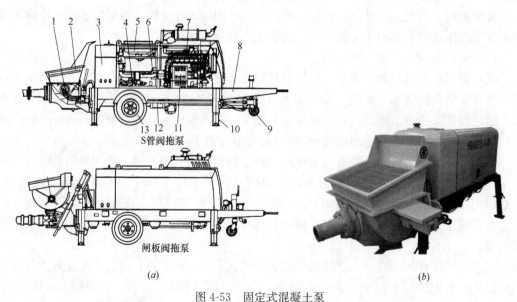

(a)　　　　　　　　　　　　(b)

图 4-53　固定式混凝土泵
(a) 构造及外形图；(b) 实物图
1—搅拌机构；2—料斗总成；3—液压油箱；4—液压阀；5—冷却系统；
6—液压泵；7—发动机；8—车架；9—支地轮；10—支腿；11—电气系统；
12—泵送系统；13—拖运桥

3. 运输时间

混凝土应以最少的转运次数和最短的时间，从搅拌点运至浇筑地点。混凝土运输、浇筑及间歇的全部时间不应超过混凝土的初凝时间。

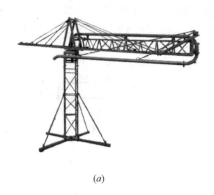
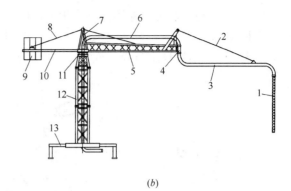

(a)   (b)

图 4-54　布料机（杆）

(a) 实物图；(b) 布料机结构示意图

1—浇筑管；2—拉杆；3—旋转输送管；4—回转座；5—臂架；6—输送管；7—塔顶；
8—拉杆；9—配重；10—平衡臂；11—回转机构；12—塔身；13—支腿

4.3.3　混凝土的浇筑与振捣

1. 混凝土浇筑前的准备工作

（1）检查模板的位置、标高、尺寸、强度、刚度是否符合设计要求，接缝是否严密；钢筋及预埋件应对照图纸校核其数量、直径、位置及保护层厚度，并做好隐蔽工程记录；

（2）模板内的垃圾、泥土和钢筋油污应加以清除，木模板应浇水湿润但不得有积水；

（3）准备和检查材料、机具等；

（4）做好施工组织工作和安全、技术交底。

2. 混凝土浇筑

（1）混凝土浇筑的一般规定

1）混凝土浇筑前不应发生初凝和离析现象，如已发生，可进行重新搅拌，使混凝土恢复流动性和粘聚性后再进行浇筑。混凝土运至现场后，其坍落度应满足表 4-15 的要求。

混凝土浇筑时的坍落度　　　　　　　　　　　　　　　表 4-15

序　号	结　构　种　类	坍落度（mm）
1	基础或地面等的垫层、无配筋的大体积结构（挡土墙、基础等）或配筋稀疏的结构	10～30
2	板、梁和大型及中型截面的柱子等	30～50
3	配筋密列的结构（薄壁、斗仓、筒仓、细柱等）	50～70
4	配筋特密的结构	70～90

2）控制混凝土自由倾落高度以防离析：一般不宜超过 2m；竖向结构（如墙、柱）不宜超过 3m，否则，应采用串筒、溜槽或振动节管下料。如图 4-55 所示。

3）浇筑竖向结构前，应先在底部填筑一层 50～100mm 厚与混凝土内砂浆成分相同水泥砂浆，然后再浇筑混凝土。

4）为了使混凝土振捣密实，必须分层浇筑，每层浇筑厚度与振捣方法、结构配筋有关，应符合表 4-16 的规定。

5）当浇筑与柱墙连成整体的梁和板时，应在柱和墙浇筑完毕后停 1～1.5h 再继续浇筑。梁和板宜同时浇筑，否则应采取叠合面方法进行处理，较大的梁（梁高度大于 1m）可单独先浇筑，然后再浇筑板。

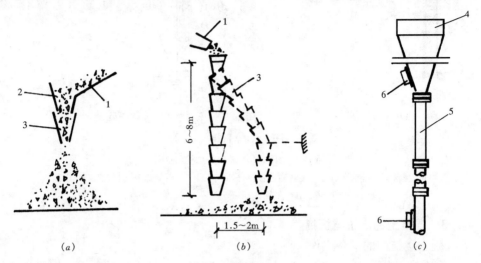

图 4-55　溜槽与串筒

（a）溜槽；（b）串筒；（c）振动串筒

1—溜槽；2—挡板；3—串筒；4—漏斗；5—节管；6—振动器

混凝土浇筑层厚度　　　　　　　　　　　　表 4-16

项次	捣实混凝土的方法		浇筑层的厚度（mm）
1	插入式振捣器		振捣器作用部分长度的 1.25 倍
2	表面式振捣器		200
3	人工捣固	在基础、无配筋混凝土或配筋稀疏的结构中	250
		在梁、墙板、柱结构中	200
		在配筋密列的结构中	150
4	插入式振捣器		300
	表面振动（振动时需加压）		200

6）混凝土应连续浇筑。当必须间歇时，间歇时间宜缩短，并应在下层混凝土初凝前，将上层混凝土浇筑完毕。否则应留置施工缝。

（2）施工缝的留设与处理

如果由于技术上的原因或设备、人力的限制，混凝土的浇筑不能连续进行，中间的间歇时间需超过混凝土的初凝时间，则应留置施工缝。所谓施工缝是指先浇的混凝土与后浇的混凝土之间的接触面。施工缝的位置应在混凝土浇筑前按设计要求和施工技术方案确定。由于该处新旧混凝土的结合力较差，是构件中薄弱环节，如果位置不当或处理不好，就会引起质量事故，轻则开裂、漏水，影响使用寿命；重则危及安全，不能使用，故施工缝宜留在结构受力（剪力）较小且便于施工的部位。

1）施工缝留设位置

根据施工缝留设的原则，一般柱应留水平缝，梁、板和墙应留垂直缝。施工缝留设具体位置如下：

A. 柱子的施工缝宜留在基础顶面、梁下面、吊车梁的上面和无梁楼板柱帽下面，如图4-56所示。

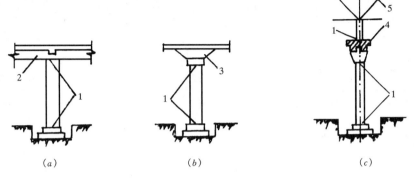

图 4-56　柱子施工缝的位置

(a) 肋形楼板柱；(b) 无梁楼板柱；(c) 吊车梁柱

1—施工缝；2—梁；3—柱帽；4—吊车梁；5—屋架

B. 与板连接为一体的大截面梁，施工缝应留在板底面以下 20～30mm。

C. 单向板留在平行于板短边的任何位置。

D. 有主次梁的楼板，宜顺次梁方向浇筑，施工缝留在次梁跨度中间 1/3 范围内，如图4-57所示。

2）施工缝的处理

在施工缝处继续浇筑混凝土时，已浇筑的混凝土抗压强度应不小于 1.2MPa，以抵抗继续浇筑混凝土时扰动。

施工缝处浇筑混凝土前，应除去施工缝表面的浮浆、松动的石子和软弱的混凝土层，洒水湿润冲刷干净，然后浇一层 10～15mm 厚的水泥浆（水泥：水 = 1：0.4）或与混凝土成分相同的水泥砂浆，以保证接缝的质量。混凝土浇筑过程中，施工缝处应细致捣实，使其紧密结合。

后浇带的留置位置应按设计要求和施工技术方案确定。后浇带混凝土浇筑应按施工技术方案进行。

3. 混凝土的振捣

混凝土浇入模板后，由于内部骨料和砂浆之间摩阻力与粘结力作用，混凝土流动性很低，不能自动充

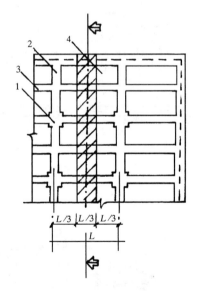

图 4-57　有梁板的施工缝位置

1—柱；2—主梁；3—次梁；4—板

满模板内各角落，其内部是疏松的，空气与气泡含量占混凝土体积约 5%～20%，不能达到要求的密实度，必须进行适当的振捣，促使混凝土混合物克服阻力并逸出气泡消除空隙，使混凝土满足设计要求的强度等级和足够的密实度。

混凝土捣实分人工捣实和机械振实两种方式。人工捣实是用捣锤或插钎等工具的冲击力来使混凝土密实成型，效率低、效果差，只有在缺少机械或工程量不大的情况下，才进

行人工捣实。机械振捣是通过振动器的振动力传给混凝土使之发生强迫振动而密实成型，效率高、质量好。

混凝土振捣设备按其工作方式分为内部振动器、表面振动器、外部振动器和振动台等，如图4-58所示。

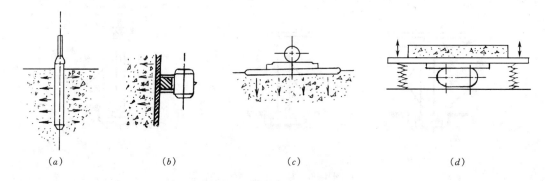

图4-58　振动机械示意图

(a) 内部振动器；(b) 外部振动器；(c) 表面振动器；(d) 振动台

（1）内部振动器

内部振动器又称插入式振动器，其构造如图4-59所示。常用以捣实梁、柱、墙、基础和大体积混凝土。

（2）外部振动器

外部振动器又称附着式振动器（图4-60），是将一个带偏心块的电动振动器利用螺栓或夹具固定在构件模板外侧，振动动力通过模板传给混凝土。适用于振捣钢筋密集、断面尺寸小于250mm的构件及不宜使用插入式振动器的构件，如墙体、薄腹梁等。

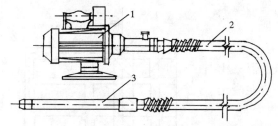

图4-59　插入式振动器

1—电动机；2—软轴；3—振动棒

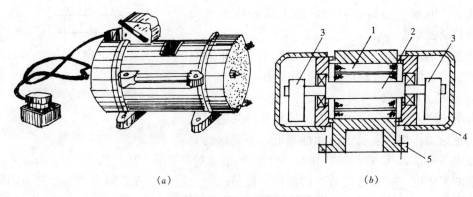

图4-60　附着式振动器

(a) 附着式振动器外形；(b) 附着式振动器内部构造

1—电动机；2—轴；3—偏心块；4—护罩；5—机座

（3）表面振动器

表面振动器又称平板振动器，是将附着式振动器固定在一块底板上而成。如图 4-61 所示。它适用于捣实楼板、地面、板形构件和薄壳等构件。

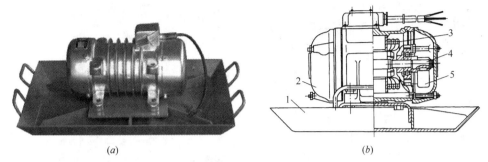

图 4-61　平板振动器

（*a*）平板式振动器实物图；（*b*）平板式振动器构造

1—底板；2—外壳；3—定子；4—转子轴；5—偏心振动子

（4）振动台

振动台是将模板和混凝土构件放于平台上一起振动，主要用于预制构件的生产。适用于预制构件厂生产预制构件。

4.3.4　预拌混凝土

预拌混凝土指在工厂（符合资质要求的生产企业）集中搅拌运送到建筑工地的混凝土。混凝土拌合物作为商品出售，故也称为商品混凝土。混凝土的组成仍然是水泥、集料、水以及外加剂、矿物掺合料等。

工艺先进的工厂采用电子技术自动控制物料的称量和进料、选择合适的配合比、测试砂的含水量并调整材料用量、显示贮仓料位、生产系统联动互锁和故障报警等。预拌混凝土厂如图 4-62 所示。

预拌混凝土因集中搅拌，有利于采用先进的工艺技术，实行专业化生产管理。设备利用率高，计量准确，将配合好的干料投入混凝土搅拌机充分拌合后，装入混凝土搅拌输送车，因而产品质量好、材料消耗少、工效高、成本较低，又能改善劳动条件，减少环境污染。目前各地区建设行政主管部门已建立了相应的规章，推进了预拌混凝土在建筑工程中的应用。

预拌混凝土进场时其质量应符合国家现行标准《预拌混凝土》GB/T 14902 的规定。预拌混凝土交货时，供方、需方及监理（建设）单位按照合同的要求、国家有关规范和标准共同组织交货验收，确认预拌混凝土的品种、类别、数量、预拌混凝土质量指标等内容。

供方应向需方提供同一配合比混凝土的合格证、使用说明书等，供方应随每一辆运输车提供该车混凝土的发货单。

首次使用的混凝土配合比应进行开盘鉴定，其原材料、强度、凝结时间、稠度等应满足设计配合比要求。

单位工程的混凝土强度应当以现场制作、规范养护的试块作为评定依据。预拌混凝土生产企业不得为施工单位代制、代养护混凝土强度评定试块、试件。

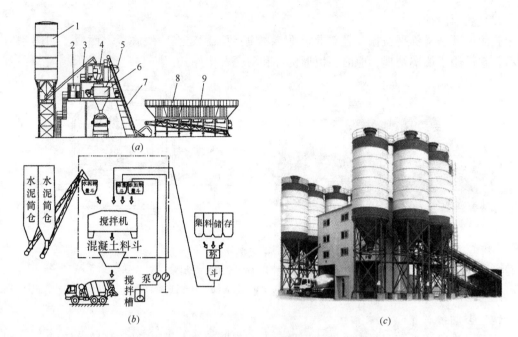

图 4-62 预拌混凝土

(*a*) 搅拌站结构图；(*b*) 工艺流程图；(*c*) 搅拌楼实景图

1—水泥筒仓；2—控制系统；3—螺旋输送机；4—配料斗；5—斗式提升机；

6—搅拌系统；7—上料导轨；8—集料仓；9—皮带输送机（皮带秤）

混凝土拌合物稠度应满足施工方案的要求。对同一配合比混凝土稠度检查取样应符合下列规定：每拌制 100 盘且不超过 1000m³ 时，取样不得少于一次；每工作班拌制不足 100 盘时，取样不得少于一次；连续浇筑超过 1000m³ 时，每 200m³ 取样不得少于一次；每一楼层取样不得少于一次。

预拌混凝土的运输浇筑方案主要有两种：

预拌厂配料搅拌＋搅拌运输车场外运输＋布料杆泵车（移动式）场内运输与浇筑；

预拌厂配料搅拌＋搅拌运输车场外运输＋固定式混凝土泵（地泵）＋布料机进行场内运输与浇筑。

4.3.5 混凝土的养护

混凝土成型后，为保证水泥能充分进行水化反应，应及时进行养护。养护的目的就是为混凝土硬化创造必要湿度和温度条件，防止由于水分蒸发或冻结造成混凝土强度降低和出现收缩裂缝、剥皮、起砂和内部酥松等现象，确保混凝土质量。

混凝土养护的方法一般有自然养护、喷涂薄膜养生液养护和蒸汽养护三种。

（1）自然养护

自然养护是指在室外平均气温高于＋5℃的条件下，选择适当的覆盖材料并适当浇水，使混凝土在规定的时间内保持湿润环境。自然养护又可分为洒水养护和喷洒塑料薄膜养生液养护等。自然养护应符合下列规定：

1）混凝土浇筑完毕后 12h 以内应进行覆盖并浇水养护。

2）浇水养护日期与水泥品种有关。对于硅酸盐水泥和矿渣硅酸盐水泥拌制的混凝土，不得少于 7 昼夜；对于掺用缓凝型外加剂或有抗渗性要求的混凝土及火山灰质硅酸盐水泥和粉煤灰硅酸盐水泥拌制的混凝土，不得少于 14 昼夜。

3）浇水的次数以能保持混凝土湿润状态为准。水化初期水泥水化作用反应较快，水分应充足，故浇水次数多些，气温较高时也需多浇水。应避免因缺水造成混凝土表面硬化不良而松散粉化。

4）养护用水与拌制水相同。

5）如平均气温低于 +5℃ 时，不得浇水，应按冬期施工要求保温养护。

（2）喷涂薄膜养生液养护

它是将氯乙烯树脂溶液用喷枪喷涂在混凝土表面上，溶剂挥发后在混凝土表面形成一层塑料薄膜，将混凝土与空气隔绝，阻止其中水分的蒸发以保证水泥水化作用的正常进行。有的薄膜在养护完成后能够自行老化脱落，否则，不能用于混凝土表面欲进行粉刷的墙面上。喷涂薄膜养生液适用于不宜洒水养护的高耸构筑物和大面积混凝土结构。在夏季，薄膜成型后要防晒，否则易产生裂纹。

混凝土必须养护至其强度达到 1.2MPa 以上，才准在上面走人、架设支架和安装模板，但不得冲击混凝土，以免振动和破坏正在硬化过程中混凝土的内部结构。

（3）蒸汽养护

蒸汽养护就是将构件放置在有饱和蒸汽或蒸汽空气混合物的养护室内，在较高的温度和相对湿度的环境中进行养护，以加速混凝土的硬化，使混凝土在较短的时间内达到规定的强度标准值。蒸汽养护主要用于预制构件厂生产预制构件。

4.3.6 混凝土的质量检查

混凝土质量检查包括施工过程中的质量检查和养护后的质量检查。

1. 施工过程中的质量检查。在混凝土拌制和浇筑过程中对原材料的质量、配合比、坍落度等的检查，每一工作班至少检查一次，遇特殊情况还应及时进行检查。混凝土的搅拌时间应随时检查。

对于预拌（商品）混凝土，应在商定的交货地点进行坍落度检查，混凝土的坍落度与指定坍落度之间的允许偏差应符合表4-17的规定。

2. 混凝土养护后的质量检查。养护后的质量检查主要包括外观检查、实测检查和强度检查。现浇结构拆模后，应由监理（建设）单位、施工单位对外观质量和尺寸偏差进行检查，作出记录，并应及时按施工技术方案对缺陷进行处理。

混凝土坍落度与要求坍落度之间的允许偏差　　表 4-17

混凝土要求坍落度（mm）	允许偏差（mm）
<50	±10
50～90	±20
>90	±30

（1）外观检查

当混凝土结构构件拆模后，应对构件逐一进行检查。现浇结构的外观质量不应有严重缺陷。对已经出现的严重缺陷，应由施工单位提出技术处理方案，并经监理单位认可后进行处理。对经处理的部位，应重新检查验收。现浇结构的外观不应有一般缺陷。对已经出现的一般缺陷，应由施工单位按技术处理方案进行处理，并重新检查验收。

（2）实测检查

现浇的钢筋混凝土结构拆模后，应对构件的轴线、标高、垂直度、截面尺寸、表面平整度、预埋件和预留洞口位置进行实测检查。现浇结构位置和尺寸允许偏差及检验方法见表 4-18。现浇结构不应有影响结构性能或使用功能的尺寸偏差。对超过尺寸允许偏差且影响结构性能或安装、使用功能的部位，应由施工单位提出技术处理方案，并经监理、设计单位认可后进行处理。对经处理的部位，应重新检查验收。

现浇结构位置和尺寸允许偏差及检验方法　　　　　　　　表 4-18

项　目			允许偏差（mm）	检验方法
轴线位置	整体基础		15	经纬仪及尺量
	独立基础		10	经纬仪及尺量
	柱、墙、梁		8	尺量
垂直度	层高	≤6m	10	经纬仪或吊线、尺量
		>6m	12	经纬仪或吊线、尺量
	全高（H）≤300m		$H/30000+20$	经纬仪、尺量
	全高（H）>300m		$H/10000$ 且≤80	经纬仪、尺量
标高	层高		±10	水准仪或拉线、尺量
	全高		±30	水准仪或拉线、尺量
截面尺寸	基础		+15，−10	尺量
	柱、梁、板、墙		+10，−5	尺量
	楼梯相邻踏步高差		6	尺量
电梯井	中心位置		10	尺量
	长、宽尺寸		+25，0	尺量
表面平整度			8	2m靠尺和塞尺量测
预埋件中心位置	预埋板		10	尺量
	预埋螺栓		5	尺量
	预埋管		5	尺量
	其他		10	尺量
预留洞、孔中心线位置			15	尺量

注：1. 检查柱轴线、中心位置时，沿纵、横两个方向测量，并取其中偏差的较大值。
　　2. H 为全高，单位为 mm。

（3）强度检查

混凝土的强度检查主要是指抗压强度检查，如设计有特殊要求时，还需对抗冻性、抗渗性等进行检查。混凝土的抗压强度应以边长为 150mm 的立方体试件，在温度为 20±3℃和相对湿度为 90％以上的潮湿环境或水中的标准条件下，经 28d 养护后试验确定。

混凝土的强度等级必须符合设计要求。用于检验混凝土强度的试块，应在浇筑处随机抽取，不得挑选。试件留置规定为：

1）每拌制 100 盘且不超过 100m³ 的同配合比的混凝土，其取样不得少于一次；

2）每工作班拌制的同配合比的混凝土不足 100 盘时，其取样不得少于一次；

3）每一现浇楼层同配合比的混凝土，其取样不得少于一次；

4）当一次连续浇筑超过 1000m³ 时，同一配合比的混凝土每 200m³ 取样不得少于一次；

5）每次取样应至少留置一组标准试件，每组不少于三块，同条件养护试件的留置组数根据实际需要确定，一般同一强度等级混凝土取样不宜多于 10 组，且不应少于 3 组；

6）预拌混凝土应在预拌混凝土厂内按上述规定取样，混凝土运到施工现场后，尚应按上述规定留置试件，对抗渗要求的混凝土结构，其混凝土试件应在浇筑地点随机取样，同一工程、同一配合比的混凝土，取样不少于一次，留置组数可根据实际情况需要确定。

每组三个试件应在同盘混凝土中取样制作，并按下列规定确定该组试件的混凝土强度代表值：

取三个试件强度的平均值；

当三个试件强度中的最大值或最小值之一与中间值之差超过中间值的 15％时，取中间值；

当三个试件强度中的最大值和最小值与中间值之差均超过中间值的 15％时，该组试件不应作为强度评定的依据。

4.3.7 混凝土常见的质量问题与防治措施

1. 混凝土常见的质量问题

（1）麻面

麻面是结构构件表面上呈现无数的小凹点，而无钢筋暴露现象。

这一类问题一般是由于模板润湿不够，不严密，捣固时发生漏浆，或振捣不足，气泡未排出，以及捣固后没有很好养护而产生。

（2）露筋

露筋是钢筋暴露在混凝土外面。

产生的主要原因是混凝土浇筑时垫块位移，钢筋紧贴模板，混凝土保护层厚度不够，或因缺边、掉角所致。

（3）蜂窝

蜂窝是结构构件中形成有蜂窝状的窟窿，骨料间有空隙存在。

这种现象主要是由于配合比不准确，砂少石多，或搅拌不匀、浇筑方法不当、振捣不合理，造成分层离析，或因模板严重漏浆等原因存在。

（4）孔洞

孔洞是指混凝土结构内存在着空隙，局部地或全部地没有混凝土。

这主要是由于混凝土捣空，砂浆严重分离，石子成堆，砂子和水泥分离而产生，或混凝土受冻，泥块杂物掺入等所致。

（5）裂缝

结构构件产生裂缝的原因比较复杂，有温度裂缝、干缩裂缝和外力引起的裂缝。原因主要有模板局部沉降，拆模时受到剧烈振动，温差过大，养护不良，水分蒸发过快等。

（6）缝隙与夹层

缝隙与夹层是将结构分隔成几个不相连的部分。

产生的原因主要是因施工缝、温度缝和收缩缝处理不当以及混凝土中含有垃圾杂物所致。

（7）缺棱掉角

缺棱掉角是指构件角边上的混凝土局部残损掉落。

产生的主要原因是混凝土浇筑前模板未充分湿润，使棱角处混凝土中水分被模板吸去，水分不充分，强度降低，拆模时棱角损坏；另外，拆模过早或拆模后保护不好也会造成棱角损坏。

（8）混凝土强度不足

产生混凝土强度不足的原因主要是由于混凝土配合比设计、搅拌、现场浇筑和养护四个方面造成的。

1）配合比设计方面：有时不能及时测定水泥的实际活性，影响了混凝土配合比设计的正确性；另外套用混凝土配合比时选用不当，外加剂用量控制不准，都可能导致混凝土强度不足。

2）搅拌方面：任意增加用水量；配合比以重量折合体积比造成称料不准；搅拌时颠倒加料顺序及搅拌时间过短等，造成搅拌不均匀，导致混凝土强度降低。

3）现场浇筑方面：主要是施工中振捣不实及发现混凝土有离析现象时，未能及时采取有效措施来纠正。

4）养护方面：主要是不按规定的方法、时间，对混凝土进行妥善的养护，以致造成混凝土强度降低。

现浇结构的外观质量缺陷，应由监理单位、施工单位等各方根据其对结构性能和使用功能影响的严重程度，按表 4-19 确定。

现浇结构外观质量缺陷 表 4-19

名　称	现　象	严　重　缺　陷	一　般　缺　陷
露筋	构件内钢筋未被混凝土包裹而外露	纵向受力钢筋有露筋	其他钢筋有少量露筋
蜂窝	混凝土表面缺少水泥砂浆而形成石子外露	构件主要受力部位有蜂窝	其他部位有少量蜂窝
孔洞	混凝土中孔穴深度和长度均超过保护层厚度	构件主要受力部位有孔洞	其他部位有少量孔洞
夹渣	混凝土中夹有杂物且深度超过保护层厚度	构件主要受力部位有夹渣	其他部位有少量夹渣
疏松	混凝土中局部不密实	构件主要受力部位有疏松	其他部位有少量疏松
裂缝	缝隙从混凝土表面延伸至混凝土内部	构件主要受力部位有影响结构性能或使用功能的裂缝	其他部位有少量不影响结构性能或使用功能的裂缝
连接部位缺陷	构件连接处混凝土有缺陷或连接钢筋、连接件松动	连接部位有影响结构传力性能的缺陷	连接部位有基本不影响结构传力性能的缺陷
外形缺陷	缺棱掉角、棱角不直、翘曲不平、飞边凸肋等	清水混凝土构件有影响使用功能或装饰效果的外形缺陷	其他混凝土构件有不影响使用功能的外形缺陷
外表缺陷	构件表面麻面、掉皮、起砂、沾污等	具有重要装饰效果的清水混凝土构件有外表缺陷	其他混凝土构件有不影响使用功能的外表缺陷

2. 混凝土质量缺陷的防治和处理

（1）表面抹浆修补

对于数量不多的小蜂窝、麻面、露筋、露石的混凝土表面，主要是保护钢筋和混凝土不受侵蚀，可用 1：2～1：2.5 水泥砂浆抹面修整。在抹砂浆前，需用钢丝刷或加压力的水清洗湿润，抹浆初凝后要加强养护工作。

对结构构件承载能力无影响的细小裂缝，可将裂缝加以冲洗，用水泥浆修补。如果裂缝开裂较深时，应将裂缝附近的混凝土表面凿毛，或沿裂缝方向凿成深为 15～20mm、宽为 10～20mm 的 V 形凹槽，扫净并洒水湿润，先刷水泥净浆一层，然后用 1：2～1：2.5 水泥砂浆分 2～3 层涂抹，总厚度控制在 10～20mm 左右，并压实抹光。

（2）细石混凝土填补

当蜂窝比较严重或露筋较深时，应除掉附近不密实的混凝土和突出的骨料颗粒，用清水洗刷干净并充分润湿后，再用比原来强度等级高一级的细石混凝土填补并仔细捣实。

对孔洞事故的补强，可在旧混凝土表面采用处理施工缝的方法处理，将孔洞处酥松的混凝土和突出的石子剔凿掉，孔洞顶部要凿成斜面，以免形成死角，然后用水刷洗干净，保持湿润 72h 后，用比原混凝土强度等级高一级的细石混凝土捣实。混凝土的水灰比宜控制在 0.5 以内，并掺入水泥用量万分之一的铝粉，分层捣实。以免新旧混凝土接触面上出现裂缝。

（3）水泥灌浆与化学灌浆

对于影响结构承载力，或者防水、防渗性能的裂缝，为恢复结构的整体性和抗渗性，应根据裂缝的宽度、性质和施工条件等，采用水泥灌浆或化学灌浆的方法予以修补。一般对宽度大于 0.5mm 的裂缝，可采用水泥灌浆；宽度小于 0.5mm 的裂缝，宜采用化学灌浆。化学灌浆所用的灌浆材料，应根据裂缝的性质、缝宽和干燥情况选用。作为补强用的灌浆材料，常用的有环氧树脂浆液（能修补缝宽 0.2mm 以上的干燥裂缝）和甲凝（能修补缝宽 0.05mm 以上的干燥细微裂缝）等。作为防渗堵漏用的灌浆材料，常用的有丙凝（能灌入 0.01mm 以上的裂缝）和聚氨酯（能灌入 0.015mm 以上的裂缝）。

4.4 钢筋混凝土工程的安全技术

在现场安装模板时，所用工具应装在工具包内，当上下交叉作业时，应戴安全帽。垂直运输模板或其他材料时，应有统一指挥，统一信号。拆模时有专人负责安全监督，或设立警戒标志。高空作业人员应经过体格检查，不合格者不得进行高空作业。高空作业应穿防滑鞋，拴好安全带。模板在安全系统未钉牢固之前，不得上下；未安装好的梁底板或挑檐等模板的安装与拆除必须有可靠的技术措施，确保安全。非拆模人员不准在拆模范围内通行。拆除后的模板的朝天钉应向下，并及时运到指定地点堆放，然后拔除钉子，分类堆放整齐。在高空绑扎和安装钢筋，须注意不要将钢筋集中堆放在模板或脚手架的某一部位，以确保安全，特别是悬臂构件，更要检查支架是否牢靠。在脚手架上不要随便放置工具、箍筋或短钢筋，避免放置不稳滑下伤人。焊接或扎结竖向放置的钢筋骨架时，不得站在已绑扎或焊接好的箍筋上工作。搬运钢筋的工人须带帆布垫肩、围裙及手套；除锈工人应戴口罩及风镜;电焊工应戴防护镜并穿工作服。300～500mm 的钢筋短头禁止用机器切割,吊装高处的钢筋骨架时,在高空作业的工人应拴好安全带并穿防滑鞋。在有电线通过的地方安装钢筋时,必须特别小心谨慎,勿使钢筋碰着电线。在进行混凝土施工前,应仔细检查脚手架、工作台和马道是否绑扎牢固,如有空头板应及时搭好,脚手架应设保护栏杆。运输马道宽度:单行道应比手推车的宽度大 400mm 以上;双行道应比两车宽度大700mm 以上。搅拌机、卷扬机、皮带运输机和振动器等接电要安全可靠,绝缘接地装置良好,并应进行试运转。搅拌台上操作人员应戴口罩,搬运水泥工人应戴口罩和手套,有风时带好防风眼镜,搅拌机应由专人操作,中途发生事故,应立即切断电源进行修理。运转时不得将铁锹伸入搅拌筒内卸料。其外露装置应加保护罩。在井字架和拔杆运输时,应设专人指挥,井字架上卸料人员不能将头或脚伸入井字架内,在起吊时禁止在拔杆下站人。振动器操作人员必须穿胶鞋,振动器必须有专门防护性接地装置,避免火线漏电发生危险,如发生事故应立即切断电源修理。夜间施工应装设足够的照明,深坑和潮湿地点施工,应使用 36V 以下低压安全照明。

复 习 思 考 题

4-1　试述模板的作用与要求。

4-2　试述基础、柱、梁模板的构造与安装的步骤。

4-3　跨度在 4m 及 4m 以上的梁模板为什么需要起拱?

4-4　高层建筑模板有哪些?试述大模板的特点、分类和构造?

4-5　早拆模板体系的优点是什么?

4-6　如何确定模板拆除的时间?模板拆除时应注意哪些问题?

4-7　如何进行钢筋的进场验收?

4-8　什么叫钢筋冷拉?冷拉的目的及要求有哪些?

4-9　钢筋连接的方法有哪几种?它们各适用什么范围?

4-10　影响钢筋焊接质量的主要因素有哪些?

4-11　试述钢筋电弧焊的接头形式和适用范围。

4-12　钢筋机械连接包括哪几种方法?机械连接施工特点是什么?

4-13　试述钢筋直螺纹套筒连接施工。

4-14　如何计算钢筋的下料长度?如何编制钢筋的配料单?

4-15　如何进行钢筋的代换?钢筋代换应注意哪些事项?

4-16　钢筋绑扎和安装有哪些要求?

4-17　如何进行混凝土的制备和搅拌?

4-18　混凝土搅拌时其搅拌制度有哪些?

4-19　对混凝土运输有哪些要求?

4-20　混凝土浇筑时有哪些基本要求?

4-21　什么是施工缝?施工缝留设的原则是什么?如何对施工缝进行处理?

4-22　常用混凝土振捣器的种类及其适用范围是什么?

4-23　混凝土自然养护应注意什么问题?

4-24　混凝土质量检查的内容包括有哪些?如何确定结构混凝土强度是否合格?

4-25 钢筋混凝土工程的常见的质量问题有哪些？如何进行防治和处理？

4-26 试述钢筋混凝土工程的安全技术要求。

实 训 题

4-1 某框架结构工程，层高 3.3m，柱网间距为 8.0m×6.0m，其平面如图 4-63 所示。柱截面尺寸 450mm×450mm，柱的受力主筋为 8ϕ25 螺纹，箍筋为 ϕ10@100/200，框架梁截面尺寸为 600mm×350mm，板厚 120mm。试组织其一层楼施工中，柱、梁、板这三种构件的支模、绑筋及浇混凝土的工作流程？柱、梁、板钢筋的加工制作包括哪些事宜？柱、梁钢筋接长可用什么方法？柱模板如何选配？如何加固撑牢？柱浇筑混凝土如何保证质量？柱、梁、板的模板拆除有什么打算？

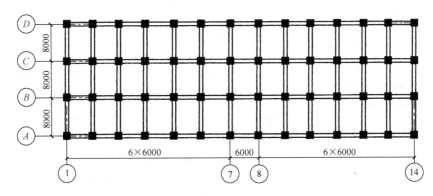

图 4-63 某框架结构平面图

4-2 在实训题 4-1 中，已知该工程主体结构全部采用同一等级的预拌混凝土，浇筑施工时，作为材料检验员你对试块的留设有何规划？现浇钢筋混凝土楼梯采用 C30 混凝土，由施工单位现场搅拌组织单独施工。经查配合比试验报告单可知其配合比为水泥：砂：石＝1：2.02：4.14，水灰比为 0.58，水泥用量为 300kg/m³。施工现场测得砂、石含水率分别为 3％、2％。在现场进行楼梯混凝土配料搅拌时，是否需要进行配合比的调整？当采用 JZC350 型搅拌机时，每罐的投料量是多少？

习 题

4-1 试计算图 4-64 所示 L_1 梁中钢筋的下料长度，并编制钢筋配料单（设该梁共有 5 根）。

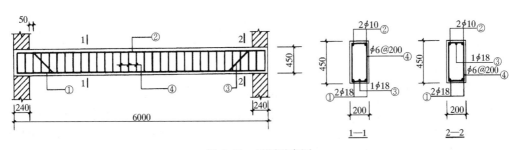

图 4-64 习题示意图

教学单元 5　预应力混凝土工程施工

　　预应力混凝土工程是一门专项技术，在世界各国均得到了广泛的应用，其推广使用的数量和范围是衡量一个国家建筑技术水平的重要标志之一。近年来，预应力技术已从单个构件应用发展成为预应力结构阶段。目前，预应力混凝土广泛用于各种桥梁、工业与民用建筑、特殊结构等，另外应用锚杆技术的各类塔架、水坝、隧道等均离不开预应力专项技术，随着这项技术的不断发展，其应用前景将更加广泛。

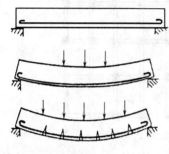

图 5-1　非预应力梁受力状态

　　普通钢筋混凝土构件的抗拉极限应变值只有 0.0001～0.00015，即每米只允许伸长 0.1～0.15mm，超过此值混凝土就会开裂。如果设计要求混凝土不开裂，构件内的受拉钢筋应变只有 0.1～0.15mm，此时钢筋应力只能达到 $20\sim30N/mm^2$，远远低于钢筋的设计强度。如果允许构件开裂，由于钢筋混凝土构件受裂缝宽度的限制，受拉钢筋的应力也只能达到 $150\sim250N/mm^2$。因此，虽然高强钢材不断发展，却在普通钢筋混凝土构件中不能充分发挥其作用。预应力混凝土是解决这一矛盾的有效方法。预应力混凝土就是受外荷载作用前，在结构（构件）的受拉区预先施加压力产生预压应力，当结构（构件）使用阶段因荷载作用产生拉应力时，要先全部抵消预应力后才开始受拉，从而推迟了裂缝出现的时间（指外荷载更大时才能出现裂缝）并限制裂缝的开展，提高结构（构件）的抗裂性和刚度。图 5-1、图 5-2 表明了预应力混凝土的基本原理。

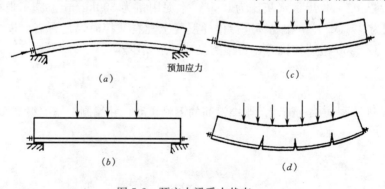

图 5-2　预应力梁受力状态

　　与普通混凝土相比，预应力混凝土除了提高构件的拉裂性和刚度外，还具有减轻自重、增加构件的耐久性、可用于大跨度结构、降低造价等优点。

　　预应力混凝土结构的混凝土强度等级不宜低于 C30，当采用碳素钢丝、钢绞线、热处理钢筋作预应力筋时，混凝土强度等级不宜低于 C40。对于无粘结预应力结构，板的混凝土强度不宜低于 C30，梁的混凝土强度不宜低于 C40。

预应力混凝土按施工方法不同可分为先张法和后张法两大类；按钢筋张拉方式不同可分为机械张拉、电热张拉与自应力张拉法；按预应力筋与混凝土之间是否允许相对滑动可分为有粘结预应力和无粘结预应力两类。

5.1 先 张 法

先张法是在浇筑混凝土前，在台座（或钢模）上张拉预应力筋并用夹具临时固定，而后浇筑混凝土，待混凝土达到一定强度，保证预应力筋与混凝土有足够的粘结力时，放松预应力筋，借助于预应力筋与混凝土间的粘结及预应力筋的回缩作用，对构件混凝土产生预压应力。如图 5-3 所示。

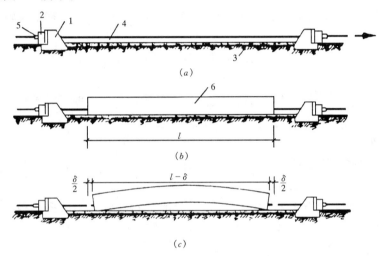

图 5-3　先张法台座示意图

（*a*）预应力筋张拉；（*b*）混凝土灌筑与养护；（*c*）放松预应力筋

1—台座承力结构；2—横梁；3—台面；4—预应力筋；5—锚固夹具；6—混凝土构件

采用台座法生产时，预应力筋的张拉、临时锚固、混凝土浇筑、养护和预应力筋放张等工序均在台座上进行。采用机组流水法生产时，预应力筋的拉力由钢模承担。先张法适用于生产定型的中小型构件，如空心板、屋面板、吊车梁、檩条等。

5.1.1 台座

台座是先张法施工张拉和临时固定预应力筋的支撑结构，它承受预应力筋的全部张拉力，因此要求组成台座的各部件要具有足够的强度、刚度和稳定性。台座按构造型式分为墩式台座和槽式台座等。

1. 墩式台座

墩式台座由承力台墩、台面和横梁组成，如图 5-4 所示。台墩和台面用钢筋混凝土制

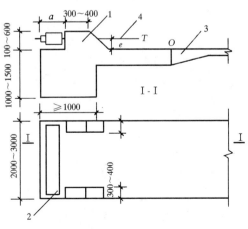

图 5-4　墩式台座

1—台墩；2—横梁；3—台面；4—预应力筋

成，横梁可用钢筋混凝土或钢构件制成。台座各部分应满足强度和刚度的验算要求，台座整体亦应进行稳定性验算，主要包括抗倾覆和抗滑移验算。

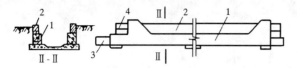

图 5-5　槽式台座

1—传力柱；2—砖墙；3—下横梁；4—上横梁

台座的长度和宽度由场地大小、构件类型和产量而定，一般长度宜为 $100\sim150$m，宽度为 $2\sim4$m。台座的端部应留出张拉操作用地和通道，两侧要有构件运输和堆放的场地。

2. 槽式台座

槽式台座是由端柱、传力柱和上、下横梁及砖墙组成的，如图 5-5 所示。端柱和传力柱是主要受力结构，采用钢筋混凝土结构。砖墙一般为一砖厚，起挡土作用，同时又是蒸汽养护的保温侧墙。

槽式台座适用于张拉吨位较大的构件，如吊车梁、屋架、薄腹梁等。

5.1.2　夹具

夹具是预应力筋张拉时临时夹持固定预应力筋的用具。借助于夹具使预应力筋建立并保持张拉应力，在先张法施工中，夹具可以重复使用。

1. 锚固夹具

将预应力筋临时固定在台座横梁上的夹具。有以下几种：

（1）钢质锥形夹具

钢质锥形夹具主要用来锚固直径为 $3\sim5$mm 的钢丝。分为圆锥齿板式和圆锥槽式，如图 5-6 所示。

（2）镦头夹具

镦头夹具用于预应力钢丝固定端的锚固，如图 5-7 所示。钢丝端部分冷镦或热镦形成粗镦头。

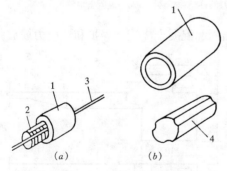

图 5-6　钢质锥形夹具

（a）圆锥齿板式；（b）圆锥槽式

1—套筒；2—齿板；3—钢丝；4—锥塞

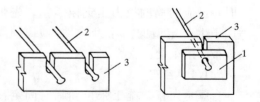

图 5-7　固定端镦头夹具

1—垫片；2—镦头钢丝；3—承力板

（3）圆套筒三片式夹具

圆套筒三片式夹具是由夹片和套筒组成。用于夹持直径为 12、14mm 的单根冷拉Ⅱ、Ⅲ、Ⅳ级钢筋。如图 5-8 所示。

150

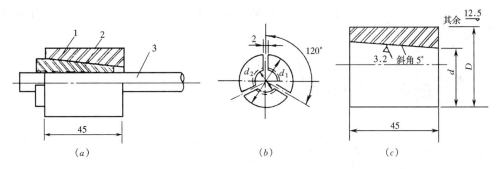

图 5-8　圆套筒三片式夹具

(a) 装配图；(b) 夹片；(c) 套筒

1—套筒；2—夹片；3—预应力钢筋

2. 张拉夹具

张拉夹具是将预应力筋与张拉机械连接起来，进行张拉的工具，常用的有月牙形夹具、偏心式夹具和楔形夹具等，如图 5-9 所示。

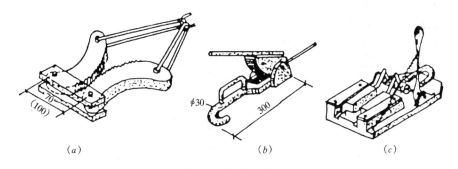

图 5-9　张拉夹具

(a) 月牙形夹具；(b) 偏心式夹具；(c) 楔形夹具

3. 对夹具的要求

夹具的静载锚固性能应符合要求，即预应力筋夹具组装件的效率系数 $\eta_S \geqslant 0.95$。

$$\eta_S = \frac{F_{spu}}{\eta_p F^0_{spu}} \tag{5-1}$$

式中　F_{spu}——预应力筋夹具组装件的实测极限拉力；

F^0_{spu}——预应力筋夹具组装件中各根预应力钢材计算极限拉力之和；

η_p——预应力筋的效率系数。当预应力为钢丝、钢绞线或热处理钢筋时，η_p 取 0.97；当预应力筋为冷拉 Ⅱ、Ⅲ、Ⅳ 级钢筋时，η_p 取 1.00。

夹具除应满足静载锚固性能外，尚应有良好的自锚性能、良好的松锚性能以及能多次重复使用。

5.1.3　张拉设备

张拉设备要求工作可靠，控制应力准确，能以稳定的速率加大拉力。常用的张拉设备有千斤顶、卷扬机、电动螺杆张拉机等。使用千斤顶张拉，应定期（一般不超过半年）进行校验，并在张拉前做好油压表读数与张拉力的换算，张拉时直接读取油压表数即得张拉应力值。图 5-10 为 YC-20 型穿心式千斤顶单根张拉过程示意。图 5-11 为油压千斤顶成组张拉过程示意图。

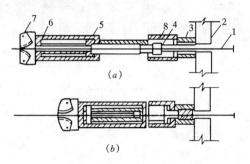

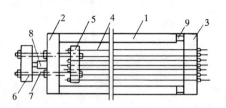

图 5-10　YC-20 穿心式千斤顶张拉过程示意图

（a）张拉；（b）暂时锚固，回油

1—钢筋；2—台座；3—穿心式夹具；4—弹性顶压头；5、6—油嘴；7—偏心式夹具；8—弹簧

图 5-11　油压千斤顶成组张拉

1—台座；2、3—前后横梁；4—钢筋；5、6—拉力架横梁；7—大螺丝杆；8—油压千斤顶；9—放松装置

5.1.4　先张法施工工艺

先张法施工工艺流程如图 5-12 所示。

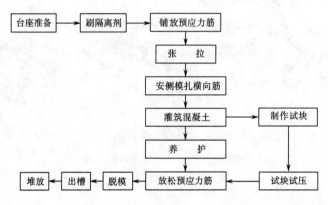

图 5-12　先张法施工工艺流程图

1. 预应力筋的铺设

预应力筋铺设前先做好台面的隔离层，便于构件脱模。铺设预应力筋时，其表面不得沾污隔离剂，以免影响预应力筋与混凝土的粘结。为控制预应力筋的平面位置，可在横梁处设分丝板。预应力筋对设计位置的偏差不得大于 5mm，也不得大于构件截面最短边长的 4%。

钢丝接长可借助钢丝拼接器用 20～22 号钢丝密排绑扎，钢筋接长可用钢筋连接器。

2. 预应力筋的张拉

（1）张拉控制应力

预应力筋的张拉控制应力值 σ_{con}，不宜超过表 5-1 规定的张拉控制应力限值，且不应小于 $0.4f_{ptk}$。当要求部分抵消由于应力松弛、摩擦、分批张拉以及预应力钢筋与台座之间的温差等因素产生的预应力损失时，表 5-1 中的应力限值可提高 $0.05f_{ptk}$。

钢 筋 种 类	张 拉 方 法	
	先张法	后张法
消除应力钢丝、钢绞线	$0.75 f_{ptk}$	$0.75 f_{ptk}$
热处理钢筋	$0.70 f_{ptk}$	$0.65 f_{ptk}$

注：f_{ptk} 为预应力筋极限抗拉强度标准值。

（2）张拉程序

预应力筋的张拉程序可按下列程序之一进行：

$$0 \rightarrow 103\% \sigma_{con}$$

$$或 \quad 0 \rightarrow 105\% \sigma_{con} \xrightarrow{\text{持荷 2min}} \sigma_{con}$$

前者超张拉 3% 是为了弥补预应力筋的松弛损失，施工简便，常被采用；后者超张拉 5% 并持荷 2min 目的是减少预应力筋的松弛损失。预应力筋的应力松弛损失值与张拉应力、延续时间有关。控制应力越高，松弛损失越大。延续时间越长，松弛损失也越大，在第一分钟内完成损失总值的 50% 左右，24h 内则完成 80%。上述程序中可减少 50% 以上的松弛损失。

（3）张拉伸长值及应力的控制

预应力筋张拉后，应校核其伸长值。如实际伸长值与计算伸长值的相对误差超过 ±6%，应暂停张拉，待查明原因并采取措施予以调整后方可继续张拉。预应力筋的伸长值 ΔL 按下式计算：

$$\Delta L = \frac{F_P \cdot L}{A_P \cdot E_s} \tag{5-2}$$

式中　F_P——预应力筋张拉力；

　　　L——预应力筋有效长度；

　　　A_P——预应力筋的截面面积；

　　　E_s——预应力筋的弹性模量。

预应力筋的实际伸长值，宜在初应力约为 $10\% \sigma_{con}$ 时开始测量，但必须加上初应力以下的推算伸长值。

采用钢丝作为预应力筋时，不做伸长值校核，但张拉锚固后，用钢丝测力计或半导体频率记数测力计测定其应力值，偏差控制在 ±5% 以内。多根钢丝同时张拉时，必须事先调整初应力使其相互间的应力一致。

3. 混凝土浇筑与养护

为了减少预应力损失，在设计配合比时应考虑减少混凝土的收缩和徐变。应采用低水灰比，控制水泥用量，采用良好的级配及振捣密实。

振捣混凝土时，振动器不得碰撞预应力钢筋。混凝土未达到一定强度前也不允许碰撞和踩动预应力筋，以保证预应力筋与混凝土有良好的粘结力。

预应力混凝土可采用自然养护和湿热养护。当采用湿热养护时应采取正确的养护制度，以减少由于温差引起的预应力损失。在台座生产的构件采用湿热法养护时，由于温度升高后，预应力筋膨胀而台座长度并无变化，因而预应力筋的应力减少。在这种情况下混凝土逐渐硬结，则在混凝土硬化前预应力筋由于温度升高而引起的应力降低将无法恢复，形成温差应力损失。因此为了减少温差应力损失，应使混凝土达到一定强度（10N/mm²）前，将温度升高差值，限制在一定范围内（一般不超过20℃）。用机组流水法钢模制作预应力构件，因湿热养护时钢模与预应筋同样伸缩，所以不存在因温差引起的预应力损失。

4．预应力筋的放张

（1）放张要求

放张预应力筋时，混凝土应达到设计要求的强度。如设计无要求时，应不得低于设计混凝土强度等级的75％。

放张预应力筋前应拆除构件的侧模使放张时构件能自由压缩，以免模板损坏或造成构件开裂。对有横肋的构件（如大型屋面板），其横肋断面应有适宜的斜度，也可以采用活动模板以免放张时构件端肋开裂。

（2）放张方法

配筋不多的中小型构件，钢丝可用砂轮锯或切断机切断等方法放张。配筋多的钢弦混凝土构件，钢丝应同时放张。如逐根放张，最后几根钢丝将由于承受过大的拉力而突然断裂，使得构件端部容易开裂。

预应力筋为钢筋时，若数量较少，可采用逐根熔断放张，但对热处理钢筋和冷拉Ⅳ级钢筋不得用电弧切割，宜用砂轮锯或切断机切断。预应力钢筋数量较多时，可用千斤顶、砂箱、楔块等装置同时放张，如图5-13所示。

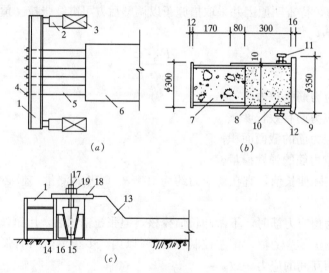

图5-13　预应力筋放张装置
（a）千斤顶放张装置；（b）砂箱放张装置；（c）楔块放张装置
1—横梁；2—千斤顶；3—承力架；4—夹具；5—钢丝；6—构件；7—活塞；8—套箱；9—套箱底板；10—砂；11—进砂口；12—出砂口；13—台座；14、15—固定楔块；16—滑动楔块；17—螺杆；18—承力板；19—螺母

（3）放张顺序

预应力筋的放张顺序，应满足设计要求，如设计无要求时应满足下列规定：

1）对轴心受预压构件（如压杆、桩等）所有预应力筋应同时放张。

2）对偏心受预压构件（如梁等）先同时放张预压力较小区域的预应力筋，再同时放张预压力较大区域的预应力筋。

3）如不能按上述规定放张时，应分阶段、对称、相互交错的放张，以防止在放张过程中构件发生翘曲、裂纹及预应力筋断裂等现象。

5.2 后 张 法

后张法按预应力筋与混凝土之间是否有粘结作用，分为后张有粘结预应力混凝土和后张无粘结预应力混凝土。本节主要介绍后张有粘结预应力混凝土的施工工艺。这种方法是先生产混凝土结构或构件，同时预留孔道，待混凝土强度达到设计规定值后，在孔道内穿入预应力筋（也可采用先穿束法）进行张拉，并用锚具在结构或构件端部将预应力筋锚固，最后进行孔道灌浆。预应力筋的张拉力主要靠端部的锚具传递给混凝土，使混凝土产生预压应力。其施工工艺流程如图5-14所示。后张有粘结预应力混凝土既可用于制作生产大型预制构件，又可用于各类现浇结构。目前，常用于现浇大跨度梁中。

5.2.1 锚具及张拉设备

1. 锚具

锚具是张拉和永久固定预应力筋并传递预应力的工具。应满足静载锚固性能、疲劳锚固性能及低周反复作用的荷载试验要求（详见5.3节）。此外，尚应满足下列规定：

（1）当预应力筋锚具组装件达到实测极限拉力时，除锚具设计允许出现的现象外，全部零件均不得出现肉眼可见的裂缝或破坏。

（2）除能满足分级张拉及补张拉工艺外，宜具有能放松预应力筋的性能。

（3）锚具或其附件上宜设置灌浆孔道，其截面大小应能使浆液通畅。

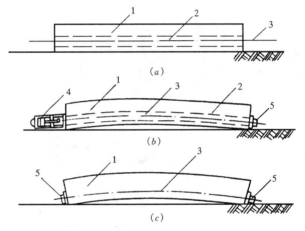

图 5-14　后张法施工顺序
(a) 制作构件，预留孔道；
(b) 穿入预应力钢筋进行张拉并锚固；(c) 孔道灌浆
1—混凝土构件；2—预留孔道；3—预应力筋；
4—千斤顶；5—锚具

锚具的种类主要应根据预应力筋的种类选用。在预应力筋张拉过程中，因锚具所在位置与作用不同，又可分为张拉锚具和固定端锚具。

（1）单根粗钢筋锚具

1）螺丝端杆锚具

螺丝端杆锚具由螺丝端杆、垫板和螺母组成，适用于锚固直径不大于36mm的冷拉Ⅱ、Ⅲ级钢筋，如图5-15(a)所示。

螺丝端杆锚具可用在张拉端或固定端，与预应力筋对焊。对焊时应在预应力筋冷拉以前进行。

2）帮条锚具

帮条锚具由一块方形衬板与三根帮条组成，如图5-15(b)所示。帮条采用与预应力

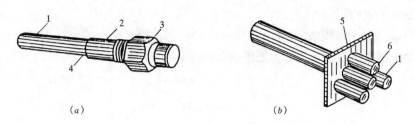

图 5-15　单根筋锚具

(*a*) 螺丝端杆锚具；(*b*) 帮条锚具

1—钢筋；2—螺丝端杆；3—螺母；4—焊接接头；5—衬板；6—帮条

筋同级别的钢筋。焊接时可在预应力筋冷拉前进行。该锚具一般用在固定端。

(2) 钢筋束、钢绞线束锚具

钢筋束、钢绞线束使用的锚具有 JM 型、KT-Z 型、XM 型、QM 型、OVM 型、B&S 体系 Z 系列锚具以及镦头锚具等。目前，较常用的有 XM 型、QM 型和 B&S 体系 Z 系列锚具。

1) XM 型锚具

XM 型锚具是由多孔锚环和夹片组成。三个斜开缝夹片为一组构成一个锚固单元，夹持一束预应力筋中的一根，如图 5-16 所示。使用 XM 型锚具，既可单根张拉预应力筋，也可成束同时张拉。XM 型锚具除可用作工作锚外，还可兼作工具锚。

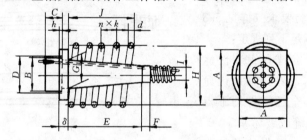

图 5-16　XM 型锚具端部构造

2) QM 型锚具

QM 型锚具的组成与 XM 型锚具相同，除锚板和夹片外，也备有配套喇叭形铸铁垫板与弹簧圈等，如图 5-17 所示。QM 锚具及配件尺寸见表 5-2。

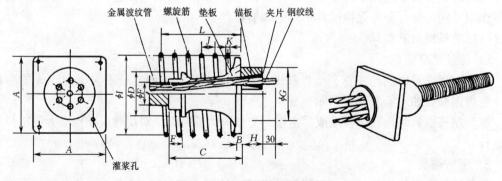

图 5-17　QM 型锚具端部构造

156

规格			1	3	4	5	6、7	8	9	12	14	19	22	27	31	37
QM12 QM13 系列	每根钢绞线拉断力（kN）		186	186	186	186	186	186	186	186	186	186	186	186	186	186
	垫板 (mm)	A	80	130	150	160	165	190	190	220	245	280	290	340	360	390
		B	14	20	25	25	30	30	30	30	35	40	40	45	45	50
		C			135	160	170	190	190	220	230	240	250	300	330	360
		ϕD			115	115	125	140	140	160	170	180	190	210	230	240
	管道(mm)	ϕF（内径）		35	40	45	55	55	60	65	70	80	85	95	105	115
	锚板(mm)	ϕG	42	88	90	100	115	125	135	147	160	185	195	215	235	250
		H	45	50	50	50	55	55	55	60	63	65	70	75	80	90
	螺旋筋 (mm)	ϕI	90	130	160	170	210	240	250	270	310	350	370	420	500	520
		J	23	35	40	40	45	50	50	50	50	50	50	55	55	55
		ϕK	6	10	10	12	12	12	12	14	14	14	16	16	18	20
		L	95	150	180	190	230	270	270	290	315	340	360	440	510	510
		圈数	4	4	4.5	4.5	5	5	5	5.5	6	6.5	7	8	9	9
QM15 QM16 系列	每根钢绞线拉断力（kN）		265	265	265	265	265	265	265	265	265	265	265	265	265	265
	垫板 (mm)	A	90	150	160	165	190	220	220	265	280	330	350	360	420	450
		B	14	25	25	30	30	30	40	40	40	40	50	50	55	55
		C			135	160	170	190	190	220	260	270	290	310	330	380	460
		ϕD			120	120	140	160	160	180	190	210	220	230	300	320
	管道（mm）	ϕF（内径）		40	45	55	60	65	70	75	80	95	105	115	130	140
	锚板（mm）	ϕG	46	90	105	117	135	147	157	170	185	205	220	245	265	285
		H	48	50	50	50	55	70	70	65	70	75	80	85	90	98
	螺旋筋 (mm)	ϕI	100	160	200	220	250	260	270	330	400	420	460	510	550	620
		J	27	40	45	45	50	50	50	55	55	55	60	60	65	70
		ϕK	6	10	12	12	12	14	14	14	16	16	18	18	20	20
		L	110	170	215	215	280	300	300	370	400	440	500	550	600	710
		圈数	4	4	4.5	4.5	5.5	6	6	6.5	7	8	8	9	9	10

注：1. 束长超过 50m 或两跨以上管道应加大 5mm；

　　2. 整束穿束时，管道应加大 5mm。

3）B&S 体系 Z 系列锚具

这种锚具也是由锚板和夹片组成。夹片有直开缝和斜开缝两种。该锚具除和配套喇叭形铸铁垫板组合应用外，常与钢垫板、薄钢板喇叭管及灌浆接口管的组合件配套使用。如图 5-18 所示。

以上几种多孔锚具（群锚）均可用于锚固 $\phi12\sim\phi15.7$mm，强度高达 1860MPa 的钢绞线。既可用于张拉端，也可用于固定端。当然，固定端可采用镦头锚具（用于钢筋束，原理同先张法）、压花式锚具和挤压式锚具。如图 5-19、图 5-20 所示。

应当注意，以上几种类型的锚具及其配件的规格尺寸应根据预应力筋根数选用。在此不一一列出。

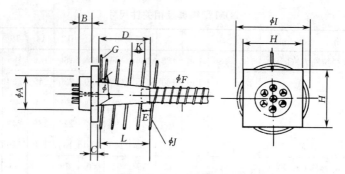

图 5-18 B&S 体系 Z 系列锚具端部构造

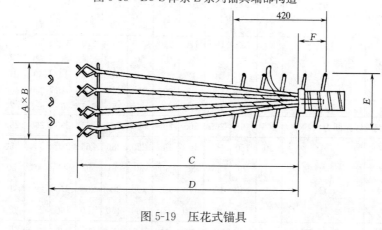

图 5-19 压花式锚具

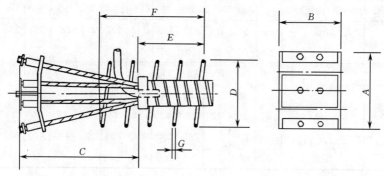

图 5-20 挤压式锚具

（3）钢丝束锚具

由几根到几十根直径 3～5mm 平行碳素钢丝作为预应力筋时，采用的锚具有钢质锥塞锚具、锥形螺杆锚具、XM 型锚具、QM 型锚具和钢丝束镦头锚具等。

1）钢质锥塞锚具

钢质锥塞锚具由锚环和锚塞组成，如图 5-21 所示。钢丝分布在锚环锥孔内侧，由锚塞塞紧锚固。其缺点是钢丝直径误差较大时，易产生单根滑丝现象，且很难补救。

2）钢丝束镦头锚具

钢丝束镦头锚具分 DM5A 型和 DM5B 型两种。A 型用于张拉端，由锚环和螺母组成，锚环的内外壁均有丝扣，内丝扣用于连接张拉螺杆。B 型用于固定端。如图 5-22 所示。

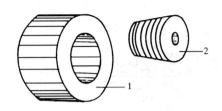

图 5-21　钢质锥塞锚具

1—锚环；2—锚塞

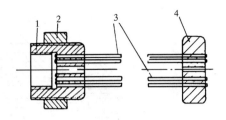

图 5-22　钢丝束镦头锚具

1—A 型锚环；2—螺母；3—钢丝束；4—锚板

3）锥形螺杆锚具

锥形螺杆锚具由锥形螺杆、套筒、螺母、垫板组成，如图 5-23 所示。

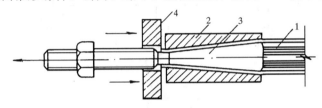

图 5-23　锥形螺杆锚具

1—钢丝；2—套筒；3—锥形螺杆；4—垫板

2. 张拉设备

张拉设备主要有千斤顶和高压油泵。

（1）千斤顶的类型选用必须根据预应力筋及其锚具的类型确定

拉杆式千斤顶（YL 型）主要用于张拉带有螺丝端杆锚具的粗钢筋、锥形螺杆锚具和镦头锚具的钢丝束。锥锚式千斤顶（YZ 型）主要用于张拉 KT-Z 型锚具锚固的钢筋束或钢绞线束、钢质锥塞锚具的钢丝束。穿心式千斤顶（YC 型）的基本型式主要用于张拉采用 JM12 型、QM 型、XM 型及 B&S 体系 Z 系列锚具的钢丝束、钢筋束和钢绞线束。这种千斤顶经改装，即配置撑脚和拉杆等附件后，可作为拉杆式千斤顶使用；在千斤顶前端装上分束顶压器套环等附件，并接长承力筒（撑脚）后，可作为 YZ 型千斤顶使用。千斤顶型号选择时，其公称张拉力必须满足预应力筋总张拉力的要求。如 YDC650-150 型穿心式千斤顶表示公称张拉力为 650kN，公称张拉行程为 150mm。

穿心式千斤顶的特点是千斤顶中心有穿通的孔道，以便预应力筋穿过后用工具锚临时固定在千斤顶的末端进行张拉。穿心式千斤顶的种类较多，除 YC 系列外，目前国内厂家生产的 YCQ 系列、YCD、YCW、YDN 等系列均为穿心式千斤顶，张拉吨位为 180kN～12000kN，能满足各种预应力工程的需要。图 5-24 所示为 YC60 型千斤顶的构造，可完成张拉、持荷、顶压和回程四个动作。

（2）千斤顶的校验与使用

由于千斤顶活塞与油缸之间存在着摩阻力，而且摩阻随油压高低、使用时间的变化以及不同的千斤顶而不同，使用前必须进行校验（或称标定），制成油压表读数和张拉力关系的曲线或表格，供施工中查用。

千斤顶的校验应在具有检测条件和资格的部门进行。校验时，应使千斤顶、油泵、油

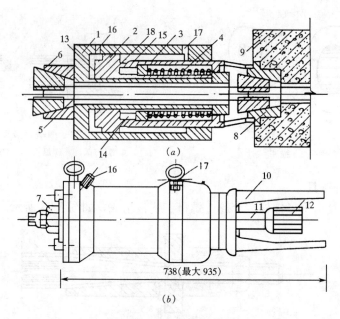

图 5-24　YC-60 型千斤顶

(a) 构造与工作原理图；(b) 加撑脚后的外貌图

1—张拉油缸；2—顶压油缸（即张拉活塞）；3—顶压活塞；4—弹簧；5—预应力筋；6—工具锚；7—螺母；

8—锚环；9—构件；10—撑脚；11—张拉杆；12—连接器；13—张拉工作油室；14—顶压工作油室；

15—张拉回程油室；16—张拉缸油嘴；17—顶压缸油嘴；18—油孔

压表、油管等一起配套进行。校验期不应超过半年。在下列情况之一时应重新校验：

1）新千斤顶初次使用前；

2）油压表指针不能回零，更换新表后；

3）千斤顶、油压表和油管进行更换或维修后；

4）张拉时出现断筋而又找不到原因时；

5）停放三个月后、重新使用之前；

6）油表受到摔碰等大的冲击时。

液压千斤顶所采用的油液，50℃ 运动黏度为 $12 \sim 60 \text{N/mm}^2$，杂质直径不大于 $137 \mu\text{m}$，具有一定防锈能力。通常用 20 号机械油，冬季或工作油压较低时用 10 号机械油，夏季或工作油压较高时用 30 号机械油或相应的液压用油。油液应注意清洁，防止在安装油管时把污垢、泥砂、棉丝带入油缸，造成缸体拉毛、摩阻增加，甚至损坏油缸。通常在半年或使用 500h 后更换一次油液。

使用聚氨酯制造的防尘圈和密封圈时，应注意防水、防潮，以延长使用寿命。另外，设备使用和搬运过程中应注意轻拿轻放。

（3）高压油泵

高压油泵是千斤顶的动力源，与液压千斤顶配套使用，完成供油、回油过程。油泵的额定油压和流量，必须满足配套千斤顶的要求。后张有粘结预应力工程中常采用大吨位千斤顶，可选用 $\text{ZB}_3/630$ 型、$2\text{ZB}_4\text{-}500$ 型、$\text{ZB}_4\text{-}500$ 型、$2\text{ZB}10\text{-}32 \times 4\text{-}80$ 型等几种电动高压油泵。其中 $\text{ZB}_4\text{-}500$ 型表示每分钟流量为 4L，额定油压为 50MPa。

5.2.2 施工工艺

与预应力施工有关的工作主要有预应力筋制作加工、孔道留设、穿筋、张拉预应力筋以及孔道灌浆等。用于现浇结构中时，其工艺流程如图5-25所示。

1. 预应力筋制作

用钢绞线作为预应力筋，其制作一般包括下料计算、切割、切口处理、组装挤压锚具（当为两端张拉时无此工序）和编束等工作。

钢绞线应采用连续无接头的通长筋，下料长度L可按下式计算：

一端张拉时： $$L=l+a+b \tag{5-3}$$

两端张拉时： $$L+l+2a \tag{5-4}$$

式中　l——构件孔道长度；

a——张拉端留量，与锚具和张拉千斤顶尺寸有关；

b——固定端留量，以不滑脱且锚固后夹片外露长度不少于30mm为准，一般取80~120mm。当采用挤压式锚具固定端时，则不计算固定端留量。

按计算好的长度和根数，采用砂轮锯切割。切割前宜在切口两侧各50mm处用铁丝绑扎钢绞线，以免松散。现在常采用切割后在切口处用宽胶带缠紧，亦便于穿筋。

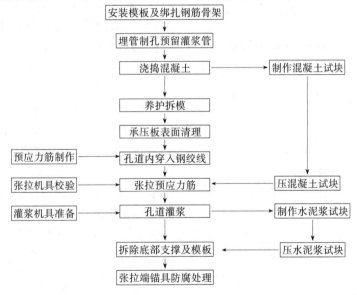

图5-25　后张法有粘结施工工艺流程图

采用挤压式锚具固定端时，必须在编束前组装好挤压锚头、承压铁板等。挤压式锚具须用专用的挤压机具组装完成。

为使成束钢绞线相互不发生扭结，应编束处理。即把钢绞线调直理顺，用铁丝每隔1m左右绑扎一道，形成束状。

2. 孔道留设

孔道留设有钢管抽芯法、胶管抽芯法和预埋波纹管法。预埋波纹管法适用于直线、曲线和折线孔道，更适于现浇结构，目前采用较为普遍。金属波纹管是用冷轧钢带或镀锌钢带在卷管机上压波后螺旋咬口而成，如图5-26所示。具有重量轻、刚度好、弯折方便、

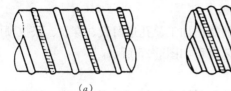 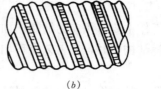 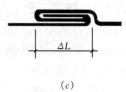

(a) (b) (c)

图 5-26　圆形金属螺旋管

(a) 单波纹；(b) 双波纹；(c) 咬口

连接容易、与混凝土粘结良好、省去抽管工序等优点。每根管长由运输条件确定，一般为6m长。若在现场加工，长度可根据实际需要确定，既方便施工，又减少了接头。圆形波纹管的公称直径是指管内径，通常为30～120mm，级差为5mm。

金属波纹管进场后按批验收。每批应由同一钢带、同一台机器制造的同一代号的波纹管组成，每50000m为一批，不足50000m也作为一批。每批中任意抽取六个试件经尺寸检验合格后，每三个为一组分别进行集中荷载及荷载作用后抗渗漏检验和均布荷载及荷载作用后抗渗漏检验。此外，还应任取三个试件进行抗弯曲渗漏性能检验。

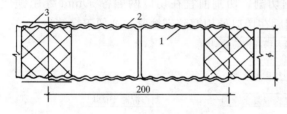

图 5-27　螺旋管的连接

1—螺旋管；2—接头管；3—密封胶带

波纹管的安装，宜事先按设计要求的坐标在梁的侧模上、已成型的钢筋骨架上画线、画点，以控制管底为准（换算好预应力筋合力中心至管底的距离）。采用钢筋井字架固定波纹管的位置，并用铁丝绑扎牢固以免浇混凝土使其移位。井字架的间距宜为1m。波纹管接长时，采用大一号（内径大一个级差）同型波纹管作为接头管，长度为200mm，承插不少于50mm深度，用胶带密封或用热塑管封口。如图5-27所示。

波纹管安装过程中或安装完毕后应设置灌浆孔（兼做排气孔）。灌浆孔一般设在构件的两端、连续梁的中间支座处以及每跨的跨中部位，考虑孔道内气流通畅，灌浆孔内径不小于16mm，间距不宜大于12m。端部灌浆孔可设置在锚具或铸铁喇叭口处，中间灌浆孔的设置如图5-28所示。在波纹管上开口，用带嘴（接口管）的塑料或金属弧形压板覆盖并用铁丝扎牢，弧形盖板与波纹管间设海绵垫片，弧形盖板边缘用胶带缠绕密实以防漏浆。最后在嘴（接口管）处，用塑料管接出梁表面高度不小于500mm作为灌浆管。塑料管宜稍坚硬一些以防浇筑混凝土时挤扁。也可在浇筑混凝土前先在塑料管内临时插放一根$\phi12\sim\phi14$的钢筋，灌浆前拔出。

波纹管、灌浆管安装完毕后，应认真检查其位置、曲线形状是否符合设计要求，固定是否牢靠，管壁有无破损、接头是否密封等，并及时用胶带修补。还应防止其他作业的电焊火花烧伤管壁。

波纹管位置的垂直偏差一般不宜大于±20mm，

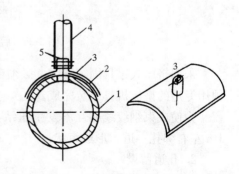

图 5-28　螺旋管上留灌浆孔

1—螺旋管；2—海绵垫；3—塑料弧形压板；

4—塑料管；5—铁丝扎紧

水平偏差在 1000mm 范围内也不宜大于±20mm。

3. 预应力筋穿束

预应力筋穿入孔道，简称穿束。根据穿束与浇筑混凝土之间的先后关系，可分为先穿束法和后穿束法两种。

（1）先穿束法

先穿束法即在浇筑混凝土之前穿筋。对埋入式固定端或采用连接器施工，必须采用先穿束法。此法穿束省力，但穿束占用工期。按穿束与预埋波纹管之间的配合，又可分为先穿束后装管、先装管后穿束和二者组装后放入三种情况，以第二种情况应用较多。

（2）后穿束法

后穿束法即在浇筑混凝土之后穿筋。此法可在混凝土养护期内进行，不占工期，便于用通孔器或高压水通孔，穿束后进行张拉，易于防锈，但穿束较为费力。

先穿束法和后穿束法均可由人工完成。但对于超长束、特重束、多波曲线束等整束穿的情况，人力穿束确有困难，可采用卷扬机穿束或用穿束机穿束。

4. 预应力筋张拉

后张法张拉预应力筋时，混凝土强度应符合设计要求，如设计无规定时，不应低于混凝土设计强度等级的75%。

（1）张拉控制应力和张拉程序

张拉控制应力取值按设计要求，并应符合表 5-1 的规定。预应力筋的张拉程序完全同先张法。

（2）张拉顺序

张拉应使构件不扭转与侧弯，不产生过大偏心力，也不应使结构产生较大的不利影响，故张拉顺序的确定应按设计要求。预应力筋一般应对称张拉。当配有多束预应力筋不能同时张拉时，应分批、分阶段、对称张拉。

分批张拉时，由于后批张拉力的作用，使混凝土再次产生弹性压缩导致先批预应力筋应力下降。施工时，可通过计算确定应力损失值并加到先批张拉的应力中去。也可在后批张拉后对先批预应力筋逐束补足。

（3）张拉端的设置

为了减少预应力筋与孔壁摩擦引起的应力损失，对预埋波纹管孔道，曲线预应力筋和长度大于 30m 的直线预应力筋，宜在两端张拉；对于抽芯孔道，曲线预应力筋和长度大于 24m 的直线预应力筋，应在两端张拉。长度不大于 30m 的直线波纹管孔道和长度不大于 24m 的直线抽芯孔道均可在一端张拉。当同一截面中有多束一端张拉的预应力筋时，张拉端宜分别设在结构或构件的两端，以免受力不均匀。

（4）预应力值的校核和伸长值的测定

在后张法施工中，应通过测定实际伸长值的方法校核应力建立的可靠性。按规范规定：实际伸长值与计算伸长值（理论伸长值）的相对误差应在±6%以内；预应力筋张拉锚固后，实际预应力值与工程设计规定检验值的相对允许偏差为±5%。理论伸长值按设计取定或由项目工程师在张拉前计算确定。实际伸长值的确定与先张法相似，即为初应力以下推算伸长值加上初应力至最终应力的实测伸长值减去混凝土结构或构件的弹性压缩值。

预应力筋的实际应力值测定也可在张拉锚固 24h 后孔道灌浆前重新张拉，根据油压表开始持力时的读数确定。

以上通过张拉阶段油表读数和二次张拉油表读数确定实际应力的方法施工简便，是当前普遍用于预应力筋张拉力值测定方法，但精度较低。对重要工程、重要场合应选用测力传感器进行测定。目前，国内设计生产的测力传感器有电阻应变式传感器（如 CYL 型、LY 型传感器）和振弦式测力传感器（如 XC 型振弦式测力传感器）。

5. 孔道灌浆

预应力筋张拉完毕后，应进行孔道灌浆。其目的是为了防止预应力筋锈蚀，增加结构的整体性和耐久性，改善结构出现裂缝时的状况，提高结构的抗裂性。

水泥浆强度不应低于 M30，且应有较好的流动性，流动度约为 150～200mm，应有较小的干缩性和泌水性。水泥应选用不低于强度等级为 32.5 的普通硅酸盐水泥，水灰比不应大于 0.45，搅拌后 3h 泌水率宜控制在 2%，最大不得超过 3%，对孔隙较大的孔道，可采用水泥砂浆灌浆。

为了增加孔道灌浆的密实性，减少泌水和体积收缩，水泥浆中可掺入对预应力筋无腐蚀作用的外加剂。如掺入水泥重量 0.25% 的木质素磺酸钙，或掺入水泥重量 0.05% 的铝粉。外加剂种类及其掺量各地可通过试验确定，水灰比也可适当降低，但须保证外加剂对预应力筋无锈蚀作用，能顺利完成灌浆工作。

灌浆用的水泥浆或砂浆应过筛，搅拌时间应保证水泥浆混合均匀，一般需 2～3min。灌浆过程中应不断搅拌，当灌浆过程短暂停顿时，应让水泥浆在搅拌机和灌浆机内循环流动。灌浆机械一般采用电动灰浆泵，有柱塞式、螺杆式、挤压式和气动式几种类型。

灌浆前应用压力水冲洗孔道，湿润孔壁，保证水泥浆流动正常。对于金属波纹管孔道，可不冲洗，但应用空气泵检查通气情况。

灌浆从一个灌浆孔开始，连续进行，不得中断。由近至远逐个检查出浆口，待出浓浆后逐一封闭，待最后一个出浆孔出浓浆后，封闭出浆孔并继续加压至 0.5～0.6MPa。当有上下两层孔道时，应先下后上，以避免上层孔道漏浆时把下层孔道堵塞。

当灰浆强度达到 20N/mm² 时，方可拆除结构的底部支撑。

孔道灌浆的质量可通过冲击回波仪检测。

5.3 无粘结预应力混凝土施工

无粘结预应力混凝土技术属于后张预应力混凝土。所谓"无粘结"是指张拉后永远容许预应力束对周围混凝土发生纵向相对滑动。无粘结预应力筋的制作采用挤压涂塑工艺，外包聚乙烯套管，内涂专用防腐油脂，经过挤出成型机后，塑料包裹层一次成型在钢绞线或钢丝束上。无粘结预应力混凝土的无粘结预应力筋可如同非预应力筋一样，按设计要求铺放在模板内，然后浇筑混凝土，待混凝土达到设计强度要求后，再张拉锚固。预应力筋与混凝土之间没有粘结作用，张拉力全靠锚具传到构件混凝土上去，因此无粘结预应力混凝土结构不需要预留孔道、穿筋及灌浆等复杂工序，简便了操作，加快了施工进度。无粘结预应力筋摩擦力小，且易弯曲，故特别适于需要复杂连续曲线配筋的大跨度现浇楼盖以及其他复杂形状的预应力混凝土结构。无粘结预应力混凝土结构具有跨度大、自重轻、节约材料、综合经济效益高等突出的优点，迎合了近代建筑结构的发展趋向。应用预应力混凝土技术，可大量节约钢材，一般每应用1000t高强钢材，可节约普通钢材3000t。预应力钢材的抗拉强度约为普通钢筋的四倍，但其价格则不到普通钢筋的四倍，降低了工程造价。

5.3.1 无粘结预应力筋的制作、包装及运输

1. 预应力钢材

用于制作无粘结预应力筋的钢材应满足强度高、塑性好、对腐蚀不敏感以及横截面特征值误差小等要求。

在无粘结预应力混凝土中，常用的预应力钢材主要有高强钢丝束和钢绞线。目前，常用钢绞线。

高强钢丝是由高碳镇静钢轧制盘圆后，经冷拔而成，故称为碳素钢丝。碳素钢丝直径为$\phi 3 \sim 9mm$，建筑施工中多采用$\phi 4mm$和$\phi 5mm$，直径细，强度高。

钢绞线是由多根平行高强钢丝以一根直径稍粗的钢丝为轴心，沿同一方向扭转，并经低温回火处理而成。其规格有2、3、7、19股等，而最常用的是7股钢绞线。如7根$\phi 5$钢丝组成的钢绞线，可表示为$\phi 15$，实际上中间一根直径加大5%～7%。此外，还有拔模型钢绞线，由于在拔模过程中各钢丝接触面受到挤压，使钢丝由原来的圆形截面变形成为接近六边形的截面，从而减少了钢丝之间的孔隙和外径。因此，在同样直径的后张预应力管道中，预应力筋的吨位可增加约20%；同时，钢绞线周边与锚具接触面积增大，易于锚固。钢绞线的截面如图5-29所示。

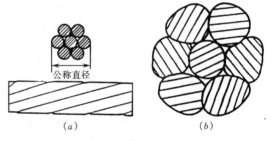

图5-29 钢绞线截面

(a) 7股钢绞线；(b) 拔模钢绞线

预应力钢材的松弛，是指钢材受一定的张拉力以后，在长度与温度保持不变的条件下。预应力筋中的拉应力随时间而发生降低，这种应力的降低习称松弛损失。当初始拉应力不超过$0.5f_{pu}$（f_{pu}表示钢材的抗拉强度）时，松弛损失很小，一般可忽略不计；但随着初始应力的提高，松弛损失会剧烈增加。

钢材的松弛，在承受初拉力的初期发展快，第一小时内松弛量最大，24h内完成约50%以上，且将以递减速率而延续数年，甚至7～8年后仍可测到松弛的影响，可持续数十年才能完成。为此，通常以1000h试验确定的松弛损失乘以放大系数作为结构使用寿命的长期松弛损失。松弛还取决于钢材的种类和等级。如果仅出于设计的目的，预应力钢材可分为普通松弛（Ⅰ级松弛）和低松弛（Ⅱ级松弛）两大类。低松弛损失值约为普通松弛的1/4。钢绞线的力学性能见表5-3。

预应力钢材应做好防腐工作。预应力钢材腐蚀的数量级与后果比普通钢材要严重得多。这不仅是因为强度等级高的钢材对腐蚀更灵敏，还因为预应力筋的直径相对较小。这样，一层薄薄的锈蚀或一个锈点就能显著减小钢材的横截面积，引起应力集中，最终导致结构提前破坏。未经保护的预应力钢材暴露在正常环境中，尽管短短几个月，也将导致抗拉性能的显著下降。预应力钢材通常对两种类型的锈蚀是灵敏的，即电化学腐蚀和应力腐

蚀。在电化学腐蚀中，必须有水溶液存在，还需要空气。应力腐蚀是在一定的应力和环境条件下，引起钢材脆化的腐蚀。

预应力钢材在运输、储存期间必须有包装，以防止水分侵入和污染，吊运时应防止受到损伤。当采用后张有粘结预应力工艺时，张拉操作一经完成，应立即灌注高质量的水泥浆。混凝土和外加剂应不含氯离子。

预应力钢绞线（φ）的力学性能 表 5-3

钢绞线结构	钢绞线公称直径（mm）	强度级别（MPa）	整根钢绞线的最大负荷（kN）	屈服负荷（kN）	伸长率（%）	1000h 松弛率，不大于（%）			
						Ⅰ级松弛		Ⅱ级松弛	
						初始负荷			
			不小于			70%公称最大负荷	80%公称最大负荷	70%公称最大负荷	80%公称最大负荷
1×7	标准型 9.50	1860	102	86.6	3.5	8.0	12	2.5	4.5
	11.10	1860	138	117					
	12.70	1860	184	156					
	15.20	1720	239	203					
		1860	259	220					
	拔模型 12.70	1860	209	178					
	15.20	1820	300	255					

注：1. 屈服负荷不小于整根钢绞线公称最大负荷的 85%；

2. 测定伸长率时，1×7 钢绞线标距不小于 500mm，1×2 与 1×3 钢绞线标距不小于 400mm；

3. 弹性模量为（1.95±0.1）×10⁵N/mm²，但不作为交货条件。

预应力钢丝、钢绞线进厂时应按批号及直径分批检验，检查内容包括查对标志、外观检查。钢材的抗拉强度、屈服负荷或屈服强度（$\sigma_{0.2}$）、伸长率、钢丝弯曲次数及直径的检验方法按 GB/T 5223，GB/T 5224，GB/T 2103，GB/T 228.1 有关规定进行。

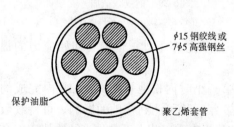

图 5-30 无粘结预应力筋截面示意

2. 无粘结预应力筋的制作

无粘结预应力筋的制作，采用挤压涂塑工艺而成，即外包聚乙烯或聚丙烯套管，内涂防腐建筑油脂，经过挤压机挤出成型，塑料包裹层一次成型在钢绞线或钢丝束上。如图 5-30 所示。

钢丝束、钢绞线单根无粘结预应力筋的挤压涂塑工艺主要有如下程序：放盘→涂油→包塑→冷却→牵引→成型收盘。其工艺流程示意如图 5-31 所示。

用于制作无粘结预应力筋的钢材由 7 根 5mm 或 4mm 的钢丝绞合而成的钢绞线或 7 根直径 5mm 的碳素钢丝束，其质量应符合现行国家标准。

无粘结预应力筋的涂料层应具有良好的化学稳定性，对周围材料无侵蚀作用；不透水，不吸湿，抗腐蚀性能强；润滑性能好，摩擦阻力小；在 −20～+70℃ 的温度范围内，高温不流淌，低温不变脆，并有一定韧性。无粘结预应力筋专用防腐润滑油脂的技术要求

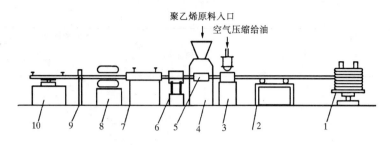

图 5-31　挤压涂塑工艺示意图

1—钢绞线放线盘；2—滚动支架；3—给油装置；4—塑料挤压机；5—成型机
6—风冷装置；7—水冷装置；8—牵引机；9—定位装置；10—收线盘

见表5-4。

无粘结预应力筋专用防腐润滑油脂技术要求　　　　　　表 5-4

项　　　目	质量指标		试验方法
	Ⅰ号	Ⅱ号	
工作锥入度，1/10mm	296～325	265～295	GB/T 269
滴点，℃　不低于	160	160	GB/T 4929
水分，%　不大于	0.1	0.1	GB/T 512
钢网分油量（100℃，24h），%　不大于	8.0	8.0	SH/T 0324
腐蚀试验（45号钢片，100℃，24h）	合格	合格	SH/T 0331
蒸发量（99℃，22h），%　不大于	2.0	2.0	GB/T 7325
低温性能（−40℃，30min）	合格	合格	SH 0387 附录二
湿热试验（45号钢片，30d），不大于	2	2	GB/T 2361
盐雾试验（45号钢片，30d），不大于	2	2	SH/T 0081
氧化安定性（99℃，100h，78.5×10⁵Pa） A 氧化后压力降，Pa　不大于 B 氧化后酸值，mgKOH/g　不大于	$14.7×10^4$ 1.0	$14.7×10^4$ 1.0	SH/T 0325 GB/T 264
对套管的兼容性（65℃，40d） A 吸油率，%　不大于 B 拉伸强度变化率，%　不大于	10 30	10 30	HB 2-146 GB 1040

无粘结预应力筋的护套材料，宜采用高密度聚乙烯，有可靠实践经验时，也可采用聚丙烯，不得采用聚氯乙烯。护套材料应具有足够的韧性、抗磨及抗冲击性，对周围材料应无侵蚀作用，在−20～+70℃的温度范围内，低温不脆化，高温化学稳定性好。

无粘结预应力筋应连续生产，钢绞线或钢丝束中的每根钢丝应由整根钢丝组成，不得有接头及死弯。无粘结预应力筋出厂时应表面光滑无裂缝，无明显褶皱。无粘结预应力筋的主要规格与性能见表5-5。

无粘结预应力筋的主要规格与性能　　　　　　表 5-5

项　　　目	规格和性能		
	碳素钢丝束 7φ5	钢绞线	
		1×7−φ12.7	1×7−φ15.2
拉力试验： 　抗拉强度（N/mm²） 　屈服强度 $\sigma_{0.2}$（N/mm²）；或屈服负荷（kN） 　伸长率（%）	1570 1340 4	1860 156* 3.5	1860 220* 3.5

项 目		规格和性能		
		碳素钢丝束 7φ5	钢绞线	
			1×7-φ12.7	1×7-φ15.2
弯曲试验： 　次数不小于 　弯曲半径 R（mm）		4 15	— —	— —
弹性模量（N/mm²）		2.0×10⁵	1.95×10⁵	1.95×10⁵
配用锚具	张拉端夹片锚具	圆套筒式、垫板连体式（斜夹片）	圆套筒式、垫板连体式	
	固定端	挤压锚具、镦头锚板**	挤压锚具	
1000h 松弛值（％） （初始负荷为70％破断负荷） 不大于	Ⅰ级松弛	8.0	8.0	8.0
	Ⅱ级松弛	2.5	2.5	2.5
截面积（mm²）		137.41	98.7	139
重量（kg/m）		1.08	0.774	1.101
防腐润滑脂重量（g/m）大于		50	43	50
高密度聚乙烯护套厚度（mm）		0.80～1.2	0.8～1.2	0.8～1.2
摩擦试验： 　无粘结预应力筋与壁之间的摩擦系数 μ 　考虑无粘结预应力筋壁每米长度局部偏差对摩擦的影响系数 κ		0.1 0.0035	0.12 0.004	0.12 0.004

注：1. *指屈服负荷，是整根钢绞线破断负荷的85％；

　　2. 根据不同用途经供需双方协议，可供应其他强度和直径的预应力钢材；

　　3. 由 7 根 φ5 钢丝组成的无粘结束，其中心钢丝应比周边钢丝粗 5％～7％，若工程采用镦头锚具，在订货时应提出"具有可镦性"的要求，一般不推荐使用钢丝束无粘结筋；

　　4. **镦头锚板不能使无粘结筋良好密封，亦不推荐使用。

3. 无粘结预应力筋的包装、运输

无粘结预应力筋出厂产品应有质量保证书，产品上应有明显标牌，标牌上注明：产品名称、规格、标记、数量、商标、厂名、生产日期。产品出厂必须有妥善包装。当有特殊要求时，包装材料和包装方法按供需双方协商确定。

无粘结预应力筋在成品堆放期间，应按不同规格分类成捆、成盘挂牌整齐堆放在通风良好的仓库中。露天堆放时，严禁放置在受热影响的场所，应搁在支架上，不得直接与地面接触，并覆盖雨布。在成品堆放期间严禁碰撞、踩压。

钢绞线无粘结预应力筋应成盘运输，盘径不宜小于 2m，每盘长度不宜超过 200m。碳素钢丝束无粘结预应力筋可成盘或直条运输。在运输、装卸过程中，吊索应外包橡胶、尼龙带等材料，严禁钢丝绳或其他坚硬吊具与无粘结预应力筋的外包层直接接触。无粘结预应力筋应轻装轻卸，严禁摔掷或在地上拖拉，严禁锋利物品损坏无粘结预应力筋。

5.3.2 锚具及张拉设备

1. 锚具

（1）锚具的类型

锚具的选用，应根据预应力筋品种和锚固部位的不同，由工程设计单位确定。由工程设计单位所选定的锚具均已在施工图纸上注明。锚具的代换，必须经工程设计单位同意，

并按现行规范中规定的原则进行。在无粘结预应力混凝土工程中，用钢绞线制作的无粘结预应力筋，张拉端常采用夹片式锚具，固定端常采用挤压锚具；用钢丝束制作的无粘结预应力筋，张拉端常采用夹片式锚具（必须采用斜开缝的夹片，即斜夹片），固定端常采用镦头锚具。常用锚具及其组装节点如图 5-32～图 5-34 所示。

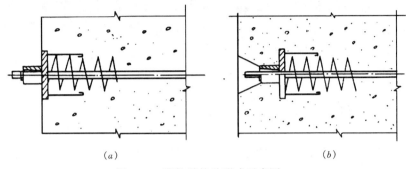

（a）　　　　　　　　　　　　　（b）

图 5-32　张拉端构造形式示意图
（a）凸出式；（b）凹入式

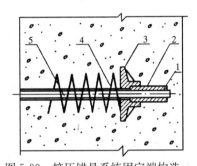　　　　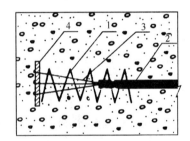

图 5-33　挤压锚具系统固定端构造　　　图 5-34　镦头锚具系统构造
1—夹片；2—锚环；3—承压板；　　　1—螺旋筋；2—塑料保护套；3—无
4—螺旋筋；5—无粘结预应力筋　　　粘结预应力筋；4—镦头锚板

夹片锚具系统在锚固阶段，预应力筋在张拉端的内缩量不应大于 5mm，单根无粘结预应力筋在构件端面上的水平和竖向排列最小间距可取 60mm。镦头锚具系统在锚固阶段，预应力筋在张拉端的内缩量不应大于 1mm，钢丝束的使用长度不宜大于 25m，单根无粘结预应力筋在构件端面上的水平和竖向排列最小间距可取 80mm。

在无粘结预应力混凝土梁（框架梁、井式梁等）中，为了满足设计计算和构造上的要求，有时采用群锚体系，即在一块锚板上可锚固几根甚至十几根的无粘结预应力筋，这些单根的无粘结预应力筋的张拉锚固工作，既可同时进行，又可单独进行而互不影响。群锚可采用有粘结预应力结构中常用的锚具类型，但在无粘结预应力结构中应用时必须满足Ⅰ类锚具的性能要求。

（2）性能要求

锚具按锚固性能或应用范围不同，分为Ⅰ、Ⅱ两类。对于承受动、静荷载的有粘结及无粘结的预应力混凝土结构，应先用Ⅰ类锚具。对于有粘结预应力混凝土结构，且锚具处于预应力变化不大的部位，可选用Ⅱ类锚具。Ⅰ类、Ⅱ类锚具的静载锚固性能应符合下列要求：

Ⅰ 类锚具：

$$\eta_a \geqslant 0.95 \tag{5-5}$$

$$\varepsilon_{apu} \geqslant 2.0\% \tag{5-6}$$

Ⅱ 类锚具：

$$\eta_a \geqslant 0.90 \tag{5-7}$$

$$\varepsilon_{apu} \geqslant 1.7\% \tag{5-8}$$

式中 η_a——预应力筋锚具组装件静载试验测得的锚具效率系数；

ε_{apu}——预应力筋锚具组装件达到实测极限拉力时的总应变。

测量锚具效率系数 η_a 时应按下式计算：

$$\eta_a = \frac{F_{apu}}{\eta_p F^c_{apu}} \tag{5-9}$$

式中 η_a——含义同前；

F_{apu}——预应力筋锚具组装件的实测极限拉力；

F^c_{apu}——预应力锚具组装件中各根预应力钢材计算极限拉力之和，它等于由预应力钢材中抽取的试件的极限抗拉强度平均值 f_{pum} 乘以预应力筋锚具组装件中各根预应力钢材总截面面积 A_P；

η_p——预应力筋的效率系数。

对于一般的预应力混凝土结构工程中使用的锚具，当预应力筋为钢丝、钢绞线或热处理钢筋时，η_p 取 0.97；当预应力筋为冷拉 Ⅱ、Ⅲ、Ⅳ 级钢筋时，η_p 取 1.00；对于重要的预应力混凝土结构中使用的锚具，η_p 应按《预应力筋用锚具、夹具和连接器应用技术规程》JGJ 85 中附录二的方法进行计算。

对于 Ⅰ 类锚具，除必须满足上述静载锚固性能外，还应满足疲劳锚固性能，即应通过应力上限为预应力钢材抗拉强度标准值的 65%，应力幅度为 80N/mm²，循环次数为 200 万次的疲劳性能试验。在抗震结构中，还应满足上限取预应力钢材抗拉强度标准值的 80%、下限取预应力钢材抗拉强度标准值的 40%、循环次数为 50 次的低周反复作用的荷载试验。对于 Ⅱ 类锚具只需满足静载锚固性能的要求。

用于后张法的预应力筋连接器，其性能要求与相同环境条件下的锚具性能要求一致。

2. 张拉设备

张拉设备由液压千斤顶、顶压器和电动高压油泵组成。电动高压油泵提供动力，推动千斤顶完成预应力筋的张拉锚固作业。在无粘结预应力工程中，多为单根钢绞线或钢丝束的张拉，故主要使用穿心式系列中小吨位的 YCQ20、YCN23、YCN25 等前卡式千斤顶。这些小吨位千斤顶具有性能优良，重量轻，操作方便，工具锚夹片重复使用次数多等特点，特别适用于高层建筑中预应力筋的张拉作业。同时，由于前卡式设计，对预应力筋的张拉工作长度要求较小，节约预应力钢材。YCQ20 型千斤顶如图 5-35 所示，其技术性能参数见表 5-6。

YCQ20 千斤顶技术性能参数   表 5-6

张拉缸额定油压		50MPa	张拉行程	150mm
张拉缸活塞面积		44.2cm²		200mm
张拉力	理论	221kN	回程缸工作压力	<8MPa
	公称	200kN	回程缸活塞面积	12.6cm²

顶压器是与预应力千斤顶配套使用的一种机具。为了使锚具的夹片在锚固的过程中跟

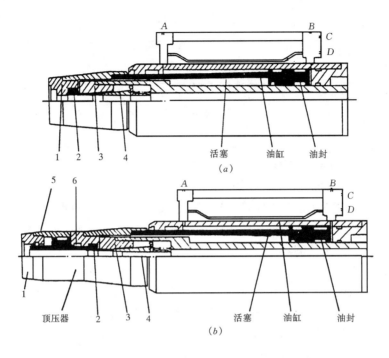

图 5-35　YCQ 型千斤顶

（a）不带顶压 YCQ 型前卡式千斤顶；（b）带顶压前卡式千斤顶

1—承压头；2—退楔螺母；3—锚环；4—夹片；5—顶压缸；6—顶压活塞

进的整齐可靠，有的锚固体系就要求使用顶压器。顶压器可制作成独立体，也有的顶压器与千斤顶装配成一体。YCQ20 型千斤顶就是后一种形式。

高压油泵是预应力液压机具的动力源。油泵的额定油压和流量，必须满足配套机具的要求。大部分预应力液压千斤顶等机具，都要求油压在 50MPa 以上，流量较小，能够连续供高压油，供油稳定，操作方便。为适应小千斤顶及高空作业对小油泵的需要，在无粘结预应力工程中，主要采用 ZB0.8/500 和 ZB0.6/630 型电动小油泵。几种小油泵技术性能见表 5-7。

几种小油泵技术参数　　　　　　　　　　　　　　　　表 5-7

项目 ＼ 型号		ZB0.8/500 型	ZB0.6/630 型	STDB-I	STDB-II
公称排量（L/min）		0.8	0.6	0.25	0.63
额定压力（MPa）		50	63	63	63
柱塞	直径（mm）	7	7		
	数量	3	3	3	3
	排列形式	轴向	轴向	径向	径向
电机	相数	3	3	3	3
	电压（V）	380	380	380	380
	功率（kW）	0.75	0.75	0.37	0.37
	转数（r/min）	1400	1400		

项目 型号	ZB0.8/500 型	ZB0.6/630 型	STDB-Ⅰ	STDB-Ⅱ
油箱容积（L）	12	12	4	4
外形尺寸（mm）	402×230×435	402×230×435		
质量（kg）	35	35		

5.3.3 无粘结预应力混凝土现浇结构施工

1. 无粘结预应力筋在现浇结构中的配置

无粘结预应力混凝土楼盖的结构布置方案、无粘预应力筋的配置数量和配置方式均由设计单位确定，但了解预应力筋在结构中的布置对掌握无粘结预应力混凝土结构的施工工艺、施工方法是十分重要的。

无粘结预应力混凝土楼盖常采用的结构布置方案有多种类型。无粘结预应力筋在梁中布置时，因梁的截面尺寸、配筋数量等不尽相同，并考虑保证预应力筋与预应力筋之间、预应力筋与非预应力筋之间应有一定的空隙，无粘结预应力筋在梁截面中的分布常用单根布置和集束布置两种形式（图 5-37）。在一般的梁板结构中，板中预应力筋多为等间距布置（单向或双向）。在无梁楼盖中，常在柱上板带较多一些，如图 5-36 所示。

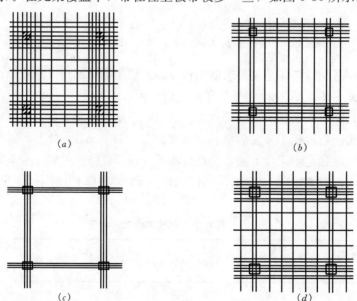

图 5-36　无粘结筋的布置形式

(*a*) 75%布置在柱上板带，25%布置在跨中板带；(*b*) 一向为带状集中布筋，另一向均布；
(*c*) 双向均集中通过柱子布筋；(*d*) 一向按图 (*a*) 布筋，另一向均匀布筋

无粘结预应力筋在框架中的线型布设常见有以下几种方式：

（1）正反抛物线布置　常用于支座弯矩与跨中弯矩基本相等的单跨框架梁。切点就是正、反抛物线的交接点，称为反弯点，如图 5-38（*a*）所示。

（2）直线与抛物线相切的布置　*C* 点即为直线与抛物线的切点，*E* 点为反弯点。如图

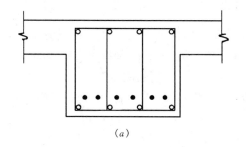
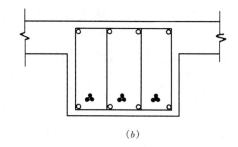

图 5-37 预应力筋在梁截面中的布置

(a) 单根布置示意；(b) 集束布置示意

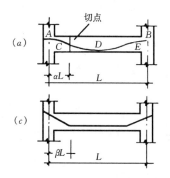
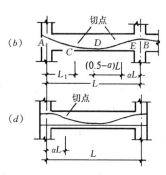

图 5-38 框架梁预应力筋布置

(a)双抛物线形；(b)直线与抛物线形；(c)折线形；(d)双抛物线形及直线形

$\alpha=0.1\sim0.2, \beta=0.25\sim33, L_1=(0.22\sim0.32)L$

5-38（b）所示。

（3）折线形布置 常用于集中荷载作用下的框架梁或开洞梁，如图 5-38（c）所示。

（4）正反抛物线与直线形混合布置方式如图 5-38（d）所示。

以上所列的几种布置方式是仅对一个单跨而言的。事实上，多跨连续结构往往将各单跨的预应力筋连通，形成连续的、通长的预应力配筋。还应当说明的是，上述几种曲线布置方式是对一般情况而言，选用哪种布置方式应由设计人员根据构件的特点、支承条件、受荷形式及受荷大小等因素确定。例如边跨比中间跨跨度小时，预应力筋在小边跨内可布置成斜直线或平直线；悬挑跨可布置成斜直线；连续多跨梁的中间某一小跨可布置成平直线或矢高差较小的正反抛物线等。

无粘结预应力筋在板中的线型布置与在梁中的线型布置的原理相同。

无粘结预应力筋除常在梁、板中配置外，有时也可在框架柱中配置。

2. 无粘结预应力混凝土现浇结构施工

无粘结预应力混凝土结构施工是一项技术性、专业性很强的工作，应由预应力专业公司组织实施。然而，预应力部分的施工并不是孤立的，它与一般土建部分的施工有着密切的联系。一般无粘结预应力梁、板楼盖的施工程序如图 5-39 所示。

梁底模 → 梁钢筋及预应力筋 → 梁侧模及板底模 → 板底筋 → 板预应力筋 →

水电管线 → 板顶筋 → 张拉端做法及梁板端模 → 隐验 → 浇筑混凝土

图 5-39 无粘结预应力梁、板楼盖的施工程序

173

（1）无粘结预应力梁筋的铺放

1）无粘结预应力筋定位放线　为了维持无粘结预应力筋的曲线形状，在梁骨架中焊短横筋于箍筋上以架设预应力梁筋（图 5-40），短横筋可用 $\phi 10mm$ 圆钢制作，其间距按设计要求，一般为 1.0～1.2m。也可以作钢筋支架控制预应力筋的曲线形状。

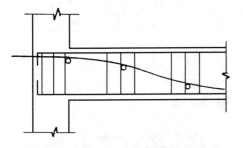

图 5-40　预应力梁筋线型控制示意

为使梁筋各控制点位置、高度准确，均需由技术人员画点标记。控制点可标在箍筋上，或模板及主筋上，一般应在两个肢上画点以使控制点处短横筋保持水平。当各个控制点画好后，即可按位置将短横筋焊在箍筋上。

2）穿筋　按每根梁中预应力筋的设计根数，并按焊好的控制点可组织穿筋工作。一般可从梁的一端开始，有专人引导前端，用人力穿入直至达到梁的另一端。有时，也可从靠近梁端某处开始穿入，预应力筋前端到达位置后，再将预应力筋的末端从开始穿筋处退到预定的支座（即梁端）位置。穿筋前，应事先规划好每个箍筋空格内分布的根数及张拉端处的走向；穿筋过程中也应合理排放固定端的挤压锚具，不宜过分集中且应深入支座。每根预应力筋应尽量一次性完成穿筋工作，避免重穿。

3）集束绑扎　每根梁中预应力筋穿插完毕后，应进一步调整位置，使其顺直、相互平行，避免扭绞，并随时用 20 号～22 号铅丝将预应筋绑扎固定在各控制点处的短横筋上。当预应力筋需要集束时，应将几根预应力筋用铅丝捆绑成束，集束绑扎点的间距不宜大于 1.5m。

4）安放承压板等配件　预应力筋穿完后，在张拉端处应组装承压板、螺旋筋等配件。承压板为 $100mm \times 100mm \times 12mm$，中间开设 $\phi 20 \sim \phi 22mm$ 圆孔的方形钢板。螺旋筋用 $\phi 6mm$ 钢筋制作，螺旋直径约为 95～100mm，长度为 4.5 圈。张拉端及固定端处组装节点如图 5-32、图 5-33 所示。承压板可用钉子或螺栓固定在端部模板上，也可使用辅助钢筋将承压板焊接固定，这种方法便于实施，常为施工现场采用。承压板平面应与预应力筋张拉作用线相垂直。螺旋筋由于是开口形，通过旋转的方法即可将其套在预应力筋上。螺旋筋安放完毕后，必须紧靠在承压板上，并且中心与预应力筋同心。一般采取点焊的方法将螺旋筋固定在承压钢板上，避免浇捣混凝土时位移。有时，也可事先把螺旋筋与承压板焊接在一起，施工时一起安装。但这种方法会由于梁端部的非预应力筋以及支座的非预应力筋（柱箍或墙筋或其他梁筋）存在，不便于安装，但可减少现场焊接作业量。固定端也应安装螺旋筋。

在一些特殊位置的张拉端，张拉后锚具不能突出结构之外，如楼梯间或其他室内的墙面上，或者是为了满足设计要求，均应在张拉端处组装塑料穴模（或用泡沫塑料制作），安装在承压板与模板之间，使承压板后退。组装时各部件之间不应有缝隙。

（2）无粘结预应力板筋的铺设

无粘结预应力板筋的铺设程序与梁筋的铺设程序基本相同，即：定位放线→铺放马凳→铺筋→调直绑扎→配件安装。

1）定位放线　铺筋前应在预应力筋的两端及连续多跨板的中间支座处画出标记点也

可作为拉通线调直预应力筋的依据。用卷尺量好后，标记点可画在底模板上或梁骨架的主筋上。此外，铺筋前还应在底模上画出各控制马凳的位置。

2）铺放马凳　为维持预应力筋的曲线形状，满足设计要求，采用通长铁马凳架设预应力筋，如图 5-41 所示，马凳布设间距应按设计要求，一般不应大于 2.0m。马凳可在铺筋前事先加工好，并绑扎或粘贴标牌区分不同规格。这种方法有利于减少在现场作业层的施工时间，加快工程进度；有利于马凳高度准确，使预应力的矢高得到保证。马凳按前述画好的位置铺放好，必须绑扎或点焊固定，避免移位。

3）铺筋　预应力板筋的铺放要比梁筋容易得多。当板的非预应力底部钢筋绑扎完毕后即可铺设预应力筋，操作空间大，又没有穿梁筋时的阻力，按画好的位置标记铺放即可。铺放双向配置的无粘结预应力筋时，应对每个纵横筋交叉点相应的两个标高（或称矢高）进行比较。对各交叉点标高较低的无粘结预应力筋应先进行铺设，标高较高的次之，宜避免两个方向的无粘结预应力筋相互穿插铺放。

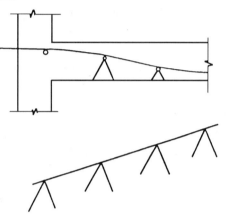

图 5-41　预应力板筋线型控制示意

4）调直绑扎　无粘结预应力筋铺放完毕后，要对照画好的位置标记进行调整、调直，使其保持平行走向，防止相互扭绞。用 20 号～22 号铅丝将预应力筋绑扎固定在各控制点的马凳上。

5）配件安装　配件的种类及组装方法完全同预应力梁筋，这里不再重复。无粘结预应力板筋张拉端处做法如图 5-42 所示。

无粘结预应力梁筋、板筋在铺设时应符合下列规定：

无粘结预应力筋对局部破损的外包层，可用水密性胶带进行缠绕修补，胶带搭接宽度不应小于胶带宽度的 1/2，缠绕长度应超过破损长度，严重破损的应予以报废。

张拉端端部模板预留孔应按施工图中规定的无粘结预应力筋的位置编号和钻孔。

敷设的各种管线不应将无粘结预应力筋的垂直位置抬高或压低。无粘结预应力筋垂直位置的偏差，在板内为 ±5mm，在梁内为 ±10mm。在板内水平位置的偏差不大于 ±30mm。无粘结预应力采取竖向、环向或螺旋形铺放时，应有定位支架或其他构造措施控制位置。

在板内无粘结预应力筋可分两侧绕过开洞处铺放，无粘结预应力筋距洞口不宜小于150mm，水平偏移的曲率半径不宜小于 6.5m。洞口边应配置构造钢筋加强。

无粘结预应力筋的外露长度应根据张拉机具所需的长度确定，无粘结预应力曲线筋或折线筋末端的切线应与承压板相垂直，曲线段的起始点至张拉锚固点应有不小于 300mm 的直线段。

无粘结预应力筋铺放、安装完毕后，应进行隐蔽工程验收，当确认合格后方能浇筑混凝土。

在混凝土施工中，不得使用含有氯离子的外加剂；浇筑混凝土时，严禁踏压撞碰无粘结预应力筋、支撑架以及端部预埋部件；张拉端、固定端处混凝土必须振捣密实。

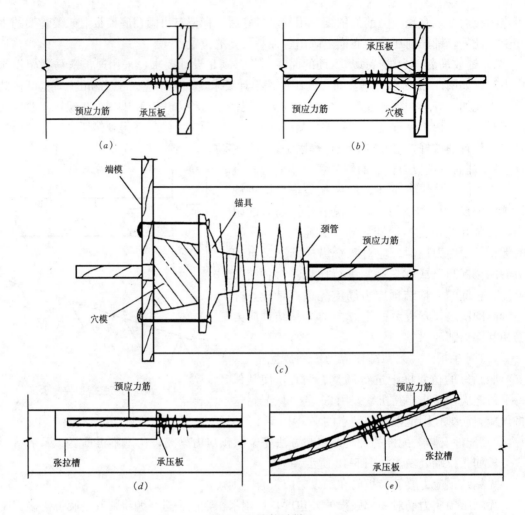

图 5-42　张拉端做法

(a) 板边张拉端做法（一）；(b) 板边张拉端做法（二）；(c) 板边张拉端做法（三）；
(d) 板内张拉端做法（一）；(e) 板内张拉端做法（二）

（3）无粘结预应力筋的张拉

当混凝土浇筑后，强度达到张拉所需的设计强度时，即可组织无粘结预应力筋的张拉工作。这一环节是建立预应力值并最终实现设计效果的重要步骤，对无粘结预应力混凝土结构工程的施工质量具有重大的影响。因此，除在预应力筋铺设阶段按设计要求、按规范要求布设为保证质量创造前提条件外，还应在张拉阶段做好张拉设备的正确使用管理与配套校验工作、应力控制与伸长值校核工作以及张拉工艺的全面控制等工作。

1）张拉设备的使用管理与校验　无粘结预应力筋张拉机具及仪表，应由专人使用和管理，并定期做好维护工作，即保持设备各部分表面干净整洁，用洗油清洗工具锚，过滤或更换液压油。建立张拉设备档案并做好检修、维修记录。搬运移动设备时，应使受力点作用在专用把手上，并应轻拿轻放，避免设备摔碰。操作设备人员应经过一段时间的操作实践后上岗，以便掌握设备的合理控制技巧。张拉过程中，操作设备人员的视线与压力表盘平面相垂直，避免读数误差过大。安装张拉设备时，对直线的无粘结预应力筋，应使张拉力的作用线与无粘结预应力筋中心线重合；对曲线的无粘结预应力筋，应使张拉力的作用线与无粘结预应力筋中心线末端的切线重合。

张拉设备应配套校验，并严格按校验报告单中的参数配套使用。所选压力表的精度不宜低于 1.5 级，校验张拉设备用的试验机或测力计精度不得低于 ±2%。校验千斤顶时活塞的运行方向，应与实际张拉工作状态一致，以避免活塞与缸体之间的摩阻因运行方向不同造成的不利影响。张拉设备的校验期限，不宜超过半年。当张拉设备出现反常现象时或在千斤顶检修后，应重新校验。

2）理论伸长值计算　无粘结预应力筋伸长值可按下式计算：

$$\Delta l_{\mathrm{p}}^{\mathrm{c}} = \frac{F_{\mathrm{pm}} l_{\mathrm{p}}}{A_{\mathrm{p}} E_{\mathrm{p}}} \tag{5-10}$$

式中　$\Delta l_{\mathrm{p}}^{\mathrm{c}}$——无粘结预应力筋理论伸长值，mm；

$\quad\quad F_{\mathrm{pm}}$——无粘结预应力筋的平均张拉力，kN，取张拉端的拉力与固定锚（两端张拉时，取跨中）扣除摩阻损失后拉力的平均值；

$\quad\quad l_{\mathrm{p}}$——无粘结预应力筋的长度，mm；

$\quad\quad A_{\mathrm{p}}$——无粘结预应力筋的截面面积，$mm^2$；

$\quad\quad E_{\mathrm{p}}$——无粘结预应力筋的弹性模量，$kN/mm^2$。

计算 F_{pm} 时，应先确定固定端（或跨中）扣除摩擦损失后的应力值，再计算相应的拉力而后取平均值。

在实际工程中，无粘结预应力筋自张拉端至固定端往往由多曲线段或直线与曲线段组成曲线束，每个曲线段的曲率变化也各不相同，故应采取分段计算伸长值，然后叠加。这样既可使计算过程清晰，易于掌握，又可获得较为准确的计算结果。

对于任意的全抛物线型曲线可按下式计算曲线长度

$$L_{\mathrm{T}} = \left(1 + \frac{8H^2}{3L^2}\right) L \tag{5-11}$$

式中　L_{T}——抛物线的全长；

$\quad\quad L$——抛物线弦长；

$\quad\quad H$——抛物线矢高。

3）实际伸长值确定　无粘结预应力筋在塑料套管内是自由放置的，则开始张拉时，需要用一定的张拉力使之收紧后无粘结筋才开始变形伸长。为此，宜在初应力为张拉控制应力（σ_{con}）10% 时开始量测，分级记录。其实际伸长值可由量测结果按下列公式确定：

$$\Delta l_{\mathrm{p}}^{0} = \Delta l_{\mathrm{p_1}}^{0} + \Delta l_{\mathrm{p_2}}^{0} - \Delta l_{\mathrm{c}} \tag{5-12}$$

式中　$\Delta l_{\mathrm{p}}^{0}$——无粘结预应力筋的实际伸长值；

$\quad\quad \Delta l_{\mathrm{p_1}}^{0}$——初应力至最大张拉力之间的实测伸长值；

$\quad\quad \Delta l_{\mathrm{p_2}}^{0}$——初应力以下的推算伸长值。可根据弹性范围内张拉力与伸长值成正比的关系推算确定；

$\quad\quad \Delta l_{\mathrm{c}}$——混凝土构件在张拉过程中的弹性压缩值。

按照以上方法确定实际伸长值，为张拉工作增加了较多的工作量。为了加快模板的周转使用，加快工程进度，节约资金，应尽量缩短每一楼层的张拉作业时间。根据大量的工程实践量测记录，采取直接量取预应力筋原长及张拉后的长度，所得实际伸长值数据与以上方法所得结果误差很小，均可满足要求，故在一般工程中，可以采用这种简化方法确定实际伸长值。

4）无粘结预应力筋的张拉 本部分主要对混凝土强度要求、张拉控制应力、张拉程序以及张拉方案等内容加以叙述。

A. 对混凝土的强度要求：《无粘结预应力混凝土结构技术规程》规定，张拉时，混凝土立方体抗压强度应符合设计要求。当设计无要求时，不宜低于混凝土设计强度等级的 75%。

B. 张拉控制应力：无粘结预应力筋的钢材主要是碳素钢丝和钢绞线，属于高强钢材。张拉控制应力应符合设计要求。《混凝土结构设计规范》规定，张拉控制应力上限值为 $0.75f_{ptk}$（f_{ptk} 为钢丝、钢绞线强度标准值）。为了部分抵消由于应力松弛、摩擦、钢筋分批张拉等产生的预应力损失，张拉控制应力限值可提高 $0.05f_{ptk}$。

C. 张拉程序：当采用超张拉方法减少无粘结预应力筋的松弛损失时，无粘结预应力筋的张拉程序宜为：

$$0 \to 1.05\sigma_{com} \xrightarrow{\text{持荷 2min}} \sigma_{con} \tag{5-13}$$

或
$$0 \to 1.03\sigma_{con} \tag{5-14}$$

其中 σ_{con} 为无粘结预应力筋的张拉控制力。

D. 张拉方案：多层、高层无粘结预应力现浇楼盖结构中，预应力筋的张拉工作与楼层混凝土的浇筑有着密切的联系，不同的施工顺序对整个工程的工期、质量及经济效益等有较大的影响。

（A）逐层浇筑、逐层张拉。即本层楼盖浇筑完毕后，上层的墙、柱可组织继续施工，当本层楼盖预应力筋张拉完毕后，上一层的楼盖方可组织施工。这种方案应在混凝土达到设计规定强度后才可以张拉，所以在工期中应计入每层混凝土养护时间及预应力筋张拉所需时间。但梁板下的支撑只承担该层的施工荷载，且模板、支撑的用量较少。对于平面面积较大的工程，可采取划分流水段的方法减少混凝土养护和张拉等占用的工期。如图 5-43（a）所示。

（B）数层浇筑、逆向张拉。即连续浇筑二至三层楼盖后暂停，待最上层梁板混凝土达到设计要求的强度后，自上而下逐层张拉。当最上层张拉完毕后，上部结构方可继续施工。这种方案与前一种相比，显然可几层施工完毕后暂停一次，减少了混凝土养护和张拉的总时间，有利于缩短工期，并且可减少张拉专业队进场次数。但占用模板与支撑较多，底层支撑需承受上部二至三层的施工荷载。对平面面积不大且层数较少的工程可以采用。如图 5-43（b）所示。

（C）数层浇筑、顺向张拉。即浇筑两层楼盖后，自下而上逐层张拉。这种方案可以保持工程连续施工，没有停歇，使张拉工作不占工期。但底层支撑仍需承受上部两层的施工荷载，占用模板与支撑较多，且预应力张拉专业进场次数较多。如图 5-43（c）所示。

无粘结预应力筋在张拉时，因钢绞线与护壁间存在摩擦，同时预应力筋多为曲线形式，使得张拉端与固定端的应力不同，即固定端的应力小于张拉端应力。然而，在预应力筋张拉完毕的锚固阶段，因锚具变形和预应力筋内缩，摩擦反向作用影响，会使张拉端的应力有所减少，这种应力变化有时会造成张拉端的应力小于固定端的应力，它在预应力筋

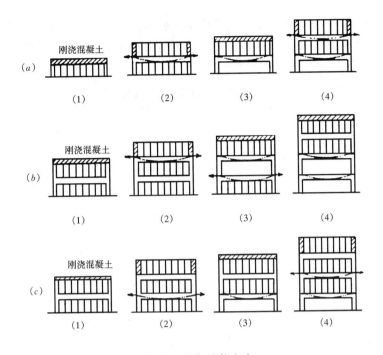

图 5-43 框架张拉方案

(a) 逐层浇筑，逐层张拉；(b) 数层浇筑，逆向张拉；(c) 数层浇筑，顺向张拉

曲线弯起角度不大、锚具内缩较大时出现。根据以上分析，当曲线束弯起角度较大时，宜采用两端张拉工艺；当曲线束弯起角度较小时，应采用一端张拉工艺。另外，无粘结预应力筋的张拉；当筋长超过 50m 时，宜采取分段张拉工艺。无粘结预应力筋需进行两端张拉时，可先在一端张拉并锚固，再在另一端补足张拉后进行锚固。

无粘结预应力筋的张拉顺序应符合设计要求，如设计无要求时，可采用分批、分阶段对称张拉或依次张拉。当采用分批张拉时，后批张拉的预应力筋对先批张拉的预应力筋会引起弹性压缩预应力损失，为消除该损失的影响，可将该项损失在施工时预先在第一批张拉预应力筋的张拉控制应力上进行超张拉；或在第二批张拉预应力筋完毕后，再对第一批预应力筋进行补张拉。

在一般工程中，当张拉作业的空间受到限制时，可以采用变角张拉工艺。

无粘结预应力筋张拉时，应逐根填写张拉记录表，其格式见表 5-8。根据所填写的记录，随时校核无粘结预应力筋的伸长值。如实际伸长值与计算伸长值的相对误差超过 ±6%，应暂停张拉，查明原因并采取措施予以调整后，方可继续张拉。无粘结预应力筋张拉过程中，当有个别钢丝发生滑脱或断裂时，可相应降低张拉力。但滑脱或断裂的数量，不应超过结构同一截面无粘结预应力筋总量的 2%，且一束钢丝只允许出现一根。对于多跨双向连续板，其同一截面应按每跨计算。无粘结预应力筋张拉锚固后实际预应力值与工程设计规定检验值的相对允许偏差为 ±5%。其规定检验值是由设计人员根据计算确定的，并应在图纸中注明。

（4）防火及防腐蚀

无粘结预应力混凝土结构中，无粘结预应力筋应有一定厚度的混凝土保护层，对无粘结预应力筋起到保护作用，防止预应力筋锈蚀并延长使用寿命。同时，无粘结预应力筋在使用阶段始终处于高应力状态，必须要考虑耐火要求。一旦无粘结预应力混凝土结构某一部分处于高温度环境时，如果不具备一定的耐火能力，将会造成很大的应力损失，以至造成无可挽回的后果。

无粘结预应力筋张拉记录表 表 5-8

工程名称

构件名称

无粘结预应力筋张拉程序　　　　　　　　　　　　　　　　　　施加预应力日期

构件编号	无粘结预应力筋张拉顺序编号	无粘结应力筋规格	设计		千斤顶编号	压力表编号	张拉时				张拉时混凝土强度(N/mm²)	使用夹片锚具弹性伸长(mm)	使用镦头锚具弹性伸长(mm)							注油情况	备注
			控制应力(N/mm²)	张拉力(kN)			第一次		第二次			计算值	张拉前筋的长度	张拉后筋的长度	张拉前后长度差	10(MPa)	20(MPa)	30(MPa)	设计值(MPa)		
							压力表读数(MPa)	拉力(kN)	压力表读数(MPa)	拉力(kN)											

在不同耐火极限下，无粘结预应力筋的混凝土最小保护层厚度是不同的。另外，经验表明，当结构有约束时，其耐火能力能得到改善，一般连续梁、板结构均可认为是有约束的。不同耐火等级时，无粘结预应力筋的混凝土保护层最小厚度应符合表 5-9 及表 5-10 的规定。

板的混凝土保护层最小厚度（mm） 表 5-9

约束条件	耐火极限（h）			
	1	1.5	2	3
简支	25	30	40	55
连续	20	20	25	30

梁的混凝土保护最小厚度（mm） 表 5-10

约束条件	梁宽(mm)	耐火极限（h）			
		1	1.5	2	3
简支	200	45	50	65	采取特殊措施
简支	≥300	40	45	50	65
连续	200	40	40	45	50
连续	≥300	40	40	40	45

注：1. 梁宽在 200～300mm 之间时，混凝土保护层可取表 8-10 的插入值；

2. 如防火等级较高，当混凝土保护层厚度不能满足表列要求时，应使用防火涂料。

锚固区的耐火极限主要决定于无粘结预应力筋在锚固处的保护措施和对锚具的保护措施。《无粘结预应力混凝土结构技术规程》规定；锚固区的耐火极限应不低于结构本身的耐火极限。国外试验表明，无粘结预应力筋在锚固外的混凝土保护层最小厚度，应比其锚固区以外的保护层厚度增加 7mm。

无粘结预应力筋张拉锚固后，应切断钢绞线多余部分的长度，并应及时对锚固区进行保护。切断钢绞线时，宜采用砂轮锯或其他机械方法切断，严禁采用电弧切断。无粘结预应力筋切断后露出锚具夹片外的长度不得小于 30mm。

锚具是后张预应力结构的关键部分，所以，对锚固区的保护是至关重要的。锚具的位置通常从混凝土端面缩进一定距离（图 5-44）。对镦头锚具，应先用油枪通过锚杯注油孔向连接套管内注入足量防腐油脂（以油脂从另一注油孔溢出为止），然后用防腐油脂将锚环内充填密实，并用塑料或金属帽盖严，再在锚具及承压板表面涂以防水涂料，如图 5-44（a）所示；对夹片锚具，切除外露无粘结预应力筋多余长度后，再在锚具及承压板表面涂以防水涂料，如图 5-44（b）所示。锚固区其他防腐做法如图 5-45 所示。

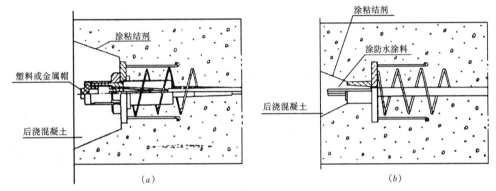

图 5-44　锚固区保护措施
(a) 用盖子封闭的锚头；(b) 防腐蚀锚头

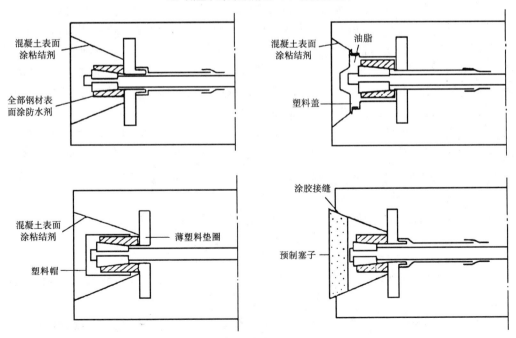

图 5-45　锚固区其他防腐做法

按上述方法处理后的无粘结预应力筋锚固区，应用后浇膨胀混凝土或低收缩防水砂浆或环氧砂浆密封。在浇筑砂浆前，宜在槽口内壁涂以环氧树脂类粘结剂。锚固区也可用后浇的外包钢筋混凝土梁进行封闭，外包圈梁不宜突出在外墙面以外。锚固区的混凝土或砂浆净保护层厚度，对于梁不应小于25mm，对于板不应小于20mm。

对不能使用混凝土或砂浆包裹层的部位，应对无粘结预应力筋的锚具全部涂以与无粘结预应力筋涂料层相同的防腐油脂，并用具有可靠防腐和防火性能的保护套将锚具全部密闭。

在预应力筋全长上及锚具与套管的连接部，外包材料均应连接、封闭且能防水。

在混凝土施工中，不得使用含有氯离子的外加剂；锚固区后浇混凝土或砂浆不得含有氯化物。

5.4 预应力混凝土质量检查与安全措施

5.4.1 质量检查

（1）预应力筋进场时，应按现行国家标准《预应力混凝土用钢绞线》GB/T 5224等的规定抽取试件作力学性能检验。

（2）无粘结预应力筋的涂包质量应符合无粘结预应力钢绞线标准的规定。每60t为一批，每批抽取一组试件检查涂包层油脂用量、护套厚度及外观。

（3）预应力筋所用的锚夹具质量必须符合设计要求和施工规范及专业规定。锚具、夹具和连接器验收批的划分：在同种材料和同一生产工艺条件下，锚具和夹具应以不超过1000套为一个验收批；连接器应以不超过500套为一个验收批。在进场时按规定验收。

1）外观检查。应从每批中抽取10%，但不能少于10套锚具，检查其外观和尺寸。当有一套表面有裂纹或超过产品标准及设计图纸规定尺寸的允许偏差时，应另取双倍数量的锚具重做检查，如仍有一套不符合要求，则不得使用或逐套检查，合格者方可作用。

2）硬度检查。应从每批中抽取5%，但不少于5件锚具，对其中有硬度要求的零件做硬度试验（多孔夹片式锚具的夹片，每套至少抽取5片）。每个零件测试3点，其硬度应在设计要求的范围内。如有一个零件不合格，则应另取双倍数的零件重做试验，如仍有不合格，则不得使用，或逐个检查，合格者方可使用。

3）静载锚固性能试验。经过上述两项试验合格后，应从同批抽取6套锚具（夹具或连接器）组成3个预应力筋锚（夹具、连接器）组装件，进行静载锚固性能试验，当有一个试件不符合要求时，应另取双倍数量锚具（夹具连接器）重做试验，如仍有一套不合格，则该批锚具（夹具或连接器）为不合格品。

（4）预应力混凝土用金属螺旋管在使用前应进行外观检查，其内外表面应清洁，无锈蚀，不应有油污、孔洞和不规则的褶皱，咬口不应有开裂或脱扣。

（5）预应力筋端部锚具的制作质量应符合下列要求：

1）挤压锚具制作时压力表油压应符合规定，挤压后预应力筋外端露出挤压套筒1～5mm；

2）压花锚具梨形头尺寸和直线段长度应符合设计要求，表面应清洁、无油污；

3）钢丝镦头的强度不得低于钢丝强度标准值的98%。

（6）在浇筑混凝土之前，应进行预应力隐蔽工程验收，其内容包括：

1）预应力筋的品种、规格、数量、位置等；

2）预应力筋锚具和连接器的品种、规格、数量、位置等；

3）预留孔道的规格、数量、位置、形状及灌浆孔、排气兼泌水管等；

4）锚固区局部加强构造等。

（7）锚固阶段张拉端预应力筋的内缩量不宜大于表 5-11 的规定。

（8）预应力混凝土结构的允许偏差和检验方法应符合表 5-12 的规定。

张拉端预应力筋的内缩量限值   表 5-11

锚 具 类 别		内缩量限值（mm）	锚 具 类 别	内缩量限值（mm）
支承式锚具 （镦头锚具等）	螺帽缝隙	1	夹片式锚具	有顶压	5
	每块后加垫板的缝隙	1		无顶压	6～8
	锥塞式锚具	5			

预应力混凝土结构的允许偏差和检验方法   表 5-12

项次	项 目			允许偏差（mm）	检 验 方 法
1	截面 尺寸	长度	块体	±5	尺量检查
			薄腹梁、桁架	+5 -10	
		宽度		±5	
		高度		±5	
2	侧向弯曲			构件长度的 1/1000，且不大于 20	拉线和尺量检查
3	保护层厚度			+10 -5	尺量检查
4	块体对角线差			10	尺量两个对角线
5	块体表在平整度			5	用直尺和楔形塞尺检查
6	预应力筋预留孔道位置偏移			5	尺量检查
7	预埋 钢板	中心线位置偏移		10	
		上表面平整度		5	用直尺和楔形塞尺检查
		构件两端锚固支承面平整度		2	
8	预埋螺栓	中心线位置偏移		5	尺量检查
		外露长度		+10 -5	
9	预埋管留孔中心线位置偏移			5	
10	预留洞中心线位置偏移			15	
11	采用钢丝束镦头锚具钢丝下料长度相对差值			钢丝下料长度的 1/5000，且不大于 5	尺量检查

5.4.2 安全措施

（1）所用张拉设备仪表，应由专人负责使用与管理，并定期进行维护与检验，设备的测定期不超过半年，否则须及时重新测定。施工时，根据预应力筋种类合理选择张拉设备，预应力筋的张拉力不应大于设备额定张拉力，严禁在负荷时拆换油管或压力表。接电源时，机壳必须接地，经检查绝缘可靠后，才可试转动。

（2）先张法施工中，张拉机具与预应力筋应在一条直线上；顶紧锚塞时，用力不要过猛，以防钢丝折断。台座法生产，其两端应设有防护设施，并在张拉预应力筋时，沿台座长度方向每隔4～5m设置一个防护架，两端严禁站人，更不准进入台座。

（3）后张法施工中，张拉预应力筋时，任何人不得站在预应力筋两端，同时在千斤顶后面设立防护装置。操作千斤顶的人员应严格遵守操作规程，应站在千斤顶侧面工作。在油泵开动过程中，不得擅自离开岗位，如需离开，应将油阀全部松开或切断电路。

（4）钢丝、钢绞线、热处理钢筋及冷拉Ⅳ级钢筋，严禁采用电弧切割。

复 习 思 考 题

5-1 什么叫先张法？什么叫后张法？比较它们的异同点。

5-2 先张法所用夹具有哪些？

5-3 先张法常见台座由哪几部分组成？各起什么作用？如何进行台座的稳定性验算？

5-4 先张法的张拉程序如何？

5-5 超张拉的作用是什么？有何要求？

5-6 先张法的张拉设备有哪些？

5-7 预应力筋放张的条件是什么？对预应力筋放张有何要求？

5-8 后张法常用的锚具有哪些？对锚具有何要求？

5-9 后张法孔道留设有哪几种？

5-10 后张法张拉设备有哪些？

5-11 孔道灌浆的作用是什么？对灌浆材料有何要求？

5-12 有粘结预应力与无粘结预应力施工工艺有何区别？

5-13 如何制作无粘结预应力筋？

5-14 试述无粘结梁筋、板筋的铺设工艺。

5-15 如何控制无粘结预应力筋的形状？

5-16 无粘结预应力筋的张拉方案有哪几种？

5-17 锚具如何进场验收？如何防腐？

实 训 题

某多层框架结构办公楼工程，为了满足用户对使用空间的要求，其柱网设计间距为8.0m×8.0m，采用了后张有粘结预应力框架梁和无粘结预应力现浇楼板，作为施工技术员，应抓好哪些控制点以保证预应力工程施工的质量？

教学单元 6 结构安装工程施工

结构安装就是用起重机械将已预先在预制厂或现场预制好的构件，按照设计图纸的要求，组装成完整建筑物或构筑物的过程。

装配式厂房施工中，结构安装工程是主要工序，它直接影响着整个工程的施工进度、劳动生产率、工程质量、施工安全和工程成本。

6.1 索 具 设 备

6.1.1 钢丝绳

钢丝绳是吊装工作中常用的绳索，具有强度高、韧性好、耐磨性好等优点。钢丝绳磨损后表面产生毛刺，容易检查发现，便于预防事故的发生。

1. 钢丝绳的构造及种类

（1）钢丝绳是由直径相同的光面钢丝捻成钢丝股，再由 6 股钢丝股和一股钢丝芯搓捻而成。钢丝绳按每股钢丝的根数可分为三种规格：

1）6×19+1 即 6 股钢丝股，每股 19 根钢丝，中间加一根绳芯，钢丝粗、硬而耐磨，不宜弯曲，一般用作缆风绳。

2）6×37+1 即 6 股钢丝股，每股 37 根钢丝，中间加一根绳芯，钢丝细、较柔软，用于穿滑车组和作吊索。

3）6×61+1 即 6 股钢丝股，每股 61 根钢丝，中间加一根绳芯，质地软，用于重型起重机械。

（2）钢丝绳按钢丝和钢丝股搓捻方向不同可分为顺捻和反捻两种：

1）顺捻绳每股钢丝的搓捻方向与钢丝股的搓捻方向相同。柔性好、表面平整、不易磨损，但易松散和扭结卷曲，吊重物时，宜使重物旋转，一般用于拖拉或牵引装置。

2）反捻绳每股钢丝的搓捻方向与钢丝股的搓捻方向相反。钢丝绳较硬，不宜松散，吊重物不扭结旋转，多用于吊装工作。

（3）钢丝绳抗拉强度分为 1400、1550、1700、1850、2000N/mm² 五种。

2. 钢丝绳的允许拉力

钢丝绳的允许拉力应满足下式要求：

$$[F] = \frac{\alpha P}{K} \tag{6-1}$$

式中 $[F]$——钢丝绳允许拉力，kN；

α——钢丝绳破断拉力换算系数，按表 6-1 取用；

P——钢丝绳的钢丝破断拉力总和，kN，按有关手册查表取用；

K——钢丝绳安全系数，按表 6-2 取用。

钢丝绳破断拉力换算系数 α

表 6-1

钢丝绳结构	α
6×19+1	0.85
6×37+1	0.82
6×61+1	0.80

钢丝绳安全系数 K　　　　表 6-2

用　途	安全系数 K	用　途	安全系数 K
缆风绳	3.5	吊索（无弯曲时）	6~7
手动起重设备	4.5	捆绑吊索	8~10
电动起重设备	5~6	载人升降机	14

6.1.2　吊具

1. 吊索

吊索也称千斤绳，根据形式不同可分为环状吊索、万能和开口吊索，如图 6-1 所示。

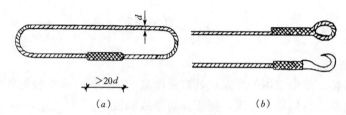

图 6-1　吊索

（a）环状吊索；（b）开口吊索

作吊索用的钢丝绳要求质地软，易弯曲，直径大于 11mm，一般用 6×37+1、6×61 +1 做成。

2. 吊钩

吊钩有单钩和双钩两种。如图 6-2 所示。吊装时一般用单钩，双钩多用于桥式或塔式起重机上。使用时，要认真进行检查，表面应光滑，不得有剥裂、刻痕、锐角、裂缝等缺陷。吊钩不得直接钩在构件的吊环中。

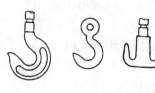

图 6-2　吊钩

3. 卡环（卸甲）

卡环用于吊索之间或吊索与构件吊环之间的连接。由弯环与销子两部分组成：弯环形式有直形和马蹄形；销子的形式有螺栓式和活络式。图 6-3 所示的活络卡环的销子端头和弯环孔眼无螺纹，可以直接抽出，多用于吊装柱子，可以避免高空作业。活络卡环绑扎柱子如图 6-4 所示。

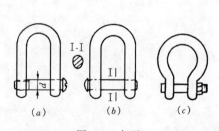

图 6-3　卡环

（a）螺栓式；（b）活络式；（c）马蹄形

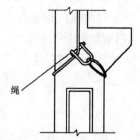

图 6-4　活络卡环绑扎柱子

4. 钢丝绳卡扣

钢丝绳卡扣主要用来连接钢丝绳或固定钢丝绳末端。卡扣外形如图 6-5 所示。

5. 横吊梁（铁扁担）

为了减小吊索对构件的轴向压力和减少起吊高度，可采用横吊梁。图 6-6 为吊柱子用的横吊梁，图 6-7 为吊屋架用的横吊梁。

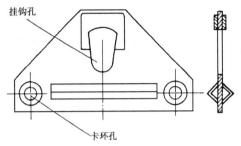

图 6-5　钢丝绳卡扣　　　　　　　　　　图 6-6　钢板横吊梁

6.1.3　滑轮组

滑轮组是由一定数量的定滑轮和动滑轮及绕过它们的绳索所组成。它既能省力又可以改变力的方向。

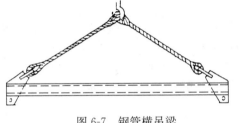

图 6-7　钢管横吊梁

滑车组中共同负担构件重量的绳索根数称为工作线数，也就是在动滑轮上穿绕的绳索根数。滑车组起重省力的多少，主要取决于工作线数和滑动轴承的摩阻力大小。滑轮组可分为绳索跑头从定滑轮引出和从动滑轮上引出两种，如图 6-8、图 6-9 所示。

6.1.4　卷扬机

建筑施工中常用的电动卷扬机有快速和慢速两种。慢速卷扬机（JJM 型）主要用于吊装结构、冷拉钢筋和张拉预应力筋；快速卷扬机（JJK 型）主要用于垂直运输和水平运输以及打桩作业。

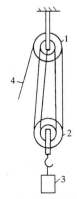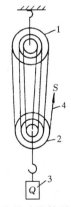

图 6-8　跑头从定滑轮引出的滑轮组　　　　图 6-9　跑头从动滑轮引出的滑轮组
1—定滑轮；2—动滑轮；3—重物；4—绳索　　　1—定滑轮；2—动滑轮；3—重物；4—绳索跑头

卷扬机在使用时必须用地锚固定，以防作业时产生滑动或倾覆。固定卷扬机的方法有螺栓锚固法、水平锚固法、立杆锚固法和压重物锚固法等四种。如图 6-10 示。

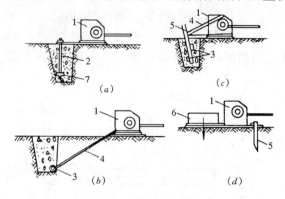

图 6-10　卷扬机的锚固方法

(a) 螺栓锚固法；(b) 水平锚固法；(c) 立桩锚固法；(d) 压重物锚固法

1—卷扬机；2—地脚螺栓；3—横木；4—拉索；5—木桩；
6—压重；7—压板

6.1.5　地锚

地锚又称锚碇，用来固定缆风绳、卷扬机、导向滑车、拔杆的平衡绳索等。

常用的地锚有桩式地锚和水平地锚两种。

1. 桩式地锚

桩式地锚是将圆木打入土中承担拉力，多用于固定受力不大的缆风绳。圆木直径为 18～30cm，桩入土深度为 1.2～1.5m，根据受力大小，可打成单排、双排或三排。桩前一般埋有水平圆木，以加强锚固。这种地锚承载力为 10～50kN。

2. 水平地锚

水平地锚是用一根或几根圆木绑扎在一起，水平埋入土内而成。钢丝绳系在横木的一点或两点，成 30°～50°斜度引出地面，然后用土石回填夯实。水平地锚一般埋入地下 1.5～3.5m，为防止地锚被拔出，当拉力大于 75kN 时，应在地锚上加压板；拉力大于 150kN 时，还要在锚碇前加立柱及垫板（板栅），以加强土坑侧壁的耐压力。水平锚碇构造如图 6-11 所示。

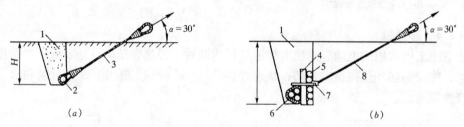

图 6-11　水平锚碇构造示意图

(a) 拉力 30kN 以下；(b) 拉力 100～400kN

1—回填土逐层夯实；2—地龙木 1 根；3—钢丝绳或钢筋；
4—柱木；5—挡木；6—地龙木 3 根；7—压板；8—钢丝绳圈或钢筋环

6.2　起　重　机　械

结构安装用的起重机械，应合理地选择与使用，以便加快施工进度，降低工程造价。

6.2.1　桅杆式起重机

桅杆式起重机可分为独脚拔杆、人字拔杆、悬臂拔杆和牵缆式桅杆起重机等。这种机械的特点是制作简单，装拆方便，起重量可达 100t 以上，但起重半径小，移动较困难，需要设置较多的缆风绳。它适用于安装工程量集中，结构重量大，安装高度大以及施工现场狭窄等情况。

1. 独脚拔杆

独脚拔杆由拔杆、起重滑轮组、卷扬机、缆风绳和地锚等组成,如图 6-12 所示。根据独脚拔杆的制作材料不同可分为木独脚拔杆、钢管独脚拔杆和金属格构式拔杆等。

木独脚拔杆由圆木制成、圆木梢径为 200～300mm,起重高度在 15m 以内,起重量 10t 以下;钢管独脚拔杆起重 30t 以下,起重高度在 20m 以内;金属格构式独脚拔杆起重高度可达 100t。各种拔杆的起重能力应按实际情况验算。

独脚杆在使用时倾角不宜大于 10°。拔杆的稳定主要依靠缆风绳,缆风绳一般为 6～12 根,按计算确定,但不能少于 4 根。缆风绳与地面夹角 α,一般为 30°～45°,角度过大则对拔杆产生过大压力。

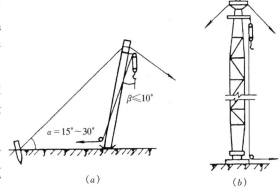

图 6-12　独脚拔杆

(a) 木拔杆;(b) 格构式钢拔杆

2. 人字拔杆

人字拔杆由两根圆木或钢管,或格构式构件,用钢丝绳绑扎或铁件铰接成人字形,如图 6-13 所示。拔杆在顶部夹角以 30°为宜。两杆下端要用钢丝绳或杠杆拉住。

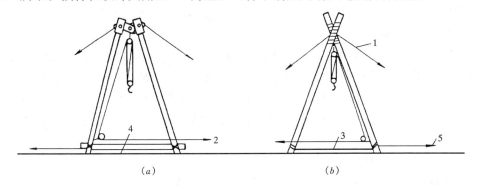

图 6-13　人字拔杆

(a) 顶端用铁件铰接;(b) 顶端用绳索捆扎

1—缆风绳;2—卷扬机;3—拉绳;4—拉杆;5—锚锭

3. 悬臂拔杆

在独脚拔杆的中部 2/3 高处,铰装一根起重杆,即成悬臂拔杆。悬臂起重杆可以顺转和起伏,因此有较大的起重高度和相应的起重半径。悬臂起重杆,能左右摆动(120°～270°),但起重量小,多用于轻型构件安装。如图 6-14 所示。

4. 牵缆式桅杆起重机

牵缆式桅杆起重机是在独脚的根部装一可以回转和起伏的吊杆而成。见图 6-15。这种起重机起重臂不仅可以起伏,而且整个机身可作全回转,因此工作范围大,机动灵活。

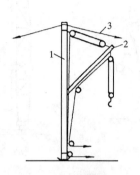

图 6-14 悬臂拔杆
1—拔杆；2—起重臂；
3—缆风绳

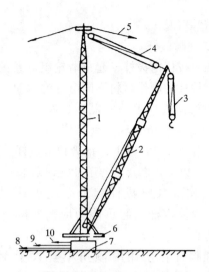

图 6-15 牵缆式桅杆起重机
1—桅杆；2—起重臂；3—起重滑轮
组；4—变幅滑轮组；5—缆风绳；6—
回转盘；7—底座；8—回转索；9—起
重索；10—变幅索

由钢管做成的牵缆式起重机起重量在 10t 左右，起重高度达 25m；由格构式结构组成的牵缆式起重机起重量达 60t，起重高度可达 80m。用于重型构件吊装。

6.2.2 自行式起重机

自行式起重机主要有履带式起重机、汽车式起重机和轮胎式起重机等。

1. 履带式起重机

履带式起重机主要由动力装置、传动机构、行走机构（履带）、工作机构（起重杆、滑轮组、卷扬机）以及平衡机构等组成，如图 6-16 所示。是一种 360°全回转的起重机，它操作灵活，行走方便，能负载行驶。缺点是稳定性较差，行走时对路面破坏较大，行走速度慢，在城市中和长距离转移时，需用拖车进行运输。目前它是结构吊装工程中常用的机械之一。

（1）常用型号和性能

常用的履带式起重机主要有：国产 W_1-50 型、W_1-100 型、W_1-200 型和一些进口机械。

W_1-50 型起重机的最大起重量为 10t，适用于吊装跨度在 18m 以下，高度在 10m 以内的小型单层厂房结构和装卸工作。

W_1-100 型起重机的最大起重量为 15t，适用于吊装跨度在 18～24m 厂房。

W_1-200 型起重机的最大起重量为 50t，适用于大型厂房吊装。

履带式起重机的外形尺寸见表 6-3，技术性能见表 6-4。

履带式起重机的起重能力常用三个主要参数表示，即起重量、起重高度和起重半径。三者的相互关系可用曲线的形式表示，如图 6-17、图 6-18 所示。

（2）履带式起重机的稳定性验算

履带式起重机超载吊装或者接长吊杆时，需要进行稳定性验算，以保证起重机在吊装中不会发生倾倒事故。

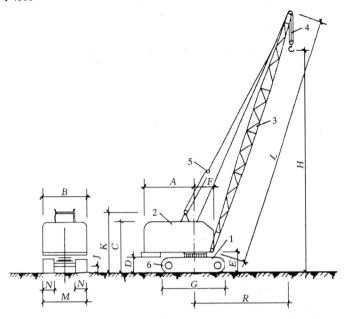

图 6-16　履带式起重机

1—底盘；2—机棚；3—起重臂；4—起重滑轮组；5—变幅滑轮组；6—履带

A、B……为外形尺寸符号；L—起重臂长度；H—起升高度；R—工作幅度

履带式起重机外形尺寸（mm）　　　　　　　　　　　表 6-3

符号	名　　称	型　　号		
		W₁-50	W₁-100	W₁-200
A	机棚尾部到回转中心距离	2900	3300	4500
B	机棚宽度	2700	3120	3200
C	机棚顶部距地面高度	3220	3675	4125
D	回转平台底面距地面高度	1000	1045	1190
E	起重臂枢轴中心距地面高度	1555	1700	2100
F	起重臂枢轴中心至回转中心的距离	1000	1300	1600
G	履带长度	3420	4005	4950
M	履带架宽度	2850	3200	4050
N	履带板宽度	550	675	800
J	行走底架距地面高度	300	275	390
K	双足支架顶部距地面高度	3480	4170	4300

履带式起重机性能表　　　　　　　　　　　表 6-4

参　　数	单位	型　　号						
		W₁-50			W₁-100		W₁-200	
起重臂长度	m	10	18	18 带鸟嘴	13	23	15	30	40
最大工作幅度	m	10.0	17.0	10.0	12.5	17.0	15.5	22.5	30.0
最小工作幅度	m	3.7	4.5	6.0	4.23	6.5	4.5	8.0	10.0

参　数		单位	型　　号							
			W₁-50			W₁-100		W₁-200		
起重量	最小工作幅度时	t	10.0	7.5	2.0	15.0	8.0	50.0	20.0	8.0
	最大工作幅度时	t	2.6	1.0	1.0	3.5	1.7	8.2	4.3	1.5
起升高度	最小工作幅度时	m	9.2	17.2	17.2	11.0	19.0	12.0	26.8	36.0
	最大工作幅度时	m	3.7	7.6	14.0	5.8	16.0	3.0	*19.0	25.0

注：表中数据所对应的起重臂倾角为：$\alpha_{min}=30°$，$\alpha_{max}=77°$。

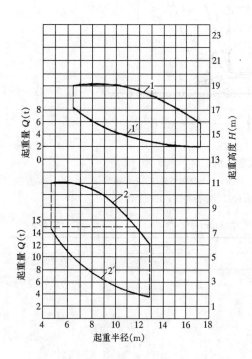

图 6-17　W₁-100 型履带式起重机性能曲线

1—$L=23m$ 时 $R-H$ 曲线；1′—$L=23m$ 时 $Q-R$ 曲线；2—$L=13m$ 时 $R-H$ 曲线；2′—$L=13m$ 时 $Q-R$ 曲线

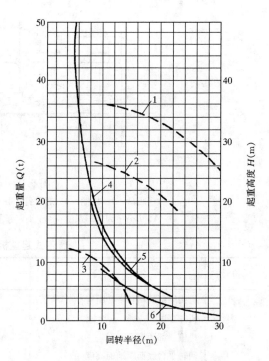

图 6-18　W₁-200 型起重机性能曲线

1—$L=40m$ 时 $R-H$ 曲线；2—$L=30m$ 时 $R-H$ 曲线；3—$L=15m$ 时 $R-H$ 曲线；4—$L=15m$ 时 $Q-R$ 曲线；5—$L=30m$ 时 $Q-R$ 曲线；6—$L=40m$ 时 $Q-R$ 曲线

履带式起重机稳定性应以起重机处于最不利工作状态即车身与行使方向垂直的位置进行验算。当不考虑附加荷载（风荷、刹车惯性力和回转离心力等）时应满足下式要求：

$$K=\frac{稳定力矩}{倾覆力矩}\geq1.4 \tag{6-2}$$

考虑附加荷载时 $K\geq1.15$

（3）起重臂接长验算

当起重机的起重高度或起重半径不足时，在起重臂的强度和稳定性得到保证的前提下，可将起重臂接长，接长后的起重量 Q' 可根据起重臂接长前后力矩相等的原理计算。

当算得的 Q' 小于所吊构件重量时，必须进行稳定性验算，并采取相应措施解决。如在起重臂顶端拉设缆风绳，以加强起重机稳定性。

2. 汽车式起重机

汽车式起重机是将起重机构安装在普通载重汽车或专用汽车底盘上的一种自行式回转起重机，如图 6-19 所示。全液压操纵，起重臂可以伸缩。它行驶速度快，能迅速转移，对路面破坏性很小。缺点是吊重物时必须支腿，因而不能负荷行驶。

我国生产的汽车式起重机型号有 Q₂-8、Q₂-12、Q₂-16、Q₂-32、QY40、QY65、QY100 等多种。表 6-5 为 Q₂-8、Q₂-12、Q₂-16 性能表。

3. 轮胎式起重机

轮胎式起重机是将起重机构安装在加重型轮胎和轮轴组成的特制底盘上的全回转起重机，如图 6-20 所示。特点与汽车式起重机相似，可负载（一定量）行驶。

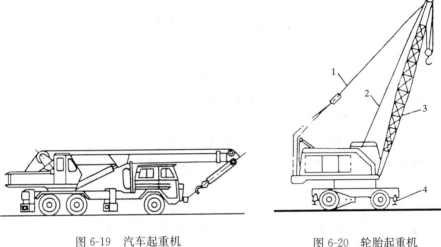

图 6-19　汽车起重机

图 6-20　轮胎起重机
1—起重杆；2—起重索；
3—变幅索；4—支腿

国产轮胎式起重机有：QL₂-8 型、QL₃-16 型、QL₃-25 型、QL₃-40 型、QL₁-16 型等。QL₃-16 型、QL₃-25 型、QL₁-16 型性能见表 6-6。

汽车式起重机性能　　　　　　　　　　　　　表 6-5

参　数		单位	型　　号								
			Q₂-8				Q₂-12			Q₂-16		
起重臂长度		m	6.95	8.50	10.15	11.70	8.5	10.8	13.2	8.80	14.40	20.0
最大起重半径时		m	3.2	3.4	4.2	4.9	3.6	4.6	5.5	3.8	5.0	7.4
最小起重半径时		m	5.5	7.5	9.0	10.5	6.4	7.8	10.4	7.4	12	14
起重量	最小起重半径时	t	6.7	6.7	4.2	3.2	12	7	5	16	8	4
	最大起重半径时	t	1.5	1.5	1.0	0.8	4	3	2	4.0	1.0	0.5
起升高度	最小起重半径时	m	9.2	9.2	10.6	12.0	8.4	10.4	12.8	8.4	14.1	19
	最大起重半径时	m	4.2	4.2	4.8	5.2	5.8	8	8.0	4.0	7.4	14.2

参　　数	单位	型　号									
		QL₃-16			QL₃-25					QL₁-16	
起重臂长度	m	10	15	20	12	17	22	27	32	10	15
最大起重半径时 最小起重半径时	m m	4 11.0	4.7 15.5	8 20.0	4.5 11.5	6 14.5	7 19	8.5 21	10 21	4 11	4.7 15.5
起重量　最小起重半径时　用支腿	t	16	11	8	25	14.5	10.6	7.2	5	16	11
不用支腿	t	7.5	6	—	6	3.5	3.4	—	—	7.5	6
最大起重半径时　用支腿	t	2.8	1.5	0.8	4.6	2.8	1.4	0.8	0.6	2.8	1.5
不用支腿	t	—	—	—	—	—	0.5	—	—	—	—
起升高度　最小起重半径时	m	8.3	13.2	17.95	4.9	14.8	18.9	2.3	28.0	8.3	13.2
最大起重半径时	m	5.3	4.6	6.85	10.0	5.4	6.8	7.6	8.3	5.0	4.6

6.3　单层工业厂房结构吊装

6.3.1　准备工作

准备工作的内容包括场地的清理、道路的修筑、基础的准备、构件的运输、堆放、拼装加固、检查清理、弹线编号以及吊装机具的准备等。

1. 构件的检查与清理

为保证施工质量，在结构吊装前，对所有构件应全面检查。

（1）构件强度检查。构件吊装时混凝土强度不低于设计强度标准值的 75%，对一些大跨度构件，如屋架则应达到 100%。

（2）检查构件的外形尺寸、预埋件的位置及大小。

（3）检查构件的表面有无损伤、缺陷、变形、裂缝等。预埋件如有污物，应加以清除，以免影响构件的拼装和焊接。

（4）检查吊环的位置，吊环有无变形损伤。

2. 构件的弹线与编号

在每个构件上弹出安装时的定位线和校正用基准线，作为构件安装、对位、校正的依据，具体做法如下：

（1）柱子。在柱身三面弹出安装中心线，所弹中心线的位置与柱基杯口面上的安装中心线相吻合。此外，在柱顶与牛腿面上还要弹出安装屋架及吊车梁的定位线。

（2）屋架。屋架上弦顶面应弹出几何中心线，并从跨中向两端分别弹出天窗架、屋面板或檩条的安装定位线。在屋架两端弹出安装中心线。

（3）梁。在两端及顶面弹出安装中心线。

（4）编号。按图纸将构件进行编号。

3. 杯形基础的准备

杯形基础的准备工作主要是在柱吊装前对杯底抄平和在杯口顶面弹线。

杯底的抄平是对杯底标高的检查和调整，以保证吊装后牛腿面标高的准确，杯底标高在制作时一般比设计要求低 50mm，以便柱子长度有误差时能抄平调整。测量杯底标高，先在杯口内弹出比杯口顶面设计标高低 100mm 的水平线，随后用尺对杯底标高进行测量，小柱测中间一点，大柱测四个角点，得出杯底实际标高。牛腿面设计标高与杯底实际标高的差，就是柱子牛腿面到柱底的应有长度，与实际量得的长度相比，得到制作误差，再结合柱底平面的平整度，用水泥砂浆或细石混凝土将杯底抹平，垫至所需标高。

基础顶面弹线要根据厂房的定位轴线测出，并与柱的安装中心线相对应。一般在基础顶面弹十字交叉的安装中心线。

4. 构件的运输

一些重量不大而数量很多的构件，可在预制厂制作，用汽车运到工地。构件的运输要保证构件不变形、不损坏。构件的混凝土强度达到设计强度的 75% 时方可运输。构件的支垫位置要正确，要符合受力情况，上下垫木要在同一垂直线上。

构件的运输顺序及卸车位置应按施工组织设计的规定进行，以免造成构件二次就位。

5. 构件的堆放

构件的堆放场地应平整压实。应按设计的受力情况搁置在垫木或支架上。重叠堆放时一般梁可堆叠 2～3 层；大型屋面板不超过 6 块；空心板不宜超过 8 块。构件吊环要向上，标志要向外。

6.3.2 构件的吊装工艺及技术要求

单层工业厂房结构的主要构件有柱子、吊车梁、屋架、天窗架、屋面板、连系梁等。其吊装过程主要有绑扎、吊升、就位、临时固定、校正、最后固定等工序。

1. 柱子的吊装

（1）绑扎

绑扎柱子的吊具有吊索、卡环和铁扁担等。为了在高空中脱钩方便，应尽量用活络式卡环。为了避免起吊时吊索不磨损柱子表面，一般在吊索和柱子之间垫以麻袋等物。柱子的绑扎位置和点数，要根据柱子的形状、断面、长度、配筋和起重机性能等确定。绑扎点位置常选在牛腿下 200mm 处。工字形截面和双肢柱的绑扎点选在实心处，否则应在绑扎位置用方木垫平。

1）一点绑扎斜吊法。如图 6-21 所示。这种方法不需要翻动柱子，但柱子平放起吊时抗弯强度要符合要求。柱吊起后呈倾斜状态，由于吊索歪在柱的一边，起重钩低于柱顶，因此起重臂可以短些。

2）一点绑扎直吊法。当柱子的宽度方向抗弯不足时，可在吊装前，先将柱子翻身后再起吊，如图 6-22 所示。起吊后，铁扁担跨在柱顶上，柱身呈直立状态，便于插入杯口，但需要较大的起重高度。

3）两点绑扎法。一点绑扎时柱的抗弯能力不足时可采用两点绑扎起吊，吊索合力点应高于柱重心，如图 6-23 所示。常用于重型柱子或配筋少而细长的柱子。

（2）吊升

柱子的吊升方法，根据柱子重量、长度、起重机性能和现场施工条件而定。根据柱子吊升过程中的运动特点可分为旋转法和滑行法。

1）旋转法。如图 6-24 所示，柱的绑扎点、柱脚、柱基中心三者宜位于起重机的同一工作幅度的圆弧上，即三点共弧。起吊时，起重臂边升钩，边回转，柱顶随起重钩的运动，也边升起边回转，绕柱脚旋转起吊。当柱子呈直立状态后，起重机将柱吊离地面插入杯口。旋转法吊升柱振动小，生产效率高，但对起重机的机动性要求高。当采用履带式、汽车式、轮胎式等起重机时，宜采用此法。

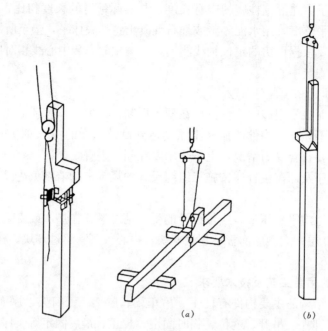

图 6-21 一点
绑扎斜吊法

图 6-22 一点绑扎直吊法

（a）柱直吊时绑扎方法；（b）柱的吊升

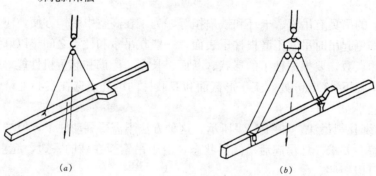

（a）   （b）

图 6-23 柱的两点绑扎法

（a）斜吊；（b）直吊

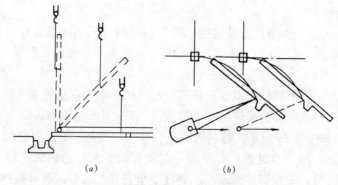

（a）   （b）

图 6-24 单机旋转法吊装柱

（a）柱吊升过程；（b）柱平面布置

2) 滑行法。柱的绑扎点宜靠近基础，绑扎点与杯口中心均位于起重机的同一起重半径的圆弧上，即两点共圆弧。柱子吊升时，起重机只升钩，起重臂不转动，使柱脚沿地面滑行逐渐直立，然后插入杯口，如图 6-25 所示。滑行法吊升时，柱在滑行过程中受振动，但起吊过程中起重机只需升钩一个动作。当采用独脚拔杆、人字拔杆吊升柱时常采用此法。另外对一些长而重的柱，为便于构件布置和吊升，也常采用此法。

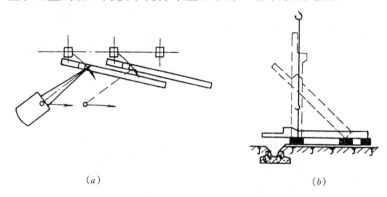

图 6-25　单机滑行法吊柱
(a) 平面布置；(b) 滑行过程

3) 双机抬吊旋转法。对于重型柱子，一台起重机吊不起来，可采用两台起重机抬吊。采用旋转法双机抬吊时，应两点绑扎，一台起重机抬上吊点，另一台起重机抬下吊点。当双机将柱子抬至离地面一定距离（为下吊点到柱脚距离 $D+300$mm）时，上吊点的起重机将柱上部逐渐提升，下吊点不需再提升，使柱子呈直立状态后旋转起重臂使柱脚插入杯口，如图 6-26 所示。

4) 双机抬吊滑行法。柱为一点绑扎，且绑扎点靠近基础，起重机在柱的两侧，在柱的同一绑扎点吊升抬吊，使柱脚沿地面向基础滑行，呈直立状态后，将柱脚插入基础杯口内。

（3）就位和临时固定

柱子就位时，一般柱脚插入杯口后应悬离杯底 30~50mm 处。对位时用八只木楔或钢楔从柱的四边放入杯口，并用撬棍撬动柱脚，使柱的安装中心线对准杯口上的安装中心线，并使柱子基本保持垂直。

柱对位后，应先把楔块略打紧，再放松吊钩，检查柱沉至杯底的对中情况，若符合要求，即将楔块打紧，将柱临时固定。

吊装重型柱或细长柱时，除按上述方法进行临时固定外，必要时应增设缆绳拉锚。

（4）校正和最后固定

柱子的校正包括平面位置校正和垂直度校正。平面位置校正一般在临时固定时已校正好。垂直度偏差要在规范允许范围内：柱高 $H \leqslant 5$m 时为 5mm；柱高 $H > 5$m 时为 10mm；柱高 $H > 10$m 时为 1/1000 柱高，且最大不超过 20mm。

若超过允许偏差值，可采用钢管撑杆校正法，千斤顶校正法等进行校正，如图 6-27 所示。

柱子的最后固定，是在柱子与杯口的空隙用细石混凝土浇灌密实。所用的细石混凝土

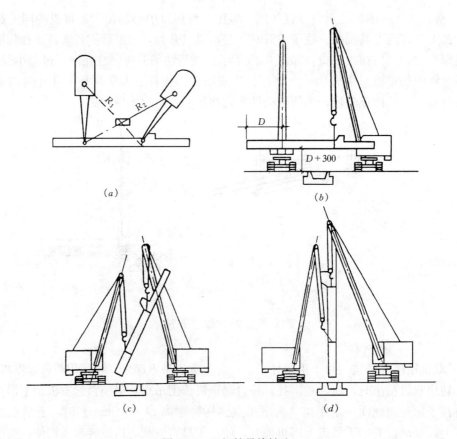

图 6-26　双机抬吊旋转法

应比柱子混凝土强度提高一级，分两次浇筑。第一次浇至楔块底面，等混凝土强度达到25％时拔去楔块，再浇第二次混凝土，直到灌满杯口为止。

2. 吊车梁的吊装

吊车梁的吊装应在柱子杯口第二次浇灌混凝土强度达到70％时方可进行。

（1）绑扎、吊升、就位与临时固定

吊车梁的绑扎应采用两点绑扎，对称起吊，吊钩应对称梁的重心，以便使梁起吊后保持水平，梁的两端用溜绳控制，以免在吊升过程中碰撞柱子。

吊车梁对位后，不宜用撬棍在纵轴方向撬动，因为柱在此方向刚度较差，过分撬动会使柱身弯曲产生偏差。

吊车梁对位后，由于梁本身稳定性较好，仅用垫铁垫平即可，不需采取临时固定措施。但当梁的高宽比大于4时，宜用铁丝将吊车梁临时绑在柱上。

（2）校正和最后固定

吊车梁校正主要是平面位置和垂直度校正。吊车梁的标高取决于柱牛腿标高，在柱吊装前已经调整。如仍存在偏差，可待安装吊车轨道时进行调整。

吊车梁的校正工作一般在屋面构件安装校正并最后固定后进行。因为在安装屋架、支撑等构件时，可能引起柱子偏差影响吊车梁的准确位置。但对重量大的吊车梁，脱钩后撬动比较困难，应采取边吊边校正的方法。

198

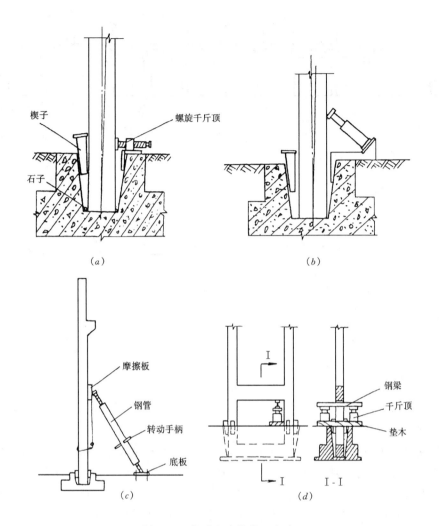

图 6-27　柱垂直度的校正方法

(*a*) 螺旋千斤顶平顶法；(*b*) 千斤顶斜顶法；(*c*) 钢管支撑斜顶法；(*d*) 千斤顶立顶法

吊车梁垂直度校正一般采用吊线锤的方法检查，如存在偏差，在梁的支座处垫上薄钢板调整。

吊车梁平面位置的校正常用通线法和平移轴线法。

1）通线法。根据柱的定位轴线，在车间两端地面用木桩定出吊车梁定位轴线位置，并设置经纬仪。先用经纬仪将车间两端的四根吊车梁位置校正准确，用钢尺检查两列吊车梁之间的跨距是否符合要求，再根据校正好的端部吊车梁沿其轴线拉上钢丝通线，逐根拔正，如图 6-28 所示。

2）平移轴线法。在柱列边设置经纬仪，如图 6-29 所示。逐根将杯口中柱的吊装准线投影到吊车梁顶面处的柱身上，并作出标志。若安装准线到柱定位轴线的距离为 a，则标志距吊车梁定位轴线应为 $\lambda-a$（一般 $\lambda=750\mathrm{mm}$），据此逐根拔正吊车梁安装中心线。

吊车梁的最后固定是将吊车梁用钢板与柱侧面、吊车梁顶面预埋铁件焊牢，并在接头处、吊车梁与柱的空隙处支模浇筑细石混凝土。

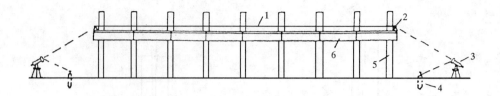

图 6-28　通线法校正吊车梁示意图

1—通线；2—支架；3—经纬仪；4—木桩；5—柱；6—吊车梁

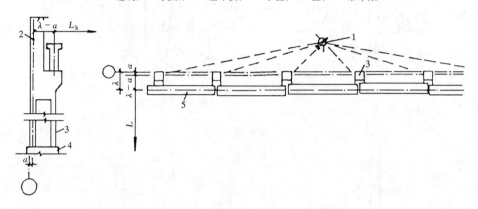

图 6-29　平移轴线法校正吊车梁

1—经纬仪；2—标志；3—柱；4—柱基础；5—吊车梁

3. 屋架的吊装

钢筋混凝土预应力屋架一般在施工现场平卧叠浇生产，吊装前应将屋架扶直、就位。屋架安装的主要工序有绑扎、扶直与就位、吊升、对位、校正、最后固定等。

（1）绑扎

屋架的绑扎点应选在屋架上弦节点处，左右对称于屋架的重心。一般屋架跨度小于18m时两点绑扎；大于18m时四点绑扎；大于30m时，应考虑使用铁扁担，以减少绑扎高度；对刚性较差的组合屋架，因下弦不能承受压力，也采用铁扁担四点绑扎。屋架绑扎时吊索与水平面夹角不宜小于45°，否则应采用铁扁担，以减少屋架的起重高度或减少屋架所承受的压力。屋架的绑扎方法如图6-30所示。

（2）屋架的扶直与就位

按照起重机与屋架预制时相对位置不同，屋架扶直有正向扶直和反向扶直两种。

1）正向扶直。起重机位于屋架下弦杆一边，吊钩对准上弦中点，收紧吊钩后略起臂使屋架脱模，然后升钩并起臂使屋架绕下弦旋转呈直立状态。如图6-31（a）所示。

2）反向扶直。起重机位于屋架上弦杆一边，吊钩对准上弦中点，收紧吊钩接着升钩并降臂，使屋架绕下弦旋转呈直立状态，如图6-31（b）所示。

正向扶直与反向扶直不同之处在于前者升臂，后者降臂。升臂比降臂易于操作且比较安全，故应尽可能采用正向扶直。

钢筋混凝土屋架的侧向刚度差，扶直时由于自重作用使屋架产生平面弯曲，部分杆件将改变应力情况，特别是下弦杆极易扭曲造成屋架损伤。因此吊前应进行吊装应力验算，如果截面强度不够，采取必要的加固措施。

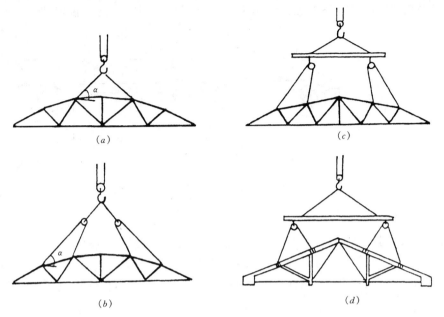

图 6-30　屋架绑扎方法

(a) 跨度小于或等于 18m 时；(b) 跨度大于 18m 时；(c) 跨度大于 30m 时；(d) 三角形组合屋架

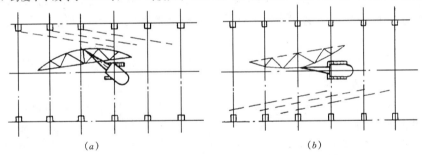

图 6-31　屋架的扶直

(a) 正向扶直；(b) 反向扶直

屋架扶直后应按规定位置就位。屋架的就位位置与起重机性能和安装方法有关。当屋架就位位置与屋架的预制位置在起重机开行路线同一侧时，称同侧就位。当屋架就位位置与屋架预制位置分别在起重机开行路线各一侧时，称异侧就位。

（3）屋架的吊升、对位与临时固定

屋架起吊后离地面约 300mm 处转至吊装位置下方，再将其吊升超过柱顶约 300mm，然后缓缓下落在柱顶上，力求对准安装准线。

第一榀屋架对位后，先进行临时固定，可用四根缆风绳从两边拉牢。因为它是单片结构，侧向稳定性差，又是第二榀屋架的支撑，如图 6-32 所示。

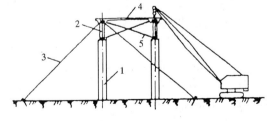

图 6-32　屋架的临时固定

1—柱子；2—屋架；3—缆风绳；

4—工具式支撑；5—屋架垂直支撑

第二榀屋架以及以后各榀屋架可用工具式支撑临时固定到前一榀屋架上。如图 6-33 所示。

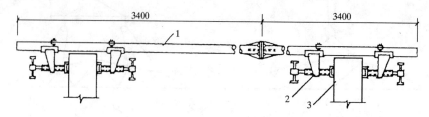

图 6-33　工具式支撑的构造
1—钢管；2—撑脚；3—屋架上弦

（4）校正、最后固定

屋架校正是用经纬仪或垂球检查屋架垂直度。施工规范规定屋架上弦中部对通过两支座中心的垂直面偏差不得大于 $h/250$（h 为屋架高度）。如超过偏差允许值，应用工具式支撑加以纠正，并在屋架端部支承面垫入薄钢片。校正无误后，立即用电焊焊牢作为最后固定。

4.屋面板的吊装

屋面板四个角一般埋有吊环。用四根带吊钩的吊索吊升。吊索应等长且拉力相等，屋面板保持水平。屋面板的吊装顺序应从两边檐口对称地铺向屋脊，以免屋架承受半边荷载的作用。

屋面板就位后应立即用电焊固定，每块屋面板可焊三点，最后一块只能焊两点。

6.3.3　结构吊装方案

结构吊装方案着重解决起重机的选择、结构吊装方法、起重机开行路线。

1.起重机的选择

（1）起重机类型选择

1）对于中小型厂房结构采用自行式起重机安装比较合理。

2）当厂房结构高度和长度较大时，可选用塔式起重机安装屋盖结构。

3）大跨度的重型工业厂房，应结合设备安装来选择起重机类型。

4）当一台起重机无法吊装时，可选用两台起重机抬吊。

（2）起重机型号和起重臂长度的选择

所选的起重机三个主要参数必须满足结构吊装的要求。

1）起重量

起重机的起重量必须满足下式要求：

$$Q \geqslant Q_1 + Q_2 \tag{6-3}$$

式中　Q——起重机的起重量，t；

　　Q_1——构件重量，t；

　　Q_2——吊索重量，t。

2）起重高度

起重机的起重高度必须满足构件吊装的要求，如图 6-34 所示。

$$H \geqslant h_1 + h_2 + h_3 + h_4 \tag{6-4}$$

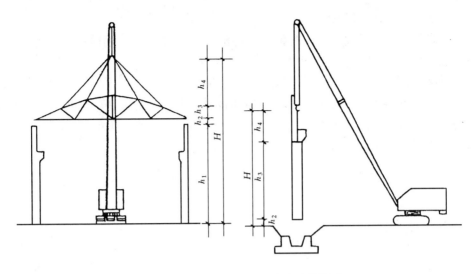

图 6-34　履带式起重机起吊高度计算简图

式中　H——起重机的起重高度，m；

h_1——安装支座表面高度，m，从停机面算起；

h_2——安装空隙，不小于 0.3m；

h_3——绑扎点至构件吊起底面的距离，m；

h_4——索具高度，自绑扎点至吊钩底的距离，m。

（3）起重半径

当起重机可以不受限制地开到所吊构件附近去吊装构件时，可不验算起重半径。即查所选起重机性能曲线（或表格），在满足 Q、H 的一组值中所对应的 R 即为采用的起重机半径。当起重机受到限制不能靠近安装位置去吊装构件时，则应验算起重半径为一定值时，起重量和起重高度是否满足吊装构件的要求。一般根据所需的起重量和起重高度值，初选起重机型号，再按下式计算吊装时所需的最小起重半径，如图 6-35 所示。

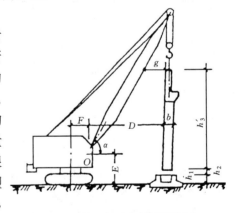

图 6-35　起重半径计算简图

$$R_{min} = F + D + 0.5b \qquad (6-5)$$

式中　F——起重臂枢轴中心距回转中心距离，m；

b——构件宽度，m；

D——起重臂枢轴中心距所吊构件边缘距离，m。可按下式计算：

$$D = g + (h_1 + h_2 + h'_3 - E)ctg\alpha \qquad (6-6)$$

式中　g——构件上口边缘与起重臂的水平间隙，不小于 0.5m；

E——吊杆枢轴心距地面高度，m；

α——起重臂的倾角；

h_1、h_2——含义同前；

h'_3——所吊构件的高度，m。

R_{min}确定后，查所选起重机性能曲线（或表格），在满足R_{min}的前提下，所对应的Q、H值均应满足要求。该组对应值中的R即为采用的起重半径。

（4）最小起重臂长度的确定

当起重机的起重臂需跨过屋架去安装屋面板时，为了不碰动屋架，同时出于经济的目的，需求出起重臂的最小杆长度。一般有数解法和图解法两种，现介绍数解法。

最小起重臂长度L_{min}可按下式计算，如图6-36所示。

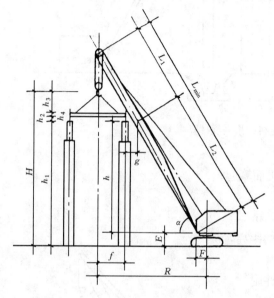

图6-36 用数解法求最小起重臂长

$$L_{min} \geqslant L_1 + L_2 = \frac{f+g}{\cos\alpha} + \frac{h}{\sin\alpha} \tag{6-7}$$

式中　L_{min}——起重臂最小长度，m；

　　　h——起重臂下铰至屋面板吊装支座的高度，m；

　　　g——起重臂轴线与已安装好结构间的水平距离，至少取1m；

$$h = h_1 - E \tag{6-8}$$

式中　h_1——停机面至屋面板吊装支座的高度，m；

　　　f——吊钩需跨过已安装好结构的距离，m。

为了使起重臂长度最小，需对式（6-7）进行一次微分，并令$\frac{dL}{d\alpha} = 0$，即可求出α的值。

$$\alpha = \text{arctg}\sqrt[3]{\frac{h}{f+g}} \tag{6-9}$$

将α值代入式（6-7）即可求得L_{min}的理论值。

根据所得的L_{min}理论值，可选择起重机起重臂长度，按下式求得相应起重半径R，最后仍按前述方法查曲线确定吊装时采用的一组R、Q、H值。

$$R = F + L \cdot \cos\alpha \tag{6-10}$$

（5）起重机数量可按下式计算：

$$N = \frac{1}{TCK} \sum \frac{Q_i}{P_i} \tag{6-11}$$

式中　N——起重机台数；

　　　T——工期，d；

　　　C——每天工作班数；

　　　K——时间利用系数，一般取0.8～0.9；

　　　Q_i——每种构件安装工程量，件或t；

　　　P_i——起重机相应的产量定额，件/台班或t/台班。

此外，在决定起重机数量时还应考虑构件装卸和就位工作的需要。如起重机数量已定，也可按式（6-11）计算所需工期或每天工作班数。

2. 结构安装方法

单层厂房的结构安装方法主要有分件安装法和综合安装法两种。

（1）分件安装法

分件安装法是指起重机在车间内每开行一次仅安装一种或两种构件，通常分三次开行。

第一次开行——安装全部柱子，并对柱子校正和最后固定；

第二次开行——安装全部吊车梁、连系梁以及柱间支撑；

第三次开行——分节间安装屋架、天窗架、屋面板及屋面支撑等。如图 6-37 所示，为安装时构件的安装顺序。

分件安装法的优点是每次吊装同类构件，不需经常更换索具，操作程序基本相同，所以安装速度快，并且有充分时间校正。构件可分批进场，供应单一，平面布置比较容易，现场不致拥挤。缺点是不能为后续工程及早提供工作面，起重机开行路线长，装配式钢筋混凝土单层工业厂房多采用分件安装法。

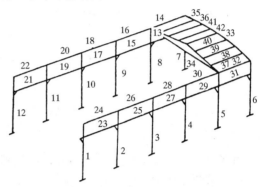

图 6-37　分件吊装时的构件吊装顺序

图中数字表示构件吊装顺序，其中：1～12—柱；

13～32—单数是吊车梁；双数是连系梁；

33、34—屋架；35～42—屋面板

（2）综合安装法

综合安装法是指起重机在车间内的一次开行中，分节间安装所有各种类型的构件。具体做法是先安装 4～6 根柱，立即加以校正和最后固定，接着安装吊车梁、连系梁、屋架、屋面板等构件。安装完一个节间所有构件后，转入安装下一个节间。

综合安装法的优点是开行路线短，起重机停机点少，可为后期工程及早提供工作面。其缺点是一种机械同时吊装多类型构件，起重机生产效率低，构件供应、平面布置复杂，校正时间短且比较困难。

3. 起重机开行路线及停机位置

起重机的开行路线和停机位置与起重机的性能、构件尺寸及重量、构件的平面布置、构件的供应方式、安装方法等许多因素有关。采用分件安装时，起重机的开行路线如下：

（1）柱子吊装时应视跨度大小、柱的尺寸、重量及起重机性能，可沿跨中开行或跨边开行，如图 6-38 所示。

当起重半径 $R \geqslant L/2$（L 为厂房跨度）时，起重机在跨中开行，每个停机点吊两根柱子，如图 6-38（a）所示。

当起重半径 $R \geqslant \sqrt{(L/2)^2 + (b/2)^2}$（$b$ 为柱距）时，起重机跨中开行，每个停机点安装四根柱子，如图 6-38（b）所示。

当 $R < \dfrac{L}{2}$ 时，起重机沿跨边开行，每个停机点，安装一根柱子，如图 6-38（c）所示。

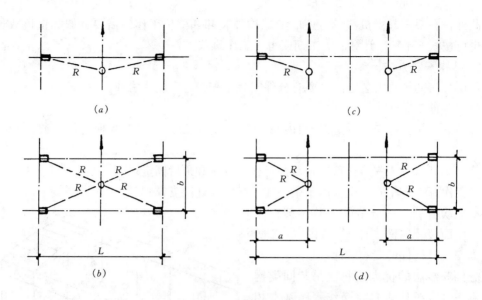

图 6-38　起重机吊装柱时的开行路线及停机位置

(a)、(b) 跨中开行；(c)、(d) 跨边开行

当 $R \geqslant \sqrt{a^2 + (b/2)^2}$ 时，(a 为开行路线到跨边距离)，起重机在跨内靠边开行，每个停机点可吊两根柱子，如图 6-38 (d) 所示。

柱子布置在跨外时，起重机在跨外沿轴线开行，每个停机点可吊 1～2 根柱子。

(2) 屋架扶直就位及屋盖系统吊装时，起重机在跨中开行。

图 6-39 所示是单跨厂房采用分件吊装法时起重机开行路线及停机位置图。起重机从

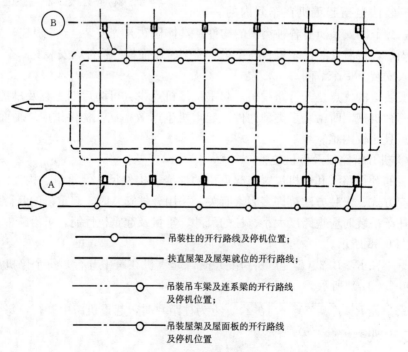

———◯——— 吊装柱的开行路线及停机位置；

— — — — 扶直屋架及屋架就位的开行路线；

—·—◯—·— 吊装吊车梁及连系梁的开行路线
及停机位置；

————◯———— 吊装屋架及屋面板的开行路线
及停机位置

图 6-39　起重机的平行路线及停机位置

206

A轴线进场，沿跨外开行吊装A轴柱，再沿B轴线跨内开行吊装B轴柱，然后转到A轴线扶直屋架并将其就位，再转到B轴线吊装B列吊车梁、连系梁，随后转到A轴线吊装A列吊车梁、连系梁，最后转到跨中吊装屋盖系统。

当单层厂房面积大或具有多跨结构时，为加快进度，可将建筑物划分为若干段，选用多台起重机同时作业。每台起重机可以独立作业，完成一个区段的全部吊装工作，也可以选用不同性能的起重机协同作业，有的专门吊柱，有的专门吊屋盖系统结构，组织大流水施工。总之，制定安装方案时，应尽可能使开行路线短，且能多次重复使用，以减少铺设钢板、枕木等设施。要充分利用附近的永久性道路。

6.3.4　构件的平面布置

构件的平面布置和起重机的性能、安装方法、构件的制作方法有关。在选定起重机型号，确定施工方案后，可根据施工现场实际情况制定。

1. 构件的平面布置原则

（1）构件宜布置在本跨内，如场地狭窄，布置有困难时，也可布置在跨外便于安装的地方。

（2）构件的布置应便于支模和浇筑混凝土。对预应力构件应留有抽管、穿筋的操作场地。

（3）构件的布置要满足安装工艺的要求，尽可能在起重机的工作半径内，减少起重机"跑吊"的距离及起伏起重杆的次数。

（4）构件的布置应保证起重机、运输车辆的道路畅通。起重机回转时，机身不得与构件相碰。

（5）构件的布置要注意安装时的朝向，以免在空中调向，影响进度和安全。

（6）构件应布置在坚实地基上。在新填土上布置时，土要夯实，并采取一定措施防止下沉影响构件质量。

2. 预制阶段的构件平面布置

（1）柱子的布置

柱子的布置方式与场地大小、安装方法有关，一般有斜向布置、纵向布置和横向布置等三种。

1）柱的斜向布置：采用旋转法吊装时，可按三点共弧斜向布置，如图6-40所示。其预制位置可采用作图法确定，作图步骤如下：

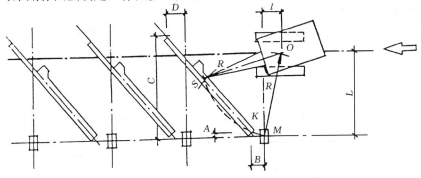

图6-40　柱子的斜向布置

207

A. 确定起重机开行路线到柱基中线的距离 L。这段距离 L 和起重机吊装柱子时采用的起重半径 R 及起重机的最小起重半径 R_{min} 有关，要求：

$$R_{min} < L \leqslant R \qquad (6-12)$$

同时，开行路线不要通过回填土地段，不要过分靠近构件，防止起重机回转时碰撞构件。

B. 确定起重机的停机位置。以柱基中心点 M 为圆心，以所选的起重半径 R 为半径，画弧交开行路线于 O 点，O 点即为安装该柱的停机点。

C. 确定柱预制位置。以停机点 O 为圆心，OM 为半径画弧，在靠近柱基的弧上选点 K 作为柱脚中心点，再以 K 点为圆心，柱脚到吊点的长度为半径画弧，与 OM 半径所画的弧相交于 S，连 KS 线，得出柱中心线，即可画出柱子的模板图。同时量出柱顶，柱脚中心点到柱列纵横轴线的距离 A、B、C、D，作为支模时的参考。

柱的布置应注意牛腿的朝向，避免安装时在空中调头，当柱子布置在跨内时，牛腿应面向起重机；布置在跨外时，牛腿应背向起重机。

若场地限制或柱过长，难于做到三点共弧时，可按两点共弧布置。将杯口、柱脚中心点共弧，吊点放在起重半径 R 之外，如图 6-41 (a) 所示，安装时，先用较大的工作幅度 R' 吊起柱子，并抬升起重臂，当工作幅度变为 R 后，停止升臂，随后用旋转法吊装。另一种是将吊点与柱基中心共弧，柱脚可斜向任意方向，如图 6-41 (b) 所示，吊装时可用滑行法。

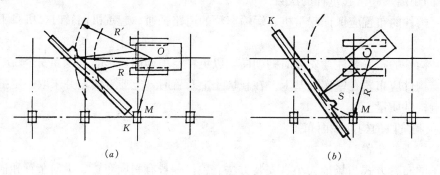

图 6-41　两点共弧布置法

(a) 柱脚与柱基两点共弧；(b) 吊点与桩基两点共弧

2) 柱的纵向布置：对一些较轻的柱起重机能力有富余，考虑到节约场地，方便构件制作，可顺柱列纵向布置，如图 6-42 所示。

柱纵向布置时，起重机的停机点应安排在两柱基的中点，使 $OM_1 = OM_2$，这样每停

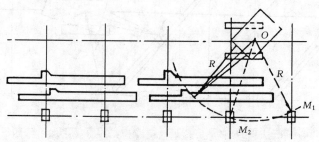

图 6-42　柱子的纵向布置

机点可吊两根柱子。

柱可两根叠浇生产，层间应涂刷隔离剂，上层柱子在吊点处需预埋吊环；下层柱则在底模预留砂孔，便于起吊时穿钢丝绳。

柱的横向布置占地较大，一般较少采用。

（2）屋架的布置。屋架一般在跨内平卧叠浇预制，重叠 3～4 榀，布置方式主要有：正面斜向布置，正反斜向布置，正反纵向布置三种，如图 6-43 所示。其中优先采用正面斜向布置，它便于屋架扶直就位。只有当场地限制时，才采用其他方式。

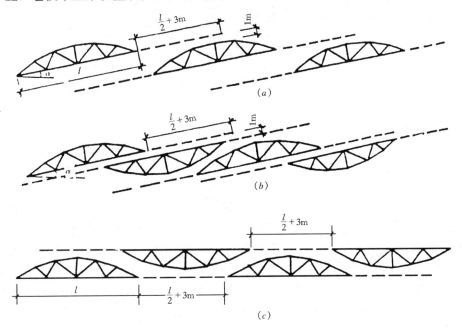

图 6-43　屋架预制时的几种布置方式
（a）正面斜向布置；（b）正反斜向布置；（c）正反纵向布置

屋架正面斜向布置时，下弦与厂房纵轴线的夹角 $\alpha=10°\sim20°$；预应力屋架的两端应留 $L/2+3m$ 的距离（L 为屋架跨度）。如用胶皮管预留孔道时，距离可适当缩短。屋架之间的间隙可取 1m 左右以便支模及浇筑混凝土。

在布置屋架的预制位置时，还应考虑到屋架的扶直排放要求及屋架扶直的先后次序，先扶直的放在上层。对屋架两端朝向及预埋件位置，也要注意作出标记。

（3）吊车梁的位置

当吊车梁安排在现场预制时，可靠近柱基顺纵向轴线或略作倾斜布置。也可插在柱子的空当中预制，如具有运输条件，也可在场外集中预制。

3. 安装阶段构件的就位布置及运输堆放

安装阶段的就位布置，是指柱子安装完毕后，其他构件的就位位置，包括屋架的扶直就位，吊车梁、屋面板的运输就位等。

（1）屋架的扶直就位

屋架的就位方式有两种：一种是靠柱边斜向就位；另一种是靠柱边成组纵向就位。

1）屋架的斜向就位，可按下述作图法确定。

A. 确定起重机安装屋架时的开行路线及停机位置。安装屋架时，起重机一般沿跨中开行，先在跨中画出平行于厂房纵轴线的开行路线。再以欲安装的某轴线（如 2 轴线）的屋架中心点 M_2 为圆心，以选择好的工作幅度 R 为半径画弧，交于开行路线于 O_2 点，O_2 即为安装 2 轴线屋架时的停机点，如图 6-44 所示。

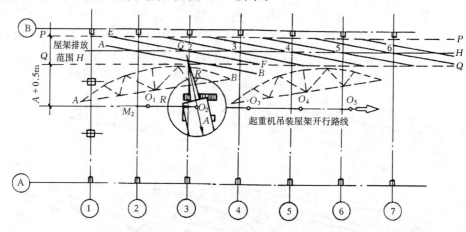

图 6-44　屋架同侧斜向就位
（虚线表示屋架预制时位置）

B. 确定屋架的就位范围。屋架一般靠柱边就位，但应离开柱边不小于 0.2m，并可利用柱子作为屋架的临时支撑。当受场地限制时，屋架的端头也可稍许伸出跨外。根据以上原则，确定就位范围的外边界限 PP。起重机安装屋架及屋面板时，机身需要回转，设起重机尾部至机身回转中心的距离为 A，则在距开行路线为 $(A+0.5)$ m 不宜布置屋架和其他构件。据此，可定出屋架就位内边线 QQ。在两面边界线 PP、QQ 之间，即为屋架的就位范围。但有时厂房跨度大，这个范围过宽时，可适当缩小。

C. 确定屋架就位时的位置。屋架就位范围确定后。画出 PP、QQ 两线的中心线 HH，屋架就位后，屋架的中心点均在 HH 线上，以 2 轴线屋架为例，就位位置可按下述方式确定：以停机点 O_2 为圆心，吊装屋架时起重半径 R 为半径，画弧交于 HH 线于 G 点，G 点即为 2 轴线屋架就位后屋架的中点。再以 G 点为圆心，屋架跨度的 1/2 为半径，画弧交于 PP、QQ 两线于 E、F 两点，连接 EF，即为 2 轴线屋架就位的位置，其他屋架的就位位置均应平行此屋架，端头相距 6m。但 1 轴线屋架由于抗风柱阻挡，要退到 2 轴屋架的附近排放。

2）屋架纵向就位。屋架纵向就位，一般以 4～5 榀为一组靠柱边顺轴线纵向排列。屋架与屋架之间的净距均不小于 0.2m，相互之间应用铅丝及支撑拉紧撑牢。每组屋架之间应留 3m 左右的间距作为横向通道。每组屋架就位中心线应安排在该组屋架倒数第二榀安装轴线之后 2m 外，这样，可避免在已安装好的屋架下绑扎和起吊屋架，起吊后不与已安装好的屋架相碰，如图 6-45 所示。

（2）吊车梁、连系梁、屋面板的运输、就位堆放

单层厂房除柱子、屋架外，其他构件如吊车梁、连系梁、屋面板均在预制厂或附近工地的露天预制场制作，然后运至工地就位吊装。

构件运至工地后，应按施工组织设计所规定的位置，按编号及构件吊装顺序进行集中

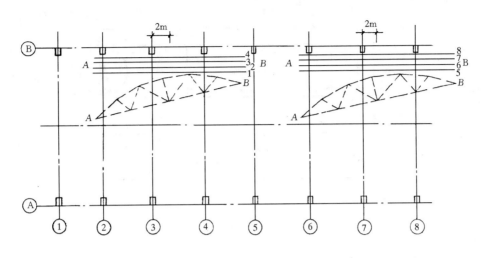

图 6-45　屋架的成组纵向排放

（虚线表示屋架预制时的位置）

堆放。

　　吊车梁、连系梁的就位位置，一般在其吊装位置的柱列附近，跨内跨外均可。也可以从运输车上直装，不需在现场排放。屋面板的就位位置，跨内跨外均可。如图 6-46 所示。

　　根据起重机吊屋面板时所需的起重半径，当屋面板在跨内排放时，大约应后退 3～4 节间开始排放；若在跨外排放，应向后退 1～2 个节间开始排放。

　　以上所介绍的构件预制位置和排放位置是通过作图定出来的。但构件的平面布置因受很多因素影响，制定时要密切联系现场实际，确定出切实可行的构件平面布置图。排放构件时，可按比例将各类构件的外形，用硬纸片剪成小模型，在同样比例的平面图上进行布置和调整。经研究可行后，给出构件平面布置图。

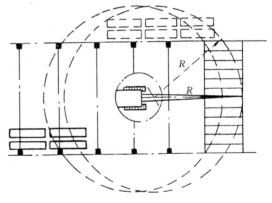

图 6-46　屋面板吊装就位布置

6.3.5　工程实例

　　某厂金工车间，跨度 18m，长 54m，柱距 6m 共 9 个节间，建筑面积 1002.36m²。主要承重结构采用装配式钢筋混凝土工字形柱，预应力混凝土折线形屋架，1.5m×6m 大型屋面板，T 形吊车梁，车间平面位置如图 6-47 所示。车间的结构平面图、剖面图如图 6-48 所示。

　　制定安装方案前，应先熟悉施工图，了解设计意图，将主要构件数量、重量、长度、安装标高分别算出，并列表 6-7 以便计算时查阅。

　　1. 起重机选择及工作参数计算

　　根据现有起重设备选择履带式起重机进行结构吊装，现将该工程各种构件所需的工作参数计算如下：

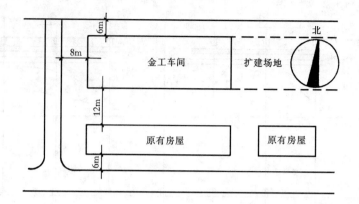

图 6-47　金工车间平面位置图

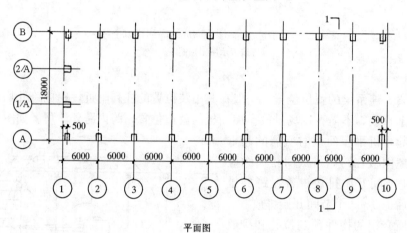

平面图

1-1 剖面图

图 6-48　某厂金工车间结构平面及剖面图

（1）柱子安装：采用斜吊绑扎法吊装如图 6-49。

Z_1 柱起重量 $Q_{\min}=Q_1+Q_2=6.0+0.2=6.2$（t）

起重高度 $H_{\min}=h_1+h_2+h_3+h_4=0+0.3+8.55+2.00=10.85$（m）

Z_3 柱起重量 $Q_{\min}=Q_1+Q_2=5.4+0.2=5.6$（t）

起重高度 $H_{\min}=h_1+h_2+h_3+h_4=0+0.3+11.0+2.0=13.30$（m）

项次	跨度	轴线	构件名称及编号	构件数量	构件重量（t）	构件长度（m）	安装标高（m）
1	Ⓐ～Ⓑ	Ⓐ、Ⓑ	基础梁 YJL	18	1.13	5.97	
2	Ⓐ～Ⓑ	Ⓐ、Ⓑ ②～⑨ ①～② ⑨～⑩	连系梁 YLL₁ YLL₂	42 12	0.79 0.73	5.97 5.97	+3.90 +7.80 +10.78
3	Ⓐ～Ⓑ	Ⓐ、Ⓑ ②～⑨ ①、⑩ ⑴ₐ、⑵ₐ	柱 Z₁ Z₂ Z₃	16 4 2	6.00 6.00 5.4	12.25 12.25 14.4	−1.25 −1.25
4	Ⓐ～Ⓑ		屋架 YWY₁₈₋₁	10	4.28	17.70	+11.00
5	Ⓐ～Ⓑ	Ⓐ、Ⓑ ②～⑨ ①～② ⑨～⑩	吊车梁 DCL₆₋₄Z DCL₆₋₄B	14 4	3.38 3.38	5.97 5.97	+7.80 +7.60
6	Ⓐ～Ⓑ		屋面板 YWB₁	108	1.10	5.97	+13.90
7	Ⓐ～Ⓑ	Ⓐ、Ⓑ	天沟	18	0.653	5.97	+14.60

（2）屋架安装

起重量 $Q_{min} = Q_1 + Q_2 = 4.28 + 0.2 = 4.48t$

起重高度 $H_{min} = 11.3 + 0.3 + 1.14 + 6.0 = 18.74m$

（3）屋面板安装

起重量 $Q_{min} = 1.1 + 0.2 = 1.3t$

起重高度 $H_{min} = （11.30 + 2.64）+ 0.3 + 0.24 + 2.50 = 16.98m$

安装屋面板时起重机吊钩需跨过已安装的屋架 3m，且起重臂轴线与已安装的屋架上弦中线最少需保持 1m 的水平间隙。所需最小杆长时的仰角为：

$$a = \mathrm{arctg} \sqrt[3]{\frac{h}{f+g}}$$

$$= \mathrm{arctg} \sqrt[3]{\frac{11.30 + 2.64 - 1.70}{3 + 1}} = 55°25'$$

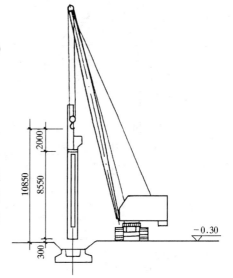

图 6-49　Z_1 柱起重高度计算面简图

代入式（6-12）可得

$$L_{min} = \frac{h}{\sin a} + \frac{f+g}{\cos a} = \frac{12.24}{\sin 55°25'} + \frac{4.00}{\cos 55°25'} = 21.95m$$

选用 W_1-100 型起重机，采用杆长 $L = 23m$，设 $\alpha = 55°$，再对起重高度进行核算；

假定起重杆顶端至吊钩的距离 $d = 3.5m$，则实际的起重高度为：

$$H = L_{\sin} 55° + E - d = 23 \sin 55° = 1.7 - 3.5 = 17.04m > 16.98m$$

213

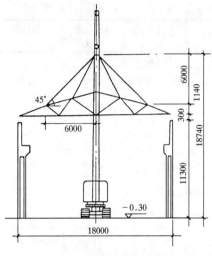

图 6-50　屋架起重高度计算简图

即 $d = 23\sin55° + 1.7 - 16.98 = 3.56m$ 满足要求。

此时起重机吊板的起重半径为：

$R = F + L \cdot \cos\alpha = 1.3 + 23\cos55° = 14.49m$

再以选定的 23m 长起重臂及 $\alpha = 55°$ 角用作图法来复核一下能否满足吊装最边缘一块屋面板的要求。

在图纸 6-51 中，以最边缘一块屋面板的中心 K 为圆心，以 $R = 14.49m$ 为半径画弧，交起重机开行路线于 O_1 点，O_1 点即为起重机吊装边缘一块屋面板的停机位置。用比例尺量 $KQ = 3.8m$。过 O_1K 按比例作 2-2 剖面。从 2-2 剖面可以看出，所选起重臂及起重仰角可以满足吊装要求。

屋面板吊装工作参数计算及屋面板的就位布置图如图 6-51 所示。

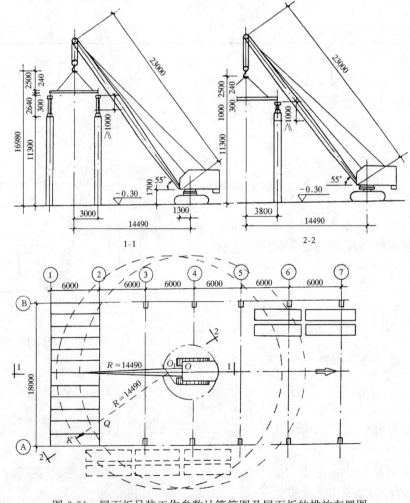

图 6-51　屋面板吊装工作参数计算简图及屋面板的排放布置图

（虚线表示当屋面板跨外布置时之位置）

214

根据以上各种吊装工作参数计算，确定选用 23m 长度的起重臂，并查 W_1-100 型起重机性能曲线，列出表 6-8，再根据合适的起重半径 R，作为制定构件平面布置图的依据。

2. 结构安装方法及起重机的开行路线

采用分件安装法进行安装。吊柱时采用 $R=7m$，故须跨边开行，每一停机点安装一根柱。屋盖吊装则沿跨中开行，具体布图如图 6-52 所示。

结构吊装工作参数表 表 6-8

构件名称	Z_1 柱			Z_3 柱			屋架			屋面板		
吊装工作参数	Q (t)	H (m)	R (m)	Q (t)	H (m)	R (m)	Q (t)	H (m)	R (m)	Q (t)	H (m)	R (m)
计算所需工作参数	6.2	10.85		5.6	13.3		4.48	18.74		1.3	16.94	
采用数值	7.2	19.0	7.0	6.0	19.0	8.0	4.9	19.0	9.0	2.3	17.30	14.49

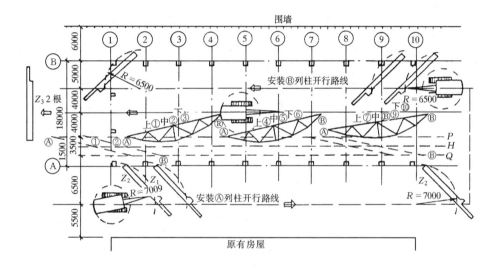

图 6-52　金工车间预制构件平面布置图

起重机自Ⓐ轴线跨外进场，自西向东逐根安装Ⓐ轴柱列，开行路线距Ⓐ轴 6.5m，距原有房屋 5.5m，大于起重机回转中心至尾部距离 3.2m，回转时不会碰墙。Ⓐ轴柱列安装完毕后，转入跨内，自东向西安装Ⓑ轴柱列，由于柱子在跨内预制，场地狭窄，安装时，就适当缩小回转半径，取 $R=6.5m$；开行路线距Ⓐ轴线 5m，距跨中 4m，均大于 3.2m，回转时起重机尾部不会碰撞叠放的屋架，屋架的预制均布置在跨中轴线以南。吊完Ⓑ轴柱列后，起重机自西向东扶直屋架及屋架就位；再转向安装Ⓑ轴吊车梁、连系梁，接着安装Ⓐ轴吊车梁、连系梁。

起重机自东向西沿跨中开行，安装屋架、屋面板及屋面支撑等。在安装①轴线的屋架前，应先安装西端头的两根抗风柱，安装屋面板，起重机即可拆除起重杆退场。

3. 现场预制构件平面布置

(1) Ⓐ轴柱列，由于跨外场地较宽，采取跨外预制，用三点共弧的安装方法布置。

(2) Ⓑ轴柱列，距围墙较近，只能在跨内预制，因场地狭窄，不能用三点共圆弧斜向布置，用两点共弧的方法布置。

（3）屋架采用正面斜向布置，每3～4榀为一叠，靠Ⓐ轴线斜向就位。

6.4 结构安装工程质量要求及安全措施

6.4.1 钢筋混凝土结构安装质量要求

（1）当混凝土强度达到设计强度75%以上时，预应力构件孔道灌浆的强度达到15MPa以上时，方可进行构件吊装。

（2）安装构件前，应对构件进行弹线和编号，并对结构及预制件进行平面位置、标高、垂直度等校正工作。

（3）构件在吊装就位后，应进行临时固定，保证构件的稳定。

（4）在吊装装配式框架结构时，只有当接头和接缝的混凝土强度大于10MPa时，方能吊装上一层结构的构件。

（5）构件的安装，力求准确，保证构件的偏差在允许范围内，见表6-9。

安装构件时的允许偏差 表6-9

项目	名 称		允许偏差（mm）
1	杯形基础	中心线对轴线位移	10
		杯底标高	−10
2	柱	中心线对轴线的位移	5
		上下柱连接中心线位移	3
		垂直度 ≤5m	5
		垂直度 >5m	10
		垂直度 ≥10m且多节	高度的1‰
		牛腿顶面和柱顶标高 ≤5m	−5
		牛腿顶面和柱顶标高 >5m	−8
3	梁或吊车梁	中心线对轴线位移	5
		梁顶标高	−5
4	屋架	下弦中心线对轴线位移	5
		垂直度 桁架	屋架高的1/250
		垂直度 薄腹梁	5
5	天窗架	构件中心线对定位轴线位移	5
		垂直度（天窗架高）	1/300
6	板	相邻两板板底平整 抹灰	5
		相邻两板板底平整 不抹灰	3
7	墙板	中心线对轴线位移	3
		垂直度	3
		每层山墙倾斜	2
		整个高度垂直度	10

6.4.2 安全技术措施

1. 使用机械的安全要求

（1）吊装所用的钢丝绳，事先必须认真检查，表面磨损和腐蚀达钢丝绳直径10％时，不准使用。

（2）起重机负重开行时，应缓慢行驶，且构件离地不得超过500mm。起重机在接近满荷时，不得同时进行两种操作动作。

（3）起吊重物的重心应位于吊钩正下方，严禁斜吊。

（4）起重机工作时，严禁碰触高压电线。起重臂、钢丝绳、重物等与架空电线要保持一定的安全距离，见表6-10、表6-11。

起重机吊杆最高点与电线之间应保持的垂直距离　　　　　表6-10

线路电压（kV）	距离不小于（m）	线路电压（kV）	距离不小于（m）
1以下	1	20以上	2.5
20以下	1.5		

起重机与电线之间应保持的水平距离　　　　　表6-11

线路电压（kV）	距离不小于（m）	线路电压（kV）	距离不小于（m）
1以下	1.5	110以下	4
20以下	2	220以下	6

（5）禁止在五级风以上的天气进行吊装作业。

（6）发现吊钩、卡环出现变形或裂纹时，不得再使用。

（7）起吊构件时，吊钩的升降要平稳，避免紧急制动和冲击。

（8）对新到、修复或改装的起重机在使用前必须进行检查、试吊；要进行静动负荷试验。试验时，所吊重物为最大起重量的125％，且离地面1m，悬空10min.

（9）起重机停止工作时，起动装置要关闭上锁。吊钩必须升高，防止摆动伤人，并不得悬挂物件。

2. 操作人员的安全要求

（1）从事安装工作人员要进行体格检查，对心脏病或高血压患者，不得进行高空作业。

（2）操作人员进入现场时，必须戴安全帽、手套，高空作业时还要系好安全带，所带的工具，要用绳子扎牢或放入工具包内。

（3）在高空进行电焊焊接，要系安全带，着防护罩；潮湿地点作业，要穿绝缘胶鞋。

（4）进行结构安装时，要统一用哨声、红绿旗、手势等指挥，所有作业人员，均应熟悉各种信号。

3. 现场安全设施

（1）吊装现场的周围，应设置临时栏杆，禁止非工作人员入内。地面操作人员，应尽量避免在高空作业面的正下方停留或通过，也不得在起重机的起重臂或正在吊装的构件下停留或通过。

（2）配备悬挂或斜靠的轻便爬梯，供人上下。

（3）如需在悬空的屋架上弦行走时，应在其上设置安全栏杆。

（4）在雨期或冬期里，必须采取防滑措施。如扫除构件上的冰雪、在屋架上捆绑麻袋、在屋面板上铺垫草袋等。

复 习 思 考 题

6-1 起重机械的种类有哪些？试说明其优缺点及适用范围。

6-2 试述履带式起重机的起重高度、起重半径与起重量之间的关系。

6-3 在什么情况下对履带式起重机进行稳定性验算？

6-4 柱子吊装前应进行哪些准备工作？

6-5 试说明旋转法和滑行法吊装时特点及适用范围。

6-6 试述柱按三点共弧进行斜向布置的方法。

6-7 怎样对柱进行临时固定和最后固定？

6-8 怎样校正吊车梁的安装位置？

6-9 屋架的排放有哪些方法？要注意哪些问题？

6-10 构件的平面布置应遵守哪些原则？

6-11 分件安装法和综合安装法各有什么特点？

6-12 预制阶段柱的布置方式有几种？各有什么特点？

6-13 屋架在预制阶段布置的方式有几种？

6-14 屋架在安装阶段的扶直有哪几种方法？如何确定屋架的就位范围和就位位置？

实 训 题

6-15 某单层工业厂房，跨度为24m，柱距6m，采用 W_1-100 型履带式起重机安装柱子，起重半径为7.5m，起重机分别沿纵轴线跨内和跨外开行，距离为6m，试对柱子作三点共弧斜向布置，并确定停机点位置。

6-16 某单层工业厂房跨度21m，柱距6m，10个节间，选用 W_1-100 型履带式起重机进行结构安装，吊装屋架时起重半径为8m，试分别绘制屋架斜向就位图和纵向就位图。

教学单元7 建筑防水工程施工

7.1 建筑防水等级与设防措施

建筑防水是利用防水材料对建筑物的某些部位（如地下室、外墙面、厕浴间楼地面、屋面等部位）所采取的防水或抗渗的措施。建筑防水的作用是：防止地下水、雨水、工业与民用给排水、腐蚀性液体等对建筑物某些部位的渗透侵入，保护建筑物具有良好的使用环境和使用年限。

建筑物需要进行防水处理的部位，因其适用范围、结构形式、使用功能、所处环境条件及所选用的防水材料和施工方法的不同，会有不同防水等级和设防要求。对此，建设部对各类工业与民用建筑的地下工程防水、屋面防水的防水等级和设防措施（或防水要求）作了明确的规定。

7.1.1 地下工程防水等级

国家标准《地下工程防水技术规范》GB 50208 根据工程的重要性和使用中对防水的要求，分为4个等级（表7-1）。其中工业与民用建筑的地下室，按其用途性质应达到一级或二级防水的等级标准。

地下工程防水等级标准与适用范围 表7-1

防水等级	一 级	二 级	三 级	四 级
标准	不允许渗水，结构表面无湿渍	不允许漏水，结构表面可有少量湿渍 工业与民用建筑：总湿渍面积不应大于总防水面积（包括顶板、墙面、地面）的1/1000；任意100m²防水面积上的湿渍不超过1处，单个湿渍的最大面积不大于0.1m² 其他地下工程：总湿渍面积不应大于总防水面积的6/1000；任意100m²防水面积上的湿渍不超过4处，单个湿渍的最大面积不大于0.2m²	有少量漏水点，不得有线流和漏泥砂 任意100m²防水面积上的漏水点数不超过7处，单个漏水点的最大漏水量不大于2.5L/d，单个湿渍的最大面积不大于0.3m²	有漏水点，不得有线流和漏泥砂整个工程平均漏水量不大于2L/m²·d；任意100m²防水面积的平均漏水量不大于4L/m²·d
适用范围	人员长期停留的场所；因有少量湿渍会使物品变质、失效的储物场所及严重影响设备正常运转和危及工程安全运营的部位；极重要的战备工程	人员经常活动的场所；在有少量湿渍的情况下不会使物品变质、失效的储物场所及基本不影响设备正常运转和工程安全运营的部位；重要的战备工程	人员临时活动的场所；一般战备工程	对渗漏水无严格要求的工程

7.1.2 地下工程防水设防措施

地下工程的防水可分为两部分内容。一是结构主体防水，如地下室外墙、底板等；二是细部构造特别是施工缝、变形缝、诱导缝、后浇带的防水。并按防水等级的不同采取不同的防水措施（表7-2）。

地下工程防水设防　　　　　　表7-2

工程部位	主体						施工缝					后浇带				变形缝、诱导缝						
防水措施	防水混凝土	防水砂浆	防水卷材	防水涂料	塑料防水板	金属板	遇水膨胀止水条	中埋式止水带	外贴式止水带	外抹防水砂浆	外涂防水涂料	膨胀混凝土	遇水膨胀止水条	外贴式止水带	防水嵌缝材料	中埋式止水带	外贴式止水带	可卸式止水带	防水嵌缝材料	外贴防水卷材	外涂防水涂料	遇水膨胀止水条
防水等级 1级	应选	应选一至两种					应选两种					应选	应选两种			应选	应选两种					
防水等级 2级	应选	应选一种					应选一至两种					应选	应选一至两种			应选	应选一至两种					
防水等级 3级	应选	宜选一种					宜选一至两种					应选	宜选一至两种			应选	宜选一至两种					
防水等级 4级	宜选	—					宜选一种					应选	宜选一种			应选	宜选一种					

由表5-2可以看出，对于防水等级为一、二级的地下工程，其结构主体的防水，应采取防水混凝土和其他防水层（一至两道）结合使用的防水措施，以满足这些工程使用年限长的需要；对于施工缝、后浇带、变形缝，应根据不同防水等级选用不同的防水措施（防水等级越高，拟采用的防水措施越多），以解决缝隙渗漏率高的状况。

7.1.3 屋面防水等级和设防要求

国家标准《屋面工程质量验收规范》GB 50207根据建筑物的性质、重要程度、使用功能要求，将建筑屋面防水等级分为4个等级，并根据不同的防水等级规定防水层的材料及设防要求（表7-3）。

屋面防水等级和设防要求　　　　　　表7-3

项　　目	屋面防水等级			
	I	II	III	IV
建筑物类别	特别重要或对防水有特殊要求的建筑	重要的建筑和高层建筑	一般的建筑	非永久性的建筑
防水层合理使用年限	25年	15年	10年	5年
防水层选用材料	宜选用合成高分子防水卷材、高聚物改性沥青防水卷材、金属板材、合成高分子防水涂料、细石混凝土等材料	宜选用高聚物改性沥青防水卷材、合成高分子防水卷材、金属板材、合成高分子防水涂料、高聚物改性沥青防水涂料、细石混凝土、平瓦、油毡瓦等材料	宜选用三毡四油沥青防水卷材、高聚物改性沥青防水卷材、合成高分子防水卷材、金属板材、高聚物改性沥青防水涂料、合成高分子防水涂料、细石混凝土、平瓦、油毡瓦等材料	可选用二毡三油沥青防水卷材、高聚物改性沥青防水涂料等材料
设防要求	三道或三道以上防水设防	两道防水设防	一道防水设防	一道防水设防

由表 7-3 可以看出，对于防水等级为 II 级的高层建筑或重要的工业与民用建筑，其屋面防水应采用两道防水设防，且其中应有一道卷材；而对于一般的工业与民用建筑，可采用一道防水设防。

7.2 建筑防水的分类与防水材料

7.2.1 建筑防水分类

建筑防水按其采取的措施和手段不同，分为材料防水和构造防水两大类。

1. 材料防水

材料防水是依靠防水材料经过施工形成整体封闭防水层，阻断水的通路，以达到防水的目的。

材料防水的防水层按采用防水材料的不同，有刚性防水层和柔性防水层两类。刚性防水层是采用较高强度和无延伸能力的防水材料，如防水砂浆、防水混凝土所构成的防水层。柔性防水层是采用具有一定柔韧性和较大延伸率的防水材料，如防水卷材、有机防水涂料等构成的防水层。

2. 构造防水

构造防水是采用正确与合适的构造形式阻断水的通路和防止水侵入室内的统称。如对各类接缝（变形缝、施工缝等）以及节点细部构造的防水处理。

需说明的是，为达到理想的防水效果，在大多数建筑防水工程中，材料防水和构造防水应结合使用。即在防水工程的迎水面做好防水层的同时，需对各类接缝及各节点细部构造做好防水处理。

7.2.2 防水材料

1. 防水混凝土

防水混凝土是地下整体式混凝土主体结构防水（结构自防水）中的一道重要防线。防水混凝土包括普通防水混凝土、外加剂或掺合料防水混凝土和膨胀水泥防水混凝土三大类。

普通防水混凝土是以调整配合比的方法，提高混凝土自身的密实性和抗渗性。外加剂防水混凝土是在混凝土拌合物中加入少量改善混凝土抗渗性的有机或无机物，如减水剂、防水剂、引气剂等外加剂。掺合料防水混凝土是在混凝土拌合物中加入少量硅粉、磨细矿渣粉、粉煤灰等无机粉料，以增加混凝土密实性和抗渗性。膨胀水泥防水混凝土是利用膨胀水泥在水化硬化过程中形成大量体积增大的结晶，以改善混凝土的孔结构，提高混凝土抗渗性能；同时膨胀后，产生的自应力使混凝土处于受压状态，提高混凝土的抗裂性能。

防水混凝土与普通混凝土相比，两者在配制的原则上有很大的区别。普通混凝土是根据所需的强度要求进行配制，而防水混凝土则是根据工程设计所需抗渗等级的要求进行配制。作为防水混凝土必须满足设计的抗渗要求，同时适应强度要求。

2. 防水砂浆

防水砂浆是在水泥砂浆中掺入各种外加剂、掺合剂或高分子聚合物拌制而成的具有较好防水效果的防水材料。多用作混凝土或砌体结构基层上的水泥砂浆防水层。一般采用多层抹面做法与基层粘结牢固并连成一体后，共同承受外力及压力水作用。

3. 防水卷材

防水卷材按其原材料性质的不同可分为：沥青防水卷材、高聚物改性沥青防水卷材和合成高分子防水卷材三大类。其中沥青防水卷材（俗称油毡），由于受沥青和胎体材料性能的限制，该类卷材拉伸强度低、延伸率小、耐老化性能较差，难以适应建筑防水的需要。因此在实际工程中已较少应用，尤其在地下工程和高层建筑屋面的防水中已基本不用。

（1）高聚物改性沥青防水卷材

该卷材使用的高聚物改性沥青，指在石油沥青中添加聚合物，以改善沥青的感湿性差、低温易裂、高温易流淌等不足。卷材的胎体主要使用玻纤毡和聚酯毡等高强材料。目前国内外用的主要卷材品种有：SBS、APP、APAO、APO 等防水卷材。

（2）合成高分子防水卷材

合成高分子防水卷材是一类无胎体的卷材，也称片材。按其原材料的品质又可分为合成橡胶类和合成树脂类两大类。该卷材具有拉伸强度大、断裂伸长率高、耐高低温性能好等优点，因而对环境气温变化和结构基层伸缩、变形、开裂等状况有较强的适应性。目前常用的品种有：三元乙丙、氯化聚乙烯、聚氯乙烯、氯化聚乙烯-橡胶共混等防水卷材。

4. 防水涂料

建筑防水涂料是一类在常温下呈无定形液态，经涂布（喷涂、滚涂、刮涂等）能在基层表面固化，形成具有一定弹性的防水膜物质的防水材料。

防水涂料的种类与品种较多，既有有机类防水涂料，也有无机类防水涂料。有机类防水涂料主要包括高性能合成橡胶类、合成树脂乳液类和橡胶沥青类涂料。如氯丁橡胶防水涂料、SBS 改性沥青防水涂料、聚氨酯防水涂料等。无机类防水涂料主要包括聚合物改性水泥基防水涂料和水泥基渗透结晶型防水涂料等。应指出的是，有机防水涂料固化成膜后最终可形成柔性防水层，而无机防水涂料是在水泥中掺有一定的聚合物，虽能不同程度地改变了水泥固化后的物理力学性能，但仍应视为刚性防水层，不适用于变形较大或受振动部位。

7.3 地 下 防 水 工 程

地下防水工程是指对工业与民用建筑地下工程、防护工程、隧道及地下铁道等建（构）筑物，进行防水设计、防水施工和维护管理等各项技术工作的工程实体。本节仅对工业与民用建筑的地下室（结构主体和细部构造等部位）的防水设防措施及其相应的施工方法、技术要点作一概括介绍。

7.3.1 防水混凝土结构施工

目前工业与民用建筑地下室结构主体的防水，多采用以结构自防水为主，并在结构表面辅以一至两道其他防水层（卷材、涂料、刚性防水复合使用）的设防措施。其中结构自防水，是以工程结构本身采用防水混凝土实现防水功能的一种防水做法，使结构承重和防水合为一体。也是地下室多道防水设防中的一道最重要的防线。

1. 材料要求

防水混凝土一般多需掺加外加剂、掺合料，并经调整配合比，使水泥砂浆除满足填充和粘结石子骨架作用外，还在粗骨料周围形成一定数量良好的砂浆包裹层，从而提高混凝土的抗渗性。作为防水混凝土，首先必须满足设计的抗渗等级要求（表7-4），同时适应强度要求。一般能满足抗渗要求的混凝土，其强度往往会超过设计要求。

防水混凝土设计抗渗等级 表 7-4

工程埋置深度（m）	设计抗渗等级	工程埋置深度（m）	设计抗渗等级
<10	P6	20～30	P10
10～20	P8	30～40	P12

配制防水混凝土所需的原材料应符合下列规定：

（1）水泥

1）水泥品种应按设计要求选用。在不受侵蚀性介质和冻融作用时，宜采用普通硅酸盐水泥、火山灰质硅酸盐水泥、粉煤灰硅酸盐水泥；在受冻融作用时，应优先选用普通硅酸盐水泥，不宜采用火山灰质和粉煤灰硅酸盐水泥；在受侵蚀性介质作用时，应按介质的性质选用相应的水泥品种。

2）水泥的强度等级不应低于32.5级。不得使用过期或受潮结块的水泥，并不得将不同品种或强度等级的水泥混合使用。

（2）砂、石骨料

1）碎石或卵石的粒径宜为5～40mm，泵送时其最大粒径应为输送管径的1/4。吸水率不应大于1.5%，含泥量不得大于1.0%，泥块含量不得大于0.5%。不得使用碱活性骨料。

2）砂宜采用中砂。含泥量不得大于3.0%，泥块含量不得大于1.0%。

（3）水

拌制混凝土所用的水，应采用不含有害物质的洁净水。

（4）外加剂和掺合料

1）防水混凝土可根据工程需要掺入减水剂、膨胀剂、防水剂、密实剂、引气剂、复合型外加剂等外加剂，其品种和掺量应经试验确定。所有外加剂应符合国家或行业标准一等品及以上的质量要求。

2）防水混凝土可掺入一定数量的粉煤灰、磨细矿渣粉、硅粉等。粉煤灰的级别不应低于二级，掺量不宜大于水泥重量的20%；硅粉掺量不应大于3%；其他掺合料的掺量应经过试验确定。

2. 防水混凝土施工

防水混凝土工程质量的好坏不仅取决于混凝土原材料本身的质量，而且在施工过程中的配料、搅拌、运输、浇筑、振捣及养护等工序都将对混凝土的质量有着很大的影响。因此施工时，必须对上述各个环节严格控制，严格按照有关规范、规程进行施工。

（1）混凝土配料

对于现场有搅拌条件的工程，在对现场原材料进行取样并送试，取得试验室配合比后，可在现场自拌混凝土。但在实际配料时，尚应根据现场材料的实际含水率大小等因素，对试验室配合比进行换算并调整，确定施工用配合比。对于现场无搅拌条件的工程，可考虑采用预拌混凝土（商品混凝土）。确定防水混凝土配合比时应符合下列规定：

1）试验室配制的防水混凝土其抗渗水压值应比设计要求提高 0.2MPa，以利于保证施工质量和混凝土的防水性。

2）水泥用量不得少于 300kg/m³；掺有活性掺合料时，水泥用量也不得少于 280 kg/m³。

3）砂率宜为 35%～45%，灰砂比宜为 1：2～1：2.5，水灰比不得大于 0.55。

4）普通防水混凝土坍落度不宜大于 50mm，泵送时入泵坍落度宜为 100～140mm，入泵前坍落度每小时损失值不应大于 30mm，坍落度总损失值不应大于 60mm。

5）拌制混凝土所用材料的品种、规格和用量，每工作班检查不应少于两次。每盘混凝土各组成材料计量结果的偏差应符合表 7-5 的规定。

混凝土组成材料计量结果的允许偏差（%） 表 7-5

混凝土组成材料	每 盘 计 量	累 计 计 量
水泥、掺和料	±2	±1
粗、细骨料	±3	±2
水、外加剂	±2	±1

注：累计计量仅适用于微机控制计量的搅拌站。

6）使用减水剂时，应预先溶解成一定浓度的水溶液，并可用比重法控制溶液的浓度。

（2）混凝土的搅拌与运输

防水混凝土必须采用机械搅拌，搅拌时间不应小于 2min，掺外加剂时还应根据外加剂的技术要求，确定搅拌时间。

防水混凝土运输设备与方法应根据结构特点、混凝土工程量大小、混凝土浇筑强度、水平及垂直运输距离、气候条件等各种因素综合考虑后确定。常用的有塔吊＋料斗、混凝土泵等。运输距离较远或气温较高时，可掺入适量的缓凝剂或采用运输搅拌车运送。混凝土在运输过程中，要防止产生离析、漏浆和坍落度、含气量的损失等现象。在运输后如出现离析，必须进行二次搅拌；当坍落度损失后不能满足施工要求时，应加入原水灰比的水泥浆或二次掺加减水剂进行搅拌，严禁直接加水。

（3）混凝土的浇筑与振捣

地下室防水混凝土的浇捣除应满足一般混凝土浇捣的若干注意事项外，尚应注意如下要点：

1）防水混凝土应连续浇筑，尽量不留或少留施工缝。当留有施工缝时，应遵守下列规定：

A. 墙体水平施工缝不应留在剪力与弯矩最大处或底板与侧墙的交接处，应留在高出底板表面不小于 300mm 的墙体上。墙体有预留孔洞时，施工缝距孔洞边缘不应小于 300mm。施工缝可做成如图 7-1 所示形式。

B. 如必须留垂直施工缝时，应避开地下水和裂缝水较多的地段，并尽量与变形缝相结合。

2）对于大体积的防水混凝土工程，可采取分区浇筑、使用发热量低的水泥或掺外加剂（如粉煤灰）等相应措施，以防止温度裂缝的发生。

3）水平施工缝浇筑混凝土前，应将其表面浮浆和杂物清除，先铺净浆，再铺 30～50mm 厚的 1：1 水泥砂浆或涂刷混凝土界面处理剂，并及时浇筑混凝土。

4）防水混凝土必须采用高频机械振捣密实，振捣时间宜为 10～30s，以混凝土泛浆和不冒气泡为准，应避免漏振、欠振和超振。

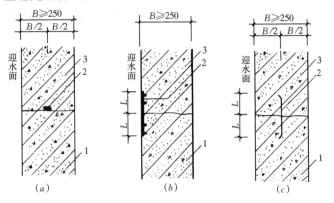

图 7-1　施工缝防水的构造形式

（a）防水基本构造（一）

1—先浇混凝土；2—遇水膨胀止水条；3—后浇混凝土

（b）防水基本构造（二）

外贴止水条 L≥150；外涂防水涂料 L＝200；外抹防水砂浆 L＝200

1—先浇混凝土；2—外贴防水层；3—后浇混凝土

（c）防水基本构造（三）

钢板止水带 L≥100；橡胶止水带 L≥125；钢边橡胶止水带 L≥120

1—先浇混凝土；2—中埋止水带；3—后浇混凝土

5）防水混凝土浇筑过程中，需在浇筑地点检测混凝土的坍落度，并留置强度试件和抗渗试件。

试件取样及坍落度检测频率应符合下列规定：

A. 每工作班至少检查两次浇筑地点的坍落度，混凝土实测的坍落度与要求坍落度之间的偏差应符合表 7-6 的规定；

B. 强度试件留设同普通混凝土；

C. 连续浇筑混凝土每 500m³ 应留置一组抗渗试件（一组为 6 个抗渗试件），且每项工程不得少于两组。防水混凝土抗渗试件，应采用标准条件下养护。试件应在浇筑地点制作。

混凝土坍落度允许偏差　　表 7-6

要求坍落度（mm）	允许偏差（mm）
≤40	±10
50～90	±15
≥100	±20

（4）混凝土的养护

防水混凝土养护对其抗渗性能影响极大。因此，当混凝土进入终凝（约浇筑后 4～12h）应立即进行浇水养护。大体积防水混凝土宜采用保温保湿养护。当防水混凝土进入冬期施工时，防水混凝土的养护应按冬期施工规范的要求执行。防水混凝土的养护时间不得少于 14d。

（5）结构细部防水的做法

防水混凝土结构内的预埋铁件、穿墙管道及结构的后浇缝、变形缝、施工缝等部位，均为防水薄弱环节，应采取有效的措施，仔细施工，严禁有渗漏。

1）固定模板用螺栓部位的防水做法

固定模板用的螺栓必须穿过混凝土结构时，可采用工具式螺栓或螺栓加堵头做法，螺栓或套管应满焊止水环或翼环。拆模后应采取加强防水措施，将留下的凹槽封堵密实（图7-2），并宜在迎水面涂刷防水涂料。

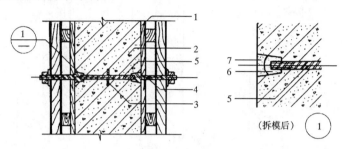

图 7-2　固定模板用螺栓的防水做法

1—模板；2—结构混凝土；3—止水环；4—工具式螺栓；

5—固定模板用螺栓；6—嵌缝材料；7—聚合物水泥砂浆

2）预埋铁件部位的防水做法

防水混凝土结构内的预埋铁件，用加焊止水钢板的方法或加套遇水膨胀橡胶止水环的方法（图7-3），并注意将铁件及止水钢板或遇水膨胀橡胶止水环周围的混凝土浇捣密实。

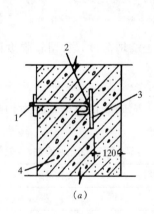
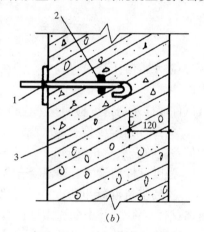

图 7-3　预埋铁件部位的防水做法

（a）止水钢板止水处理；

1—预埋螺栓；2—焊缝；3—止水钢板；4—防水混凝土结构

（b）遇水膨胀橡胶止水处理

1—预埋螺栓；2—遇水膨胀止水环；3—防水混凝土

3）后浇缝部位的防水做法

后浇缝主要用于大面积混凝土结构，是一种混凝土刚性接缝，能有效避免混凝土收缩裂缝的产生，适用于不允许设置柔性变形缝的工程及后期变形已趋于稳定的结构，施工时应注意如下两点：

A. 后浇缝留设的位置、形式（图7-4）及宽度应符合设计要求，缝内结构钢筋不能断开；

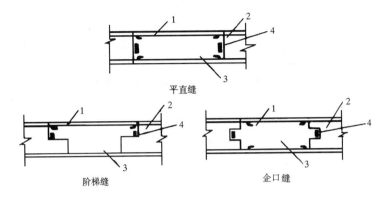

平直缝

阶梯缝   企口缝

图 7-4　后浇缝部位的防水做法
1—钢筋；2—先浇混凝土；3—后浇混凝土；4—遇水膨胀橡胶止水条

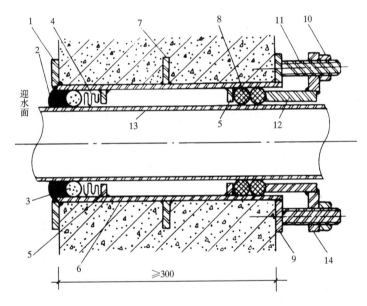

图 7-5　穿墙管道部位的防水做法（套管加焊止水环）
1—翼环；2—嵌缝材料；3—背衬材料；4—填缝材料；
5—挡圈；6—套管；7—止水环；8—橡胶圈；9—翼盘；10—螺母；
11—双头螺栓；12—短管；13—主管；14—法兰盘

B. 后浇缝混凝土应在其两侧混凝土浇筑完毕，待主体结构达到标高或间隔 6 周
（42d）后，再用补偿收缩混凝土进行浇筑，混凝土浇筑后尚应湿润养护 4 周（28d）。

4）穿墙管道部位的防水做法

需穿过防水混凝土结构的设备管道，当结构变形或管道伸缩量较小时，穿墙管的主管
可直接埋入混凝土内，但需在穿墙管中部加焊金属止水环或加套遇水膨胀橡胶止水环，并
应在出墙口处预留凹槽，槽内用嵌缝材料嵌填密实；当结构变形或管道伸缩量较大或有更
换要求时，应采用套管式穿墙管，但需在预埋套管上加套遇水膨胀橡胶止水环或加焊钢板
止水环（图 7-5）。翼环与套管应满焊密实，并在施工前将套管内表面清理干净。金属止

水环应与主管或套管满焊密实；膨胀橡胶止水环应用胶粘剂满粘固定于管上，并应涂缓胀剂。

3. 防水混凝土质量要求

（1）防水混凝土的原材料、配合比及坍落度必须符合设计要求。

（2）防水混凝土的抗压强度和抗渗压力必须符合设计要求。

（3）防水混凝土的变形缝、施工缝、后浇带、穿墙管道、埋设件等设置和构造，均须符合设计要求，严禁有渗漏。

（4）防水混凝土结构表面应坚实、平整，不得有露筋、蜂窝等缺陷；埋设件位置应正确。

（5）防水混凝土结构表面的裂缝宽度不应大于 0.2mm，并不得贯通。

（6）防水混凝土结构厚度不应小于 250mm，其允许偏差为＋15mm、－10mm；迎水面钢筋保护层厚度不应小于 50mm，其允许偏差为±10mm。

7.3.2 水泥砂浆防水层施工

地下室工程以钢筋混凝土结构自防水为主，并不意味着其他附加防水层的做法不重要。因为大面积的防水混凝土难免没有一点缺陷，何况当结构厚度不大时，仍有可能透湿，故对防水、防湿要求较高的地下室，有时还应在防水混凝土结构的迎水面做水泥砂浆防水层，即形成防水混凝土与防水砂浆的复合防水。

在防水混凝土结构的表面抹压防水砂浆的做法也称为刚性防水附加层。这种水泥砂浆防水主要依靠在水泥砂浆中掺入某种外加剂、掺合料或聚合物，来提高它的密实性或改善它的抗裂性，从而达到防水抗渗的目的。

1. 材料要求

（1）水泥

应采用强度等级不低于 32.5 级的普通硅酸盐水泥、硅酸盐水泥、特种水泥，严禁使用过期或受潮结块水泥。

（2）砂

宜采用中砂，粒径 3mm 以下，含泥量不得大于 1％，硫化物和硫酸盐含量不得大于 1％。

（3）聚合物乳液

砂浆中掺用的聚合物有：聚丙烯酸酯、乙烯-醋酸乙烯共聚物、有机硅等。配料时宜选用专用产品。聚合物乳液的外观应无颗粒、异物和凝固物，固体含量应大于 35％。

（4）外加剂

其技术性能应符合国家或行业标准一等品及以上的质量要求。

2. 水泥砂浆防水层施工

（1）基层处理

水泥砂浆防水层施工前，基层混凝土强度不应低于设计值的 80％。先将基层表面的污垢、浮土杂物等清除干净，进行凿毛，最好用水冲刷一遍。基层表面如有孔洞、缝隙，应用与防水层相同的砂浆堵塞抹平，并在预埋件、穿墙管预留凹槽处嵌填好密封材料。

（2）防水砂浆的铺抹

水泥砂浆防水层的施工方法应符合所掺材料的规定。对于掺聚合物的防水砂浆，宜先在处理好的基层表面，由上而下均匀涂刮或喷涂聚合物水泥浆一遍（厚度在 1mm 左右），间隔 15～30min 左右后，即可将混合好的水泥砂浆抹在基层上；对于掺有机硅防水剂的水泥砂浆，宜先在基层上刮一层 2～3mm 厚水泥浆膏结合层，初凝后再分层铺抹防水砂浆。

（3）施工要点

1）铺抹聚合物水泥砂浆防水层时，由于其凝聚较快，因此该类砂浆拌合后应在 1h 内用完，最好随用随配置。当出现有干结现象时，不得任意加水，以免破坏乳液的稳定性而影响防水功能。

2）防水砂浆分层铺抹时，同一层宜连续施工，尽量不留茬。各层之间必须结合牢固，无空鼓现象。

3）水泥砂浆防水层不宜在雨天及 5 级以上大风中施工。冬期施工时，气温不应低于 5℃，且基层表面温度应保持 0℃ 以上。夏季施工时，不应在 35℃ 以上或烈日照射下施工。

4）普通水泥砂浆防水层终凝后，应及时进行湿润养护，养护时间不少于 14d。聚合物水泥砂浆防水层未达到硬化状态时，不得浇水养护或直接受雨水冲刷，硬化后应采用干湿交替的养护方法。

7.3.3 卷材防水层施工

1. 材料要求

地下室防水混凝土结构迎水面铺贴的卷材防水层，应选用高聚物改性沥青类或合成高分子类防水卷材，并应符合下列规定：

（1）卷材及其胶粘剂应具有良好的耐水性、耐久性、耐刺穿性、耐腐蚀性和耐菌性。

（2）高聚物改性沥青防水卷材的拉伸性能、低温柔度、不透水性和合成高分子防水卷材的拉伸强度、断裂伸长率、低温弯折性、不透水性等主要物理性能均应满足相应规范的要求。

（3）粘结各类卷材必须采用与卷材材性相容的胶粘剂。与高聚物改性沥青卷材间的粘结剥离强度不小于 8N/10mm；与合成高分子卷材间的粘结剥离强度不小于 15N/10mm；浸水 168h 后的粘结剥离强度保持率不小于 70%。

2. 卷材防水层施工

地下室卷材防水层施工一般多采用整体全外包防水做法，按工艺不同可分为外防外贴法和外防内贴法两种。现以外防外贴法工艺为例，对其施工的技术要点叙述如下：

外防外贴法（图 7-6）是将立面卷材防水层直接粘贴在需要做防水的钢筋混凝土结构外表面上，最后采取保护措施的施工方法。

铺贴卷材防水层应符合下列规定：

（1）铺贴卷材前，应在基面上涂刷基层处理剂，当基面较潮湿时，应涂刷湿固化型胶粘剂或潮湿界面隔离剂。

（2）铺贴高聚物改性沥青卷材应优先采用热熔法施工；铺贴合成高分子卷材采用冷粘法施工。

（3）铺贴卷材应先铺平面，后铺立面，交接处应交叉搭接。

（4）临时性保护墙应用石灰砂浆砌筑，内表面应用石灰浆做找平层，并刷石灰浆。如用模板代替临时性保护墙时，应在其上涂刷隔离剂。

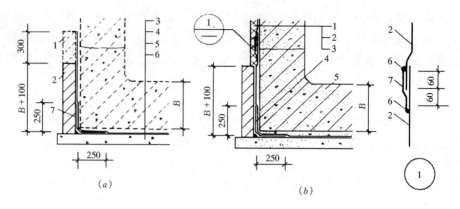

图 7-6　地下室工程外贴法卷材防水构造
(*a*) 甩茬做法；
1—临时保护墙；2—永久保护墙；3—细石混凝土保护层；4—卷材防水层；
5—水泥砂浆找平层；6—混凝土垫层；7—卷材加强层
(*b*) 接茬做法
1—结构墙体；2—卷材防水层；3—卷材保护层；4—卷材加强层；
5—结构底板；6—密封材料；7—盖缝条

（5）从底面折向立面的卷材与永久性保护墙的接触部位，应临时贴附在该墙上或模板上，卷材铺好后，其顶端应临时固定。

（6）主体结构完成后，铺贴立面卷材时，应先将接茬部位的各层卷材揭开，并将其表面清理干净，如卷材有局部损伤，应及时进行修补。卷材接茬搭接长度：高聚物改性沥青卷材为 150mm；合成高分子卷材为 100mm。当使用两层卷材时，卷材应错茬接缝，上层卷材应盖过下层卷材。

（7）地下室主体结构（外侧墙）防水层的外侧应做保护层（如聚乙烯泡沫塑料），以防止回填土时打夯碰撞而使防水层受损。

7.3.4　涂料防水层施工

地下室涂料防水是以无机防水涂料涂刷于结构主体的背水面或以有机防水涂料涂刷于结构主体的迎水面后，能形成一层连续、无缝、整体的防水层。

1. 材料要求

涂料防水层所选用的涂料应具有良好的耐水性、耐久性、耐腐蚀性及耐菌性，且无毒、难燃、低污染。无机防水涂料应具有良好的干粘结性、耐磨性和抗刺穿性；有机防水涂料应具有较好的延伸性及适应基层变形的能力。

2. 涂料防水层施工

（1）基层处理

涂刷涂料防水层前，应对基层表面的气孔、凹凸不平、蜂窝、缝隙、起砂等，做好修补处理并在基面上先涂一层与涂料相容的基层处理剂。基层阴阳角应做成圆弧形，阴角直径宜大于 50mm，阳角直径宜大于 10mm。

（2）施工要点

1）涂膜应多遍完成。后遍涂层的施工需在前遍涂层干燥成膜后方可进行。

2）采用有机防水涂料时，宜在阴阳角及底板增加一层胎体增强材料，并增涂 2～4 遍防水涂料。

3）涂层必须均匀，不得漏刷漏涂，施工缝处的接缝宽度不应小于 100mm。

4）涂膜总厚度应满足下列要求：

A. 水泥基防水涂料的厚度宜为 1.5～2.0mm；

B. 水泥基渗透结晶型涂料的厚度不应小于 0.8mm；

C. 有机防水涂料根据材料的性能要求，其厚度宜为 1.2～2.0mm。

5）有机防水涂料施工完成后应及时做好保护层，保护层应符合下列规定：

A. 侧墙背水面应采用 20mm 厚 1∶2.5 水泥砂浆层保护；

B. 侧墙迎水面宜选用软保护（同卷材防水）或 20mm 厚 1∶2.5 水泥砂浆层保护。

7.4 屋面防水工程

建筑屋面是建筑工程的一个主要分部工程，应具有防水、保温、隔热等功能。其工程质量的好坏，不仅关系到建筑物的使用寿命，而且直接影响到人们的生活和生产活动。一般工业与民用建筑的屋面，按其所用材料的不同，主要有卷材防水屋面、涂膜防水屋面、刚性防水屋面、瓦屋面、隔热屋面等。

建筑屋面工程应根据建筑物的性质、重要程度、使用功能要求以及防水层耐用年限等，将屋面防水分为四个等级，并明确规定了相应的设防要求。屋面工程防水的构造层次如图 7-7，具体施工时有哪些层次，原则上应根据设计要求决定。

7.4.1 卷材防水屋面

卷材防水屋面的防水层，常用的防水卷材有沥青防水卷材、高聚物改性沥青防水卷材和合成高分子防水卷材等。实际工程中可根据屋面结构特点和设计要求选用不同的防水材料或不同的施工方法，以获得较为理想的防水效果。需说明的是，由于原有的传统石油沥青卷材，较难适应屋面防水基层伸缩或开裂变形的需要，因此在建筑屋面防水工程中，采用各种拉伸强度高、抗撕裂性能好、延伸率大、耐高低温性能优良、使用寿命长的弹性或弹塑性的新型防水材料（如高聚物改性沥青防水卷材、合成高分子防水卷材）做屋面的防水层，是提高屋面防水工程质量和延长防水层使用年限，节省维修费用的重要措施。

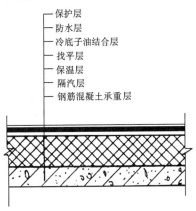

——保护层
——防水层
——冷底子油结合层
——找平层
——保温层
——隔汽层
——钢筋混凝土承重层

图 7-7　屋面防水构造
层次示意图

1. 屋面保温层

屋面保温层常设置于屋面基层（屋面板）之上，防水层之下，用以阻止室内温度下降过快。当设计要求需设置隔汽层时，往往在其下尚有一层空铺卷材或防水涂料的隔汽层。屋面保温层根据保温材料形式及施工方法的不同，可分为松散材料保温层（如干铺珍珠岩，干铺蛭石等）、板状材料保温层（如树脂珍珠岩板、加气混凝土块、聚苯乙烯泡沫塑料板块等）、整体现浇（喷）保温层（如沥青膨胀珍珠岩、硬泡聚氨酯等）。

（1）松散材料保温层

膨胀珍珠岩保温层，其粒径宜大于 0.15mm，小于 0.15mm 的含量不应大于 8%，堆积密度应小于 120kg/m³，导热系数应小于 0.07W/(m·K)。膨胀蛭石保温层，其粒径宜为 3～15mm，堆积密度应小于 300kg/m³，导热系数应小于 0.14W/(m·K)。

铺设松散材料保温层的基层应平整、干燥、干净。松散保温材料应分层铺设，并适当压实（压实程度应经试验确定），铺设后要求表面平整，找坡正确。材料本身含水率应符合设计要求，雨期施工要遮盖防雨，并在铺完后应及时做找平层和防水层覆盖。

（2）板状材料保温层

板状保温材料的各项物理性能指标应符合相应规范的规定。外观质量应符合下列要求：板的外形基本平整，无严重凹凸不平；厚度允许偏差为 5%，且不大于 4mm。

铺设板状材料保温层的基层应平整（必要时宜先做一层找平层）、干燥、干净。干铺的板状保温材料应紧靠在需保温的基层表面上，并应铺平垫稳；粘贴的板状保温材料应贴严、粘牢。分层铺设的板块上下层接缝应相互错开；板间缝隙应采用同类材料嵌填密实，并做到找坡正确。

（3）整体现浇（喷）保温层

整体现浇保温层宜优先选用吸水率低的沥青膨胀蛭石（珍珠岩）或硬泡聚氨酯等材料，不宜使用含水率高、吸水率大的水泥珍珠岩或水泥蛭石。沥青膨胀蛭石、沥青膨胀珍珠岩宜用机械搅拌，并应色泽一致，无沥青团；硬质聚氨酯泡沫塑料应按配合比准确计量，发泡厚度应均匀一致。整体现浇保温层应分层铺设，压实适当（压实程度根据试验确定），铺设后的厚度应符合设计要求，且应做到表面平整，找坡正确。

2. 屋面找平层的要求及处理

卷材防水屋面防水层下的找平层，一般多设置于保温层之上（除倒置式屋面外）。常用的找平层材料有水泥砂浆、细石混凝土或沥青砂浆等，一般可根据其下部基层种类的不同分别选用。找平层的厚度和技术要求应符合表 7-7 的规定。

找平层厚度和技术要求

表 7-7

类　别	基层种类	厚度（mm）	技术要求
水泥砂浆找平层	整体混凝土 整体或板块材料保温层 装配式混凝土板、松散材料保温层	15～20 20～25 20～30	1：2.5～1：3（水泥：砂）体积比，水泥强度等级不低于 32.5 级
细石混凝土找平层	松散材料保温层	30～35	强度等级不低于 C20
沥青砂浆找平层	整体混凝土 装配式混凝土板、整体或板块材料保温层	15～20 20～25	1：8（沥青：砂）质量比

卷材防水层面找平层的施工应满足如下要求：

（1）找平层施工前应先检查屋面坡度。平屋面的坡度应符合规范要求，一般坡度以 2%～3% 为宜。当屋面坡度为 2% 时，宜采用材料找坡；屋面坡度为 3% 时，宜采用结构找坡。天沟、檐沟纵向找坡不宜小于 1%，天沟内水落口周围，找平层应做成略低的凹坑，水落口周围直径 500mm 范围内的排水坡度不宜小于 5%，女儿墙与水落口中心距离应在 200mm 以上。

（2）找平层与突出屋面结构（如变形缝、管道、女儿墙等部位）的交接处，应抹成均匀一致和平整光滑的小圆角；与檐口、天沟、排水口、沟脊等连接的转角处，应抹成光滑的圆弧形，其半径应符合表 7-8 的要求。

（3）找平层表面应平整光滑，均匀一致。其平整度为：用 2m 靠尺和楔形塞尺检查，找平层表面与直尺间的最大空隙不应超过 5mm，且空隙仅允许平缓变化。找平层与下部基层粘结牢固。水泥砂浆、细石混凝土找平层不得有酥松、起砂、起皮现象；沥青砂浆找平层不得有拌合不匀、蜂窝现象。

（4）在进行防水层施工以前，必须将基层表面的水泥砂浆疙瘩等突起物铲除，将尘土杂物彻底清扫干净。实践证明只清扫一次是不够的，往往需要清扫多次，最后一次最好用高压吹风机或吸尘器清理。对阳角、管道根、水落口等部位更应认真清扫干净，如发现油污、铁锈等，必须用砂纸、钢丝刷或有机溶剂清除掉。

转角处圆弧半径　　　表 7-8

卷 材 种 类	圆弧半径（mm）
沥青防水卷材	100～150
高聚物改性沥青防水卷材	50
合成高分子防水卷材	20

（5）采用满贴法铺设卷材的找平层必须干燥，检查干燥程度的简易方法是在基层表面上铺设 1m×1m 的橡胶卷材，静置 3～4h 后掀开检查，如基层表面及卷材背面均无水印，即可铺设卷材。

3. 卷材防水层施工

（1）合成高分子卷材防水施工

铺贴合成高分子防水卷材多采用冷粘法。即以氯丁系胶粘剂（如 404 胶等）或其他专用胶粘剂为粘结材料，直接将卷材铺贴在已处理好的找平层上。现就单层外露合成高分子防水卷材冷粘法（图 7-8）施工要点叙述如下：

首先在已处理好的基层表面均匀涂刷基层处理剂，干燥 4h 以上。对于界面高低的转角以及与女儿墙、管道等相连接的阴角等易渗漏的薄弱部位，宜涂刷 2～3 度涂膜防水材料，待涂膜固化后，再进行铺贴卷材施工。

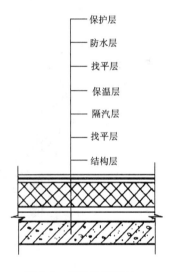

图 7-8　单层外露卷材
防水构造图

卷材铺贴施工要点：

1）铺贴顺序：多跨或高低跨屋面的防水卷材铺贴时，应按先高后低、先远后近的顺序进行；在铺设同一跨屋面的防水层时，应先铺排水比较集中部位（如水落口、天沟等）的卷材，然后按排水坡度自下而上的顺序进行铺贴，以保证顺水流方向接槎。

2）卷材的铺设方向：当屋面坡度小于 3% 时，卷材宜平行于屋脊方向铺设；当屋面坡度大于 3% 时，可根据具体情况，使卷材平行或垂直于屋脊的方向铺设。卷材配置方案如图 7-9 所示。

3）卷材的铺贴：根据卷材的配置方案，从一端开始。先从流水坡度的下坡开始弹出基准线，使卷材的长方向与流水坡度成垂直，再将已涂胶粘剂的卷材卷成圆筒形，然后在圆筒形卷材的中心插入 1 根 ϕ30mm×150mm 的钢管，由两人分别手持钢管的两端，并使卷材的一端固定在预定的部位，再沿基准线铺展。在铺设过程中，不要将卷材拉得过紧，更不允许拉伸卷材，也不得出现扭曲、皱折现象。

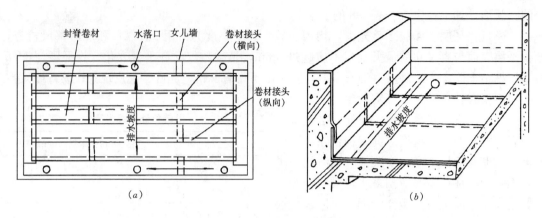

图 7-9　屋面卷材配置示意图

(a) 平面；(b) 剖面

4）卷材的接缝及节点构造的处理：卷材接缝的搭接宽度一般为 80mm，在接缝边缘以及末端收头部位，必须采用密封膏进行密封，末端收头处，尚应做好压缝处理。几种常见的屋面卷材防水构造如图 7-10～图 7-15 所示。

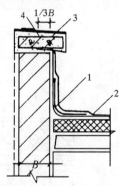

图 7-10　卷材泛水收头

1—附加层；2—防水层；
3—压顶；4—防水处理

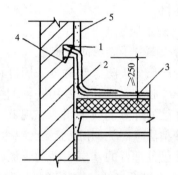

图 7-11　砖墙卷材泛水收头

1—密封材料；2—附加层；3—防水层；
4—水泥钉；5—防水处理

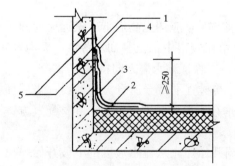

图 7-12　混凝土墙卷材泛水收头

1—密封材料；2—附加层；3—防水层；
4—金属、合成高分子盖板；5—水泥钉

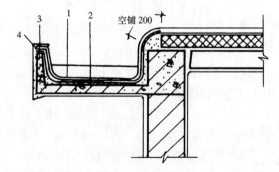

图 7-13　檐沟部位收头处理

1—防水层；2—附加层；
3—水泥钉；4—密封材料

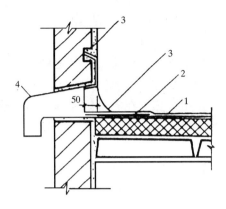

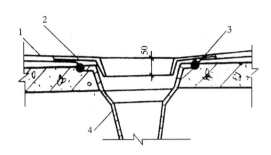

图 7-14　横式水落口部位收头处理
1—防水层；2—附加层；
3—密封材料；4—水落口

图 7-15　竖式水落口部位收头处理
1—防水层；2—附加层；
3—密封材料；4—水落口

5）涂刷涂料保护层：在合成高分子卷材防水层铺设完毕，经过认真检查验收合格后，将卷材防水层表面的尘土杂物彻底清扫干净，再用长把滚刷均匀涂刷专用的银色、绿色或其他彩色涂料作保护。保护层应与卷材粘结牢固，厚薄均匀，不得漏涂。

（2）高聚物改性沥青卷材防水施工

高聚物改性沥青卷材屋面防水构造如图 7-16。

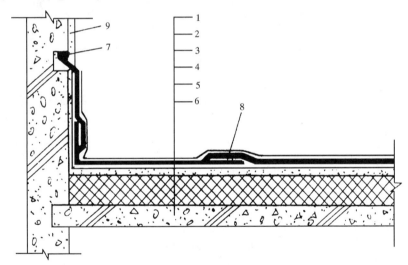

图 7-16　高聚物改性沥青卷材屋面防水构造图
1—保护材料；2—改性沥青卷材防水层；3—胶粘剂；4—水泥砂浆找平层；
5—保温层；6—钢筋混凝土屋面板；7—密封膏封口；
8—热熔焊接的搭接接缝；9—防水处理

满粘法铺贴高聚物改性沥青防水卷材可采用冷热结合施工法和热熔法两种施工方法。

1）冷热结合施工法。可按卷材的配置方案，在基层处理剂已干燥的基层（找平层）表面上，边涂刷胶粘剂（高聚物改性沥青胶粘剂）边滚铺卷材，并用压辊滚压驱除卷材与基层（找平层）之间的空气，使其粘结牢固。对卷材搭接缝部位，可采用热风焊接机或火焰加热器（热熔法铺贴高聚物改性沥青防水卷材的专用机具）进行热熔焊接的方法，使其粘结牢固，封闭严密。

2）热熔法施工。将卷材（厚度应在 3mm 以上）展铺在预定的部位，确定铺贴的位置后，用火焰加热器或汽油喷灯的火炬加热熔融卷材末端的涂盖层，使其粘结在基层（找平层）表面上。接着再把卷材的其余部分重新卷起，并用加热器在卷材幅宽内均匀加热（图 7-17），使卷材表面开始熔触至光亮黑色时，即可边加热边向前滚铺卷材。卷材与基层、卷材与卷材的搭接缝需粘结牢固，封闭严密。

高聚物改性沥青卷材防水层的末端收头应塞入预留的凹槽内，用密封材料嵌填封闭严密后，宜再用掺入 30％左右聚合物乳液的水泥砂浆进行压缝防水处理（图 7-18）。

图 7-17　卷材热熔法施工示意图

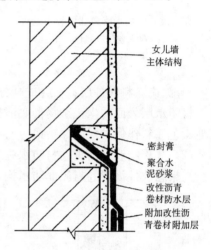

图 7-18　改性沥青卷材防水层
末端收头处理

防水层铺设完毕，经清扫干净和质检合格后，即可在防水层的表面采用边涂刷改性沥青胶粘剂，边撒铺膨胀蛭石粉或云母粉作保护层，也可以涂刷银色或绿色的专用涂料作保护层。

7.4.2　涂膜防水屋面

涂膜防水屋面是以防水涂料为防水材料，经涂刷在基层（找平层）表面后，能形成一层连续、弹性、无缝、整体的涂膜防水层。为避免基层变形导致涂膜防水层开裂，涂膜层内宜加铺胎体增强材料，如玻纤网布、化纤或聚酯无纺布等，与涂料形成一布二涂、二布三涂或多布多涂的防水层。

涂膜防水层施工应分层分遍涂刷。在涂刷一度涂膜后，要及时满铺胎体增强材料，并要求铺贴平整，滚压密实，不应有皱折和空鼓的现象存在，胎体材料长边搭接宽度不应小于 50mm，短边搭接宽度不应小于 70mm。一层胎体材料铺完后要干燥固化 4h 以上，才能在其表面涂刷第二度涂膜。每度涂刷的防水涂料用量约为 $0.6\sim0.7kg/m^2$，涂膜防水层的总厚度以不小于 2.0mm 为宜。

屋面涂膜防水层的表面，尚应按照设计要求或施工规范铺设水泥砂浆和粘贴陶瓷面砖饰面保护层，以延长防水层的使用寿命。

7.4.3 涂膜与高分子卷材复合防水屋面

对防水工程质量要求高的屋面（如高层建筑屋面），最好采取涂膜与卷材复合防水的设防措施。这是因为涂膜容易形成连续、弹性、无缝、整体的防水层，但涂膜厚度较难做到均匀一致；而卷材的厚度虽较均匀，却无法避免接缝，且在水落口、变截面等处较难形成粘结牢固、封闭严密的整体防水层。所以采用涂膜与卷材复合防水，可大大提高防水的效果。涂膜与卷材复合防水层的构造如图7-19所示，其各层的施工方法分别与前述的涂膜防水与高分子卷材防水的施工相同。

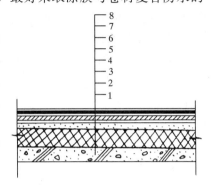

图7-19 涂膜与高分子卷材复合
防水构造图

1—钢筋混凝土屋面板；2—保温层；

3—水泥砂浆找平；4—基层处理剂；

5—聚氨酯涂膜防水层；6—胶粘剂；

7—高分子卷材防水层；

8—表面着色涂料

7.4.4 刚性防水屋面

刚性防水屋面多以细石混凝土、块体材料或补偿收缩混凝土等材料做防水层，主要依靠混凝土自身的密实性，并采取一定的构造措施以达到防水目的。由于刚性防水层伸缩的弹性小，对于地基的不均匀沉降、结构基层的伸缩变形、温度高低变化等极为敏感，因而容易开裂。不适用于设有松散材料保温层的屋面以及受较大振动或冲击的和坡度大于15%的建筑屋面。

应指出的是，刚性防水屋面虽可用于屋面防水等级为Ⅰ～Ⅲ级的屋面防水，但对于防水设防要求高的屋面，通常把刚性防水层只作为多道防水设防中的一道防水层。在屋面防水中设刚性防水层时，常见的构造层次如图7-20所示。

1. 材料要求

防水层的细石混凝土宜用普通硅酸盐水泥或硅酸盐水泥，当采用矿渣硅酸盐水泥时，应采取减少泌水性的措施，水泥强度等级不宜低于42.5级，并不得使用火山灰质水泥。粗骨料最大粒径不宜超过15mm，含泥量不应大于1%；细骨料宜采用中砂或粗砂，且含泥量不应大于2%。

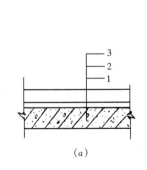
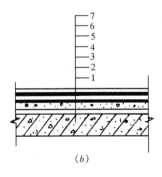

(a)　　　　　　　　　　(b)

图7-20 刚性防水屋面构造示意图

(a) 现浇整体屋面刚性防水；(b) 刚性与卷材复合防水

1—结构层；2—隔离层；3—刚性防水层；4—基层处理剂；5—粘结层；6—卷材防水层；7—保护层

混凝土水灰比不应大于0.55；每立方米混凝土水泥用量不得少于330kg；含砂率宜为

35%～40%；灰砂比宜为1：2～1：2.5；混凝土强度等级不应低于C20。

混凝土中掺加膨胀剂、减水剂、防水剂等外加剂时，应按配合比准确计量，投料顺序得当，并应用机械搅拌，机械振捣。

2. 隔离层施工

刚性防水层与基层之间宜设置隔离层，使结构层与防水层的变形互不受制约，以减少防水层受拉应力影响而开裂。隔离层可采用低强度等级的石灰砂浆、纸筋灰、麻刀灰、干铺卷材等。

在铺抹隔离层前，宜先按设计要求找坡并找平，待找平层干燥后，再铺抹10～20mm厚隔离层，压实、抹光且表面平整。

3. 防水层施工

细石混凝土刚性防水层的厚度不宜小于40mm，并应配置$\phi4$～$\phi6$间距为100～200mm的双向钢筋网片。防水层须设分格缝，其位置应设在屋面板的支承端、屋面转折处、防水层与突出屋面结构的交接处，分格缝纵横向间距不宜大于6m。钢筋网片在分格缝处应断开，且须在分格缝内嵌填密封材料。

待隔离层干燥后即可浇筑混凝土，每个分格内的混凝土需保证一次连续浇筑完成，不得留施工缝。抹压时不得在表面洒水、加水泥浆或洒干水泥，混凝土收水后应进行二次压光。混凝土浇筑12h后即应进行养护，养护时间不应少于14d，且在养护期内不可上人。刚性防水层与女儿墙等突出屋面结构的交接处、分格缝、变形缝等处，均应做好柔性密封处理，其细部构造的防水措施应符合表7-9的规定。

刚性防水屋面细部构造防水措施 表 7-9

细部构造	防水措施说明
防水层的分格缝	普通细石混凝土和补偿收缩混凝土防水层的分格缝分为平缝和双坡缝（高出防水层表面50～70mm）两种；缝宽宜为20～40mm；缝内应嵌填密封材料，上部铺贴防水卷材封盖
天沟、檐沟	混凝土防水层应铺筑至天沟、檐沟一侧的顶部，并在交接处留凹槽，用密封材料封严
防水层与山墙、女儿墙交接处	刚性防水层离墙应留出宽度为30mm的缝隙，用密封材料嵌填；泛水部位应铺设卷材或涂膜附加层；收头做法宜将卷材或涂膜做至墙的压顶下，或将卷材嵌入墙的凹槽内并用密封材料封固
变形缝	刚性防水层与变形缝两侧墙体交接处应留出宽度为30mm的缝隙，并用密封材料嵌填；泛水部位应铺设卷材或涂膜附加层。变形缝内填充泡沫塑料或沥青麻丝，其上填放衬垫材料，并用卷材封盖，顶部加扣混凝土或金属盖板
伸出屋面管道	伸出屋面管道与刚性防水层交接处应留设缝隙，用密封材料嵌填，并在四周铺设柔性防水附加层；收头处应固定密封

当刚性防水层仅作屋面多道设防中的一道防水层时，其上部往往还会增设一道涂膜或卷材防水层，亦即形成了复合防水层。刚性防水层上的涂膜防水层或卷材防水层的施工与前述的涂膜防水、卷材防水的施工方法相同。

复习思考题

7-1 试述地下防水工程防水等级划分的依据。

7-2 试述屋面工程防水等级划分的依据。

7-3 何谓刚性防水层？何谓柔性防水层？

7-4 建筑防水按其采取的措施和手段的不同可分为哪两种？

7-5 何谓一道防水设防？

7-6 防水混凝土与普通混凝土相比较，两者在配制的原则上有何不同？

7-7 防水砂浆与普通水泥砂浆有何区别？

7-8 建筑防水工程中常用的防水卷材有哪几类？

7-9 常用的有机类防水涂料有哪些？无机类防水涂料与有机类防水涂料有何区别？

7-10 地下室主体结构（外墙板）留设水平施工缝时，应遵守哪些规定？

7-11 防水混凝土在浇筑点应留设哪些试件？试件取样频率有何规定？

7-12 防水混凝土结构的穿墙螺栓应如何处理？

7-13 防水混凝土结构的穿墙管道应如何处理？

7-14 试述屋面合成高分子防水卷材冷粘法施工的技术要点。

7-15 试述屋面高聚物改性沥青防水卷材热熔法施工的技术要点。

7-16 试述屋面涂膜防水层的施工工艺与技术要点。

实 训 题

某24层钢筋混凝土框架结构写字楼工程，其屋面设计防水等级为Ⅱ级，使用年限15年，设计了两道防水层，即在细石混凝土刚性防水层上再做一遍SBS卷材防水，屋面防水构造如图7-20(b)。为确保防水工程施工的质量，做为一名质量检查员应重点检查哪些内容？如何检验屋面工程的防水质量效果？

教学单元 8 建筑装饰装修工程施工

建筑装饰装修工程是建筑工程的主要分部工程之一，包括抹灰、门窗、吊顶、轻质隔墙、饰面板（砖）、幕墙、涂饰、裱糊与软包、细部和地面等子分部工程。该工程能保护结构构件免受大自然的侵蚀，维护建筑结构主体的完好，延长使用年限；能改善建筑内外空间环境的清洁卫生条件，美化建筑空间，增强艺术效果；具有隔热、隔声、防腐、防潮的功能；可协调建筑结构与设备之间的关系，以满足现代建筑不同使用功能的要求。

8.1 门 窗 工 程

门窗工程是建筑装饰装修分部工程中主要的子分部工程，包括木门窗制作与安装、金属门窗安装、塑料门窗安装、特种门安装和门窗玻璃安装等分项工程。本节主要叙述木门窗、金属门窗和塑料门窗的安装方法及其质量要求。

8.1.1 门窗质量与门窗节能的有关要求

门窗进场后应对其外观、品种、规格及附件等进行检查验收，对质量证明文件进行核查。品种、规格应符合设计要求和相关标准的规定。

建筑外门窗工程的检验批划分：同一厂家的同一品种、类型、规格的门窗及门窗玻璃每 100 樘划分为一个检验批，不足 100 樘也为一个检验批，每批应抽查 5%，并不少于 3 樘，高层建筑每批应抽查 10%，并不少于 6 樘；同一厂家的同一品种、类型和规格的特种门每 50 樘划分为一个检验批，不足 50 樘也为一个检验批，每批应抽查 50%，并不少于 10 樘，不足 10 樘时应全数检查。

建筑外窗的气密性、保温性能、中空玻璃露点、玻璃遮阳系数和可见光透射比应符合设计要求。这些是外窗重要的节能指标，要通过见证取样送检复验确定，应按地区类别不同对其性能进行检验。严寒、寒冷地区：复验其气密性、传热系数、中空玻璃露点指标；夏热冬冷地区：复验其气密性、传热系数、玻璃遮阳系数、可见光透射比、中空玻璃露点指标；夏热冬暖地区：复验其气密性、玻璃遮阳系数、可见光透射比、中空玻璃露点指标。严寒、寒冷、夏热冬冷地区的建筑外窗，其气密性应做现场实体检验，同一厂家同一品种、类型的产品各抽查不少于 3 樘（件）。

建筑门窗采用的玻璃品种应符合设计要求。中空玻璃应采用双道密封。

金属外门窗隔断热桥措施应符合设计要求和产品标准的规定，金属副框的隔断热桥措施应与门窗框的隔断热桥措施相当。

外门窗框或副框与洞口之间的间隙应采用弹性闭孔材料填充饱满，并使用密封胶密封。外门窗框与副框之间的缝隙应使用密封胶密封。

严寒、寒冷地区的外门安装，应按照设计要求采取保暖、密封等节能措施。

门窗扇密封条和玻璃镶嵌的密封条，其物理性能应符合相关标准的规定。密封条安装位置应正确，镶嵌牢固，不得脱槽，接头处不得开裂。关闭门窗时密封条应接触严密。

此外，门窗安装前还应做其他的常规质量指标检查以及做好门窗的安装准备工作，如检查门窗开启方向及组合杆、附件是否符合设计要求。外墙金属窗、塑料窗复验门窗抗风压性能。人造木板门窗应对其甲醛的含量进行复验。特种门安装前，还应查对相应的生产许可证等文件。

门窗洞口尺寸的检查，除检查单个门窗洞口尺寸外，还应对能够通视的成排或成列的门窗洞口进行目测或拉通线检查。如果发现明显偏差，应向有关管理人员反映，采取处理措施后再安装门窗。门窗洞口尺寸的检查也是门窗安装前必须要做的准备工作，其目的是保证门窗框与结构之间的间隙尺寸合理，使洞口周边饰面层与门窗框边缘交接处收口吻合。

8.1.2　木门窗安装

木门和木窗是室内外装饰造型的一个主要组成部分，也是创造装饰气氛与效果的一个主要手段。尤其是木门在当今建筑及其装饰装修工程中被普遍使用。

木门和木窗均由框与扇两部分组成，其中框的构造基本相同，但扇的区别很大，可根据装饰风格的需要而采取不同的艺术形式，以营造美感效果。

1. 门窗框的安装

安装木门窗框一般有两种方法，一种是先安装后砌口的方法；另一种是预留洞口的方法。为避免门窗框在施工中受损、受挤压变形或受到污染，宜优先采用预留洞口的方法施工。

采用预留洞口法安装门窗框时，门窗洞口要按图纸上的位置和尺寸留出。预留洞口应比相应位置的门窗洞口大 30～40mm（每边大 15～20mm）。砌墙时，洞口两侧按规定砌入防腐木砖，木砖大小约为半砖，间距不大于 1.2m，且每边不少于 2 块。

在抹灰前将门窗框立于洞口处，用木楔临时固定，检查门窗的开启方向是否正确后，吊直、卡方，保证框到墙面距离一致，并与墙面装饰层收口的要求吻合，最后用钉把门窗框钉牢在木砖上，每块木砖上宜钉两颗钉子，钉帽砸扁冲入框内。框与墙体间缝隙的填嵌材料应符合设计要求，填嵌应饱满。寒冷地区的外门窗框与砌体间尚应填充保温材料。

2. 门窗扇的安装

门窗扇安装前，应检查门窗框上、中、下三部分的宽度是否一致，如果偏差大于5mm 以上要进行修正。再根据框口的实际净尺寸，考虑留缝的大小后，确定门窗扇的高度和宽度并进行修刨。修刨好的门窗扇用合页与框连接并调整至符合要求。

木门窗扇安装时应注意如下要点：

（1）由于门窗框、扇在制作时误差难免且不相同，所以每一门扇或窗扇需修刨的尺寸不完全一致，往往要安装一扇，修刨一扇。

（2）木门窗扇安装后的留缝限值应满足规范规定。这里的留缝限值可以有一定的范围，是考虑到木材的干缩湿胀、门窗框、扇油漆后涂层厚度等因素，所以实际安装时留缝宽度应结合所安装门窗扇的材质及饰面涂层的做法综合取定。

（3）框扇连接件（合页）的大小、数量与位置应适当。合页的大小可根据门窗扇的大小确定，或由设计确定；合页位置宜设于有利于合页受力且可避开榫头的部位，一般距上、下边的距离为门窗扇高度的1/10。

（4）对于双扇门窗扇的安装，还需注意其错口工序。按扇开启方向看，右手扇是盖口，左手扇是等口。

3. 木门窗安装的质量要求和检验方法

木门窗的安装必须牢固。框固定点的数量、位置及固定方法应符合设计要求；扇应开关灵活，关闭严密，无倒翘。木门窗安装的留缝限值、允许偏差和检验方法，见表8-1。

8.1.3 金属门窗安装

金属门窗包括普通钢门窗、铝合金门窗、涂色镀锌钢板门窗等，不包括金属卷帘门等特种门。金属门窗安装方法应采用预留洞口法，不得采用边安装边砌口或先安装后砌口的方法施工。各类金属门窗的安装工艺流程基本一致。即先把门窗框在洞口内摆正并用楔块临时固定，校正至横平竖直，再用连接件把外框与墙体连接牢固，并选用适当材料填缝，最后装扇、五金件或配件、玻璃等。由于普通钢门窗往往是框与扇联体的制品，故门窗框与扇一般是同时安装的，另外其五金件安装前往往还有一道涂饰的工序。

1. 普通钢门窗的安装

钢门窗通常分为空腹和实腹两种，门窗材料基本是一致的，仅在细部构造上略有区别。实际工程中较多采用的是空腹钢门窗，其优点是省料、结构合理且价廉，但由于耐腐蚀性较差，并且热损耗也较多，所以只适用于一般建筑。

木门窗安装的留缝限值、允许偏差和检验方法　　　表 8-1

项次	项　　　目		留缝限值（mm）		允许偏差（mm）		检　验　方　法
			普通	高级	普通	高级	
1	门窗槽口对角线长度差		—	—	3	2	用钢尺检查
2	门窗框的正、侧面垂直度		—	—	2	1	用1m垂直检测尺检查
3	框与扇、扇与扇接缝高低差		—	—	2	1	用钢直尺和塞尺检查
4	门窗扇对口缝		1～2.5	1.5～2	—	—	用塞尺检查
5	工业厂房双扇大门对口缝		2～5		—	—	
6	门窗扇与上框间留缝		1～2	1～1.5	—	—	
7	门窗扇与侧框间留缝		1～2.5	1～1.5	—	—	
8	窗扇与下框间留缝		2～3	2～2.5	—	—	用钢尺检查
9	门扇与下框间留缝		3～5	3～4	—	—	
10	双层门窗内外框间距		—	—	4	3	
11	无下框时门扇与地面间留缝	外　门	4～7	5～6	—	—	用塞尺检查
		内　门	5～8	6～7	—	—	
		卫生间门	8～12	8～10	—	—	
		厂房大门	10～20		—	—	

普通钢门窗安装要点：

（1）安装时间

安装钢门窗，一般要求建筑主体结构工程的楼地面和内外墙已基本完工，墙体预留洞口尺寸经检查符合设计要求，铁脚洞孔或预埋铁件的位置正确无误后方可进行。

（2）铁脚与洞口的连接

钢门窗框与墙体的连接方法有多种，最常用的做法是采用开脚扁钢，也称铁脚

[3mm×（12～18）mm×（100～150）mm]连接，其一端与预埋铁件焊接牢固，或用细石混凝土、水泥砂浆埋入洞内，另一端用螺钉与门窗框拧紧。铁脚与洞口的连接形式见图8-1。

（3）门窗框与墙体之间的填嵌材料

普通钢门窗框与墙体之间的缝隙可用水泥砂浆填嵌，但不得用碎砖等杂物填嵌，且保证填嵌密实饱满。在水泥砂浆凝固前，不得在门窗上进行任何作业。

（4）门窗油漆、五金件安装与玻璃安装的先后顺序

钢门窗玻璃的安装宜在门窗油漆工程完成，且已安装好五金配件后进行，以利于成品的保护。

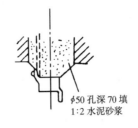
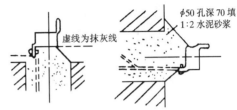

图 8-1　铁脚与洞口连接示意图

2. 铝合金门窗的安装

铝合金门窗比普通钢、木门窗具有较优良的性能，其气密性、水密性、隔声性、隔热性等均有显著提高，且有质轻、耐腐蚀、色泽美观等优点，故在建筑工程室内外装饰中已得到普遍使用。

铝合金门窗安装时间和工艺要点与钢门窗大致相似，且也是预留洞口法施工。但门窗与墙体之间的连接、填缝等工序要求并不完全相同，也无表面油饰的工序。

铝合金门窗安装要点：

（1）门窗框与墙体的弹性连接

铝合金门窗框与墙体之间最常用的连接方法是采用镀锌锚固板（或称镀锌铁脚）连接，不得将门窗外框直接埋入墙体。镀锌锚固板先与门窗框用射钉或自攻螺栓连接，再用射钉直接紧固于混凝土墙体或有混凝土块埋件的砌体上（图8-2）。当门窗洞口墙体是砖砌体且未设混凝土块埋件时，应使用冲击钻钻入不小于 $\phi10$mm 的深孔，用胀铆螺栓紧固连接件（图8-3）。

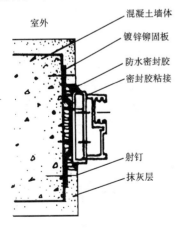

图 8-2　射钉紧固连接件示意图

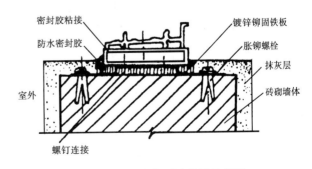

图 8-3　胀铆螺栓紧固连接件示意图

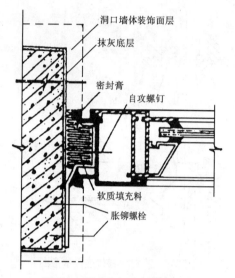

图8-4 铝合金门窗框填缝

（2）门窗框与墙体之间的填嵌材料

铝合金门窗框与墙体之间的缝隙应用矿棉或玻璃毡条等软质材料分层填入，不宜使用水泥砂浆，且框边需留 5～8mm 深的槽口，待洞口饰面完成并干燥后，清除槽口内的浮灰，填嵌防水密封胶（图8-4）。

（3）门窗扇安装时间

铝合金门窗框的安装宜在抹灰前进行，而门窗扇的安装可安排在抹灰后，且需在土建施工基本完成的条件下方可实施，以免受损或受到污染。

3. 涂色镀锌钢板门窗安装

涂色镀锌钢板门窗或称彩色镀锌空腹钢门窗、彩板钢门窗。按构造不同，分为带副框和不带副框两种类型。具有质轻、强度高，并有良好的保温、隔声、防振和气密性、水密性、抗腐蚀和耐久性能。制品出厂前，其门窗扇玻璃、密封胶条和零附件可先组装好，现场安装更为便捷。

涂色镀锌钢板门窗安装要点：

（1）安装带副框的门窗时，应用自攻螺钉将连接件固定在副框上，然后将副框装入洞口并临时固定，校正至横平竖直。副框上的连接件与预埋件焊接牢固，当墙内没有预埋铁件时，也可根据墙体材质用射钉或胀铆螺栓连接（图8-5）。

（2）安装不带副框的门窗时，门窗与洞口宜用胀铆螺栓连接（图8-6）。

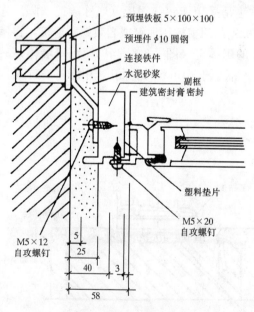

图8-5 带副框涂色镀锌
钢板门窗安装节点

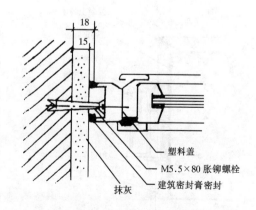

图8-6 不带副框涂色镀锌
钢板门窗安装节点

244

（3）洞口与副框、副框与门窗拼接处的缝隙或门窗框与洞口间的缝隙，均应用密封膏封严。

4. 金属门窗安装的质量要求

（1）质量检查的内容与要求

1）门窗的品种、类型、规格、尺寸、性能、开启方向、安装位置、连接方式等是否符合设计要求。

2）门窗的防腐处理及填嵌、密封处理是否符合设计要求。

3）门窗框、扇的安装是否牢固，框上的埋件数量、位置、连接方式是否符合设计要求；门窗扇是否开启灵活、关闭严密，有无倒翘现象等。

4）门窗配件的型号、规格、数量是否符合设计要求，安装是否牢固，位置是否正确。

5）金属门窗表面是否洁净、平整、光滑、色泽一致，门窗扇的橡胶密封条或毛毡条是否安装完好，是否脱槽。

（2）金属门窗安装的允许偏差和检验方法

1）钢门窗安装的留缝限值、允许偏差和检验方法应符合表 8-2 的规定。

2）铝合金门窗安装的允许偏差和检验方法应符合表 8-3 的规定。

3）涂色镀锌钢板门窗安装的允许偏差和检验方法应符合表 8-4 的规定。

钢门窗安装的留缝限值、允许偏差和检验方法　　　　　　　　　　表 8-2

项次	项　　　目		留缝限值（mm）	允许偏差（mm）	检　验　方　法
1	门窗槽口宽度、高度	≤1500mm	—	2.5	用钢尺检查
		>1500mm	—	3.5	
2	门窗槽口对角线长度差	≤2000mm	—	5	用钢尺检查
		>2000mm	—	6	
3	门窗框的正、侧面垂直度		—	3	用 1m 垂直检测尺检查
4	门窗横框的水平度		—	3	用 1m 水平尺和塞尺检查
5	门窗横框标高		—	5	用钢尺检查
6	门窗竖向偏离中心		—	4	用钢尺检查
7	双层门窗内外框间距		—	5	用钢尺检查
8	门窗框、扇配合间隙		≤2	—	用塞尺检查
9	无下框时门扇与地面间留缝		4～8	—	用塞尺检查

铝合金门窗安装的允许偏差和检验方法　　　　　　　　　　表 8-3

项次	项　　　目		允许偏差（mm）	检　验　方　法
1	门窗槽口宽度、高度	≤1500mm	1.5	用钢尺检查
		>1500mm	2	
2	门窗槽口对角线长度差	≤2000mm	3	用钢尺检查
		>2000mm	4	
3	门窗框的正、侧面垂直度		2.5	用垂直检测尺检查
4	门窗横框的水平度		2	用 1m 水平尺和塞尺检查

项次	项　目	允许偏差 （mm）	检　验　方　法
5	门窗横框标高	5	用钢尺检查
6	门窗竖向偏离中心	5	用钢尺检查
7	双层门窗内外框间距	4	用钢尺检查
8	推拉门窗扇与框搭接量	1.5	用钢直尺检查

8.1.4　塑料门窗安装

塑料门窗是以聚氯乙烯、改性聚氯乙烯或其他树脂为主要原料，轻质碳酸钙为填料，添加适量助剂和改性剂，采用挤压成型的办法制成的空腹门窗。造型美观，具有良好的耐腐蚀性和装饰性。但相对其他门窗而言，其线性膨胀系数较大，所以刚度稍差，一般可在空腔内加入型钢，以增强抗弯变形的能力，称为塑钢门窗。塑料门窗安装方法、工艺流程与铝合金门窗相似，但尚应注意如下要点：

（1）门窗框固定点应距窗角、中横（竖）框不超过 200mm，且固定点间距应不大于 600mm。

（2）在门窗框上安装连接件、五金配件时，需先钻孔后用自攻螺丝拧入，严禁直接锤击钉入，以防损坏门窗。

（3）门窗框与墙体间缝隙应采用闭孔弹性发泡材料填嵌饱满，表面也应采用密封胶密封。

（4）塑料门窗安装的允许偏差和检验方法应符合表 8-5 的规定。

涂色镀锌钢板门窗安装的允许偏差和检验方法　　　　表 8-4

项次	项　目		允许偏差 （mm）	检　验　方　法
1	门窗槽口宽度、高度	≤1500mm	2	用钢尺检查
		＞1500mm	3	
2	门窗槽口对角线长度差	≤2000mm	4	用钢尺检查
		＞2000mm	5	
3	门窗框的正、侧面垂直度		3	用垂直检测尺检查
4	门窗横框的水平度		3	用1m水平尺和塞尺检查
5	门窗横框标高		5	用钢尺检查
6	门窗竖向偏离中心		5	用钢尺检查
7	双层门窗内外框间距		4	用钢尺检查
8	推拉门窗扇与框搭接量		2	用钢直尺检查

塑料门窗安装的允许偏差和检验方法　　　　表 8-5

项次	项　目		允许偏差 （mm）	检　验　方　法
1	门窗槽口宽度、高度	≤1500mm	2	用钢尺检查
		＞1500mm	3	
2	门窗槽口对角线长度差	≤2000mm	3	用钢尺检查
		＞2000mm	5	

项次	项　目	允许偏差 （mm）	检　验　方　法
3	门窗框的正、侧面垂直度	3	用1m垂直检测尺检查
4	门窗横框的水平度	3	用1m水平尺和塞尺检查
5	门窗横框标高	5	用钢尺检查
6	门窗竖向偏离中心	5	用钢直尺检查
7	双层门窗内外框间距	4	用钢尺检查
8	同樘平开门窗相邻扇高度差	2	用钢直尺检查
9	平开门窗铰链部位配合间隙	+2；−1	用塞尺检查
10	推拉门窗扇与框搭接量	+15；−2.5	用钢直尺检查
11	推拉门窗扇与竖框平行度	2	用1m水平尺和塞尺检查

8.2　抹　灰　工　程

8.2.1　抹灰的分类与组成

1. 抹灰的分类

（1）按使用要求及装饰效果分类

可分为一般抹灰和装饰抹灰两大类。一般抹灰所使用的材料有石灰砂浆、水泥砂浆、水泥混合砂浆、聚合物水泥砂浆和麻刀石灰、纸筋石灰、石膏灰等。根据房屋使用标准和质量要求，一般抹灰又可分为普通抹灰和高级抹灰两个等级。装饰抹灰的底层、中层同一般抹灰，但面层经特殊工艺施工，强化了装饰作用。按其面层使用的材料有水刷石、斩假石、干粘石、假面砖等。

（2）按施工部位分类

可分为室内抹灰与室外抹灰。室内抹灰一般包括：墙面、顶棚、楼（地）面、墙裙、楼梯、踢脚板等抹灰。室外抹灰一般包括：墙面、勒脚、雨篷、阳台、腰线、窗台、女儿墙和压顶等抹灰。

2. 抹灰工程的组成

抹灰工程一般应分层操作，多遍成活，通常由底层、中层和面层组成。

（1）分层抹灰的目的

抹灰分层进行的目的是：使抹灰层与基层粘结牢固，不出现脱落、空鼓、开裂并保证墙面平整。

（2）各抹灰层的作用

底层为粘结层，其作用主要是与基层粘结并初步找平；中层为找平层，主要起找平作用；面层为装饰层，主要起装饰作用，即通过不同的操作工艺使抹灰表面达到预期的装饰效果。外墙和顶棚的抹灰层与基层之间及各抹灰层之间必须粘结牢固。

（3）抹灰层材料的选用

各层抹灰材料的选用，原则上以设计为准，即应符合设计要求。当设计无规定时，宜根据基层材料的材质、抹灰的部位等分别选用。室外抹灰或潮湿环境部位的抹灰应采用水泥砂浆打底；一般黏土砖或砌块基层的室内抹灰，可采用混合砂浆或石灰砂浆打底；混凝土和加气混凝土基层，为提高粘结力效果，宜先用聚合物水泥砂浆或专用界面剂做一次密封处理，打底材料多用混合砂浆、水泥砂浆或聚合物水泥砂浆；对于木板钢丝网基层，抹灰打底材料宜优先考虑采用混合砂浆或麻刀灰、玻璃丝灰。中层灰所用的材料基本上与底灰相同。当要求抹灰层具有防水、防潮功能时，应采用防水砂浆。应指出的是：水泥砂浆不得抹在石灰砂浆层上；罩面石膏灰不得抹在水泥砂浆层上。

（4）抹灰层的厚度

为防止内外抹灰层收水快慢不一，应注意控制分层铺抹的厚度。各道抹灰的厚度一般由基层材料、砂浆品种、抹灰部位及气候条件等因素确定。每遍厚度一般作如下控制：抹水泥砂浆每遍厚度为 5～7mm；抹石灰砂浆或混合砂浆每遍厚度为 7～9mm；抹麻刀灰每遍厚度不得大于 3mm；抹纸筋灰、石膏灰时不得大于 2mm。

8.2.2　原材料的质量要求

抹灰用砂浆一般由砂、胶结材料（水泥、石灰膏）和水三部分组成。为确保抹灰砂浆质量，应对其原材料的质量加以控制。凡使用的原材料，其品质指标，均应符合国家现行有关标准的要求，并有相应的合格证、准用证和复检报告等质保资料。

1. 砂

抹灰砂浆中的砂多用自然山砂或河砂，按平均粒径分为粗砂（平均粒径不小于 0.5mm）、中砂（平均粒径为 0.35～0.5mm）和细砂（平均粒径为 0.25～0.35mm）。实际工程中，抹灰多使用中砂，或中粗砂混合掺用。要求颗粒坚硬洁净，且使用前需过筛，不得含有杂物、碱质或其他有机物。

2. 胶结材料

水泥的凝结时间和安定性复验应合格；抹灰用的石灰膏的熟化期不应少于 15d；罩面用的磨细石灰粉的熟化期不应少于 3d。

8.2.3　一般抹灰工程的施工

1. 抹灰基层的处理

抹灰基层表面的处理是确保抹灰质量和工程施工进度的关键。一般应做好如下几点工作：

（1）检查其他配合工种项目的完成情况，尽量避免返工。重点检查内容如下：

1）主体结构和水电等设备的预埋件设置位置、标高是否正确，是否齐全和牢固。

2）门窗框位置标高是否正确，是否已做好塞缝工作。

3）墙上的脚手眼、敷设管线时所剔的槽等洞口、线槽是否已堵砌和修补。

（2）检查基层表面的平整度，尤其是混凝土墙、混凝土梁或梁头位置的凸凹情况。外凸部位宜剔平，而凹陷部位宜用 1∶3 水泥砂浆分层补平，或两者结合处理，以免抹灰层整体加厚或减薄。

（3）清除基层表面的尘土、污垢、油渍、碱膜、砂浆等杂物。并根据各种基材材料的材质、施工季节和室内外操作环境，对基体浇水湿润，以确保抹灰砂浆与基层粘结牢固，防止空鼓、裂缝和脱落。

（4）对于平整光滑的混凝土基层面，宜先凿毛并刷聚合物水泥砂浆或批嵌专用界面剂。

（5）对于不同材料基体交接处（如砖墙与板条墙、混凝土梁或墙交接处）表面的抹灰，应采取防止开裂的加强措施（图 8-7）。当采用加强网时，加强网与各基体的搭接宽度不应小于 100mm。

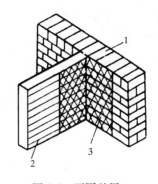

图 8-7　不同基层接缝处
1—砖墙；2—板条墙；3—钢丝网

2. 一般抹灰施工顺序

抹灰工程的施工一般应遵循先外墙后内墙，先上后下，先顶棚、墙面后地面的顺序。外墙抹灰宜由屋檐开始自上而下，先抹阳角线、后抹窗台和墙面，再抹勒脚、散水和明沟等。顶棚和内墙抹灰，应待屋面防水完工后，并在不致被后续工程损坏或沾污的情况下进行，同一楼面内，一般按先房间，后走廊的顺序进行。对于室内楼梯的抹灰，一般可安排在最后，并采用自上而下的顺序进行。

3. 墙面抹灰施工

墙面一般抹灰按部位不同可分为外墙抹灰与内墙抹灰。两者虽在抹灰的材料、厚度等方面有所不同，但施工工艺流程基本一致，即先做灰饼、冲筋，确定墙面需抹灰的厚度，再按一定的时间间隔依次抹底、中层灰，最后罩面灰。

墙面抹灰施工要点：

（1）灰饼的位置、厚度要适当

墙面抹灰先出灰饼的目的，是保证抹灰后墙面平整并垂直，其厚度应根据基体实际情况在兼顾抹灰平均总厚度的原则下决定。一般应在保证平整和垂直的前提下，可作反复调整。既要避免局部太厚，出现开裂，又要保证最薄处的抹灰厚度符合设计要求。

先在墙角、门窗洞口、踢脚处的上方做标准灰饼，然后以做好的灰饼面为准，吊线锤做下方灰饼，相邻灰饼的水平间距不宜超过 2m（一般以 1500mm 为宜）。

（2）高级抹灰墙面的阴阳角需找方

需做高级抹灰的墙面，应先在其阴阳角侧墙做基线，用方尺将阴阳角规方，然后在墙角和顶棚弹出抹灰准线，并在准线上下两端做灰饼。

（3）室内阳角应做护角

室内墙面、柱面和门洞口的阳角做法应符合设计要求。设计无要求时，应采用 1：2 水泥砂浆做暗护角，其高度不低于 2m，每侧宽度不应小于 50mm。

（4）各抹灰层施工应有一定的时间间隔

在灰饼、冲筋及阳角护角做好后，即可进行底层与中层抹灰。先将砂浆抹于墙面两冲筋或灰饼之间，底层灰要低于灰饼，待砂浆收水后，再抹中层灰，这道工序通常称为刮糙。抹中层灰后应有足够的间隔时间（一般待中层灰干燥至七到八成后）才可罩面灰，南方地区称之为"隔夜糙"，以免抹灰层开裂或脱落。

（5）有排水要求的部位应做滴水线（槽）

外墙抹灰时，在外窗台板、雨篷、阳台、压顶及突出的腰线等有排水要求的部位应做滴水线或滴水槽。

4. 顶棚抹灰施工

顶棚抹灰的方法与内墙抹灰做法基本相同。只因抹灰面是水平面且基本材料多为较平整的混凝土板（预制板或现浇板等），所以如何保证顶棚抹灰层与基层的有效粘结是做好顶棚抹灰的关键。

顶棚抹灰施工的要点：

（1）基层处理

顶棚基层表面清理需彻底，并刷聚合物水泥浆或批嵌专用界面剂，确保抹灰层与基层粘结牢固。

（2）抹灰厚度的控制

顶棚抹灰的平均总厚度应严格控制。一般说来，在保证顶棚抹灰面平顺且与周边界面交接的角线顺直的前提下越薄越好，以免过厚抹灰层被剥离或开裂。

8.2.4 装饰抹灰施工

装饰抹灰多用于外墙且种类较多。底层与中层灰的做法与一般抹灰基本相同（用1：3水泥砂浆刮糙使基体基本平整），仅面层的做法不同，现将几种常见的装饰抹灰的面层施工简述如下。

1. 水刷石饰面层施工

待中层砂浆七八成干燥时，按设计要求弹线分格并贴分格条，洒水湿润后再涂抹聚合物水泥砂浆一道，随即抹面层水泥石粒浆（配合比为1：1.25，稠度50～70mm）。面层厚度视石粒粒径而定，通常为石粒粒径的2.5倍。每一个分格内均应自下边抹起，并拍平拍实。每抹完一格即用直尺检查其平整度并修整。待其达到一定强度后（用手指按压无陷痕印），用刷子蘸水刷掉表面水泥浆，使石粒外露1/3～1/2粒径。最后用水自上而下均匀喷洒一遍，洗净余浆达到石粒清晰可见。

2. 干粘石饰面层施工

首先在已找平并硬化的中层灰上洒水湿润，接着涂抹6mm厚的砂浆（水泥：砂：107胶＝100：150：（10～15））粘结层，待粘结层干湿适宜时，即用喷枪或手甩将配有不同颜色（或同色）的小八厘石均匀地甩粘在粘结层上，最后用铁抹子轻轻拍压一遍，使表面搓平。

3. 斩假石饰面层施工

斩假石也称剁斧石。其面层施工时，先在找平层上刮素水泥浆一道，随即用100mm厚1：1.25水泥石渣浆（内掺30％石屑）罩面，并养护2～3d（强度达70％以后），用剁斧将面层按设计要求斩毛，即可做出具有石材质感的装饰面层。

4. 假面砖饰面层施工

假面砖抹灰是在具有一定强度的中层灰上抹3～4mm厚的饰面砂浆（色浆：砂＝1：1.5）面层，待面层初凝后（收水后）再根据假面砖的尺寸要求横向、竖向划出3～4mm深的沟，最后清扫墙面。

5. 装饰抹灰施工注意事项

（1）罩面灰或抹粘结层前应先检查并控制好找平层的平整度和硬化程度，使装饰层大面平整无空鼓。

（2）水刷石、干粘石面层所需石粒的粒径、颜色应符合设计要求，且使用前宜过筛并用水先冲洗干净，以免影响饰面效果。

（3）大面积施工时宜先做小样，待符合要求后，方可配置大面积饰面材料，并要避免前后使用的石粒种类、色浆配合比或石粒浆配合比不统一的现象。

（4）合理掌握水刷石喷水冲刷、干粘石甩粘石粒、斩假石面层斩剁和假面砖面层划纹的时间。

8.2.5 抹灰工程质量要求

1. 一般抹灰

（1）一般抹灰工程的表面质量应符合下列规定：

1）普通抹灰表面应光滑、洁净、接槎平整，分格缝应清晰。

2）高级抹灰表面应光滑、洁净、颜色均匀、无抹纹，分格缝和灰线应清晰美观。

（2）护角、孔洞、槽、盒周围的抹灰表面应整齐、光滑；管道后面的抹灰表面应平整。

（3）抹灰层的总厚度应符合设计要求。当抹灰总厚度大于或等于 35mm 时，应采取加强措施。

（4）抹灰分格缝的设置应符合设计要求，宽度和深度应均匀，表面应光滑，棱角应整齐。

（5）滴水线（槽）应整齐顺直，滴水线应内高外低，滴水槽的宽度和深度均不应小于 10mm。

（6）一般抹灰工程质量的允许偏差和检验方法见表 8-6。

一般抹灰的允许偏差和检验方法　　　　　　　　　　　表 8-6

项 次	项　　目	允许偏差（mm）		检 验 方 法
		普通抹灰	高级抹灰	
1	立面垂直度	4	3	用 2m 垂直检测尺检查
2	表面平整度	4	3	用 2m 靠尺和塞尺检查
3	阴阳角方正	4	3	用直角检测尺检查
4	分格条（缝）直线度	4	3	拉 5m 线，不足 5m 拉通线，用钢直尺检查
5	墙裙、勒脚上口直线度	4	3	拉 5m 线，不足 5m 拉通线，用钢直尺检查

注：1. 普通抹灰，本表第 3 项阴角方正可不检查；

　　2. 顶棚抹灰，本表第 2 项表面平整度可不检查，但应平顺。

2. 装饰抹灰

（1）装饰抹灰工程的表面质量应符合下列规定：

1）水刷石表面应石粒清晰、分布均匀、紧密平整、色泽一致，应无掉粒和接槎痕迹。

2）斩假石表面剁纹应均匀顺直、深浅一致，应无漏剁处；阳角处应横剁并留出宽窄一致的不剁边条，棱角应无损坏。

3）干粘石表面应色泽一致、不露浆、不漏粘，石粒应粘结牢固、分布均匀，阳角处应无明显黑边。

4）假面砖表面应平整、沟纹清晰、留缝整齐、色泽一致，应无掉角、脱皮、起砂等缺陷。

（2）各抹灰层之间及抹灰层与基体之间必须粘接牢固，抹灰层应无脱层、空鼓和裂缝。

（3）分格条（缝）的设置同一般抹灰质量要求。

（4）滴水线（槽）的要求同一般抹灰质量要求。

（5）装饰抹灰工程质量的允许偏差和检验方法应符合表8-7的规定。

装饰抹灰的允许偏差和检验方法

表 8-7

项次	项　目	允许偏差（mm）				检　验　方　法
		水刷石	斩假石	干粘石	假面砖	
1	立面垂直度	5	4	5	5	用2m垂直检测尺检查
2	表面平整度	3	3	5	4	用2m靠尺和塞尺检查
3	阳角方正	3	3	4	4	用直角检测尺检查
4	分格条（缝）直线度	3	3	3	3	拉5m线，不足5m拉通线，用钢直尺检查
5	墙裙、勒脚上口直线度	3	3	—	—	拉5m线，不足5m拉通线，用钢直尺检查

8.3 饰面板（砖）工程

饰面板（砖）工程，就是将天然石与人造石饰面板、金属饰面板、瓷板以及陶瓷面砖等，以粘结材料或配以其他构造措施，粘贴或安装在内外墙（柱）面上的饰面工程。

8.3.1 饰面板安装工程

饰面板工程采用的石材类饰面板有花岗石、大理石、青石板和人造石材；采用的瓷板有抛光板和磨边板两种（面积不大于 $1.2m^2$，不小于 $0.5m^2$）；金属饰面板有铝合金板、彩色压型钢板和不锈钢板等多种。现就石材类饰面板的湿作业法与干挂法施工的工艺要点叙述如下。

1. 饰面板锚固灌浆安装

饰面板锚固灌浆的安装方法（即湿法工艺），可用于内墙饰面板安装工程和高度不大于24m、抗震设防烈度不大于7度的外墙饰面板安装工程。

（1）工艺流程

饰面板安装湿作业法工艺流程：基层处理→选材、弹线及预排→饰面板固定→灌浆→擦缝打蜡。

（2）操作要点

1）基层处理

对于不符合尺寸要求的结构基体进行修整，使墙面或柱面的长、宽、高尺寸核对准确，并清理基层表面。再根据设计图纸和拟定的饰面板安装方法，在基体上钻孔或后置埋件。

饰面板安装锚固的方法有多种，可根据饰面板的大小、厚薄、安装高度和基体材质等实际情况，综合考虑并确定。常用的有钢筋网片锚固法、U形钉固定法或用绑扎有双股铜丝的木塞子直接将板块与基体连接等。

当采用钢筋网片锚固时，宜在基体结构施工时预设埋件或在板块安装时后置埋件（图8-8）；当采用 U 形钉固定或用铜丝直接拉接时，应先在基体上按锚固要求钻孔（图8-9、图8-10），以便安卧 U 形钉或木塞子。

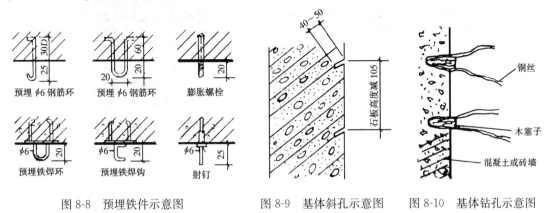

图 8-8　预埋铁件示意图　　　　图 8-9　基体斜孔示意图　　图 8-10　基体钻孔示意图
　　　　　　　　　　　　　　　　　　（安卧 U 形钉用）　　　　　　（打入木塞子用）

2）选材与预排

根据设计要求选择饰面板的品种、规格和颜色。对于变色、缺楞掉角或局部污染的板块应挑出，并按照饰面板在墙、柱面上的部位，在地面上摊摆预排，进行选色和拼花。预排确认合格后，宜将板块逐一按安装顺序编号。

3）饰面板固定

钢筋网片锚固法：剔出结构施工时设置的预埋件或后置埋件，然后绑扎或焊接 $\phi 6 \sim \phi 8$ 的钢筋网片（图8-11）。先竖向筋（间距 $300 \sim 500$mm），后横向筋（间距与饰面板连接孔网的尺寸一致）。再按设计要求在饰面板的上下两侧钻好穿铜丝或不锈钢丝的圆孔（牛鼻孔），剔槽并固定金属丝；最后拉通线，自下而上安装饰面板（图8-12）。

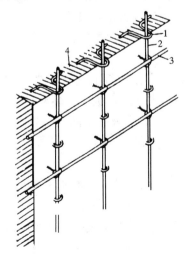

图 8-11　基体面钢筋网片
构造形式
1—基体预埋铁件；2—绑扎竖向钢筋；
3—绑扎横向钢筋；4—基体

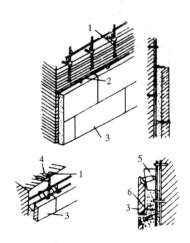

图 8-12　大理石板块安装示意图
（钢筋网片锚固法）

1—钢筋；2—钻孔；3—石板；
4—预埋件；5—木楔；6—灌浆

U形钉锚固法：用不锈钢U形钉（图8-13）代替金属丝作为板块与基体的连接件，板块侧边钻直孔后，将U形钉一端勾进饰面板直孔内，另一端勾进基体斜孔内，饰面板就位后分别用小楔楔紧（图8-14）。

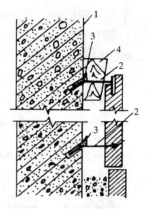

图8-14　大理石板块
安装示意图
（U形钉锚固法）
1—基体；2—U形钉；
3—硬木小楔；4—大头木楔

图8-13　U形钉示意图

4）灌浆

湿法工艺安装的饰面板，主要是靠金属丝或专用连接件与基体拉接，以及板块与基体间的灌浆材料粘结来保证饰面板安装牢固。所以每拉接固定好一层饰面板，尚应进行灌浆。

灌浆材料多用1∶2.5水泥砂浆，要求分层进行。灌注时不得碰动已调整好的板块，也不要只在一个部位灌注。每层灌注高度为15～20cm，且不得超过板块高度的1/3。灌注后应插捣密实，上层砂浆的灌注需待下层砂浆初凝后才可进行，最后一层砂浆灌至低于板块上口50～100mm处，作为上一层板灌浆的结合层。

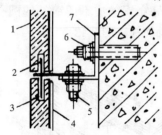

图8-15　干挂法安装示意图
1—饰面板；2—不锈钢销钉；
3—板材钻孔；4—玻纤布增强层；
5—紧固螺栓；6—胀铆螺栓；
7—L形不锈钢连接件

5）擦缝、清洁与打蜡

当饰面板全部安装完毕，清除余浆，用湿布擦洗干净。按饰面板的颜色调制色浆并擦缝，使板块间的缝隙密实，颜色一致。擦缝后再次清洁板面并按要求打蜡。

2. 干挂法安装

干挂法安装饰面板，是直接在板上打孔，然后用不锈钢连接件与混凝土墙内的埋件相连，板与墙体间形成80～90mm空气层（图8-15）。此工艺舍去了灌浆湿作业工序，增强了石材饰面板安装的灵活性和施工的简易性，施工速度快，墙面平整度高。

饰面板干挂安装方式的关键工艺在于预埋件（不锈钢角钢）安装尺寸和板块上凹槽位置的准确与否。所以墙内埋件的设置宜采用后设埋件的方法，且在板块安装前需进行全面复核角钢骨架的几何尺寸和平整度，尽量避免板块开槽位置的误差。板块安装宜采用自下而上顺序，先将底层板块就位并作临时固定，再用不锈钢合缝销将板块与角钢连接，最后校正一层板块的平整度和垂直度，如此逐层操作直至安装完毕。

3. 饰面板安装注意事项

（1）饰面板安装工程所用饰面板的品种、规格、颜色和性能应符合设计要求，且有产品的合格证。对于室内用的天然花岗石尚应对其放射性进行复验，不得使用放射性核素超标的石材。

（2）饰面板安装工程的预埋件、连接件的数量、规格、位置、连接方法和防腐处理必须符合设计要求。对于后置的埋件，尚应在现场做拉拔强度的试验。

（3）采用湿作业法施工的饰面板工程，石材应进行防碱背涂处理，且保证饰面板与基体之间的灌注材料饱满、密实。

（4）采用干挂法施工的饰面板工程，适用于钢筋混凝土结构的基体，不适用于砖墙或加气混凝土墙的基体。

（5）饰面板上的孔洞应套割吻合，边缘应整齐。

4. 质量要求

（1）饰面板表面应平整、洁净、色泽一致，无裂痕和缺损。石材表面应无泛碱等污染。

（2）饰面板嵌缝应密实、平直，宽度和深度应符合设计要求，嵌填材料色泽应一致。

（3）饰面板安装的允许偏差和检验方法应符合表 8-8 的规定。

饰面板安装的允许偏差和检验方法　　　　　　　　　　表 8-8

项次	项　目	允许偏差（mm）							检 验 方 法
		石　材			瓷板	木材	塑料	金属	
		光面	剁斧石	蘑菇石					
1	立面垂直度	2	3	3	2	1.5	2	2	用 2m 垂直检测尺检查
2	表面平整度	2	3	—	1.5	1	3	3	用 2m 靠尺和塞尺检查
3	阴阳角方正	2	4	4	2	1.5	3	3	用直角检测尺检查
4	接缝直线度	2	4	4	2	1	1	1	拉 5m 线，不足 5m 拉通线，用钢直尺检查
5	墙裙、勒脚上口直线度	2	3	3	2	2	2	2	拉 5m 线，不足 5m 拉通线，用钢直尺检查
6	接缝高低差	0.5	3	—	0.5	0.5	1	1	用钢直尺和塞尺检查
7	接缝宽度	1	2	2	1	1	1	1	用钢直尺检查

8.3.2　饰面砖粘贴工程

饰面砖一般可分陶瓷面砖和玻璃面砖两类。其中陶瓷面砖主要包括釉面瓷砖、外墙面砖、陶瓷锦砖、陶瓷壁画、霹雳砖等；玻璃面砖主要包括玻璃锦砖、彩色玻璃面砖、釉面玻璃等。适用于内墙面或高度不大于 100m、抗震设防烈度不大于 8 度的外墙面装饰。现就室内釉面砖和外墙面砖粘贴的施工要点叙述如下。

1. 饰面砖粘贴施工的操作要点

（1）选砖。饰面砖粘贴前应经挑选，使饰面砖的品种、规格、颜色和性能符合设计要求，剔除有色差或外形受损的块料。

（2）基层清理并找平。粘贴饰面砖的基层，必须平整且表面粗糙，其做法与基体抹灰前基层处理基本一致。找平层多用 1：3 水泥砂浆（7～10mm 厚），打毛后养护 2～3d。

（3）饰面砖粘贴前应预排并设标志块（灰饼）。饰面砖粘贴前应找好规距，按块料实际尺寸弹出纵横向控制线，定出水平标准和皮数。然后用废块料按粘结层厚度用混合砂浆贴标志块（间距 1.5～1.6m）。

（4）饰面砖粘贴。饰面砖粘贴时先浇水湿润找平层，并合理选择粘结顺序。内墙饰面砖的粘贴顺序：一般是先大面，后阴阳角和凹槽部位，大面粘贴由下而上；外墙饰面砖的粘贴顺序：应自上而下分层分段进行，但每段内粘贴顺序应是自下而上逐排进行，且应先贴附墙柱，后贴墙面，再贴窗间墙。粘贴饰面砖时，在最下一皮砖的下侧位置，根据弹线稳好平尺板。再在已湿润并阴干的饰面砖背面满刮粘结浆，上墙后用力按压，并用小铲或橡皮锤轻轻敲击，使其与底层粘结密实牢固。贴完一行后，需及时检查饰面的平整度和上口的平直度并作调整，使整个饰面砖面层横平竖直、接缝平直。

（5）擦缝与勾缝。内墙釉面砖的接缝，宜用长毛刷蘸粥状白水泥素浆进行擦缝。外墙面砖的接缝，可用水泥浆或水泥砂浆勾出凹缝（深 3mm 左右）。完工后，清除表面余浆并对饰面层作一次清洗。

2．饰面砖粘贴施工的注意事项

（1）饰面砖粘贴用的粘结材料有多种，如水泥砂浆、聚合物水泥砂浆、专用粘结剂等。粘结材料的选用应符合设计要求。

（2）饰面砖粘贴必须牢固。对于外墙饰面砖，其粘贴前和施工过程中，尚应在相同基层上做样板件，并对样板件的饰面砖粘结强度进行试验。

（3）饰面砖预排、弹线时所确定的非整砖使用部位、阴阳角处搭接方式等均应符合设计要求。

（4）墙面突出物周围的饰面砖应用整砖套割吻合，边缘应整齐。墙裙、贴脸突出墙面的厚度应一致。有排水要求的部位尚应做出滴水线（槽），且饰面砖压向应采取顶面压立面的做法。

3．质量要求

（1）满粘法施工的饰面砖工程应无空鼓、裂缝。

（2）饰面砖表面应平整、洁净、色泽一致，无裂痕和缺损。

（3）饰面砖接缝应平直、光滑，填嵌应连续、密实；宽度和深度应符合设计要求。

（4）滴水线（槽）应顺直，流水坡向应正确，坡度符合设计要求。

饰面砖粘贴的允许偏差和检验方法应符合表 8-9 的规定。

饰面砖粘贴的允许偏差和检验方法 表 8-9

项 次	项 目	允许偏差（mm）		检 验 方 法
		外墙面砖	内墙面砖	
1	立面垂直度	3	2	用 2m 垂直检测尺检查
2	表面平整度	4	3	用 2m 靠尺和塞尺检查
3	阴阳角方正	3	3	用直角检测尺检查
4	接缝直线度	3	2	拉 5m 线，不足 5m 拉通线，用钢直尺检查
5	接缝高低差	1	0.5	用钢直尺和塞尺检查
6	接缝宽度	1	1	用钢直尺检查

8.4 涂 饰 工 程

涂饰工程包括水性涂料涂饰、溶剂性涂料涂饰和美术涂饰。它是将胶体的溶液涂敷于物体表面，使之与基层粘结，并形成一层完整而坚韧的薄膜，借此达到装饰、美化和保护基层免受外界侵蚀的目的。

8.4.1 水性涂料涂饰

建筑装饰工程中常用的水性涂料有乳液型涂料、无机涂料和水溶性涂料等。适用于建筑室内外混凝土或抹灰面涂饰。根据使用要求的标准不同，可分为普通涂饰和高级涂饰两个等级。

1. 内墙、顶棚涂料涂饰施工

内墙、顶棚涂料的涂层较薄，一般可两遍成活。内墙、顶棚表面涂饰用的水性涂料品种较多，在施工中因涂料品种不同，做法略有差异。有时即是使用同一品种的涂料也会因基层不同而要选择不同的施工方法。在此主要叙述混凝土或抹灰面内墙、顶棚涂饰施工的要点。

（1）基层处理

在混凝土面和抹灰面涂饰之前，先将基层表面的起皮、松散等凸出物清除干净，用腻子嵌补缺陷（如坑洼、钉眼、缝隙等）。待腻子干燥后，用钢皮刮板刮平，然后进行满刮腻子。满刮腻子遍数根据涂饰等级决定。一般满刮腻子不少于两遍，第一遍腻子干燥后，用钢皮刮板刮去不平处并用砂纸打磨，然后满刮第二遍腻子，使其与第一遍腻子粘结牢固，并在其干燥后需再次打磨，直到表面平整光滑为止。内墙涂饰工程的基层处理应满足如下要求：

1）新建筑物的混凝土或抹灰基层在涂刷涂料前应涂刷抗碱封闭底漆。

2）旧墙面在涂饰涂料前应清除疏松的旧装修层，并涂刷界面剂。

3）基层含水率不得大于10％。

4）基层腻子需平整、坚实、牢固，无粉化、起皮和裂缝。

5）厨房、卫生间墙面必须用耐水腻子。

（2）涂料使用前的准备

1）涂料使用前需充分搅拌，使之均匀，以免涂料厚薄不均、填料结块或色泽不一致。

2）当涂料出现稠度过大或因存放时间较久而呈"增稠"现象时，可在充分搅拌的基础上，掺入不超过8％的涂料稀释剂（以主要成膜物质配水而成）进行稀释。需说明的是，内墙用的水性涂料掺水稀释时，应严格控制其掺量，以免影响涂膜强度、涂饰面的光洁度和质感。

3）根据拟定的施工方法（刷涂、滚涂、喷涂等）选用设计要求的品种及相应稠度的涂料，并应采用同一批号，一次备足，以防涂料颜色和稠度不一致而影响装饰效果。

（3）刷涂、滚涂、喷涂施工

内墙水性涂料涂饰工程施工的环境温度在5～35℃之间。涂饰方法一般有刷涂、滚涂、喷涂等。

1）刷涂多用排笔或油漆刷施工。排笔着力小，刷涂后的涂层相对较厚，所以现场施工时，可根据施工时温度及涂料黏度，选择合适的刷涂工具。通常内墙涂饰工程两遍即可成活，第一遍涂料略稠，涂刷距离以 20～30cm 为宜，且反复运刷两三次。待第一遍涂料干燥后用砂纸打磨，再刷涂第二遍。第二遍刷涂需注意上下接槎严密，且同一大面的涂饰应连续进行，一气刷完，以免涂层出现色差。

2）滚涂或称辊涂，多用滚筒施工。由于滚涂施工的涂层表面易出现拉毛现象，不易做到像刷涂那样平整光滑。所以该方法施工技术的关键是先要根据基层的干湿程度、吸水的快慢来调整涂料的流平性能、胶粘度，使涂料的表面张力适应滚涂的要求，又不致使饰面出现皱纹。滚涂施工一般也是两遍成活，同一大面从上往下进行操作，且应保证滚压方向要一致。在阴角、电门、插座及界面交接处用滚筒较难涂饰到的部位，宜采用刷涂与滚涂结合的做法，以防漏涂，确保涂饰均匀。

3）喷涂需配有专用机具（由空气压缩机、喷枪、高压胶管组成）施工。该方法工效高、涂膜外观质量好，并可通过调整涂料粘度、喷枪嘴口径大小及喷涂压力而获得不同的饰面质感，尤其适合涂饰面积大、装饰要求高的涂饰工程。喷涂施工宜先用稀释的同种涂料或专用封底涂料（配套的成品）进行封底涂饰，以增强涂层与基层的粘接力，也可节省涂料。大面积喷涂前应进行试喷，通过试喷调整涂料粘度、喷涂压力和喷嘴距喷涂面的距离等。喷涂施工时，每一独立单元墙面尽量不出现涂层接槎现象。无法避免时，涂层接槎尽量安排在不明显部位，并且当接槎部位出现颜色不均匀时，可先用砂纸打磨掉较厚部位，然后大面喷涂，不可进行局部修补。

2. 外墙涂料涂饰施工

外墙面涂饰所用的涂料，应具耐水、耐酸、耐碱、耐污染、耐冻融、耐老化以及保色和良好的附着力等性能。常用的有水性涂料中的无机高分子类涂料（JH80—2 性涂料）、也可用溶剂型涂料中的丙烯酸酯类涂料（丙烯酸有光凹凸乳胶漆）等。现就混凝土或抹灰面基层的外墙涂饰施工要点叙述如下：

（1）基层处理

1）基层要有足够的强度，无酥松、脱皮、起砂、粉化等现象。

2）施工前需将基层表面的灰浆、浮灰、附着物等清除干净，必要时用水冲洗干净。

3）基层的空鼓必须剔除，连同蜂窝、孔洞等提前 2～3d 用聚合物水泥腻子修补完整。

4）旧墙面应清除疏松的旧装修层，并涂刷界面剂。

5）新建筑物的混凝土或抹灰基层尚应涂刷抗碱封闭底漆。

（2）施工操作要点及注意事项

1）刷涂前需清洁墙面，无明水后才可刷涂。由于外墙涂料干燥较快，注意涂刷摆幅要放小，尽量勤蘸短刷。刷涂方向应长短一致，涂层饰面接槎应在分格缝处，一般刷涂两遍盖底。

2）滚涂时先将涂料按刷涂做法的要求刷在基层上，随即用滚筒滚净。滚筒上所蘸涂料的量要适当，滚压方向要一致，操作应迅速，以免出现皱皮、透底、漏刷等现象。

3）采用喷涂施工时，空气压缩机压力需保持在 0.5～0.7MPa、排气量 0.6m³/s 以上。根据涂料的细度和稠度，确定喷枪喷口直径的大小，并据此调整喷头进气阀门，以将涂料喷成雾状为准。喷涂时喷枪需与墙面垂直，不可上下做斜，以免出现虚喷发花，不能漏喷、挂流。漏喷及时补上，挂流及时除掉。喷涂厚度以盖底后最薄为佳，不宜过厚。

4）外墙涂料涂饰施工温度不宜低于5℃，涂饰后4～8h内避免淋雨，预计有雨时宜停止施工。

3. 质量要求

1）水性涂料涂饰工程的颜色、图案应符合设计要求。

2）水性涂料涂饰工程应涂饰均匀、粘结牢固，不得漏涂、透底、起皮和掉粉。

3）薄涂料、厚涂料及复层涂料的涂饰质量和检验方法分别见表8-10～表8-12。

薄涂料的涂饰质量和检验方法　　　　　表 8-10

项次	项　目	普通涂饰	高级涂饰	检验方法
1	颜色	均匀一致	均匀一致	观察
2	泛碱、咬色	允许少量轻微	不允许	
3	流坠、疙瘩	允许少量轻微	不允许	
4	砂眼、刷纹	允许少量轻微砂眼，刷纹通顺	无砂眼，无刷纹	
5	装饰线、分色线直线度允许偏差（mm）	2	1	拉 5m 线，不足 5m 拉通线，用钢直尺检查

厚涂料的涂饰质量和检验方法　　　　　表 8-11

项　次	项　　目	普　通　涂　饰	高　级　涂　饰	检　验　方　法
1	颜色	均匀一致	均匀一致	观　察
2	泛碱、咬色	允许少量轻微	不允许	
3	点状分布	—	疏密均匀	

复层涂料的涂饰质量和检验方法　　　　　表 8-12

项　次	项　　目	质　量　要　求	检　验　方　法
1	颜色	均匀一致	观　察
2	泛碱、咬色	不允许	
3	喷点疏密程度	均匀，不允许连片	

8.4.2　溶剂型涂料涂饰

建筑装饰工程中常用的溶剂型涂料有丙烯酸酯涂料、聚氨酯丙烯酸涂料、有机硅丙烯酸涂料等。适用于室内外木质材料和金属等构件表面的涂饰，其中以木质制品（木门窗、木墙裙、木地板、木线条等）表面涂饰最普通且具有代表性。根据使用要求的标准不同，也可分为普通涂饰和高级涂饰两个等级。

溶剂型涂料多以合成树脂为基本原料配制而成，它与各类粉末涂料一起统称为涂料，但其"油漆"之称依然习用至今。国家标准《建筑装饰装修工程质量验收规范》GB 50210把溶剂型涂料涂饰工程也按色漆涂饰和清漆涂饰予以分类。在此仅对木质制品表面的色漆和清漆涂饰的施工技术和工艺要点作一概括介绍。

1. 表面清扫

木质制品表面清扫处理有利于提高涂层的附着效果。对于清漆涂饰来说，除加强粘结外，还可充分显露底层木纹，增加美观。表面清扫时一般应做好如下工作：清扫木质制品表面所粘的砂浆和灰尘等污迹；清除木件组装后在接榫处被挤出的粘胶；对于木材各种节疤中渗出的油脂，应用铲刀刮去，必要时用酒精清洗，并点刷漆片，防止以后再有油脂渗出。

2. 打磨

在木质制品涂饰工程中，打磨（砂纸磨平工作）是贯穿于涂层施工全过程的一道工序。该工序是否做得彻底，将直接影响木质制品涂饰的质量。对于木质制品表面清扫后的打磨，是指首次打磨，也是基层处理的重要内容之一。其目的使木质制品表面干净、平整，并可去除木制品表面白坯木毛等。首次打磨用砂纸可根据材质和工艺工序不同分别选用（手工打磨时，一般可选80～120号木砂纸）。打磨时应顺木纹方向进行，以既不留下磨痕，也不磨损木纹，又能使木制品表面平整光滑为佳。对于涂料施涂过程中的层间打磨，宜改用水砂纸（400～600号），一般是施涂一层打磨一次。

3. 嵌批、润粉及透明着色

嵌批腻子是色漆涂饰与清漆涂饰均需进行的一道工序。其作用是填平木质材料表面的洞眼、裂缝、接榫处缝隙，防止渗漆且保证涂层平整。油漆涂饰中的腻子是基层与面层的中介层，既要与基层粘结牢固，又要填平表面后与面层结合成良好的整体性。所以选配腻子时，应根据基层、底漆和面漆的性质配套使用。在施工中应根据涂饰等级确保刮批的遍数，同时必须待腻子彻底干燥并打磨平整后方可进行涂饰，以免影响涂层的附着力。

润粉是指在木质材料表面的涂饰工艺中，用油粉或水粉揩擦木质基层面的工序。起封闭基层和适当着色的作用。润粉方法是用棉纱团蘸油粉（或水粉）来回多次揩擦物面，并力求大面一次做成。应注意的是，当水粉中掺入品色颜料时，由于其着色力较强，所以操作时更要仔细，切忌涂饰不匀而造成颜色深浅不一。用润水粉填棕眼上色时，宜在刷好一遍稀漆片后进行，以免局部出现明显出色。

着色是指木质材料面基层染色，多见于清漆涂饰工程中。其方法是在木质基面上涂刷着色剂，以追求涂层饰面效果，使基层底色更理想或满足设计要求，有时也可适当纠正木质基层面的色差。

4. 色漆、清漆的涂饰工序

木质制品（如木门窗、木墙裙、木隔断、装饰木线等）表面油漆涂饰分色漆和清漆。一般松木等软材类的木质表面，以采用普通级涂饰较多，而硬材类的木质表面则多采用漆片、蜡克面的清漆，属于高级涂饰。

（1）色漆涂饰工艺

1）施工程序：表面清扫→打磨→刷清油→嵌批腻子→打磨→刷铅油（厚漆）→复补腻子、打磨→刷面漆。

2）涂饰施工要点：

A. 木质材料表面首次打磨后，宜刷一道较稀的清油（熟桐油：松香水＝1：2.5）封底，使其能渗透入木材内部，起到防止木料受潮变形，增强防腐作用，并使后道嵌批的腻子与底层粘结可靠；

B. 清油干后才可嵌批腻子，腻子干后才可打磨，打磨平整并清扫干净后刷铅油。刷铅油宜顺木纹进行，不可横刷，线角处不能刷得过厚，以免产生皱纹；

C. 待铅油干后，应再次打磨至表面光洁为止，必要时复补腻子并修补铅油；

D. 刷面漆时，刷毛不能过长或过短。如刷毛过长，油漆不易刷匀，容易产生皱纹、流坠现象；刷毛过短会产生漆膜上有刷痕和露底等缺陷。罩面色漆粘度较大，涂饰时要多刷多理，还应注意做好成品的保护工作。

（2）清漆涂饰工艺

1）清油、色油、清漆面

操作程序与刷色漆基本相同。一般在刷清油时宜加入少量的颜料，使清油带色，以调整木材的色泽利于刷色油。同时在腻子中要加色，最好与清油颜色一致。腻子干后需打磨干净，否则上清漆后会显批痕，影响美观。在刷色油时注意每个刷面要一次刷好，不能留有接头，并要求涂刷后能使木材色泽一致而不盖住木纹。整个刷油面的厚薄要均匀一致。清漆饰面往往要多遍成活，后一遍清漆需待前遍清漆干透并充分打磨后方可涂刷，确保罩面清漆的漆面光亮丰满。

2）丙烯酸清漆涂饰

丙烯酸清漆涂饰工艺是用醇酸清漆打底，然后罩丙烯酸清漆。丙烯酸清漆漆膜坚硬，机械强度高，附着力好，也可与虫胶清漆、醇酸清漆配套使用。与高级硝基漆比较，固体含量高，施工简便，故十分有利于现场施工。现就木装饰表面涂饰丙烯酸清漆的施工程序叙述如下。

施工程序：表面清扫→润粉着色→砂磨→底色封闭→刷第一遍醇酸清漆→砂磨→拼色→刷第二遍醇酸清漆→砂磨→刷第三遍醇酸清漆→砂磨→刷丙烯酸清漆→砂磨→刷最后一遍丙烯酸清漆→湿磨→抛光

5. 溶剂型涂料涂饰质量要求

（1）溶剂型涂料涂饰工程的颜色、光泽、图案应符合设计要求。

（2）溶剂型涂料涂饰工程应涂饰均匀、粘结牢固、不得漏涂、透底、起皮和反锈。

（3）色漆和清漆的涂饰质量和检验方法分别见表8-13、表8-14。

色漆的涂饰质量和检验方法 表8-13

项次	项　　目	普通涂饰	高级涂饰	检验方法
1	颜色	均匀一致	均匀一致	观　察
2	光泽、光滑	光泽基本均匀光滑无挡手感	光泽均匀一致光滑	观察、手摸检查
3	刷纹	刷纹通顺	无刷纹	观　察
4	裹棱、流坠、皱皮	明显处不允许	不允许	观　察
5	装饰线、分色线直线度允许偏差（mm）	2	1	拉5m线，不足5m拉通线，用钢直尺检查

注：无光色漆不检查光泽。

清漆的涂饰质量和检验方法 表8-14

项次	项　　目	普通涂饰	高级涂饰	检验方法
1	颜色	基本一致	均匀一致	观　察
2	木纹	棕眼刮平、木纹清楚	棕眼刮平、木纹清楚	观　察

项　次	项　　目	普通涂饰	高级涂饰	检验方法
3	光泽、光滑	光泽基本均匀 光滑无挡手感	光泽均匀一致 光滑	观察、手摸检查
4	刷纹	无刷纹	无刷纹	观察
5	裹棱、流坠、皱皮	明显处不允许	不允许	观察

8.5 地 面 工 程

地面工程是建筑装饰装修工程中一个主要子分部工程，包括建筑物底层地面和楼层地面，并包含室外散水、明沟、台阶、坡道等。反映地面工程档次和质量水平的，有地面的承载能力、抗渗漏能力、耐磨性、耐腐蚀性、隔声性、光洁度、平整度等指标以及色泽、图案等艺术效果。一些特殊功能的地面，如防爆地面等，还应具有各自的特殊要求。

8.5.1　地面的组成与分类

建筑地面由面层与基层两大部分组成。

1. 面层

面层是地面的最上层，也是直接承受各种物理和化学作用的表面层。按面层材料与地面结构可分为整体面层，如水泥混凝土面层、水泥砂浆面层、水磨石面层、防油渗面层、水泥钢（铁）屑面层、不发火（防爆的）面层；板块面层，如砖面层（陶瓷锦砖、地砖等）、大理石面层和花岗石面层、预制板块面层（预制水泥混凝土、水磨石板块面层）、料石面层、塑料板面层、活动地板面层、地毯面层等；木竹面层，如实木地板面层、实木复合地板面层、中密度（强化）复合地板面层、竹地板面层等。

2. 基层

地面面层以下至基土（夯实土）或基体（楼板）的各构造层通称为基层。每一工程地面的基层由哪些构造层组成，应由设计和地面施工工艺所决定。常见的有垫层（承受并传递地面荷载于基土或基体上的构造层）、找平层（在垫层或楼板上，起整平、找坡或加强作用的构造层）等。有时，为满足地面不同功能的要求，还会增加填充层（起隔声、保温、找坡或敷设暗管线等作用的构造层）、隔离层或防潮层（防止地面上各种液体或地下水、潮气渗透地面等作用的构造层）等构造层。

8.5.2　基层中各构造层的施工

地面基层中各构造层的作用各不相同，却都很重要，任何一层处理不当，均有可能造成地面开裂、空鼓、渗漏等质量通病，需按照设计和规范要求认真施工。

1. 基土的施工

基土是地面荷载的基础，故必须均匀密实。基土不匀，地面会产生不均匀沉降；基土不密实，承载力会降低，也会造成地面大量沉降而开裂。基土施工应注意如下要点：

（1）在淤泥、淤泥质土等软土层上施工时，应按设计要求对基土进行更换或加固。

（2）当基土为冻胀性土层时，应按设计要求作防冻胀处理后方可施工。

（3）填土或土层结构被扰动的基土，需严格控制填土土质，并按规范要求分层压

（夯）实。

（4）在基土填土与墙、柱基础填土相连接处，应重叠夯填密实，必要时也可采取设缝进行技术处理。

2. 垫层施工

由于垫层是承受并传递地面荷载于基土或基体上的构造层，故其应具有一定的强度、密实度和体积稳定性，否则会因强度不足而削弱地面承载力或因体积稳定性差（如收缩或膨胀等）而造成地面裂缝。常用的垫层材料有砂石、碎石、三合土、水泥混凝土等。其中以碎石、水泥混凝土作为垫层材料最为普遍。砂垫层厚度不应小于60mm，砂石垫层和碎石垫层厚度不应小于100mm，碎石粒径不得大于垫层厚度的2/3。垫层施工时碎石应摊铺均匀，表面空隙宜用粒径5～25mm的细石填补，并充分碾压或夯实。水泥混凝土垫层的厚度、强度等级应满足设计要求，混凝土配料、搅拌、运输、浇筑、养护等工序的操作要点基本同第四章第三节混凝土工程的要求。有所不同的是，水泥混凝土垫层应结合变形缝等位置分区段进行浇筑。

3. 填充层施工

填充层在建筑地面上起隔声、保温、找坡或敷设暗管线等作用。因此，填充层材料的密度、导热系数、强度等级和配合比均应满足设计要求。当采用松散材料做填充层时，应分层铺平拍实；当采用板、块材料时，应分层错缝铺贴，且每层应选用同一厚度的板、块料。

4. 找平层的施工

由于找平层是在垫层上、楼板上或填充层上起整平、找坡或加强作用的构造层，故找平层应具有一定的强度。常用的材料有水泥砂浆、细石混凝土、沥青砂浆和沥青混凝土等。找平层施工时应注意如下要点：

（1）找平层施工前，在室内墙柱面上应先弹出＋100cm的水平控制线，便于控制地面标高并保证面层平整。

（2）在铺设找平前，应将其下部基层表面清理干净。当找平层下有松散填料时，应予铺平振实。

（3）在预制钢筋混凝土板上铺设找平层前，需先做好板缝填嵌工作。

（4）有防水要求的地面工程，找平层铺设时，对立管、套管、地漏、楼板节点之间的密封处理和找平层满足防水层施工的技术条件方面，应严格按防水工程施工要求进行。

（5）找平层表面应平整，并不得有空鼓、裂缝和起砂等现象。

8.5.3 地面面层施工

地面工程的成品保护较困难，因施工顺序安排不合理或成品保护不力致使地面损伤在实际工程中也时有发生。为了尽量避免对地面的损伤和污染，地面面层的施工宜在室内装饰工程基本完成后进行。如室内抹灰工程、水暖试压等可能造成地面潮湿的工序应先完成：室内门框、地面预埋件等项目安装完毕并检查合格。

1. 整体面层的施工

地面整体面层种类较多，如水泥砂浆面层、水泥混凝土面层、水磨石面层等。因其造价低廉、施工简便且具耐久性，所以在一般工业与民用建筑的地面中仍被广泛使用。

（1）水泥混凝土面层

建筑地面的水泥混凝土面层大多为细石混凝土，且以随捣随抹（原浆抹面）面层最为普遍。当现浇钢筋混凝土楼板或混凝土地坪采用水泥混凝土面层时，地面基层中的找平层往往与面层是合二为一的。即细石混凝土既为罩面层，又可通过调整罩面层的厚薄同时完成找平。现就现浇细石混凝土随捣随抹面层的施工要点叙述如下：

1）水泥混凝土采用的粗骨料，其最大粒径不应大于面层厚度的 2/3，细石混凝土面层采用的石子粒径不应大于 15mm。水泥混凝土面层强度等级不应低于 C20，混凝土坍落度不宜大于 3cm。

2）浇筑混凝土面层的前一天，应对基体表面清扫干净，并洒水润湿。混凝土浇筑前还应在已湿润的基体表面刷一道水灰比为 0.4～0.5 的水泥浆，并尽量做到随刷随铺混凝土，使面层与基体结合良好。

3）细石混凝土必须搅拌均匀，浇捣时一定要按水平基准线找平。混凝土搓平后，宜用滚筒来回滚压或用平板振捣器振实，并使其充分泛浆。

4）水泥混凝土面层铺设不得留施工缝。当施工间隙超过允许时间规定时，应对接槎处进行处理。

5）混凝土抹压宜分三次进行。混凝土浇筑完毕，随即用木抹子搓平，再用铁抹子将面层的凹坑、砂眼和脚印抹平、压光；待第一遍压光并吸水后用铁抹子按先里后外的顺序进行第二遍压光；第三遍压光应在水泥终凝前完成，常温下不宜超过 3～5h，以不留抹痕为准。

6）地面完成 1d 后，要及时洒水养护，常温下养护时间不少于 7d，且在养护期内禁止上人走动或进行其他作业，以防止地面龟裂且保证地面有足够的强度和耐磨性。

7）面层与下一层应结合牢固，无空鼓、裂纹。面层表面不应有脱皮、麻面、起砂等缺陷。

（2）水泥砂浆面层

水泥砂浆面层常铺抹在地面混凝土垫层或细石混凝土找平层上。水泥砂浆面层厚度不应小于 20mm，太薄容易开裂。配制砂浆所用的水泥宜为硅酸盐水泥或普通硅酸盐水泥，强度等级不应低于 32.5MPa，并严禁混用不同品种、不同强度等级的水泥。采用的砂应为中粗砂，当采用石屑时，其粒径应为 1～5mm，且含泥量不应大于 3%。水泥砂浆面层的体积比必须符合设计要求，且体积比应为 1：2，强度等级不应小于 M15。水泥砂浆面层施工应注意如下要点：

1）面层下的垫层或找平层需基本平整。铺抹砂浆面层时，下部基层应达到一定的抗压强度（不小于 1.2MPa）。表面应粗糙、洁净、湿润并不得有积水。

2）砂浆面层铺抹时需按水平基准线找平，随铺随用 2m 刮尺反复搓刮平整并拍实。

3）初凝前抹平，终凝前压实、压光。

4）面层砂浆抹压完工 1～2d 后洒水养护，养护期不少于 7d，如采用矿渣水泥或有抗渗要求的水泥砂浆地面延长至 14d。养护期内不允许上人行走或进行其他作业。

5）面层与下一层应结合牢固，无空鼓、裂纹、脱皮、麻面、起砂等缺陷。

6）踢脚线与墙面应紧密结合，高度一致，出墙厚度均匀。

7）楼梯踏步的宽度、高度应符合设计要求。楼层梯段相邻踏步高度差不应大于 10mm，每踏步两端宽度差不应大于 10mm。楼梯踏步的齿角应整齐，防滑条应顺直。

（3）水磨石面层

现浇水磨石地面是在水泥砂浆或细石混凝土等找平层上按设计要求分格抹水泥石粒浆，硬化后磨光，并经补浆、细磨和酸洗打蜡后而制成的整体面层。该面层美观适用，光洁度、耐久性、耐磨性都较好；其缺点是施工时湿作业过程较长，尤其是磨光工序会产生大量石浆，给施工带来许多不便，也不利于其他饰面层（如墙面抹灰面等）的成品保护。

水磨石面层厚度宜为 12~18mm，且按石子粒径确定。石粒应采用坚硬可磨白云石、大理石等，粒径为 6~15mm。水泥强度等级不应小于 32.5，面层拌合料的体积比为 1：1.5~1：2.5（水泥：石粒）。

水磨石面层施工程序：

在找平层上嵌分隔条→铺设水泥石粒浆→养护后研磨→酸洗打蜡。

水磨石面层施工技术要点：

1）用水泥浆粘嵌分格条（铜条或玻璃条）时，应先在找平层上按设计要求的纵横分格或图案分界线弹线。

2）分格条粘嵌要牢固，接头应严密，并保证分格条上口面平整一致。分格条正确的粘嵌高度应是略大于分格条高度的 1/2（图 8-16），并注意在分格条十字交叉接头处粘嵌水泥浆时，应留 15~20mm 的空隙，以确保铺设石粒浆时使石粒分布均匀、饱满。

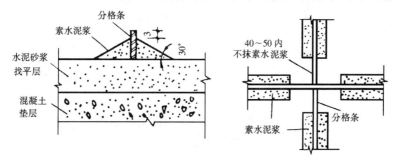

图 8-16　分格条镶嵌示意图

3）拌制水泥石粒浆时，需严格按配合比计量。所选用的石粒品种、粒径应符合设计要求，石粒应洁净、无杂物。

4）白色或浅色水磨石面层，应采用白色硅酸盐水泥；深色的水磨石面层，可采用普通硅酸盐水泥。当水泥中需掺入颜料时，应采用耐光、耐碱的矿物颜料，不得使用酸性颜料，并控制好颜料的掺入量（宜为水泥重量的 3%~6%）。

5）石粒浆铺抹时，其厚度应高出分格条 1~2mm，以防在压平、压实时损伤分格条。

6）当同一面层上有几种颜色的水磨石时，应先做深色，后做浅色；先做大面，后做镶边。待前一种色浆凝固后，再抹后一种色浆，两种颜色的色浆不应同时铺抹，以免串色造成界限不清或影响图案效果。

7）控制好开磨时间。水磨石开磨的时间与水泥强度等级及养护时的气温高低有关，一般应通过试磨以石粒不松动，水泥浆面与石粒面基本平齐为准。

8）水磨石面层应采用磨石机至少分三遍磨光。磨石规格由粗到细，前后两遍磨光期间，尚应复补水泥浆或水泥色浆，以便及时补平面层表面的细小孔隙（如砂眼）和凹痕，使面层表面光滑平整。

9）水磨石面层表面应光滑；无明显裂纹、砂眼和磨纹；石粒密实，显露均匀；颜色图案一致，不混色；分格条顺直和清晰。其他质量要求同水泥砂浆面层。

整体面层的允许偏差和检验方法见表 8-15。

整体面层的允许偏差和检验方法（mm） 表 8-15

项次	项　目	允　许　偏　差						检　验　方　法
		水泥混凝土面层	水泥砂浆面层	普通水磨石面层	高级水磨石面层	水泥钢（铁）屑面层	防油渗混凝土和不发火（防爆的）面层	
1	表面平整度	5	4	3	2	4	5	用 2m 靠尺和楔形塞尺检查
2	踢脚线上口平直	4	4	3	3	4	4	拉 5m 线和用钢尺检查
3	缝格平直	3	3	3	2	3	3	

2. 板块面层的施工

板块面层的建筑地面是指采用陶瓷地砖、大理石和花岗石板块、塑料板块等装饰块材或板材铺设的地面。这类地面具有耐磨损、易清洗等特点，且面层材料的花色品种多、规格全，能满足不同部位的地面装饰，已被广泛应用于各类公用建筑和住宅工程。

（1）陶瓷地砖面层

地面铺贴陶瓷地砖，最普遍的做法是用水泥砂浆或聚合物水泥浆粘贴于地面找平层上。其施工程序及工艺要点如下：

1）排砖弹线

根据水平基准线在墙面上弹出地面标高线，根据地面的平面几何尺寸再结合地砖的实际尺寸进行计算排砖，并在找平层上弹出纵横向控制线。

排砖时应统筹兼顾以下几点：

A. 无拼花要求的地砖，尽可能对称排砖。当有拼花要求时，地砖预排以满足拼花要求为准；

B. 房间与通道的砖缝尽可能通顺一致。当用不同颜色的地砖时，分色线应留置于门扇处；

C. 尽可能不割或少割砖，可适度利用砖缝宽窄，镶边宽窄来调节。

2）选砖与浸砖

由于地砖的规格尺寸及颜色有时会有偏差，铺贴地砖前应选砖分类，避免同一房间的地砖色差明显或接缝直线度偏差大。为了保证粘结质量，陶瓷地砖应在水中浸泡 3～4h，取出阴干后方可铺贴。

3）铺贴

地砖铺贴时先按定位线、标高线做出灰饼或标筋，并拉出通线。在找平层上刷水泥浆一道，将预先浸水阴干的地砖背面朝上，刮抹粘结材料（1∶2 水泥砂浆或聚合物水泥浆等）后铺贴于找平层上，并用橡皮锤敲震拍实。地砖铺贴过程中应注意检查其边楞是否跟线，是否找正、找直，并随时纠正出现的偏差，确保面层平整、接缝平直。对于有泛水要求的地面，尚应随时检查铺贴面的坡度（泛水坡度）。

4）擦缝与养护

整幅地面铺贴完毕，宜养护 2d 后再进行擦缝施工。擦缝用水泥的颜色，由设计确定，当设计无规定时，宜根据地砖颜色选用。一般常用白水泥调成干性团，在缝隙处擦抹，使纵横缝隙处填塞饱满，再将地砖表面擦净。

（2）大理石、花岗石面层

大理石、花岗石属高档地面材料，多用于地面装饰要求较高的公用建筑的厅堂、电梯间及主要楼梯间等部位。用作地面面层的大理石、花岗石板块，其规格尺寸较多，一般由设计确定，但其厚度不应小于 20mm。

大理石、花岗石板块表面要求光洁明亮、色泽鲜明、颜色一致，边角应方正，无扭曲，缺角掉愣。对于室内地面用的花岗石，其放射性核素指标不可超过规范（GB 6566—2010）允许值。

铺设地面大理石、花岗石板块的结合层多用 20～30mm 厚的 1:3 干硬性水泥砂浆和水灰比为 0.4～0.5 的素水泥浆。有时当结合层兼顾找平作用时，也可采用水泥砂（水泥与砂适度洒水后干拌均匀）作结合层。现就采用干硬性水泥砂浆铺贴大理石、花岗石板块地面的施工要点叙述如下：

1）定位、弹线

根据设计给定的图案，结合结构平面几何形状的实际尺寸、板块的规格、镶边的宽窄等要求，进行计算排版，并绘出大样图。按大样图确定板块的经纬线，在地面上弹线，并将其定线尺寸引出到周边墙面上。

2）试铺

板块铺贴前，对每一个房间、厅堂的板块进行试铺。试铺时应力求板块地面的颜色、纹理协调美观，尽量避免或减少相邻板块出现色差，设计要求拼出图案时，需满足设计要求。试铺后按两个方向编号排列，并按编号码放整齐。

3）摊铺水泥砂浆结合层

使用 1:3 干硬性水泥砂浆做结合层，稠度为 2.5～3.5cm（即以手握成团落地开花为宜）。铺设时不宜将砂浆一次铺完，应随贴随铺。每次摊铺约 1m²，宽度宜超出板宽度 20～30mm，摊铺厚度 20～30mm（虚铺应超出板块底标高 3～5mm）。由里面向门口方向铺抹，先用刮杠刮平，再用铁抹子拍实、拍平。

4）板块铺贴

板块铺贴时按定线拉通线。一般可由里向外沿控制线逐排逐块依次铺贴，逐步退至门口。对于面积较大的房间地面，宜按定线取中拉十字线，先确定基准板，再根据已拉好的十字基准线向两侧后退铺贴。

板块铺贴时应注意如下要点：

A. 正式铺贴前，还需试铺。即先摊铺一段砂浆结合层并拍实抹平，然后试铺板块。试铺合适（对缝通顺、标高吻合）后，将板块掀起移至一旁，在干硬性砂浆结合层上满浇一层水灰比为 0.4～0.5mm 的素水泥浆作粘结层，再正式铺贴；

B. 板块正式铺贴时要将板块四角同时平稳下落，并用橡皮锤轻轻敲震板块使之粘贴紧密，并随时用水平尺和直尺找平；

C. 铺贴好的板块应接缝平直，表面平整，镶嵌正确。镶边板块与墙、柱面交接处不得有空隙。

5）灌浆擦缝

板块铺贴1～2d后，经检查板块无断裂和空鼓现象，即可进行灌浆擦缝。用浆壶将稀水泥色浆灌入板缝，并用长把刮板把流出的水泥浆喂入缝隙内。灌浆1～2d后，用棉丝团蘸原稀水泥浆擦缝，与板面擦平，同时将板面余浆擦净。

板、块面层的允许偏差和检验方法见表8-16。

板、块面层的允许偏差和检验方法（mm）　　　　　　　　　　　表8-16

项次	项目	允许偏差												检验方法
		陶瓷锦砖面层、高级水磨石	板、陶瓷地砖面层	缸砖面层	水磨石面层	水磨石块面层	塑料板面层	大理石面层和花岗石面层	水泥混凝土板块面层	碎拼大理石、碎拼花岗石面层	活动地板面层	条石面层	块石面层	
1	表面平整度	2.0	4.0	3.0	3.0	1.0	2.0	4.0	3.0		2.0	10.0	10.0	用2m靠尺和楔形塞尺检查
2	缝格平直	3.0	3.0	3.0	3.0	2.0	3.0	3.0	—		2.5	8.0	8.0	拉5m线和用钢尺检查
3	接缝高低差	0.5	1.5	0.5	1.0	0.5	0.5	1.5	—		0.4	2.0		用钢尺和楔形塞尺检查
4	踢脚线上口平直	3.0	4.0	—	4.0	1.0	2.0	4.0	1.0	—	—	—		拉5m线和用钢尺检查
5	板块间隙宽度	2.0	2.0	2.0	2.0	1.0	—	6.0	—		0.3	5.0		用钢尺检查

3. 木竹面层施工

木竹地面按其面层材质及板型的不同，可分为实木地板、实木复合地板、中密度（强化）复合地板、竹地板等。木竹地面具有弹性好，耐磨性能佳及不老化等优点，故在室内地面装饰中应用较多。特别是木质地板，纹理美观，经过涂饰罩面和抛光打蜡处理，更显高雅名贵。并随着复合型木质铺地板材（复合地板）的大量涌现，既摆脱了原来较复杂的手工工艺，无需采用钉接或摊铺胶粘材料粘结，又较好地解决了传统木地板易受温度及湿度影响而引起裂缝和翘曲等缺陷。现就木地板（实木地板、复合地板）铺设的施工工艺及技术要点作一概括介绍。

（1）实木地板的铺设

实木地板按其板型有条材与块材两种。其材质较多，如松木、水曲柳、柚木、榉木、花梨木等。实木地板多以低架空铺做法（图8-17），对于有拼花要求的小块料实木地板，则可采用实铺法，即将拼花地板块直接以胶粘剂粘贴于地面混凝土或水泥砂浆等基层上。

1）低架空铺实木地板

低架空铺做法在传统上常称作实铺木地板，其下部的木搁栅通常与地面的基层全长固定，不架空，与高架空铺（木搁栅与地面基层架空）相比要

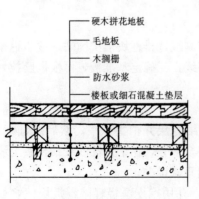

— 硬木拼花地板
— 毛地板
— 木搁栅
— 防水砂浆
— 楼板或细石混凝土垫层

图8-17　低架空铺
木地板构造

简易得多，是目前普遍采用的做法。低架空铺实木地板施工要点如下：

A. 地面基层处理

首先检查地面平整度。如果原地面的平整度误差较大，应做水泥砂浆或细石混凝土找平层，使木搁栅下的基层基本平整，并在已干燥的地面基层上刷涂两道防水涂料。

B. 木搁栅固定

木搁栅与地面的固定，按设计要求采用的预埋件进行连接。目前较多采用的是在地面基层中埋入木楔或塑料胀锚管的方法，即用冲击电钻在基层上钻洞（孔深50mm左右），打入木楔或塑料胀锚管。然后用长钉或专用膨胀螺栓将木搁栅与基层中的埋件连接。木搁栅固定时尚应注意如下要点：

（A）木搁栅的材质应符合设计要求，当设计无明确规定时，宜选用变形小的树种，且应严格控制其含水量；

（B）木搁栅的截面尺寸、铺设方向、间距应符合设计要求。一般中～中间距不宜大于300mm，且应与面板长度及排列方法相协调；

（C）木搁栅固定前，应根据设计标高在周边墙、柱面上弹出水平基准线，以便于木搁栅安装后，拉通线找平，使木搁栅上口平直；

（D）根据设计要求的铺设方向及间距，事先在地面弹出木搁栅位置线，并依线按一定间距钻孔设埋件；

（E）当基层中后置木楔埋件时，木楔必须干燥并作防腐处理；

（F）木搁栅（包括搁栅下找平用的木垫板）固定后，尚应涂刷防腐涂料，做好防腐处理。

C. 毛地板铺钉

实木地板低架空铺，有时会作双层施工，即在面板与木搁栅之间加铺一层基面板，称为毛地板。以增强木地板的隔声与防潮功能，并可提高面板的铺钉质量。毛地板多用杉木或厚胶合板（细木工板）等，一般无需企口，厚度在20～25mm之间。杉木毛地板的宽度一般为120～150mm，铺钉时应与木搁栅成30°或45°斜向铺排（图8-18），依木搁栅的间距钉接（每块毛地板的端头也应加钉与木搁栅钉接），采用高低缝或平缝拼合，所用圆钉的长度应为毛地板厚度的2.5倍，钉帽应砸扁并冲入板

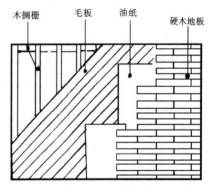

图8-18 双层木地板构造层次

面。应指出的是，不论采用何种毛地板，铺钉时均应保证相邻板块的端缝坐中于木搁栅的中线。

D. 面板铺钉

实木地板的面板，多为企口（两边或四边）板块，与木搁栅呈垂直排放，并顺进门方向用圆钉或专用地板钉（螺旋钉）钉接。

（A）单层木地板的面板铺钉

单层木地板其面板下不设毛地板，直接与木搁栅钉接。从墙面一侧开始，将板块材心向上逐块排紧铺钉。铺钉时，先将地板钉钉帽砸扁，从板的侧边凹角处斜向钉入，钉距以

木搁栅间距为准。所有板块的端缝均应在木搁栅中线位置，相邻板块的端缝应间隔错开。铺钉至最后一条板块时，因无法继续斜钉，可改用明钉钉牢，但钉帽需砸扁，并冲入板内。面板与墙面之间宜留 15mm 左右的缝隙（以防面板因热胀而起拱），并用踢脚板封盖。

（B）双层木地板的面板铺钉

双层木地板的面板铺钉与单层面板钉法基本相同，但需以找平毛地板为前提。同时，在面板铺钉前，尚应在毛地板的板面增设一层油纸，并弹出毛地板下木搁栅的位置线，使面板仍与木搁栅钉接。

2）实铺式木地板

实木地板采用实铺，即按设计要求的拼花形式排列，以胶粘剂（环氧树脂或专用地板胶）将板块直接粘贴于地面基层上的做法。一般铺贴前应按设计的图案弹线，并宜从中央向四周铺贴。铺贴时做到接缝对齐，胶合紧密，表面平整。

（2）复合地板的铺设

复合地板按其芯层的材质不同可分为实木复合地板、中密度（强化）复合地板等。一般由底层、芯层和面层等数层组合而成。底层多为定型防潮层；芯层为中密度纤维板、高密度低胶无辐射防水合成层或实木片材胶合层等；面层多为经特殊处理高耐磨度的层压木纹板或特种耐磨塑料贴面等。由于复合地板具有耐磨、抗撞击、抗化学品侵蚀、耐烟烫及质感逼真美观等优点，同时也可达到传统木地板的装饰效果，因此在室内地面装饰中的使用已越来越普遍。

复合地板的铺设也有低架空铺与实铺两种做法，但面板无需采用钉固或摊铺胶粘材料进行粘结，而是依靠其加工精密的企口，采用槽榫对接组成活动式地板面层而直接浮铺于毛地板或楼地面基层上。为增加其附着力，改善隔声与弹性效果，安装时宜在面板与基层之间加铺一层发泡塑料卷材胶垫；为使相邻板块相互衔接严密而增加面层的整体性，在其企口交接的板边部位可事先涂抹一层胶粘剂。复合地板铺设时，尚应注意如下技术要点：

1）由于复合地板表面无需涂饰，即为终饰面层，故复合地板的铺设需待室内其他部位的装饰施工基本完成且做好清洁工作后方可进行；

2）基层表面必须平整。基层是否平整，是复合地板铺设质量的关键，必要时可铺钉毛地板，以改善基层的平整度；

3）面板铺设时先按设计要求进行弹线、定位，确保接缝平直、错缝合理。

木、竹面层的允许偏差和检验方法见表 8-17。

木、竹面层的允许偏差和检验方法（mm） 　　　　　　　　　　表 8-17

项次	项　　目	允　许　偏　差				检　验　方　法
		实木地板面层			实木复合地板、中密度（强化）复合地板面层、竹地板面层	
		松木地板	硬木地板	拼花地板		
1	板面缝隙宽度	1.0	0.5	0.2	0.5	用钢尺检查
2	表面平整度	3.0	2.0	2.0	2.0	用2m靠尺和楔形塞尺检查

项次	项 目	允 许 偏 差				检 验 方 法
		实木地板面层			实木复合地板、中密度（强化）复合地板面层、竹地板面层	
		松木地板	硬木地板	拼花地板		
3	踢脚线上口平齐	3.0	3.0	3.0	3.0	拉5m通线，不足5m拉通线和用钢尺检查
4	板面拼缝平直	3.0	3.0	3.0	3.0	
5	相邻板材高差	0.5	0.5	0.5	0.5	用钢尺和楔形塞尺检查
6	踢脚线与面层的接缝	1.0				楔形塞尺检查

8.6 玻璃幕墙工程

建筑幕墙工程主要包括玻璃幕墙、金属幕墙和石材幕墙三种。玻璃幕墙相比其他材料的幕墙具有良好的透光性，在现代高层建筑中应用十分广泛。玻璃幕墙主要是由饰面玻璃和固定玻璃的骨架组成。其除具有透光性外，还具有建筑艺术效果好，自重轻，施工方便，工期短等优点，但玻璃幕墙造价高，抗风、抗震性能较弱，能耗较大，还可能对周围环境造成光污染。

8.6.1 玻璃幕墙的分类

玻璃幕墙按玻璃板面的支承形式，分为框支承幕墙、全玻幕墙和点支承幕墙；框支承幕墙又可分为明框玻璃幕墙、隐框玻璃幕墙和半隐框玻璃幕墙；按玻璃幕墙的安装施工方法可分为单元式玻璃幕墙和构件式玻璃幕墙。

玻璃幕墙采用的玻璃主要有单片钢化玻璃、夹层玻璃、中空玻璃、浮法玻璃、镀膜玻璃及防火玻璃等。

1. 明框玻璃幕墙

玻璃板镶嵌在金属框（常用铝框）内，成为四边有金属框的幕墙构件，幕墙构件镶嵌在横梁上，幕墙构件显露于面板外表面，金属框分格明显。

明框玻璃幕墙构件的玻璃和铝框之间必须留有空隙，以满足温度变化和主体结构位移所必需的活动空间。空隙用弹性材料充填，必要时用硅酮结构密封胶予以密封。

2. 隐框玻璃幕墙

隐框玻璃幕墙是将玻璃用结构胶粘结在铝框上，大多数情况下不再加金属连接件，铝框全部隐蔽在玻璃后面，不显露于面板外表面，形成大面积全玻璃镜面。隐框幕墙的玻璃与铝框连接节点如图8-19所示。

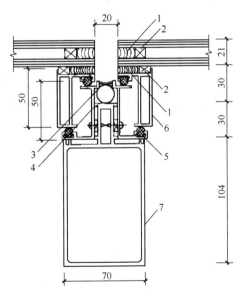

图 8-19 隐框幕墙玻璃连接节点图
1—结构胶；2—垫块；3—耐候胶；4—泡沫棒；
5—胶条；6—铝框；7—立柱

玻璃与铝框之间完全靠结构胶粘结。结构胶要承受玻璃的自重及玻璃所承受的风荷载和地震作用、温度变化的影响，因此，结构胶的质量好坏是隐框幕墙安全性的关键环节。

3. 半隐框玻璃幕墙

半隐框玻璃幕墙是金属框架的横框或竖框显露于面板外表面，即将玻璃两对边（横向或竖向）嵌在铝框内，另两对边（竖向或横向）用结构胶粘在铝框上，形成半隐框玻璃幕墙。立柱外露，横梁隐蔽的称竖框横隐幕墙；横梁外露，立柱隐蔽的称为竖隐横框幕墙。

4. 全玻幕墙

由玻璃肋和玻璃面板组成的幕墙。玻璃肋是支承结构，常用于有观光需要和视觉美观的环境。如图 8-20 所示。全玻幕墙玻璃肋的截面厚度 t 不应小于 12mm，截面高度 h_r 不应小于 100mm。

有时幕墙高度不大时，可省去玻璃肋，直接在结构玻璃幕的上下端安装即可。高度不超过规定的全玻璃幕墙，可以用下部直接支承的方式进行安装，高度超过规定的全玻幕墙，宜用上部悬挂方式安装，如图 8-21 所示。

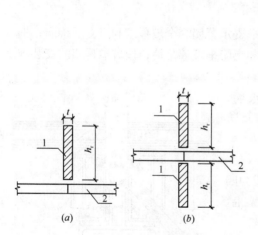

图 8-20　全玻璃幕墙玻璃肋示意

（a）单肋；（b）双肋

1—玻璃肋；2—玻璃面板

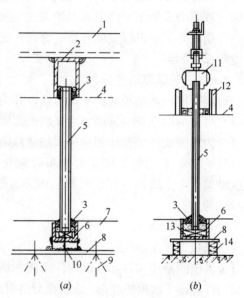

图 8-21　结构玻璃幕墙构造

（a）下端支承式；（b）上部悬挂式

1—顶部角铁吊架；2—5mm 厚钢顶框；3—硅胶嵌缝；4—吊顶面；5—15mm 厚结构玻璃；6—钢底框；7—地平面；8—铁板；9—M12 螺栓；10—垫铁；11—夹紧装置；12—角钢；13—定位垫块；14—减震垫块

5. 点支承幕墙

由玻璃面板、点支承装置和支承结构构成的玻璃幕墙。这种点支承幕墙主要是在玻璃面上留有连接孔，通过点支承装置与支承结构连接固定。

6. 单元式幕墙和构件式幕墙

单元式幕墙就是将面板和金属框在工厂组装为幕墙单元，以幕墙单元形式在施工现场完成安装施工的框支承幕墙。构件式幕墙是在现场依次安装立柱、横梁和玻璃面板的框支承幕墙，也就是分单个构件进行安装。

8.6.2　一般要求

1. 玻璃幕墙所使用的玻璃、铝合金、各类钢材、建筑密封材料、硅酮结构密封胶及连接支承件等必须符合相关标准的规定。硅酮结构密封胶应对邵氏硬度和标准状态拉伸粘结性能进行复验。

2. 玻璃幕墙及其结构应进行专门设计，满足建筑、结构的各项要求。

3. 玻璃幕墙所用的玻璃、铝型材、钢构件等的制作加工应符合相关标准的要求，制作允许偏差满足要求。制作加工前应与土建设计施工图核对，对已建主体进行复测，并应按实测结果对幕墙设计或进行必要的调整。

4. 玻璃幕墙的安装施工应单独编制施工组织设计，安装前厂商应与土建承包商沟通协调，确认脚手架、起重运输设施以及施工作业环境等各项施工条件满足要求。

5. 玻璃幕墙与主体结构连接的预埋件应在主体结构施工时按要求埋设，预埋件位置的偏差不应大于 20mm。

6. 构件储存堆放应按照安装顺序排列，储存架应有足够的承载能力和刚度，在室外储存时应采取保护措施。

8.6.3　玻璃幕墙的安装施工要点

玻璃幕墙的种类较多，现以框支承玻璃幕墙为主说明其安装的要点。

1. 定位放线

玻璃幕墙的测量放线应与主体结构测量放线相配合，其偏差应及时调整，不得积累。测量中心线和标高点由土建承包商提供并校核准确。

水平标高要逐层从地面基点引上，以免误差积累，由于建筑物随气温变化产生侧移，测量应每天定时进行。对高层建筑的测量应在风力不大于 4 级时进行。

放线应沿楼板外沿弹线定出幕墙平面基准线，从基准线测出一定距离为幕墙平面。以此线为基准确定立柱的前后位置，从而决定整片幕墙的位置。

2. 骨架安装

测量放线完成并符合要求后，即可进行幕墙骨架安装。骨架的安装固定主要是先把连接件与预埋件焊接牢固，然后通过连接件将骨架与主体结构相连。

骨架安装时一般是先安竖向杆件（立柱），待竖向杆件安装位置合格后，再安装横向杆件。

（1）立柱安装

立柱先连接好连接件，再将连接件（铁码）点焊在主体结构的预埋钢板上，然后调整位置，立柱的垂直度可用锤球控制，位置调整准确后，将支撑立柱的钢牛腿焊牢在预埋件上。

立柱一般根据施工运输条件，可以是一层楼高或二层楼高为一整根。接头应有一定空隙，采用套筒连接。

立柱安装轴线偏差不应大于 2mm。相邻两根立柱安装标高偏差不应大于 3mm。同层立柱的最大标高偏差不应大于 5mm。

（2）横梁安装

在竖向杆件安装后可进行横向杆件的安装。杆件如为型钢类的材料，可以采用焊接，也可以采用螺栓等方法连接。当采用焊接时，大面积骨架需焊接的部位较多，由于受热不均，容易引起骨架变形，故应注意焊接的顺序及操作。如有可能，应尽量减少现场的焊接工作量。

铝合金型材骨架，其横梁与竖框的连接，一般是通过铝拉铆钉与连接件进行固定。连接件多为角铝或角钢，其中一肢固定在横梁上，另一肢固定竖框上。对不露骨架的隐框玻璃幕墙，其立柱与横梁往往采用型钢，使用特制的铝合金连接板与型钢骨架用螺栓连接，连接件应隐蔽于玻璃背面。

当安装完一层高度时应及时进行检查、校正和固定。同一根横梁两端或相邻两根横梁的水平标高偏差不应大于 1mm。

（3）玻璃安装

在安装前，应清洁玻璃，四边的铝框也要清除污物，以保证嵌缝耐候胶可靠粘结。

当玻璃在 3m² 以内时，一般可采用人工安装。当玻璃面积过大，重量很大时，应采用真空吸盘等机械安装。

玻璃不能与其他构件直接接触，四周必须留有空隙，下部应有定位垫块，垫块宽度与槽口相同，长度不小于 100mm。

镀膜玻璃的镀膜面除设计另有要求外，应朝向室内。

玻璃安装完毕后，玻璃板材之间的间隙，必须用耐候胶嵌缝，予以密封，防止气体渗透和雨水渗漏。

玻璃幕墙安装的允许偏差和检验方法应符合表 8-18、表 8-19 的规定。

明框玻璃幕墙安装的允许偏差和检验方法　　　　　　　　　　表 8-18

项次	项　　目		允许偏差（mm）	检验方法
1	幕墙垂直度	幕墙高度≤30m	10	用经纬仪检查
		30m＜幕墙高度≤60m	15	
		60m＜幕墙高度≤90m	20	
		幕墙高度＞90m	25	
2	幕墙水平度	幕墙幅宽≤35m	5	用水平尺检查
		幕墙幅宽＞35m	7	
3	构件直线度		2	用 2m 靠尺和塞尺检查
4	构件水平度	构件长度≤2m	2	用水平仪检查
		构件长度＞2m	3	
5	相邻构件错位		1	用钢直尺检查
6	分格框对角线长度差	对角线长度≤2m	3	用钢尺检查
		对角线长度＞2m	4	

项次	项　　目		允许偏差（mm）	检验方法
1	幕墙垂直度	幕墙高度≤30m	10	用经纬仪检查
		30m<幕墙高度≤60m	15	
		60m<幕墙高度≤90m	20	
		幕墙高度>90m	25	
2	幕墙水平度	幕墙幅宽≤35m	3	用水平尺检查
		幕墙幅宽>35m	5	
3	幕墙表面平整度		2	用2m靠尺和塞尺检查
4	板材立面垂直度		2	用垂直检测尺检查
5	板材上沿水平度		2	用1m水平尺和钢直尺检查
6	相邻板材板角错位		1	用钢直尺检查
7	阳角方正		2	用直角检测尺检查
8	接缝直线度		3	拉5m线，不足5m拉通线，用钢尺检查
9	接缝高低差		1	用钢直尺和塞尺检查
10	接缝宽度		1	用钢直尺检查

8.7　吊顶与隔墙工程

对于一般的工业与民用建筑工程，根据通常的施工合同，在施工承包单位完成前面六节涉及的装饰工程内容后，即可办理工程交工验收并退出工程现场。吊顶和隔墙工程施工往往属于使用单位的二次装修内容。近些年来有些房地产开发企业为扩大经营服务范围，也有为顾客提供包括施工建造、二次装修及室内陈设等一次性完成的最终产品，此时施工总承包单位（或装饰施工单位）将负责组织完成所有的装饰工程内容的施工。

8.7.1　吊顶工程

吊顶是对室内天棚进行装饰的重要内容，主要采用悬吊方式将装饰板材安装固定，楼板或墙体是吊顶的承力结构。

1. 吊顶的构造组成

吊顶从外形构成看，主要由吊杆（吊筋）、龙骨（格栅）和面板三个部分组成。从承力角度看，吊杆和主龙骨是吊顶的支承部分，而次龙骨和底板（有时无底板）是基层部分，装饰板材（或装饰层）是面层部分。

（1）支承部分

木龙骨吊顶的主龙骨（大龙骨或主梁）多采用50mm×70mm～60mm×100mm方木，龙骨间距按设计，如设计无要求，一般按1m左右设置。用$\phi 8$～10mm的吊顶螺栓或8号钢丝将主龙骨与楼板连接，也有用木方吊杆连接。木吊杆和木龙骨必须作防腐和防火处理。

金属龙骨吊顶主要有轻钢龙骨和铝合金龙骨，截面形状有U形（C形）、T形、L形等多种。吊顶的主龙骨截面尺寸取决于荷载大小，其间距尺寸应考虑次龙骨的跨度及施工条件，一般采用1～1.5m。主龙骨与楼板结构连接主要用吊杆（市场有售），吊杆与主龙骨用专用的挂件连接。

（2）基层部分

基层主要指次龙骨，所用材料往往与主龙骨相同，即有木方、轻钢、铝合金或其他材料制成。木方次龙骨与主龙骨之间的连接可用钉铆的方式，轻钢或铝合金的次龙骨与主龙骨之间的连接也可用专用挂件。次龙骨间距应根据板材规格、板材花纹、天棚尺寸以及灯具位置、透风口位置等进行合理设计确定，间距一般不应超过600mm。

（3）面层部分

木龙骨吊顶，其面层多用人造板（如胶合板、纤维板、木丝板、刨花板）面层或板条（金属网）抹灰面层。轻钢龙骨、铝合金龙骨吊顶，其面板多用装饰吸声板（如纸面石膏板、钙塑泡沫板、纤维板、矿棉板、玻璃丝棉板等）制作。

2. 吊顶施工工艺

吊顶工程在施工前，应与其他工种的施工搞好协调工作，墙面湿作业应全部完工，并应与各种管道、管线施工及线路安装改装等合理配合。

（1）木质吊顶施工

1）弹水平线。首先将楼地面基准线弹在墙上，并以此为起点，弹出吊顶高度水平线。

2）安装吊杆。木质吊顶若使用木吊杆，可在楼板底预设吊杆的部位，用射钉枪将木方定于楼板结构上，再把木吊杆钉固于木方上。也可用其他方法连接吊杆，如图 8-22 所示。

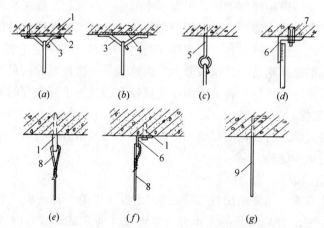

图 8-22　吊杆与楼板结构的连接固定

(a) 射钉固定；(b) 预埋件固定；(c) 预埋 φ6 钢筋吊环；(d) 金属膨胀螺栓固定；
(e) 射钉直接连接钢丝；(f) 射钉固定角铁；(g) 预埋 8 号钢丝
1—射钉；2—焊板；3—φ10 钢筋吊环；4—预埋钢板；5—φ6 钢筋；6—角铁；
7—金属膨胀螺栓；8—钢丝（8 号、12 号、14 号）；9—8 号钢丝

3）安装主龙骨。主龙骨与吊杆逐一连接固定，有时也可在地面上整体拼装，再与吊杆连接固定，调整控制主龙骨水平，标高统一。沿墙龙骨与墙体连接固定可采用埋设木砖

的方式，如图 8-23 所示。

4）铺钉罩面板。罩面板多采用人造板应按设计要求切成方形、长方形等。板材安装前，按分块尺寸弹线，安装时由中间向四周呈对称排列，顶棚的接缝与墙面交圈应保持一致，面板应安装牢固且不得出现折裂、翘曲、缺棱掉角和脱层等缺陷。

（2）轻钢龙骨吊顶施工

轻钢龙骨是薄壁镀锌钢板带经机械冲压而成的轻钢龙骨，作为吊顶的骨架型材。轻钢龙骨有 U 型（或 C 型）和 T 型两种。U 型上人轻钢龙骨吊顶如图 8-24 所示。

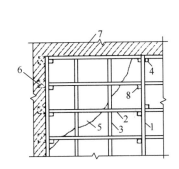

图 8-23　木龙骨吊顶

1—吊筋横梁；2—纵撑龙骨；3—横撑龙骨；4—吊筋；5—罩面板；6—木砖；7—砖墙；8—吊木

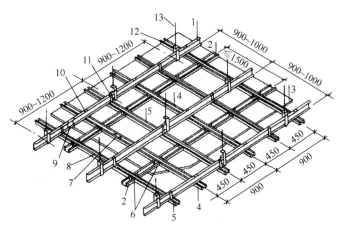

图 8-24　U 型龙骨吊顶示意

1—BD 大龙骨；2—UZ 横撑龙骨；3—吊顶板；4—UZ 龙骨；5—UX 龙骨；6—UZ$_3$ 支托连接；7—UZ$_2$ 连接件；8—UX$_2$ 连接件；9—BD$_2$ 连接件；10—UX$_1$ 吊挂；11—UX$_2$ 吊件；12—BD$_1$ 吊件；13—UX$_3$ 吊杆

1）弹线。施工前，先按龙骨的标高在房间四周的墙上弹出水平线，再根据龙骨的要求按一定间距弹出龙骨的中心线，找出吊点中心。

2）安装吊杆。将吊杆固定在埋件上。吊杆长度计算好后，在一端套丝，丝口的长度要考虑紧固的余量，并分别配好紧固用的螺母。

3）安装主龙骨。用挂件将主龙骨连在吊杆上校平调正后，拧紧固定螺母。

4）安装次龙骨。根据设计和饰面板尺寸，确定好次龙骨间距，用吊挂件将次龙骨固定在主龙骨上，调平调正后安装饰面板。

5）安装饰面板。饰面板的安装方法有搁置法、嵌入法、粘贴法、钉固法和卡固法等多种。

（3）铝合金龙骨吊顶施工

铝合金龙骨常用有 T 型和 L 型，用稍重的罩面板材时，铝合金龙骨的壁厚大，有一定的强度和刚度，可用于上人吊顶，见图 8-25。用轻质板材作罩面板时，铝合金龙骨的壁厚小，强度低，用于不上人吊顶，见图 8-26。铝合金龙骨吊顶按罩面板的要求不同，又分为龙骨底面不外露和龙骨底面外露两种形式。

铝合金吊顶龙骨的安装方法与轻钢龙骨吊顶基本相同。

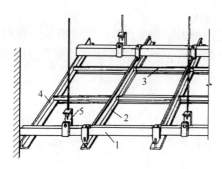

图 8-25 T、L 型铝合金吊顶
1—大龙骨；2—大 T；3—小 T；
4—角条；5—大吊挂件

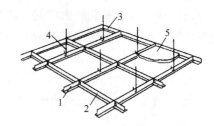

图 8-26 T、L 型铝合金不上人吊顶
1—大 T；2—小 T；3—吊杆；
4—角条；5—饰面板

（4）各种饰面板的安装

1）安装方法

铝合金龙骨吊顶饰面板的安装与轻钢龙骨吊顶饰面板的安装基本相同，安装方法如下。

搁置法：将饰面板直接放在 T 型龙骨组成的格框内。有些轻质饰面板，考虑刮风时会被掀起（包括空调口，通风口附近），可用木条、卡子固定。

嵌入法：将饰面板事先加工成企口暗缝，安装时将 T 型龙骨两肢插入企口缝内。

粘贴法：将饰面板用胶粘剂直接粘贴在龙骨上。

钉固法：将饰面板用钉、螺钉、自攻螺钉等固定在龙骨上。

卡固法：多用于铝合金吊顶，板材与龙骨直接卡接固定。

2）安装要点

石膏饰面板的安装可采用钉固法、粘贴法和暗式企口胶接法。U 型轻钢龙骨采用钉固定方法安装石膏板时，使用镀锌自攻螺钉与龙骨固定。钉头要求嵌入石膏板内 0.5～1mm，钉眼用腻子刮平，并用与石膏板同色的色浆腻子涂刷一遍。螺钉规格为 M5×25 或 M5×35。螺钉与板边距离应不大于 15mm，螺钉间距以 150～170mm 为宜，均匀布置并与板面垂直。石膏板之间应留出 8～10mm 的安装缝。待石膏板全部固定好后，用塑料压缝条或铝压缝条压缝。

钙塑泡沫板的安装方法主要有钉固法和粘贴法两种。钉固法即用圆钉或木螺钉，将面板钉在顶棚的龙骨上，要求钉距不大于 150mm，钉帽应与板面齐平，排列整齐，并用与板面颜色相同的涂料装饰。钙塑板的交角处，用木螺钉将塑料小花固定，并在小花之间沿板边按等距离加钉固定。用压条固定时，压条应平直，接口严密，不得翘曲。钙塑泡沫板用粘贴法安装时，胶粘剂可用 401 胶或氧丁胶浆——聚异氧酸酯胶（10∶1），涂胶后应待稍干，方可把板材粘贴压紧。

胶合板、纤维板安装应采用钉固法。胶合板时钉距 80～150mm，钉长 25～35mm，钉帽应打扁，并进入板面 0.5～1mm，钉眼用油性腻子抹平；纤维板时钉距 80～120mm，钉长 20～30mm，钉帽进入板面 0.5 mm，钉眼用油性腻子抹平。硬质纤维板应用水浸透，自然阴干后安装。

矿棉板的安装方法主要有搁置法、钉固法和粘贴法。顶棚为轻金属 T 型龙骨时，在顶棚龙骨安装放平后，将矿棉板直接搁置平放在龙骨上，矿棉板每边应留有板材安装缝，缝宽不宜大于1mm。顶棚为木龙骨时，可在矿棉板每四块的交角处和板的中心用专用的塑料花托脚，用木螺钉固定在木龙骨上；混凝土顶面可按板材尺寸做出平顶木条，再选用适宜的粘胶剂将矿棉板粘贴在平顶木条上。

金属饰面板主要有金属条板、金属方板和金属格栅。板材安装方法有卡固法和钉固法。用卡固法时，要注意龙骨卡槽与金属条板的配套。钉固法采用螺钉固定时，后安装的板块压住先安装的板块，将螺钉遮盖，拼缝严密。方形板可用搁置法和钉固法，也可用铜丝绑扎固定。格栅安装方法有两种，一种是将单体构件先用卡具连成整体，然后通过钢管与吊杆相连接；另一种是用带卡口的吊管将单体构件卡住，然后将吊管用吊杆悬吊。金属板吊顶与四周墙面的空隙，应用同材质的金属压缝条找齐。

3. 吊顶工程质量要求

吊顶工程所用的材料品种、规格、颜色以及基层构造、固定方法等应符合设计要求。罩面板与龙骨应连接紧密，表面应平整，不得有污染、折裂、缺棱掉角、锤伤等缺陷，接缝应均匀一致，粘贴的罩面不得有脱层，胶合板不得有刨透之处，搁置的罩面板不得有漏、透、翘角现象。

吊顶工程安装的允许偏差和检验方法应符合表 8-20 的规定。

吊顶工程安装的允许偏差和检验方法　　　　　　　　表 8-20

项次	项目	允许偏差（mm）								检验方法
		暗龙骨吊顶				明龙骨吊顶				
		纸面石膏板	金属板	矿棉板	木板、塑料板、格栅	石膏板	金属板	矿棉板	塑料板玻璃板	
1	表面平整度	3	2	2	2	3	2	3	2	用2m靠尺和塞尺检查
2	接缝直线度	3	1.5	3	3	3	2	3	3	拉5m线，不足5m拉通线，用钢直尺检查
3	接缝高低差	1	1	1.5	1	1	1	2	1	用钢直尺和塞尺检查

8.7.2　隔墙工程

1. 隔墙的种类

隔墙按其构造不同，可分为砌块式、骨架式和板材式。砌块式隔墙与黏土砖墙相似，往往在土建施工中完成。装饰施工的隔墙主要是骨架式和板材式。骨架式隔墙骨架多为木材、轻钢龙骨或铝合金龙骨，饰面板多用纸面石膏板、人造板（如胶合板、纤维板、木丝板、刨花板、水泥纤维板）；板材式隔墙是采用成品板材进行竖条形拼装安装，常用的板材有：复合轻质墙板、石膏空心条板、预制或现制钢丝网水泥板等。

2. 轻钢龙骨纸面石膏板隔墙施工

轻钢龙骨纸面石膏板墙体具有施工速度快、成本低、劳动强度小、装饰美观及防火、隔声性能好等特点。在隔墙施工中较常见，应用广泛。

轻钢龙骨有 C50、C70、C100 三种系列，各系列轻钢龙骨由沿顶龙骨、沿地龙骨、竖向龙骨、加强龙骨和横撑龙骨以及配件组成。轻钢龙骨纸面石膏板隔墙构造如图 8-27 所示。

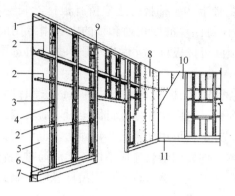

图 8-27　轻钢龙骨纸面石膏板隔墙

1—沿顶龙骨；2—横撑龙骨；3—支撑卡；

4—贯通孔；5—石膏板；6—沿地龙骨；

7—混凝土踢脚座；8—石膏板；9—加强

龙骨；10—塑料壁纸；11—踢脚板

轻钢龙骨纸面石膏板隔墙主要施工工序为：弹线及下料→固定沿地、沿顶和沿墙龙骨→龙骨架装配及校正→石膏板固定→饰面层施工。

（1）弹线及下料。按设计要求确定好隔墙的位置、隔墙门窗的位置，包括地面位置、墙面位置、高度位置以及隔墙的宽度等，然后在地面和墙面上弹出隔墙的宽度边线和中心线等。与此同时应对龙骨进行配料、划线和切割。即按所需龙骨的长度尺寸，对龙骨进行划线配料。一般应按先配长料，后配短料的原则进行。量好尺寸后，用粉饼或记号笔在龙骨上划出切截位置线，并完成切割备料工作。

（2）固定沿地和沿顶龙骨。沿地和沿顶龙骨固定前，注意规划好固定点的位置，应与竖向龙骨所在位置错开，安装时校正好位置后，用膨胀螺栓和打木楔钉、铁钉与结构固定，或直接与结构预埋件连接固定。

（3）骨架连接。按设计要求和石膏板尺寸，进行骨架分格设置，然后将预先切裁好的竖向龙骨装入沿地、沿顶龙骨平面内，校正其垂直度后，将竖向龙骨与沿地、沿顶龙骨连接固定牢固。可用点焊将两者焊牢，或者用连接件与自攻螺钉固定。

（4）石膏板固定。固定石膏板用平头自攻螺钉，其规格通常为 M4×25 或 M5×25 两种，螺钉间距 200mm 左右。安装时，将石膏板竖向放置，贴在龙骨上并检查调整好位置，用电钻同时把板材与龙骨一起打孔，拧上自攻螺丝。螺钉要沉入板材平面 2～3mm。

石膏板之间的接缝形式要事先策划，有明缝和暗缝两种做法。明缝是用专门工具和砂浆胶合剂勾成立缝，如加嵌压条，装饰效果较好。做暗缝时要求石膏板有斜角，在两块石膏板拼缝处用嵌缝石膏腻子嵌平，然后贴上 50mrn 宽的穿孔纸带，再用腻子补一道，与墙面刮平。

（5）饰面层施工。饰面层施工就是在石膏板板面做装饰面层。要待嵌缝腻子完全干燥后，在石膏板墙表面裱糊墙纸、织物或进行涂料施工，按相应的施工工艺方法进行即可。

3. 铝合金隔墙施工

铝合金隔墙就是用铝合金型材作为框架，以玻璃或其他板状材料装配而成。这种隔墙铝合金框架通常是外露的，其主要施工工序为：弹线→下料→框架组装→玻璃安装。

（1）弹线。根据设计要求确定隔墙在室内的具体位置、墙高、竖向型材的间隔位置等，排好尺寸，然后弹出墨线。

（2）下料。在平整干净的平台上，对铝合金型材量尺，用钢尺和钢划针对铝型材划线，用专用砂轮锯切割下料，长度误差±0.5mm。下料时遵循先长后短的原则，并将竖向型材与横向型材分开。在沿顶、沿地型材上要划出与竖向型材的各连接位置线（宽度边线）。

在划线、加工下料以及安装施工过程中，要注意对铝型材成品的保护，不要碰伤型材表面。

（3）铝合金框架组装。半高的铝合金隔墙通常先在地面组装好框架后再竖立起来固定，全封铝合金隔墙通常是分单件安装。先固定竖向型材，再安装横档型材来组装框架。铝合金型材之间相互连接主要用铝角和自攻螺钉，铝合金框与地面、墙面的连接，主要用铁脚固定。

（4）玻璃安装。先按框洞尺寸缩小 3～5mm 在玻璃加工厂或现场裁好玻璃，安装时先将玻璃就位，用与型材同色的铝合金槽条，在玻璃两侧夹固，校正后将槽条用自攻螺钉与型材固定，有压条的最后安装铝合金压条。安装活动窗口上的玻璃，应与制作铝合金活动窗口同时安装。

4. 隔墙的质量要求

（1）隔墙所用材料的品种、规格、性能、颜色应符合设计要求。有隔声、隔热、阻燃、防潮等特殊要求的工程，板材应有相应性能等级的检测报告。

（2）板材隔墙安装所需预埋件、连接件的位置、数量及连接方法应符合设计要求，与周边墙体连接应牢固。隔墙骨架与基体结构连接牢固，并应平整、垂直、位置正确。

（3）隔墙板材安装应垂直、平整、位置正确，板材不应有裂缝或缺损；表面应平整光滑、色泽一致、洁净、接缝应均匀、顺墙体表面应平整、接缝密实、光滑、无凸凹现象、无裂缝。

（4）隔墙上的孔洞、槽、盒应位置正确、套割方正、边缘整齐。

（5）隔墙安装的允许偏差和检验方法应符合表 8-21 的要求。

隔墙安装的允许偏差和检验方法　　　　表 8-21

项次	项目	允许偏差（mm）						检验方法
		板材隔墙				骨架隔墙		
		金属夹芯板	其他复合板	石膏空心板	钢丝网水泥板	纸面石膏板	人造木板、水泥纤维板	
1	立面垂直度	2	3	3	3	3	4	用 2m 垂直检测尺检查
2	表面平整度	2	3	3	3	3	3	用 2m 直尺和塞尺检查
3	阴阳角方正	3	3	3	4	3	3	用直角检测尺检查
4	接缝直线度	—	—	—	—	—	3	拉 5m 线，不足 5m 拉通线、用钢直尺检查
5	压条直线度	—	—	—	—	—	3	
6	接缝高低差	1	2	2	3	1	1	用钢直尺和塞尺检查

复习思考题

8-1　门窗安装前应做好哪些预检工作？

8-2　木门窗扇安装时应注意哪些要点？

8-3　普通钢门窗与铝合金门窗相比较，两者在门窗框与墙体之间的连接方法上和填缝要求上有何不同？

8-4　在塑料门窗上安装连接件、五金配件时，应注意哪些事项？

8-5　根据国家标准，在对各类门窗安装质量验收时，主要检验哪些项目？分别采用什么检验方法？

8-6 根据使用要求及装饰效果的不同，抹灰分为哪几类？

8-7 抹灰施工为何分层操作？抹灰前做灰饼有何作用？

8-8 抹灰前的基层处理应做好哪些工作？

8-9 饰面板安装的传统做法有哪些？其干挂安装法有何特点？

8-10 饰面板干挂法安装时，对基体的材料有何要求？

8-11 饰面砖的预排应注意哪些要点？

8-12 室内釉面砖镶贴时，如何控制其平整度？

8-13 内墙、顶棚涂饰水性涂料时，对基层处理有何要求？

8-14 木质制品表面油漆涂饰时，对基层表面的清扫有何要求？

8-15 为什么说打磨是贯穿于油漆涂饰施工全过程的一道工序？

8-16 为什么在色漆涂饰施工中一般无"透明着色"这一工序？

8-17 在涂饰工程质量验收时，一般应检验哪些项目？

8-18 建筑地面的面层一般有哪几类？

8-19 地面面层施工时，为何应先在周边墙、柱面上弹出水平基准线？

8-20 水泥砂浆整体面层施工时，为何要做到"初凝前抹平，终凝前压光"？如何掌握初凝和终凝的时间？

8-21 陶瓷地砖的排砖应注意哪些要点？

8-22 如何摊铺板块地面的干硬性水泥砂浆结合层？大理石、花岗石板块铺贴时，应注意哪些要点？

8-23 架铺木地板的木搁栅如何与地面基体连接固定？

8-24 怎样铺钉双层木地板的毛地板及面板？

8-25 复合地板的铺设与传统木地板施工有何区别？

8-26 玻璃幕墙有什么特点？分为哪几类？

8-27 什么是框支承玻璃幕墙？试述其施工工艺。

8-28 吊顶是由哪几部分组成的？吊顶分成哪几类？

8-29 试述轻钢龙骨吊顶和铝合金龙骨吊顶的施工工艺？

8-30 吊顶中的饰面板有哪些安装固定方法？

8-31 隔墙分为哪几种？试述轻钢龙骨石膏板隔墙的施工工艺？

实 训 题

某 8 层框架结构办公楼工程，其装修做法为：室外墙面下部 2 层干挂大理石幕墙，以上 6 层墙面贴浅灰色瓷砖；室内墙面、顶棚为抹灰刷乳白色涂料；室内地面铺 600mm×600mm 淡黄色玻化砖。试分别说明以上各部位装修的施工工艺？抹灰施工的质量控制要点有哪些？说说塑钢窗安装、玻璃安装与室外贴砖、室内抹灰的组织程序？

教学单元 9　墙体保温节能工程

随着我国"创新、协调、绿色、开放、共享"五大发展理念的持续推进以及人民生活水平的不断提高，建筑工业的节能问题越来越得到人们的重视，一方面涉及到能源节约、环境保护、持续发展以及经济指标等综合性的问题，另一方面是实现人居环境冬暖夏凉的生活舒适性问题。据统计房屋建筑中，外围护结构的热损耗较大，采暖居住建筑物的耗热量73%～77%均通过围护结构散失，外围护结构中墙体又占了很大份额，因此，建筑墙体改革与墙体节能技术的发展是建筑节能技术的重要环节之一，研究和发展新型墙体材料及工艺技术是建设工程领域一个长期的课题。目前，在建筑设计上除合理选择有利的建筑朝向与布局，严格控制建筑体形系数外，也十分重视加强围护结构和屋面系统的保温措施设计，外墙保温施工则成为当前建筑工程中常见的施工内容。

9.1　外墙保温系统的构造

9.1.1　外墙保温系统的构造及特点

外墙保温系统按保温层的位置分为外墙内保温系统和外墙外保温系统两大类，其基本构造做法如图 9-1 所示。

1. 外墙内保温系统的构造及特点

外墙内保温就是在外墙结构的内部加做保温层，其保温系统主要由基层、保温层和饰面层构成，其构造如图 9-1（a）所示。

基层：是指内保温系统所依附的外墙。

保温层：由保温材料组成，在内保温系统中起保温作用的主体构造层。

饰面层：内保温系统的装饰层。

目前，使用较多的内保温材料和

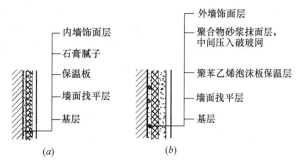

图 9-1　外墙保温系统的基本构造

（a）复合聚苯板保温板外墙内保温；

（b）聚苯乙烯泡沫板（简称 EPS）外墙外保温

技术有：增强石膏复合聚苯保温板、聚合物——复合聚苯保温板、增强水泥复合聚苯保温板、内墙贴聚苯板、粉刷石膏抹面及聚苯颗粒砂浆保温料浆加抗裂砂浆压入网格布抹面等施工方法。

内保温施工速度快，施工操作方便，施工技术成熟，检验标准完善。但内保温要占用室内使用面积，热桥问题不易解决，容易引起开裂，影响居民的二次装修，且在使用时内墙悬挂和固定物件易破坏内保温结构。

2. 外墙外保温系统的构造及特点

（1）外墙外保温系统的构造

外墙外保温就是在外墙结构的外部加做保温层，其外保温系统主要由基层、保温层、抹面层、饰面层构成，其构造如图 9-1（b）所示。

外保温系统除有基层、保温层、饰面层外，还在保温层和饰面层之间增加了抹面层。抹面层是抹在保温层上，层中间夹有增强网，保护保温层，并起防裂、防水和抗冲击作用。抹面层分为薄抹面层和厚抹面层。用 EPS 板和胶粉 EPS 颗粒浆料时做薄抹面层，用 EPS 钢丝网架板时做厚抹面层。

外墙外保温材料和技术主要有：聚苯板（EPS 板）薄抹灰面外保温系统、胶粉聚苯（EPS）颗粒保温浆料外保温系统、现浇混凝土复合无网 EPS 板外保温系统、现浇混凝土 EPS 钢丝网架板外保温系统、机械固定 EPS 钢丝网架板外保温系统等。

（2）外墙外保温的特点

采用导热系数较低的聚苯板，整体将建筑物外面包起来，消除了热桥，减少了外界自然环境对建筑的冷热冲击，可达到较好的保温节能效果。

外保温材料与墙体采用了可靠的连接技术，使外保温材料与墙面具有可靠的附载效果，耐候性、耐久性更好更强。

外墙外保温系统具有高弹性和整体性，解决了墙面开裂，表面渗水的通病，特别对陈旧墙面局部裂纹有整体覆盖作用。

采用外保温系统可将建筑房屋外墙厚度减小，减小了砌筑工程量、缩短了工期，且减轻了建筑物自重。

外墙保温材料所用的聚苯板为阻燃型，具有隔热、无毒、自熄、防火功能。

具有一般抹灰水平的技术工人，经短期培训，即可进行现场操作施工。也对建筑物基层混凝土、砌块、石材、石膏板等有广泛的适用性。

外保温与内保温相比较，具有技术合理和明显的优越性。使用同样规格同样尺寸和性能的保温材料，外保温比内保温的保温效果好。不仅适用于新建的结构工程，也适用于旧楼改造。适用范围广，是目前大力推广的一种建筑保温节能技术。本章以介绍外墙外保温系统为主。

9.1.2　外墙保温系统的基本要求和施工规定

1. 基本要求

外墙保温系统主要组成材料的各项性能指标应符合《外墙外保温工程技术规程》JGJ 144 等相关标准的规定，使用前应按规定检查验收。外墙外保温系统主要组成材料性能及试验方法见表 9-1。

外墙外保温系统组成材料性能要求　　　　　　　　　　表 9-1

检验项目		性能要求		试验方法（相应规范、规程规定的方法）
		EPS 板	胶粉 EPS 颗粒、保温浆料	
保温材料	密度（kg/m²）	18～22	—	GB/T 6343—2009
	干密度（kg/m³）	—	180～250	GB/T 6343—2009（70℃恒重）

检验项目		性能要求		试验方法(相应规范、规程规定的方法)
		EPS 板	胶粉 EPS 颗粒、保温浆料	
保温材料	导热系数(W/m·k)	≤0.041	≤0.060	GB 10294—2008
	水蒸气渗透系数(ng/Pa.m.s)	符合设计要求	符合设计要求	JGJ 144—2004
	压缩性能(MPa)(变形 10%)	≥0.10	≥0.25(养护 28d)	GB 8813—2008
	抗拉强度(MPa) 干燥状态	≥0.10	≥0.10	JGJ 144—2004
	抗拉强度(MPa) 浸水 48h,取出后干燥 7d	—		JGJ 144—2004
	线性收缩率(%)	—	≤0.3	GB/T 50082—2009
	尺寸稳定性	≤0.3		GB 8813—2008
	软化系数		≥0.5(养护 28d)	JGJ 51—2002
	燃烧性能	阻燃型	—	GB/T 10801.1—2002
	燃烧性能级别	—	B1	GB 8624—2012
EPS 钢丝网架板	热阻(m²·K/W) 腹丝穿透型	≥0.73(50mm 厚 EPS 板) ≥1.5(100mm 厚 EPS 板)		JGJ 144—2004
	热阻(m²·K/W) 腹丝非穿透型	≥1.0(50mm 厚 EPS 板) ≥1.6(80mm 厚 EPS 板)		JGJ 144—2004
	腹丝镀锌层	符合 QB/T 3897—1999 规定		

外墙保温系统应按《外墙外保温工程技术规程》JGJ 144 等规定进行耐候性、抹面层与保温层的拉伸粘结强度、胶粉 EPS 颗粒保温浆料抗拉强度、EPS 板现浇混凝土的粘结强度、胶粘剂与水泥砂浆的拉伸粘结强度、玻纤网经向和纬向耐碱拉伸断裂强力等各项试验检验。外墙外保温系统性能要求及试验方法见表 9-2。

外墙外保温系统性能要求　　　　　　　　　　　　表 9-2

检测项目	性能要求	试验方法
抗风荷载性能	系统抗风压值 R_a,不小于风荷载设计值 EPS 板薄抹灰外墙外保温系统、胶粉、EPS 颗粒保温浆料外墙外保温系统、EPS 板现浇混凝土外墙外保温系统和 EPS 钢丝网架板现浇混凝土外墙外保温系统安全系数 K 应不小于 1.5,机械固定 EPS 钢丝网架板外墙外保温系统安全系数 K 应不小于 2	按 JGJ 144—2004 规定方法实验;由设计要求值降低 1KPa 作为实验起始点
抗冲击性	建筑物首层墙面以及门窗口等易受碰撞部位:10J 级;建筑物二层以上墙面等不易受碰撞部位:3J 级	按 JGJ 144—2004 规定方法实验
吸水量	水中浸泡 1h,只带有抹面层和带有全部保护层的系统的吸水量均不得大于或等于 1.0kg/m²	
耐冻融性能	30 次冻融循环后保护层无空鼓、脱落,无渗水裂缝;保护层与保温层的拉伸粘结强度不小于 0.1MPa,破坏部位应位于保温层	
热阻	复合墙体热阻符合设计要求	
抹面层不透水性	2h 不透水	
保护层	水蒸气渗透阻符合设计要求	

注:水中浸泡 24h,只带有抹面层和带有全部保护层的系统的吸水量均小于 0.5kg/m²时,不检验耐冻融性能。

外墙保温应能适应基层的正常变形而不产生裂缝或空鼓；能长期承受自重而不产生有害的变形；外保温复合墙体的保温、隔热和防潮性能应符合国家现行标准；能承受风荷载的作用而不产生破坏；应能耐受室外气候的长期反复作用而不产生破坏；具有防水渗透性能。

外墙外保温工程各组成部分应具有物理、化学稳定性。所有组成材料应彼此相容并应具有防腐性。

在正确使用和正常维护的条件下，外墙外保温工程的使用年限不应少于 25 年。

2. 施工一般规定

（1）除采用现浇混凝土外墙外保温系统外，外保温工程的施工应在基层施工质量验收合格后进行；外保温工程施工前，外门窗洞口应通过验收，洞口尺寸、位置应符合设计要求和质量要求，门窗框或辅框应安装完毕；伸出墙面的消防梯、水落管、各种进户管线和空调器等的预埋件、连接件应安装完毕，并按外保温系统厚度留出间隙。

（2）保温隔热材料的厚度必须符合设计要求。

（3）保温板材与基层及各构造层之间的粘结或连接必须牢固。保温板材与基层的粘结强度应做现场拉拔试验。

（4）保温浆料应分层施工。当采用保温浆料做外保温时，保温层与基层之间及各层之间的粘结必须牢固，不应脱层、空鼓和开裂。

（5）当墙体节能工程的保温层采用预埋或后置锚固件固定时，锚固件数量、位置、锚固深度和拉拔力应符合设计要求。后置锚固件应进行锚固力现场拉拔试验。

（6）基层应坚实、平整。保温层施工前，应进行基层处理。

（7）外保温系统不得更改系统构造和组成材料，同时应做好外保温工程的密封和防水。

（8）水平或倾斜的出挑部位以及延伸至地面以下的部位应做防水处理。

（9）在外墙外保温系统上安装的设备或管道应固定于基层上，并应做密封和防水设计。

（10）外保温工程的施工应具备施工方案，施工人员应经过培训并经考核合格。

9.2 外墙外保温系统施工

9.2.1 EPS 板薄抹灰外墙外保温系统施工

1. EPS 板薄抹灰外墙外保温系统的构造

EPS 板薄抹灰外墙外保温系统（简称 EPS 板薄抹灰系统）由 EPS 板保温层、薄抹面层和饰面涂层构成，如图 9-2 所示。EPS 板用胶粘剂固定在基层上，薄抹面层中满铺玻纤网。当建筑物高度在 20m 以上时，在受负风压作用较大的部位宜使用锚栓辅助固定。

2. 对基层的要求

基层表面应光滑、坚固、干燥、无污染、无油污；空鼓和疏松部位应剔除，墙面应进行统一抹灰找平并与结构基层粘结牢固，抹灰前墙面应洒水湿润，抹灰的平整度宜不大于3mm，阴、阳角应方正。

墙面上的各种预埋件、穿墙管线或洞口等应施工完毕。

3. 施工工艺

EPS板薄抹灰外墙外保温系统主要施工工艺流程为：基面检查或处理→阴阳角及门窗口处挂线→基层墙体湿润→粘贴EPS板并处理平整→EPS板面抹聚合物砂浆（内贴玻纤网）→嵌防水密封膏→外饰面层施工。

4. 施工要点

（1）粘贴EPS板（聚苯乙烯板）施工要点

粘贴EPS板的胶粘剂应涂在EPS板背面，涂胶粘剂面积不得小于EPS板面积的40％。EPS板应粘贴牢固，不得有松动和空鼓。

EPS板应按顺砌方式（板的长方向水平摆放）粘贴，竖缝应错开。墙角处EPS板应交错互锁，如图9-3（a）所示。门窗洞口四角处EPS板不得拼接，应采用整块EPS板切割而成，且EPS板边缝离开角部不少于200mm，如图9-3（b）所示。

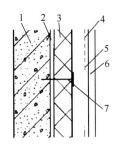

图9-2 EPS板薄抹灰系统

1—基层；2—胶粘剂；3—EPS板；
4—玻纤网；5—薄抹面层；6—饰面
涂层；7—锚栓

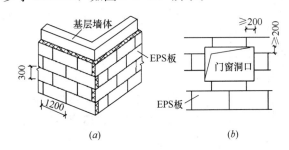

图9-3 EPS板排板图

（a）墙角处EPS板交错互所；（b）门窗洞口处EPS板排列

EPS板与板之间缝隙不得大于2mm，对下料尺寸偏差或切割等原因造成的板间小缝，应用聚苯板裁成小片塞入缝中。EPS板安装偏差及检验方法见表9-3。

外保温隔热板安装的允许偏差及检验方法　　　　　　表9-3

序号	项目	允许偏差（mm）	检验方法
1	表面平整度	4	用2m靠尺和塞尺检查
2	立面垂直度	4	用2m垂直检测尺检查
3	阴、阳角垂直	4	用2m托线板检查
4	阴、阳角方正	4	用直角检测尺检查
5	接槎高低差	1	用直尺和塞尺检查

应做好在檐口、勒脚处的包边处理。变形缝处应做好防水和保温构造处理。聚苯板粘贴24h后方可进行打磨、贴网布等其他作业。

（2）抹聚合物砂浆及粘贴玻纤网格布的要点

配制聚合物砂浆必须设专人负责，配合比符合要求并搅拌均匀。聚合物砂浆应随用随配，应在配制后1h之内用完，且应放置于阴凉处，避免阳光曝晒。

玻纤网布要在干净平整的地方裁剪下料，留出必要的搭接长度。玻纤网布不允许折叠、踩踏。

在建筑物阳角处做加强层，加强层应贴在最内侧，每边150mm。在门窗口周边也应做加强层贴在最内侧，与基层墙体粘贴或翻包处理。

涂刮第一遍聚合物砂浆时，应保持 EPS 板面干燥，并去除板面杂质。刮面积应略大于网布的长或宽，厚度约为 2mm。EPS 板侧面不得涂抹聚合物砂浆（有网布翻包时除外）。

刮完聚合物砂浆后，即可铺放玻纤网布，弯曲面朝向墙，从中央向四周抹压平整，使网布嵌入聚合物砂浆中，不得外露，网布周边搭接长度不得小于 70mm。待表面干后，再抹一层聚合物砂浆。

在门窗口四角处，在标准网施抹完后，再在门窗口四角加盖一块 200mm×300mm 标准网，与窗角平分线成 90°角放置，贴在最外侧，用以加强；在阴角处加盖一块 200mm 长，与窗膀同宽的标准网片，贴在最外侧；一层窗台以下，为了防止撞击带来的伤害，应先安置加强型网布，再安置标准型网布，加强网格布应对接。

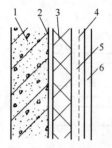

图 9-4　胶粉 EPS 颗粒保温浆料外保温系统的构造

1—基层；2—界面砂浆；3—胶粉 EPS 颗粒保温浆料；4—玻纤网；5—抗裂砂浆薄抹面层；6—饰面层

网布自上而下施抹，同步施工先施抹加强型网布，再做标准型网布。女墙面粘贴、贴的网格布应覆盖在翻包的网格布上。

网布粘完后应防止雨水冲刷或撞击，容易碰撞的阳角，门窗应采取保护措施，上料口应采取防污染措施，发生表面损坏或污染必须立即处理。

施工后保护层 4h 内不能被雨淋，保护层终凝后应及时喷水养护，昼夜平均气温高于 15℃时，养护时间不得少于 48h，低于 15℃时养护时间不得少于 72h。

9.2.2　胶粉 EPS 颗粒保温浆料外保温系统施工

1. 胶粉 EPS 颗粒保温浆料外保温系统的构造

胶粉 EPS 颗粒保温浆料外墙外保温系统由基层、界面层、胶粉 EPS 颗粒保温浆料保温层、抗裂砂浆薄抹面层和饰面层组成，如图 9-4 所示。

胶粉 EPS 颗粒保温浆料经现场拌合后喷涂或抹在基层上形成保温层，设计厚度不宜超过 100mm。薄抹面层中应满铺玻纤网。

胶粉 EPS 颗粒保温浆料外墙外保温系统的性能应符合表 9-4 的要求。

胶粉 EPS 颗粒保温浆料外墙外保温系统的性能指标　　　　表 9-4

试验项目		性能指标	
耐候性		经 80 次高温(70℃)、淋水(15℃)循环和 20 次加热(50℃)、冷冻(—20℃)循环后不得出现开裂、空鼓或脱落。抗裂防护层与保温层的拉伸粘结强度不应小于 0.1MPa	
吸水量(g/m²)，浸水 1h		≤1000	
抗冲击强度	C 型	普通型(单网)	3J 冲击合格
		加强型(双网)	10J 冲击合格
	T 型	3J 冲击合格	
抗风压值		不小于工程项目的风荷载设计值	

试验项目	性能指标
水蒸气湿流密度[g/(m²·h)]	≥0.85
耐冻融	严寒及寒冷地区 30 次循环、夏热冬冷地区 10 次循环表面无裂纹、空鼓、起泡、剥离现象
不透水性	试样防护层内侧无水渗透
耐磨损，500L 砂	无开裂、龟裂、或表面保护层剥落、损伤
系统抗拉强度（MPa）	≥0.1 并且破坏部位不得位于各层界面
抗震性能	设防裂度等级下面转饰面及外保温系统无脱落
耐火反应性	不应被点燃，试验结束后试件厚度变化不超过 10%

2. 对基层的要求

基层墙体施工应符合相关规范的要求并做好结构验收，尤其确认外墙面基层的垂直度和平整度偏差应严格控制在允许范围内。

外墙面的阳台栏杆，雨落管托架，外挂消防梯等处应安装完毕，墙面的暗埋管线、线盒、预埋件、空调孔等应提前安装完毕。

墙面脚手眼孔，模板穿墙孔及墙面缺损处用水泥砂浆修补，表面凸起物处理完毕。

外窗辅框应安装完毕并验收合格。

主体结构的变形缝、伸缩缝应提前做好处理。

清除基层墙体表面附尘、油污、隔离剂、空鼓、风化物等影响墙面施工的物质。

3. 施工工艺流程

胶粉聚苯颗粒外墙外保温系统施工工艺流程如下：

涂料饰面时：

基层墙面处理→刷界面砂浆→吊垂直线、套方、弹控制线→胶粉聚苯颗粒保温浆料贴灰饼、冲筋→抹胶粉聚苯颗粒保温砂浆→抹抗裂砂浆压入耐碱网布→刷弹性底涂→刮柔性腻子→涂料施工

面砖饰面时：

基层墙面处理→刷界面砂浆→吊垂直线、套方、弹控制线→胶粉聚苯颗粒保温浆料贴灰饼、冲筋→抹胶粉聚苯颗粒保温砂浆→抹第一遍抗裂砂浆→固定热镀锌焊网→抹第二遍抗裂砂浆→粘贴面砖→面砖勾缝

4. 施工要点

（1）砂浆配制

1）界面砂浆：配合比为水泥∶中砂∶界面剂＝1∶1∶1（重量比），搅拌成均匀膏状。

2）胶粉聚苯颗粒保温浆料：由胶粉料与聚苯颗粒组成，先将 35～40kg 水倒入砂浆搅拌机内，然后倒入 25kg 保温胶粉料，搅拌 3～5min 后，再倒入 200L 的聚苯颗粒继续搅拌 3min，搅拌均匀后倒出随拌随用，且应在 3～4h 内用完。可按施工稠度要求适当调整加水量。

3）抗裂砂浆：抗裂砂浆由聚合物乳液掺加多种外加剂制成，配合比为抗裂剂∶水泥∶中砂＝1∶1∶3（重量比），加水用机械搅拌均匀，稠度 80～130mm，拌好的砂浆不得任

意加水，并应在 2h 内用完。

胶粉聚苯颗粒保温浆料、抗裂砂浆的技术性能指标应符合有关标准的规定。

（2）浆料保温层施工

保温浆料应分层施工，每次抹灰厚度应控制在 20mm 左右，分层抹灰至设计保温层厚度，每层施工时间间隔 24h。

保温浆料中层抹灰厚度要抹至与标准贴饼平齐，应用大杠搓抹再用铁抹子抹压一遍。

保温浆料面层抹灰应在中层抹灰 4～6h 之后进行，在中层抹灰平整度严格控制的前提下，面层抹灰以修补为主，当抹平刮平后，用抹子分遍赶压平整。

门窗侧口的墙体与门窗边框连接处应预留出相应的保温层厚度，并对已做好的门窗边框表面成品保护。门窗口抹灰施工时应先抹门窗侧口、上口部分的保温层，再抹大墙面的保温层。窗台口部分应先抹大面的保温层，弄抹窗台口部分的保温层。

阴阳角处应按程序细心操作，用阴、阳角抹子压光，保证方正和垂直，线角垂直度 ±2mm，直角度 ±2mm。

（3）抗裂防护层和饰面层施工

1）涂料饰面

抗裂层及涂料饰面应待保温层施工结束 3～7d 进行。

抹抗裂砂浆时厚度应控制在 3～5mm，抹完宽度、长度相当于网格布面积的抗裂砂浆后，应立即用铁抹子将网格布压入抗裂砂浆中，沿网格布纵向用铁抹子再压一遍收光。网格布应铺平整、无褶皱，不应出现大面积露布之处，压入程度以可见暗露网眼，但表面看不到裸露的网格布为宜。砂浆饱满度应达到 100%。

网格布在阴阳角处要接槎合理，阴角处网格布单面压槎，宽度不小于 150mm；阳角处应双向包角压搭接，宽度不小于 200mm。网格布施工时要注意顺槎顺水搭接，严禁逆槎逆水搭接。

建筑物首层外保温应在阳角处设专用金属护角，护角用网格布覆盖，最后抗裂砂浆封盖。护角高度一般为 2m。

抗裂砂浆施工 2h 后刷弹性底涂，使其表面形成防水透气层；待抗裂砂浆基层干燥后，对不合格部位进行打磨、刮涂、修复后，可直接在弹性底涂上喷涂浮雕涂料，其他涂料应在腻子层干燥后进行涂刷或喷涂。

2）面砖饰面

抗裂层及面砖饰面也应待保温层施工结束 3～7d 后进行。

抗裂层施工前应先将热镀锌四角焊网按楼层高度用克丝钳子分段裁好，长度约 3m 左右并尽量将网片整平。

抹第一遍抗裂砂浆，厚度控制在 3mm 左右。抗裂砂浆固化后，铺钉热镀锌四角焊网。将热镀锌四角焊网在墙面就位，弯曲面朝向墙面，用约 50～60mm 长弯成 U 形的 12 号钢丝插入保温层将其临时固定后，用冲击钻打孔，插入塑料膨胀螺栓，用手锤钉牢。膨胀螺栓要钉入结构墙体，深度不小于 25mm。膨胀螺栓密度为每平方米 5～6 个。

第二层抗裂砂浆，厚度应控制在 5～7mm，要求将热镀锌四角焊网 100% 地覆盖，抗裂砂浆抹灰 2～3h 后，可用木抹子搓毛。

在抗裂砂浆层上镶贴面砖。仍按一般的面砖镶贴工艺，最后进行面砖勾缝。镶贴面砖应采用保温层专用面砖粘贴砂浆。

9.2.3 EPS板现浇混凝土外墙外保温系统施工

1. EPS板现浇混凝土外墙外保温系统的构造

EPS板现浇混凝土外墙外保温系统（简称无网现浇系统）是以阻燃性EPS板为保温层，在外墙混凝土浇筑前，将EPS板置于外模板的内侧，浇筑混凝土后，结构墙体与EPS板结合为一体，外保温与墙体同时完成。EPS板内表面（与现浇混凝土接触的表面）沿水平方向开有矩形齿槽，内、外表面均满涂界面砂浆，EPS板外表面抹抗裂砂浆薄抹面层，喷刷涂料成为饰面层，如图9-5所示。

EPS板现浇混凝土外墙外保温系统具有施工简单、安全、省工、省力、经济、与墙体结合紧密，易在冬期进行施工，摆脱了手工操作安装方式，减轻了劳动强度。适用于现浇混凝土剪力墙结构的外保温系统。

2. 施工条件

墙身钢筋绑扎隐蔽验收完毕，水电箱盒、门窗洞口预埋完毕。

绑扎完控制混凝土保护层厚度的水泥砂浆垫块。

按施工设计图做好聚苯板的排板方案。

所用膨胀聚苯板、界面砂浆及尼龙锚栓等的技术性能指标应符合相应标准的规定。

施工机具准备齐全，主要有：切割聚苯板操作平台、电热丝、接触式调压器、

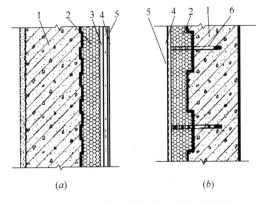

图9-5 EPS板现浇混凝土外墙外保温系统的基本构造

（a）带胶粉聚苯颗粒保温浆料找平；

（b）不带胶粉聚苯颗粒保温浆料找平

1—基层墙体；2—带槽聚苯保温板；3—胶粉聚苯颗粒找平层；4—抗裂砂浆复合耐碱网布；5—弹性底涂、柔性腻子及涂料面层；6—锚栓

电烙铁、强制式搅拌机、垂直运输机械、水平运输机械、手提式搅拌器、喷枪、手提式电动打磨机；常用抹灰工具及抹灰专用检测工具、水桶、剪刀、滚刷、铁锹、手锤、方尺、靠尺等。

3. EPS板现浇混凝土外墙外保温系统的施工工艺流程

聚苯板加工→安装聚苯板于墙的外侧→安装门窗洞口模板→立内侧模板、按穿墙螺栓→立外侧模板、紧固螺栓、调垂直→混凝土浇筑→拆除模扳→聚苯板面清理→抹胶粉聚苯颗粒保温砂浆→抹抗裂砂浆压入耐碱网布→涂弹性底涂→刮涂柔性腻子→外墙饰面施工。

4. 施工要点

（1）EPS聚苯板加工

带企口聚苯板应按设计尺寸加工聚苯板，板的长、宽、对角线尺寸误差不应大于2mm，厚度、企口误差不大于1mm。板的双面采用聚苯板涂刷界面砂浆进行处理，不要漏刷，聚苯板在运输及现场堆放过程中应平放，不宜立摆。

带有凸凹形齿槽聚苯板按设计要求尺寸进行加工，一般板宽1.22m，板高按楼层，凸凹槽宽度为100mm，深度为10mm，周边高低槽槽宽25mm，深度为1/2板厚，各项误差

应符合要求。外喷界面剂。

（2）模板与EPS板组合安装

根据建筑物平面图及其形状排列聚苯板，将EPS板按外墙身线就位于外墙钢筋的外侧，聚苯板的各接缝处应涂刷粘结胶，随即进行安装。安装时首先安装阴阳角处聚苯板，然后再安装大墙面聚苯板。粘接完成的聚苯板不要再移动，在板竖缝处用专用塑料夹子将两块聚苯板连接在一起，用绑扎钢丝把EPS板与墙体钢筋绑扎固定。

外墙内侧的大模板安装精度必须要符合要求，并固定可靠，此模板即成为基准模板。

EPS板穿孔位置应准确，与大模板的穿墙螺栓孔洞位置相吻合。孔洞不宜太大以免漏浆，可用电烙铁对聚苯板开孔再用镀锌圆铁皮筒，将EPS板切出一个规则的圆孔。EPS板开孔或裁小块时，应注意防止碎块掉进模板内。

门窗洞口及外墙阳角处聚苯板外侧的缝隙，用楔形聚苯板条塞堵，深度10～30mm。墙宽不合模数的用小块保温板补齐，门窗洞口处保温板可不开洞，待墙体拆模后再开洞。

（3）混凝土浇筑

混凝土浇筑振捣时，应注意振动棒不能损坏保温层。墙体混凝土浇筑完毕后，如槽口处有砂浆存在应立即清理。在常温条件下墙体混凝土浇筑完成，间隔12h后且混凝土强度不小于1MPa即可拆除墙体内、外侧面的大模板。穿墙螺栓孔，应以干硬性砂浆填补捣实，厚度小于墙厚，随即用保温浆料填补至保温层表面。在整理上一层楼伸出的钢筋时，要特别注意保护保温板边槽口，以免受损。

（4）找平及抗裂防护层和饰面层施工

需要找平时，用胶粉聚苯颗粒保温浆料找平，并用胶粉聚苯颗粒对浇筑的缺陷进行处理，之后进行抗裂防护层和饰面层的施工，方法同前。

9.2.4 EPS钢丝网架板现浇混凝土外保温系统施工

1. EPS钢丝网架板现浇混凝土外保温系统的构造

EPS钢丝网架板现浇混凝土外保温以EPS单面钢丝网架板为保温材料，在现浇混凝土墙体支模施工时，将EPS单面钢丝网架板置于外模板内侧，浇筑混凝土后使保温材料与混凝土墙基层成为一体，一次浇筑成型，钢丝网架板表面抹水泥抗裂砂浆并可粘贴面砖材料的外墙外保温系统，如图9-6所示。

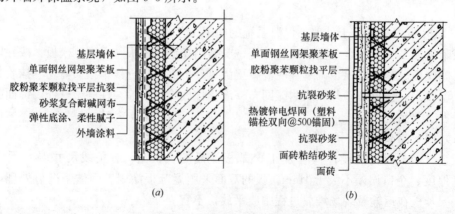

图9-6 EPS钢丝网架板现浇混凝土外保温系统基本构造

(a) 涂料饰面；(b) 面砖饰面

EPS钢丝网架板现浇混凝土外保温系统是在聚苯板外表面有横向齿槽和钢丝网架，能更有效地使EPS钢丝网架板与面层粘结牢固。为了保证保温板与混凝土墙结合牢固，通过中间斜插若干2.5穿过板材的钢丝（与板材外侧的钢丝网片焊接）埋入混凝土，再用经防锈处理的L形$\phi6$钢筋或尼龙胀栓固定。

EPS钢丝网架板现浇混凝土外保温系统具有施工速度快，可大大缩短工期；与主体结构连接可靠，施工安全；能在冬期施工（EPS钢丝网架板相当于保温模板），不受气候影响；造价低等优点；适用于现浇混凝土剪力墙体体系面层粘贴面转的外保温系统。

2. 材料与准备

钢丝网架聚苯板由工厂生产，其各项性能指标及尺寸偏差均应符合有关标准的规定。

抗裂抹灰砂浆、胶粉聚苯颗粒浆料的性能及所用原材料、耐碱网布、饰面砖等应符合标准规定。$\phi6$L形钢筋应经防锈处理。

所用施工机具基本同前，主要有：切割聚苯板操作平台、电热丝、接触式调压器、电烙铁、强制式搅拌机、垂直运输机械、水平运输机械、手提式搅拌器、喷枪、瓷砖切割器、手提式电动打磨机、电动冲击钻；常用抹灰工具及抹灰专用检测工具、水桶、剪刀、滚刷、铁锹、手锤、方尺、靠尺等。

3. EPS钢丝网架板现浇混凝土外保温系统施工工艺

施工工艺基本同前，涂料饰面时：

聚苯板加工与处理→安装单面钢丝网架聚苯板→安装门窗洞口模板→立内侧模板→立外侧模板→调垂直紧固→混凝土浇筑→拆除模扳→聚苯板面清理→胶粉聚苯颗粒保温浆料贴灰饼、冲筋→抹胶粉聚苯颗粒保温砂浆→抹抗裂砂浆压入耐碱网布→刷弹性底涂→刮柔性腻子→涂料施工

面砖饰面时：

聚苯板加工与处理→安装单面钢丝网架聚苯板→安装门窗洞口模板→立内侧模板→立外侧模板→调垂直紧固→混凝土浇筑→拆除模扳→聚苯板面清理→胶粉聚苯颗粒保温浆料贴灰饼、冲筋→抹胶粉聚苯颗粒保温砂浆找平→抹第一遍抗裂砂浆→固定热镀锌焊网→抹第二遍抗裂砂浆→粘贴面砖→面砖勾缝

4. 施工要点

（1）单面钢丝网架聚苯板在工厂加工成型，板面及钢丝网架均匀喷涂聚苯板界面砂浆，注意不得有漏喷之处，厚度不小于1mm。

同时在外墙

（2）钢筋外侧绑砂浆块，每块板内不少于6块，以确保钢筋与保温层构件之间的保护层。

（3）安装保温构件时，保温构件就位后，板之间用火烧丝绑扎，间距不大于150mm。

（4）电烙铁在聚苯板上烫孔，$\phi6$L形钢筋穿过保温板板，与墙体钢筋绑扎牢固。$\phi6$L形钢筋外表应刷防锈漆两道或其他防锈处理。长150mm，弯钩30mm，约每平方米3～4个。

（5）保温板外侧钢丝网片均按楼层层高断开，互不连接。

（6）宜在底层混凝土强度不低于7.5MPa时安装上一层模板，可利用下一层外墙螺栓孔挂三角平台架（安全防护架）。应采取可靠的措施对保温板外侧大模板定位，以防模板

挤靠保温板。

（7）在新旧混凝土接槎处应均匀浇筑 30～50mm 厚同等强度等级的减石混凝土。

（8）混凝土坍落度应不小于 180mm。混凝土应分层浇筑，厚度控制在 500mm，一次浇筑高度不宜超过 1.0 mm。

（9）洞口处浇筑混凝土时，应沿洞口两边同时下料，使两侧浇筑高度大体一致，捣棒应距洞边 300mm 以上，以保证洞口下部混凝土密实。

（10）施工缝留置在门洞口过梁跨度 1/3 范围内，也可留在纵横墙的交接处。

（11）模板拆除及混凝土养护后，面层施工方法和要求基本同胶粉聚苯颗粒外墙外保温系统施工。

9.2.5 机械固定 EPS 钢丝网架板外墙外保温系统施工

1. 机械固定 EPS 钢丝网架板外墙外保温系统的构造

EPS 保温板板面附有钢丝网架，斜向腹丝非穿透 EPS 钢丝网架板，由机械固定装置（锚栓、金属固定件、金属承托件）将 EPS 钢丝网架板固定于基层墙体上，外做掺外加剂的水泥砂浆厚抹面层和饰面层，构成了机械固定 EPS 钢丝网架板外墙外保温系统，如图 9-7 所示。涂料做饰面层时，应加抹玻纤网抗裂砂浆薄抹面层。

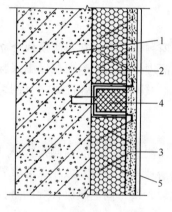

图 9-7 机械固定 EPS 钢丝网架板外墙外保温系统构造
1—基层；2—EPS 钢丝网架保温板；3—掺外加剂的水泥砂浆抹面层；4—机械固定装置；5—饰面层

机械固定 EPS 钢丝网架板外墙外保温系统可适用于砌体、框架填充墙和现浇混凝土剪力墙，施工简单，易于操作，钢丝网抹灰层 25mm 厚，耐火性能超过 1.2h。该系统不适用于加气混凝土和轻集料混凝土基层。

2. 材料与准备

（1）钢丝

EPS 板板面网片的冷拔钢丝为 $\phi 2.0 \pm 0.05$mm，网目 50mm×50mm。用于斜插的镀锌冷拔钢丝为 $\phi 2.0 \pm 0.05$mrn，其抗拉强度不小于 550N/mm²，与板面网片焊接。钢网脱焊、漏焊点不得超过 2%，连续脱焊点不应多于 2 个，斜插丝脱焊点不得超过 2%。

（2）保温芯板

以阻燃型聚苯乙烯板为保温芯材，密度为 15～20kg/m³，应符合《绝热用模塑聚苯乙烯泡沫塑料》GB 10801.1—2002 的规定。

（3）抹灰砂浆

用于 EPS 板砂浆面层宜采用不低于 M10 的抗裂水泥砂浆；如饰面层为弹性涂料时，为避免墙体开裂，应在山墙中层抹灰后压入耐碱玻纤网格布，网格布应符合《耐碱玻纤网格布》JC/T 841—2007 的规定。

（4）EPS 板

EPS 板两面应预喷界面砂浆。EPS 板斜插非穿透的镀锌冷拔钢丝插入 EPS 板中的深度不应小于 35mm，未穿透厚度不应小于 15mm，腹丝斜入角度应保持一致，误差不应大于 3°，钢丝网与 EPS 板表面净距不应小于 10 mm。EPS 钢丝网架板运输、堆放时不应造成变形，否则必须予以校正。脱焊点必须补焊或用钢丝扎紧。

（5）机械固定装置所用的金属锚栓、金属固定件、金属承托件等必须做防锈处理。

3. 施工工艺

墙面清理及填补整平→EPS 钢丝网架保温板排尺下料→安装承托件等→安装 EPS 钢丝网架板并固定牢靠→EPS 钢丝网架板修整及处理→面层施工（工艺方法同前）

4. 施工要点

（1）砌体墙应预先在墙内预埋 $\phi 6$ 拉结筋，筋长 320mm，预埋端设 20mm 弯钩，外露 160mm，拉结筋双向中距不应大于 500mm；混凝土墙体用 $\phi 6$ 膨胀螺栓固定，每平方米不少于 7 个。$\phi 6$ 膨胀螺栓或拉结筋呈梅花形布置，门窗洞处距洞边宜为 75mm，外露拉结筋预刷两道防锈漆。

（2）在圈梁或框架梁上预埋连接件，其中距不大于 1200mm，EPS 板承托角钢与预埋连接件焊接。

（3）砌体墙拉结筋穿透 EPS 板后扳倒，把钢丝网片压紧，并用钢丝绑扎牢固。

（4）门窗洞口四角应铺 L 形 EPS 板，不应采用直缝拼板，并在门窗洞口四角 EPS 板上附加 45°斜铺 40mm×200mm 钢丝网。

（5）板与板之间挤紧，要保证保温层塞实严密。

（6）外墙阴阳角及门窗口、阳台底边处等须附加钢丝网（平网、角网、U 型网）。

（7）大墙面超过 15m² 时，宜设置水平和垂直变形缝，变形缝净宽 20m，内填聚乙烯棒形背衬，外嵌填弹性密封膏。变形缝两侧 EPS 板应用 U 型钢丝网包边，砂浆抹平后缝宽 20mm。

（8）抹灰前，在 EPS 板面未涂刷界面剂的部分，均匀喷涂或刷涂一层界面处理剂。抹灰分底层、中层和罩面层三层进行。底层厚 12～15m，中层厚 8～10mm，罩面层厚 3～5mm，总厚度不小于 25mm。山墙应在中层抹灰后，压入一层玻纤网格布，再抹罩面层灰。

（9）做涂料饰面时，应在罩面层上先刮一层专用罩面腻子，不平处应用砂纸磨平。做面砖饰面时，在罩面层上用专用粘结砂浆粘贴面砖，专用胶粉勾缝。

9.3　外墙内保温系统施工

9.3.1　增强石膏复合聚苯保温板外墙内保温施工

1. 增强石膏复合聚苯保温板外墙内保温的构造

增强石膏复合聚苯保温板外墙内保温的构造见图 9-1 (a)。

2. 材料及准备

增强石膏聚苯复合板尺寸规格：长 2400～2700mm，宽 595mm，厚 50、60mm。面密度≤25kg/m²，含水率≤5%；当量热阻≥0.8m²·K/W；荷载≥1.5G（G 为板材的质量）；抗压强度（面层）≥7.0MPa；收缩率≤0.080%；软化系数>0.50。使用时必须是烘干已基本完成收缩变形的产品。运输中应轻拿轻放、侧抬侧立，相互绑牢，不得平抬平放。堆放处应平整，下垫 100mm×100mm 木方，防止板受潮。

胶粘剂可以采用 SG791 建筑胶粘液与建筑石膏粉调制成胶粘剂，配合比为建筑石膏粉：SG791＝1：0.6～0.7（重量比），用于石膏条板之间、石膏条板与砖墙、混凝土墙的粘结。石膏条板粘结的压剪强度不低于 2.5MPa。有防水要求的部位宜采用 EC-6 砂浆型胶粘剂，粘贴时用 EC-6 型胶粘剂和 32.5 级水泥配制粘贴胶浆。配制时先按 EC-6 型胶：水＝1∶1（重量比）混合成胶液，将 32.5 水泥与砂按水泥∶细砂＝1∶2 的比例配制并拌合成干砂浆，再加入胶液拌制成适当稠度的 EC-6 型聚合物水泥砂浆胶粘剂，其粘结强度 ≥1.1MPa。胶粘剂要随配随用，应在 30min 内用完。

建筑石膏粉应符合三级以上标准。石膏腻子的抗压强度＞2.5MPa，抗折强度＞1.0MPa，粘结强度＞0.2MPa，终凝时间 3h。

玻纤网格布条用于板缝处理（布宽 50mm）和墙面转角附加层（布宽 200mm）。要求采用中碱玻纤涂塑网格布，布的质量≥80g/m²；25mm×100mm 布条经向断裂强度＞300N，纬向断裂强度＞150N。

主要机具有木工手锯、钢丝刷、2m 靠尺、开刀、2m 托线板、钢尺、橡皮锤、钻、扁铲、笤帚等。

3. 作业条件

房屋结构已验收合格；屋面防水层已施工完毕；内隔墙、门窗框、窗台板安装完毕；门、窗抹灰完毕；水暖及装饰工程所用的管卡等埋件留出位置或埋设完毕；电气工程的暗管线、接线盒等必须埋设完毕，完成暗管线的穿带线工作；操作地点环境温度不低于 5℃。

4. 施工工艺

增强石膏聚苯板外墙内保温施工工艺流程为：

墙面清理→排板、弹线→配板、修补→标出各埋件位置→墙面贴灰饼→稳接线盒、埋件等→安装防水保温踢脚板复合板→安装复合板→板缝及阴、处理→板面装修。

5. 施工要点

排板、弹线时以门窗洞口边为基准，向两边按板宽 600mm 排板；按保温层厚度在墙、顶上弹出保温墙面的边线；按防水保温踢脚层的厚度在地面上弹出防水保温踢脚面的边线，并在墙面上弹出踢脚的上口线。

配板主要是按房间各部尺寸和排板，事先加工制作成用于安装的各单块板，为正式安装做好准备。有缺陷的板应修补。

墙面贴灰饼用于控制石膏聚苯板的平整、垂直。在墙面贴饼位置，用钢丝刷刷出直径不少于 100mm 的洁净面并浇水润湿，刷一道 801 胶水泥素浆。贴饼材料为 1∶3 水泥砂浆，灰饼大小为 φ100mm 左右，厚度以保证空气层厚度（20mm 左右）为准。在埋件四周要作出 200mm×200mm 的灰饼。

电气接线盒、管卡、埋件等应在墙板安装前埋设完毕。控制好接线盒不应高出石膏聚苯板，且要稳定牢固。

粘贴防水保温踢脚板。在踢脚板内侧上下四处，各按 200～300mm 间距布设 EC-6 砂浆胶粘剂粘结点，同时在踢脚板底面及相邻已粘贴上墙的踢脚板侧面满刮胶粘剂。粘贴时用橡皮锤敲振使踢脚板贴实，挤实拼头缝，挤出的胶粘剂要随时清理干净。粘贴时要保证踢脚板上口平顺，板面垂直，保证踢脚板与结构墙间的空气层为 10mm 左右。

复合板安装前应按接线盒、管卡、埋件的位置开出洞口。在侧墙面、顶面、踢脚板上口、复合板顶面、底面及侧面（所有相拼合面）、灰饼面上先刷一道 SG791 胶液，再满刮

SG791 胶粘剂，按弹线位置立即安装就位。安装顺序宜从左至右依次顺序安装。每块保温板除粘贴在灰饼上外，板中间需有＞10％板面面积呈梅花状布点直接与墙体粘牢。

安装时用于推挤，并用橡皮锤敲振，使所有拼合面挤紧冒浆，并使复合板贴紧灰饼。随时用刮刀将挤出的胶粘剂刮平。

所有复合板开洞处的缝隙用 SG791 胶粘剂嵌塞密实。

面板安装的允许偏差及检验方法见表 9-5。

外墙内保温面板安装的允许偏差及检验方法　　　　　表 9-5

序号	项目	允许偏差（mm）			检验方法
		纸面石膏板	人造模板	水泥纤维板	
1	表面平整度	3	4	4	用 2m 靠尺和塞尺检查
2	立面垂直度	3	3	3	用 2m 垂直检测尺检查
3	阴阳角方正	3	3	3	用直角检测尺检查
4	接线直线度	—	3	3	拉 5m 线，不足 3m 拉通线，用钢直尺检查
5	压条直线度	—	3	3	
6	接缝高低差	1	1	1	用钢直尺和塞尺检查

复合板安装 10d 后，检查所有缝隙是否粘结良好，如出现裂缝应进行修补。

在阴角处刮一层接缝腻子，粘贴一层 50mm 宽玻纤网格布，压实粘牢后表面上再用接缝腻子刮平。阳角处粘贴 200mm 宽（每边各 100mm）玻纤布。板面打磨平整后，满刮石膏腻子一道，干后再打磨平整，按设计规定做内饰面层。

9.3.2 胶粉聚苯颗粒保温浆料外墙内保温施工

1. 胶粉聚苯颗粒保温浆料外墙内保温的构造

胶粉聚苯颗粒保温浆料外墙内保温的构造与胶粉 EPS 颗粒保温浆料外保温系统的构造基本相同，如图 9-8 所示。

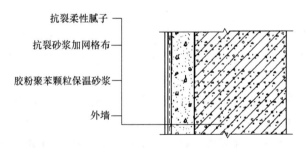

抗裂柔性腻子

抗裂砂浆加网格布

胶粉聚苯颗粒保温砂浆

外墙

图 9-8　胶粉聚苯颗粒保温浆料外墙内保温构造

2. 胶粉聚苯颗粒保温浆料外墙内保温施工

（1）材料与机具

所用水泥、砂等均应符合相关标准的规定。

胶粉料、聚苯颗粒、耐碱玻纤网布、抗裂柔性腻子的性能均应符合表相关标准的要求。

界面砂浆、胶粉聚苯颗粒保温浆料及抗裂砂浆的配制方法均同前，胶粉聚苯颗粒保温浆料及抗裂砂浆的性能应符合表 9-6、表 9-7 的要求。

胶粉聚苯颗粒保温浆料性能指标 表 9-6

项　　目	单　　位	指　　标
湿表观密度	kg/m³	≤420
干表观密度	kg/m³	180～250
导热系数	W/m・K	≤0.060
蓄热系数	W/(m²・K)	≥0.95
抗压强度	kPa	≥200
压剪粘结强度	kPa	≥50
线性收缩率	%	≤0.3
软化系数	—	≥0.5
难燃性	—	B1 级

抗裂剂及抗裂砂浆技术性指标　　　　　　　　表 9-7

项　　目			单位	指　　标
抗裂剂	不挥发无含量		%	≥20
	贮存稳定性(20℃±5℃)		—	6 个月，试样无结块凝聚及发霉现象，且拉伸粘结强度满足抗裂砂浆指标要求
抗裂砂浆	砂浆稠度		mm	80～130
	可使用时间	可操作时间	h	≥1.5
		在可操作时间内拉伸粘结强度	MPa	≥0.7
	拉伸粘结强度(常温 28d)		MPa	≥0.7
	浸水拉伸粘结强度(常温 28d，浸水 7d)		MPa	≥0.5
	抗弯曲性		—	5%弯曲变形无裂缝
	压折比		—	≤3.0

施工机具：强制式砂浆搅拌机、手提式搅拌机、手推车、灰槽、灰勺、刮杠、靠尺板、铁抹子、木抹子、阴阳角抹子、水桶、壁纸刀、滚刷、铁锹、扫帚、手锤、錾子。

（2）施工工艺

基层墙体处理→涂刷界面砂浆→吊垂直、套方、弹控制线→贴灰饼、冲筋→抹第一遍聚苯颗粒保温浆料→（24h 后）抹第二遍聚苯颗粒保温浆料→（晾干后）划分格线、开分格槽、粘贴分格条、滴水槽→保温层验收→抹抗裂砂浆、压入网格布→抗裂砂浆找平、压光→抗裂层验收→刮柔性抗裂腻子→验收。

（3）施工要点

为了加强粘结，基层表面应涂刷界面砂浆。用滚刷或扫帚蘸取界面砂浆均匀涂刷（甩）在墙面上，不得漏刷（甩），也不宜太厚。

为控制平整、垂直、规方，必须做好量测、弹控制线、贴灰饼冲筋等。尤其在门窗口角、垛、墙面等处吊垂直，套方。胶粉聚苯颗粒保温浆料灰饼间距 1.2～1.5m，并用胶粉聚苯颗粒保温浆料冲筋，筋宽 50～100mm，可冲立筋也可冲横筋。

抹胶粉聚苯颗粒保温浆料要分两遍进行。抹灰层总厚度约 20mm。第一遍刮杠刮平后用木抹子搓毛。待第一遍稍干后抹第二遍保温浆料，用刮杠刮平找直后，用铁抹子压实赶平。阳角处应抹1∶2聚合物水泥砂浆做护角。保温层固化干燥后，应加强对表面垂直平整、阴阳角方正的检查验收，对不符合要求的墙面进行修补。

抹抗裂砂浆也应分两遍抹压，厚度约为3～4mm的第一层抗裂砂浆抹完后，即压入网格布。网格布应全部压入抗裂砂浆内，网格布不得有干贴现象，粘贴饱满度应为100％。不得有皱褶、空鼓、翘边现象。应注意做好接槎处搭接以及门窗洞口角处加强网格布的铺贴。第二层抗裂砂浆抹完后用木抹子搓平。

抹完抗裂砂浆24h后刮柔性防水腻子。对有防水要求的部位应刮柔性防水腻子。

胶粉聚苯颗粒保温浆料外墙内保温施工环境温度不应低于5℃。

墙体内保温抹灰允许偏差和检验方法见表9-8。

墙体内保温抹灰允许偏差和检验方法　　　　　　　　　　表9-8

项目	允许偏差（mm）		检验方法
	保温层	抗裂层	
立面垂直	4	3	用2m托线板检查
表面平整	4	3	用2m靠尺及塞尺检查
阴阳角垂直	4	3	用2m托线板检查
阴阳角方正	4	3	用200mm方尺及塞尺检查

复 习 思 考 题

9-1　外墙保温有什么意义？外墙保温分哪两类？

9-2　外墙外保温有哪些优点？主要有哪些方法？画出其相应的保温系统构造图。

9-3　新型聚苯板外墙外保温有哪些特点？

9-4　简单说明对外墙外保温有哪些性能要求？

9-5　何谓聚苯板外墙外保温薄抹灰系统？简要回答其工程施工工艺。

9-6　简要叙述胶粉聚苯颗粒外墙外保温的施工要点。

9-7　何谓现浇混凝土复合无网EPS板外保温系统？简要叙述其施工要点。

9-8　钢丝网架板现浇混凝土外墙外保温工程是如何定义的？其施工要点有哪些？

9-9　何谓机械固定EPS钢丝网架板外墙外保温系统？

9-10　何谓外墙内保温施工？外墙内保温有什么优缺点？

9-11　界面砂浆有什么作用？

9-12　何谓抗裂砂浆？抗裂砂浆如何配制？

实 训 题

通过开展社会调查或收集有关资料，说说本地区建筑节能的现状？简述墙体保温节能的意义？

教学单元 10　冬期与雨期施工

10.1　概　　述

我国疆域辽阔，地域广大，很多地区受内陆（海上）高低压及季风交替的影响，气候变化较大。在华北、东北、西北、青藏高原，每年都有较长的低温季节。沿海一带城市，受海洋暖湿气流影响，春夏之交雨水频繁，并伴有台风、暴雨和潮汛。冬期的低温和雨期的降水，给施工带来很大困难，常规的施工方法已不能适应。在冬期和雨期施工时，必须从实际出发，选择合理的施工方法，制定具体的措施，确保工程质量，降低工程的费用。

10.1.1　冬期施工的特点、原则和施工准备

1. 冬期施工的特点

（1）冬期施工期是质量事故多发期。在冬期施工中，长时间的持续负低温、大的温差、强风、降雪和反复的冰冻，经常造成建筑施工的质量事故。

（2）冬期施工质量事故具有滞后性。冬期发生质量事故往往不易觉察，到春天解冻时，一系列质量问题才暴露出来。这种事故的滞后性给处理解决质量事故带来很大的困难。

（3）冬期施工的计划性和准备工作时间性很强。常由于时间紧，仓促施工，而发生质量事故。

2. 冬期施工的原则

为了保证冬期施工的质量，在选择施工方法和拟定施工措施时，必须遵循下列原则：

确保工程质量；经济合理，使增加的措施费用最少；所需的热源及技术措施材料有可靠的来源，并使消耗的能源最少；工期能满足规定要求。

3. 冬期施工的准备工作

（1）搜集有关气象资料作为选择冬期施工技术措施的依据；

（2）抓好施工组织设计的编制，制定具体的冬期施工方案，将不适宜冬期施工的分项工程安排在冬期前后完成；

（3）凡进行冬期施工的工程项目，必须会同设计单位复核施工图纸，核对其是否能适应冬期施工要求。如有问题应及时提出并修改设计；

（4）提前准备好施工的设备、机具、材料及劳动防护用品；

（5）冬期施工前对配制外掺剂的人员、测温保温人员、锅炉工人等，应专门组织技术培训，经考试合格后方准上岗。

10.1.2　雨期施工的特点、要求和准备工作

雨期施工以防雨、防台、防汛为依据，做好各项准备工作。

1. 雨期施工特点

（1）雨期施工的开始具有突然性。由于暴雨山洪等恶劣气象往往不期而至，这就需要雨期施工的准备和防范措施及早进行。

（2）雨期施工带有突击性。因为雨水对建筑结构和地基基础的冲刷或浸泡具有破坏性，必须迅速及时地防护，才能避免给工程造成损失。

（3）雨期往往持续时间很长，阻碍了工程（主要包括土方工程、屋面工程等）顺利进行，拖延工期。对这一点应事先有充分估计并做好合理安排。

2. 雨期施工的要求

（1）编制施工组织计划时，应将不宜在雨期施工的分项工程提前或拖后安排。对必须在雨期施工的工程应制定有效的措施，进行突击施工。

（2）合理进行施工安排。做到晴天抓紧室外工作，雨天安排室内工作，尽量缩小雨天室外作业时间和工作面。

（3）密切注意气象预报，做好抗台防汛等准备工作，必要时应及时加固在建的工作。

（4）做好建筑材料及已完工部分的防雨防潮工作。

3. 雨期施工准备

（1）现场排水。施工现场的道路、设施必须做到排水畅通，尽量做到雨停水干。要防止地面水排入地下室、基础、地沟内。要做好对危石的处理，防止滑坡和塌方。

（2）应做好原材料、成品、半成品的防雨工作。水泥应按"先收先用""后收后用"的原则，避免久存受潮而影响水泥的性能。木门窗等易受潮变形的半成品应在室内堆放，其他材料也应注意防雨及材料堆放场地四周排水。

（3）在雨期前应做好施工现场房屋、设备的排水防雨措施。

（4）备足排水需用的水泵及有关器材，准备适量的塑料布、油毡等防雨材料。

10.2　地基基础工程的冬期施工

10.2.1　一般规定

建筑地基基础工程的冬期施工主要涉及土方工程、地基处理、桩基础施工及基坑支护等内容。冬期施工的地基基础工程，除应有建筑场地的工程地质勘察资料外，尚应根据需要提出地基土的主要冻土性能指标。

建筑场地宜在冻结前清除地上和地下障碍物、地表积水，并应平整场地和道路。冬期应及时清除积雪，春融期应作好排水。

对建筑物的施工控制坐标点、水准点及轴线定位点的埋设，应采取防止土壤冻胀、融沉变位和施工振动影响的措施，并应定期复测校正。

在冻土上进行桩基础和强夯施工时所产生的振动，对周围建筑物及各种设施有影响时，应采取隔振措施。靠近建筑物基础的地下基坑施工时，应采取防止相邻地基土遭冻的措施。

同一建筑物基槽（坑）开挖时应同时进行，基底不得留冻土层。基础施工中应防止地基土被融化的雪水或冰水浸泡。

土方工程是地基基础工程冬期施工的主要内容，土在结冻时，机械强度大大提高，使土方工程冬期施工造价增高，工效降低，寒冷地区土方工程施工一般宜在入冬前完成。若必须在冬期施工时，其施工方法应根据本地区气候、土质和冻结情况并结合施工条件进行技术经济比较后确定。

10.2.2 冻土的定义、特性及分类

当温度低于0℃，且含有水的各类土称为冻土。我们把冬季土层冻结的厚度叫冻结深度。

土在冻结后，体积比冻前增大的现象称为冻胀。通常用冻胀量和冻胀率来表示冻胀的大小。

土的冻胀量反映了土冻结后平均体积的增量，用下式进行计算：

$$\Delta V = V_i - V_0 \tag{10-1}$$

式中　ΔV——冻胀量，cm^3；

　　　V_i——冻后土的体积，cm^3；

　　　V_0——冻前土的体积，cm^3。

土的冻胀率反映了土体冻胀后体积增大的百分率，用K_a表示。

$$K_a = \frac{V_i - V_0}{V_0} \times 100\% = \frac{\Delta V}{V_0} \times 100\% \tag{10-2}$$

式中　K_a——冻胀率。

按季节性冻土地基冻胀量的大小及其对建筑物的危害程度，将地基土的冻胀性分为四类。

Ⅰ类：不冻胀。冻胀率$K_a \leqslant 1\%$，对敏感的浅埋基础均无危害。

Ⅱ类：弱冻胀。冻胀率$K_a = 1\% \sim 3.5\%$，对浅埋基础的建筑物也无危害，在最不利条件下，可能产生细小裂缝。

Ⅲ类：冻胀。$K_a = 3.5\% \sim 6\%$，浅埋基础的建筑物将产生裂缝。

Ⅳ类：强冻胀。$K_a > 6\%$，浅埋基础将产生严重破坏。

10.2.3 地基土的保温防冻

地基土的保温防冻是在冬季即将来临土层未冻结之前，采取一定的措施使基础土层免遭冻结或减少冻结，在土方冬期开挖中，土的保温防冻法是最经济的方法之一。做法有松土防冻法、覆盖雪防冻和隔热材料防冻等。

1. 松土防冻法

松土防冻法是在土冻结之前，将预先确定的冬季土方作业地段上的表土翻松耙平，利用松土中的许多充满空气的孔隙来降低土的导热性，达到防冻的目的。翻耕的深度一般在25～30cm，翻耕范围应比拟开挖边线宽出不小于冻结深度值。

2. 覆雪防冻法

覆雪防冻法是利用雪的覆盖作保温层来防止土的冻结。适用于降雪量较大的地区。覆雪防冻的方法可视土方作业的特点而定。对大面积的土方工程可在地面上设篱笆，或筑雪堤，其高度为0.5～1.0m，其间距为10～15m，垂直于主导风向。对面积较小的基槽（坑）可在预定的位置上挖积雪沟（坑），深度宜为30～50cm，宽度为预计深度的两倍加基槽（坑）底宽之和。

3. 保温材料覆盖法

面积较小的基槽（坑）的防冻，可直接用保温材料覆盖。保温材料可用炉渣、锯末、刨花、稻草、膨胀珍珠岩、草袋、树叶等，再加盖一层塑料布。保温材料的铺设宽度为待挖基槽（坑）宽度的两倍加基槽（坑）底宽之和。保温材料铺设厚度按《建筑工程冬期施

工规程》JGJ104 计算确定。

挖好较小的基槽（坑）的保温与防冻可采用暖棚保温法。在已挖好的基槽（坑）上，宜搭好骨架铺上基层，覆盖保温材料。也可搭塑料大棚，在棚内采取供暖措施。

10.2.4 冻土的融化及开挖

冬期土方施工可采取先将冻土破碎或利用热源将冻土融化，然后挖掘。开挖方法一般有人工法、机械法和爆破法三种。

1. 冻土的融化

融化冻土的方法有烟火烘烤法、蒸气融化法和电热法三种，后两种方法因耗用大量能源，施工费用高，使用较少，只用在面积不大的工程施工中。

融化冻土的施工方法应根据工程量大小、冻结深度和现场条件综合选用。融化时应按开挖顺序分段进行，每段大小应适应当天挖土的工程量，冻土融化后，挖土工作应昼夜连续进行，以免因间歇而使地基土重新冻结。

开挖基槽（坑）或管沟时，必须防止基础下的基土遭受冻结。如基槽（坑）开挖完毕至地基与基础施工或埋设管道之间有间歇时间，应在基坑底标高以上预留适当厚度的松土或用其他保温材料覆盖，厚度可通过计算求得。冬期开挖土方时，如可能引起邻近建筑物的地基或其他地下设施产生冻结破坏时，应采取防冻措施。

（1）烟火烘烤法

烟火烘烤法适用于面积较小、冻土不深，且燃料便宜的地区。常用锯末、谷壳和刨花、树枝皮及其他可燃废料。在拟开挖的冻土上应将铺好的燃料点燃，并用铁板覆盖，火焰不宜过高，并应采取可靠的防火措施。

（2）蒸气融化

当热源充足，工程量较小时，可采用蒸气融化法。应把带有喷气孔的钢管插入预钻好的冻土孔中，通蒸气融化。冻土孔径应大于喷气管直径 1cm，其间距不宜大于 1m，深度应超过基底 30cm。当喷气管直径 D 为 2.0～2.5cm 时，应在钢管上钻成梅花状喷气孔，下端应封死，融化后应及时挖掘并防止基底受冻。

（3）电热法

电热法通常用 $\phi16$～$\phi22$ 钢筋作电极，将电极打到冻土中的深度不宜小于冻结深度，并宜露出地面 100～150mm。作梅花形布置，间距 400～800mm，加热时间视冻土厚度、土的温度、电压高低等条件而定。通电加热时，可在冻土上铺 100～250mm 锯末，用浓度为 1%～2% 的盐溶液浸湿，以加快表层冻土的融化。

电热法效果最佳，但能源消耗量大、费用高。仅在土方工程量不大和急需工程上采用这种方法施工。

采用此法时，必须有周密的安全措施，应由电气专业人员担任通电工作，工作地点应设置警戒区，通电时严禁人员靠近，防止触电。

2. 人工法开挖

人工开挖冻土适用开挖面积较小和场地狭窄，不具备用其他方法进行土方破碎、开挖的情况。开挖时一般用大铁锤和铁楔子劈冻土。施工中常用几个铁楔，当一个铁楔打入土中而冻土尚未脱离时，再把第二个铁楔在旁边的裂缝上加进去，直到冻土剥离为止，如图10-1所示。

3. 机械法开挖

机械挖掘冻土可根据冻土层厚度选用推土机松动、挖掘机开挖或重锤冲击破碎冻土等方法。其设备可按表 10-1 选用。

冻土挖掘设备选择表　　表 10-1

冻土厚度（cm）	选　择　机　械
<50	铲运机、挖掘机
50～100	松土机、挖掘机
100～150	重锤或重球

当采用重锤冲击破碎冻土时，重锤可由铸铁制成楔形或球形，重量宜为 2～3t。

起吊设备可采用吊车、简易的两步搭或三步搭，支架配以卷扬机。

最简单的施工方法是用风镐将冻土破碎，然后用人工和机械挖掘运输。

4. 爆破法开挖

爆破法适用于冻土层较厚，面积较大的土方工程，这种方法是将炸药放入直立爆破孔中或水平爆破孔中进行爆破，冻土破碎后用挖掘机挖出，或借爆破的力量向四周崩出，做成需要的沟槽。

冻土层厚度在 2m 以内时，宜采用炮孔法。炮孔的直径宜为 50～70mm，深度宜为冻土层厚度的 0.6～0.85 倍，与地面呈 60°～90°夹角。炮孔的间距宜等于最小抵抗线长度的 1.2 倍，排距宜等于最小抵抗线长度的 1.5 倍。炮孔可用电钻、风钻或人工打钎成孔。炸药可使用黑色炸药、硝铵炸药或 TNT 炸药。炸药装药量宜由计算确定或不超过孔深的 2/3，其余上面的 1/3 填装砂土。

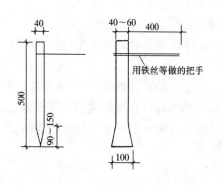

图 10-1　松冻土的铁楔子

冻土爆破必须在专业技术人员指导下进行，严格遵守雷管、炸药的管理规定和爆破操作规程。距爆破点 50m 以内应无建筑物，200m 以内应无高压线。当爆破现场附近有居民或精密仪表等设备怕振动时，应提前做好疏散及保护工作。冬季施工严禁使用任何甘油类炸药，因其在低温凝固时稍受振动即会爆炸，十分危险。

10.2.5　冬期回填土施工

由于土冻结后即成为坚硬的土块，在回填过程中不易压实，土解冻后就会造成大量的下沉。

冬期回填土应尽量选用未受冻的、不冻胀的土壤进行回填施工。填土前，应清除基础上的冰雪和保温材料；填方边坡表层 1m 以内，不得用冻土填筑；填方上层应用未冻的、不冻胀的或透水性好的土料填筑。冬期填方每层铺土厚度应比常温施工时减少 20%～25%，预留沉降量应比常温施工时适当增加。

冬期施工室外填方高度不宜超过表 10-2 的规定。

室外的基槽（坑）或管沟可用含有冻土块的土回填，但冻土含量不得超过 15%，冻土块的粒径不得大于 150mm；冻土块应均匀分布，管沟底以上 0.5m 范围内不得用含有冻土块的土回填。

冬期填方高度限制　　表 10-2

平均气温（℃）	填方高度（m）
−5～−10	4.5
−11～−15	3.5
−16～−20	2.5

室内的基槽（坑）或管沟、地面垫层下的土方，不得采用含有冻土块的土回填。回填土施工应连续进行并应夯实。当采用人工夯实时，每层铺土厚度不得超过20cm，夯实厚度宜为10～15cm。

10.2.6 地基处理、桩基及基坑支护

冬期施工强夯施工技术参数应根据加固要求与地质条件在场地内经试夯确定。

强夯施工时，不应将冻结基土或回填的冻土块夯入地基的持力层，回填土的质量应符合本相应规程的有关规定。

黏性土或粉土地基的强夯，宜在被夯土层表面铺设粗颗粒材料，并应及时清除粘结于锤底的土料。

冻土地基可采用干作业钻孔桩、挖孔灌注桩等或沉管灌注桩、预制桩等施工。当冻土层厚度超过500mm，冻土层宜采用钻孔机引孔，引孔直径不宜大于桩径20mm。

钻孔机的钻头宜选用锥形钻头并镶焊合金刀片。钻进冻土时应加大钻杆对土层的压力，并应防止摆动和偏位。钻成的桩孔应及时覆盖保护。

振动沉管成孔时，应制定保证相邻桩身混凝土质量的施工顺序。拔管时，应及时清除管壁上的水泥浆和泥土。当成孔施工有间歇时，宜将桩管埋入桩孔中进行保温。

灌注桩的混凝土施工应符合本章第四节要求。在冻胀性地基土上施工时，应采取防止或减小桩身与冻土之间产生切向冻胀力的防护措施。

预制桩施工应符合：起吊前，钢丝绳索与桩机的夹具应采取防滑措施；沉桩施工应连续进行，施工完成后应采用保温材料覆盖于桩头上进行保温。

基坑支护冬期施工宜选用排桩和土钉墙的方法。

采用液压高频锤法施工的型钢或钢管排桩基坑支护工程，除应满足其他要求外，尚应采用钻机在冻土层内引孔，引孔的直径应大于型钢或钢管的最大边缘尺寸。

钢筋混凝土灌注桩的排桩施工除应符合其他相关规定外，应待桩身混凝土达到设计强度时方可进行基坑土方开挖；排桩上部自由端外侧的基土应进行保温。

锚杆施工时，锚杆注浆的水泥浆配制宜掺入适量的防冻剂；预应力锚杆张拉应待锚杆水泥浆体达到设计强度后方可进行。

严寒地区土钉墙施工，在混凝土面板下宜铺设60～100mm厚聚苯乙烯泡沫板。

10.3 砌体工程的冬期施工

当室外日平均气温连续5d稳定低于5℃时，砌体工程应采取冬期施工措施。冬期施工期限以外，当日最低气温低于0℃时，也应按冬期施工规定执行。

砌体工程冬期施工应符合下列规定：

（1）普通砖、空心砖、灰砂砖、混凝土小型空心砌块、加气混凝土砌块和石材在砌筑前，应清除表面污物、冰雪等，不得使用遭水浸和受冻后表面结冰、污染的砖或砌块。

（2）砂浆宜采用普通硅酸盐水泥拌制，不得使用无水泥拌制的砂浆。

（3）石灰膏、黏土膏或电石膏等宜保温防冻，当遭冻结时，应经融化后方可使用。

（4）拌制砂浆所用的砂，不得含有直径大于1cm的冻结块或冰块。

（5）拌合砂浆时，水的温度不宜超过80℃，砂的温度不宜超过40℃，砂浆稠度宜较常温适当增大，且不得二次加水调整砂浆和易性。

（6）冬期施工的砖砌体，应按"三一"砌砖法施工，灰缝不应大于1cm。

（7）砌筑间歇期间，宜及时在砌体表面进行保护性覆盖，砌体表面不得留有砂浆。在继续砌筑前，应将砌体表面清理干净。

（8）在施工日记中除应按常规要求外，尚应记录大气温度、暖棚温度、砌筑时砂浆温度、外加剂掺量等有关资料。

（9）砂浆试块的留置，除应按常温规定外，尚应增设一组与砌体同条件养护的试块，用于检验转入常温28d的强度。如有特殊需要，可另外增加相应龄期的同条件试块。

砌体工程的冬期施工方法主要有外加剂法、冻结法和暖棚法等。砌体工程的冬期施工应优先选用外加剂法。对绝缘、装饰等有特殊要求的工程，可采用其他方法。混凝土小型空心砌块不得采用冻结法施工。加气混凝土砌块承重墙体及围护外墙不宜冬期施工。

10.3.1 外加剂法

外加剂法是指在水泥砂浆、水泥混合砂浆中掺入一定量的外加剂，并用这种掺外加剂砂浆进行砌筑的施工方法。这种方法施工简便、成本低廉、货源易于取得。

1. 原理及适用范围

在砌筑砂浆内掺入抗冻剂，降低了水的冰点，保证砂浆中有液态水存在并使水化反应在一定负温下进行，砂浆强度在负温下能够继续缓慢增长。同时，由于砂浆中水的冰点降低，砌体表面不会立即结成冰膜，故砂浆和砌体能较好的粘结。另外，还可加入早强剂、减水剂等外加剂或复合使用。

目前，抗冻剂主要是以氯化钠和氯化钙为主。其他还有亚硝酸钠、碳酸钾和硝酸钙等。掺氯盐外加剂的方法常称为掺盐砂浆法。由于氯盐砂浆吸湿性大，使结构保温性能下降，并有析盐现象，故掺用氯盐的砂浆砌体不得在下列情况下采用：

（1）对装饰工程有特殊要求的建筑物；

（2）使用环境湿度大于80％的建筑物；

（3）配筋、钢埋件无可靠的防腐处理措施的砌体；

（4）接近高压电线的建筑物（如变电所、发电站等）；

（5）经常处于地下水位变化范围内，以及在地下未设防水层的结构。

2. 砂浆的配制

采用外加剂法配制砂浆时，可采用氯盐或亚硝酸盐等外加剂。掺加氯盐外加剂时，应以氯化钠为主。当气温低于－15℃时，可与氯化钙复合使用。其掺量见表10-3。

氯盐外加剂掺量　　　　　　　　　　　　　　表10-3

氯盐及砌体材料种类		日最低气温（℃）			
		≥－10	－11～－15	－16～－20	－21～－25
单掺氯化钠（％）	砖、砌块	3	5	7	—
	石材	4	7	10	—
复掺（％）	氯化钠	砖、砌块	—	—	5	7
	氯化钙		—	—	2	3

注：氯盐以无水盐计，掺量为占拌合水质量百分比。

外加剂应溶于拌合水中加入。外加剂溶液应设专人配制，并应先配制成规定浓度（用溶液的比重测量）溶液置于专用容器中，然后再按规定加入搅拌机中拌制成所需砂浆。

在氯盐砂浆中掺加引气型外加剂时，应在氯盐砂浆搅拌的后期掺入。

砂浆应采用机械搅拌，搅拌时间应比常温增加一倍。

砌筑时砂浆温度不应低于5℃。当设计无要求，且最低气温等于或低于−15℃时，砌体砂浆强度等级应较常温施工提高一级。

3. 砌筑工艺中的有关要求

为了保证砖和砂浆的粘结，冬期砌砖时不宜对砖浇水，以免在材料表面结成冰薄膜而降低砂浆的粘结力。但可适当增大砂浆稠度。

采用氯盐砂浆时，应对砌体中配置的钢筋及预埋件进行防腐处理。

氯盐砂浆砌体施工时，每日砌筑高度不宜超过1.2m，墙体留置的洞口，距交接墙处不应小于50cm。

在砌体转角处和内外墙交接处应同时砌筑，对不能同时砌筑而又必须留置的临时间断处，应砌成斜槎。

10.3.2 砌体工程冬期施工的其他施工方法简介

对有特殊要求的工程冬期施工可供选用的其他施工方法还有：蓄热法、暖棚法、快硬砂浆法等。

1. 蓄热法

蓄热法是施工过程中，先将水和砂加热，使拌合后砂浆在上墙时保持一定正温，以推迟冻结的时间，在一个施工段内的墙体砌筑完毕后，立即用保温材料覆盖其表面，使砌体中的砂浆在正温下达到其砌体强度的20%。

蓄热法可用于冬期气温不太低的地区（温度在−5～−10℃），以及寒冷地区的初冬或初春季节。特别适用于地下结构。

2. 暖棚法

暖棚法是利用简易结构和廉价的保温材料，将需要砌筑的工作面临时封闭起来，使砌体在正温条件下砌筑和养护。

采用暖棚法施工，块材在砌筑时的温度不应低于5℃，暖棚内的最低温度不得低于5℃，故经常采用热风装置或蒸汽进行加热。

由于搭暖棚需要大量的材料、人工，加温时要消耗能源，所以暖棚法成本高、效率低，一般不宜多用。主要适用于地工程、基础工程以及工期紧迫的砌体结构。

3. 快硬砂浆法

快硬砂浆法是用快硬硅酸盐水泥、加热的水和砂拌合制成的快硬砂浆，在受冻前能比普通砂浆获得较高的强度。适用于热工要求高、湿度大于60%及接触高压输电线路和配筋的砌体。

10.4 混凝土结构工程的冬期施工

10.4.1 混凝土工程冬期施工原理及临界强度

混凝土工程冬期施工期的确定方法同前，但在上述期限以外，当最低气温突降至0℃

以下时，也应采取必要的措施防止混凝土遭受冻害。冬期施工，当温度降至0℃以下时，水泥水化作用基本停止，混凝土强度亦停止增长。特别是温度降至混凝土冰点温度（新浇混凝土冰点为$-0.3\sim-0.5℃$）以下时，混凝土中的游离水开始结冻，结冰后的水体积膨胀约9%。在混凝土内部产生冰胀应力，使强度尚低的混凝土结构内部产生微裂缝，同时降低了水泥与砂石和钢筋的粘结力，导致结构强度降低。受冻的混凝土在解冻后，其强度虽能继续增长，但已不能达到原设计的强度等级。试验证明，混凝土的早期冻害是由于内部的水结冰所致。混凝土在浇筑后立即受冻，抗压强度约损失50%，抗拉强度约损失40%。受冻前混凝土养护时间愈长，所达到的强度愈高，强度损失就愈低。混凝土遭受冻结带来的危害与遭冻的时间早晚、水灰比、水泥强度等级、养护温度等有关。

混凝土受冻后而不致使其各项性能遭到损害的最低强底称为混凝土受冻临界强度。混凝土受冻临界强度为负温混凝土冬期施工的重要质量控制指标。混凝土结构工程的冬期施工，不论在什么样的气温条件下，不论采用何种施工工艺方法、养护方法，其核心实质就是要保证混凝土的强度在受冻以前达到临界强度。根据《建筑工程冬期施工规程》JGJ/T 104的规定，冬期浇筑的混凝土其受冻临界强度应符合下列规定：

1. 采用蓄热法、暖棚法、加热法等施工的普通混凝土，采用硅酸盐水泥、普通硅酸盐水泥配制时，其受冻临界强度不应小于设计混凝土强度等级值的30%；采用矿渣硅酸盐水泥、粉煤灰硅酸盐水泥、火山灰质硅酸盐水泥、复合硅酸盐水泥时，不应小于设计混凝土强度等级值的40%；

2. 当室外最低气温不低于$-15℃$时，采用综合蓄热法、负温养护法施工的混凝土受冻临界强度不应小于4.0MPa；当室外最低气温不低于$-30℃$时，采用负温养护法施工的混凝土受冻临界强度不应小于5.0MPa；

3. 对强度等级等于或高于C50的混凝土，不宜小于设计混凝土强度等级值的30%；

4. 有抗渗要求的混凝土，不应小于设计混凝土强度等级值的50%；

5. 对有抗冻耐久性要求的混凝土，不应小于设计混凝土强度等级值的70%；

6. 当采用暖棚法施工的混凝土中掺入早强剂时，可按综合蓄热法受冻临界强度取值；

7. 当施工需要提高混凝土强度等级时，应按提高后的强度等级确定受冻临界强度。

10.4.2 混凝土结构工程冬期施工的一般要求

为使混凝土强度在冰冻前达到受冻临界强度，冬期施工时对混凝土原材料和施工工艺方法等均有一定的要求，对受力钢筋的加工安装也有相关的要求，从而保证混凝土结构工程的施工质量。

1. 对材料和材料加热的要求

（1）冬期施工中配制混凝土用的水泥，宜选用活性高、水化热大的硅酸盐水泥或普通硅酸盐水泥。当采用蒸汽养护时，宜选用矿渣硅酸盐水泥。混凝土最小水泥用量不宜低于$280kg/m^3$，水胶比不应大于0.55。大体积混凝土的最小水泥用量，可根据实际情况决定。强度等级不大于C15的混凝土，其最小水泥用量和水胶比可不受以上限制。

（2）拌制混凝土所用骨料必须清洁，不得含有冰、雪、冻块及其他易冻裂的物质。掺有钾、钠离子的防冻剂混凝土，不得采用活性骨料或在骨料中混有此类物质的材料。

（3）混凝土原材料加热宜采用加热水的方法。蒸汽加热宜采用蒸汽加热、电加热、汽水热交换罐或其他加热方法。水箱或水池容积及水温应能满足连续施工的要求。

当加热水仍不能满足要求时，可对骨料进行加热。水、骨料加热的最高温度应符合表10-4的要求。砂加热应在开盘前进行，加热应均匀。当采用保温加热料斗时，宜配备两个或以上，交替加热使用，料斗容量不宜小于 $3.5m^3$。骨料加热的方法有：将骨料放在底下加温的铁板上面直接加热或通过蒸汽管、电热线加热等，但不得用火焰直接加热骨料。加热的方法可因地制宜，但以蒸汽加热法为好。其优点是加热温度均匀，热效率高，缺点是骨料中的含水量增加。

拌合水及骨料加热最高温度 表 10-4

水泥强度等级	拌合水（℃）	骨料（℃）
小于 42.5	80	60
42.5、42.5R 及以上	60	40

预拌混凝土用砂，应提前备料运至有加热设施的保温封闭储料棚（室）或仓内备用。

当水、骨料加热后仍不能满足热工计算要求时，可提高水温到 100℃，但水泥不得与 80℃ 以上的水直接接触。

水泥不得直接加热，袋装水泥使用前宜运入暖棚内存放。

2. 钢筋工程

钢筋调直冷拉可在负温下进行，但冷拉温度不宜低于 −20℃。预应力钢筋张拉温度不宜低于 −15℃。

钢筋负温焊接，可采用闪光对焊、电弧焊、电渣压力焊等方法。当环境温度低于 −20℃ 时，不宜进行施焊。当采用细晶粒热轧钢筋时，其焊接工艺应经试验确定。

热轧钢筋负温闪光对焊，宜采用预热——闪光焊（钢筋端面较平整时）或闪光——预热——闪光焊（钢筋端面不平整时）工艺。钢筋负温闪光对焊工艺应控制热影响区长度，焊接参数应根据当地气温按常温参数调整。

钢筋负温电弧焊宜采用分层施焊。可根据钢筋牌号、直径、接头形式和焊接位置选择焊条和焊接电流。焊接时应采取防止产生过热、烧伤、咬肉和裂缝等措施。

钢筋负温帮条焊或搭接焊的焊接工艺应符合下列规定：

（1）帮条与主筋之间应采用四点定位焊固定，搭接焊时应采用两点固定；定位焊缝与帮条或搭接端部的距离不应小于 20mm。

（2）帮条焊的引弧应在帮条钢筋的一端开始，收弧应在帮条钢筋端头上，弧坑应填满。

（3）焊接时第一层焊缝应具有足够的熔深，主焊缝或定位焊缝应熔合良好；平焊时，第一层焊缝应先从中间引弧，再向两端运弧；立焊时，应先从中间向上方运弧，再从下端向中间运弧；在以后各层焊缝焊接时，应采用分层控温施焊。

（4）帮条接头或搭接接头的焊缝厚度不应小于钢筋直径的 30%，焊缝宽度不应小于钢筋直径的 70%。

钢筋负温坡口焊的工艺应符合下列规定：

（1）焊缝根部、坡口端面以及钢筋与钢垫板之间均应熔合，焊接过程中应经常除渣。

（2）焊接时，宜采用几个接头轮流施焊。

（3）加强焊缝的宽度应超出 V 形坡口边缘 3mm，高度应超出 V 形坡口上下边缘

3mm，并应平缓过渡至钢筋表面。

（4）加强焊缝的焊接，应分两层控温施焊。

HRB335 和 HRB400 钢筋多层施焊时，焊后可采用回火焊道施焊，其回火焊道的长度应比之前一层焊道的两端缩短 4～6mm。

钢筋负温电渣压力焊应符合下列规定：

（1）电渣压力焊宜用于 HRB335、HRB400 热轧带肋钢筋。

（2）电渣压力焊机容量应根据所焊钢筋直径选定。

（3）焊剂应存放于干燥库房内，在使用前经 250～300℃烘焙 2h 以上。

（4）焊接前，应进行现场负温条件下的焊接工艺试验，经检验满足要求后方可正式作业。

（5）焊接完毕应停歇 20s 以上方可卸下夹具回收焊剂，回收的焊剂内不得混入冰雪，接头渣壳应待冷却后清理。

负温条件下使用的钢筋，施工过程中应加强管理和检验，钢筋在运输和加工过程中应防止撞击和刻痕。

当环境温度低于−20℃时，不得对 HRB335 和 HRB400 钢筋进行冷弯加工。

雪天或施焊现场风速超过三级风，焊接时应采取遮蔽措施，施焊后未冷却的接头应避免碰到冰雪，以免造成冷脆现象。

钢筋张拉与冷拉设备、仪表和液压工作系统油液应根据环境温度选用，并应在使用温度条件下进行配套校验。

10.4.3 混凝土的搅拌、运输和浇筑

1. 混凝土的搅拌

混凝土不宜露天搅拌，应搭设暖棚，优先选用大容量的搅拌机，以减少混凝土的热量损失。搅拌前，用热水或蒸汽冲洗搅拌机。混凝土搅拌的最短时间应符合表 10-5 的规定。为满足热工计算要求，当水加热温度超过 80℃时，材料投料顺序为：先将水和砂石投入拌合，然后加入水泥。这样可防止水泥与高温水接触时产生假凝现象。混凝土拌合物的出机温度不宜低于 10℃。

混凝土搅拌的最短时间 表 10-5

混凝土坍落度(mm)	搅拌机容积(L)	混凝土搅拌最短时间(s)
≤80	<250	90
	250～500	135
	>500	180
>80	<250	90
	250～500	90
	>500	135

注：采用自落式搅拌机时，应较上表搅拌时间延长 30s～60s；采用预拌混凝土时，应较常温下预拌混凝土搅拌时间延长 15～30s。

2. 混凝土的运输

混凝土的运输过程是热损失的关键阶段，应采取必要的措施减少混凝土的热损失，同

时应保证混凝土的和易性。常用的主要措施为减少运输时间和距离；使用大容积的运输工具并采取必要的保温措施或加热。保证混凝土入模温度不低于5℃。

泵送混凝土在浇筑前应对泵管进行保温，并应采用与施工混凝土同配比砂浆进行预热。

3. 混凝土的浇筑

混凝土在浇筑前，应清除模板和钢筋上的冰雪和污垢，尽量加快混凝土的浇筑速度，防止热量散失过多。混凝土在运输、浇筑过程中的温度和覆盖的保温材料，应按热工计算后确定。

冬期不得在强冻胀性地基土上浇筑混凝土，当在弱冻胀性地基土上浇筑混凝土时，地基土应进行保温，不得受冻。对加热养护的现浇混凝土结构，混凝土的浇筑程序和施工缝的位置，应采取能防止产生较大温度应力的措施。当分层浇筑厚大的整体结构时，已浇筑层的混凝土温度，在未被上一层混凝土覆盖前，不得低于2℃。采用加热养护时，养护前的温度也不得低于2℃。

冬期施工混凝土振捣应用机械振捣，振捣时间应比常温时有所增加。

10.4.4 混凝土的冬期养护方法

冬期施工混凝土养护方法的选择，应根据当地历年气象资料和近期的气象预报、结构的特点、施工进度要求、原材料及能源情况和施工现场条件等因素综合地进行研究，并通过热工计算及技术经济比较后确定。常用的养护方法有蓄热法及综合蓄热法、外加剂法、人工加热法等。

在选择养护方法时，应保证混凝土尽快达到临界强度，避免遭受冻害；承重结构的混凝土，要迅速达到出模强度，加快模板周转。一般情况下，应优先考虑采用蓄热法或综合蓄热法进行养护，只有在上述方法不能满足时，才选用人工外部加热法进行养护。

1. 蓄热法和综合蓄热法养护

蓄热法是利用加热混凝土组成材料的热量及水泥的水化热，并用保温材料（如草帘、草袋、锯末、炉渣等）对混凝土加以适当的覆盖保温，使混凝土在正温条件下硬化或缓慢冷却，并达到抗冻临界强度或预期的强度要求。

蓄热法施工方法简单，费用低廉，较易保证质量。当室外最低温度不低于−15℃时，地面以下的工程或表面系数不大于$5m^{-1}$的结构，应优先采用蓄热法养护。对结构易受冻的部位，应采取加强保温措施。

为了减少热量散失，模板外和混凝土表面覆盖的保温层，不应采用潮湿状态的材料。为防止失水，而影响混凝土的养护，不应将保温材料直接铺盖在潮湿的混凝土表面，新浇混凝土表面应铺一层塑料薄膜，再覆盖保温材料。

采用蓄热法施工时，原材料加热温度的确定、保温材料的选择和厚度的确定以及混凝土在正温条件下养护所能达到的强度百分率必须通过热工计算得出，避免随意性和盲目性。

综合蓄热法是在蓄热法的基础上，掺加相应的外加剂，利用复合外加剂早强组分的作用，来加快混凝土的硬化速度，从而使混凝土尽快达到其临界强度。同时，利用引气组分改善混凝土孔隙结构，缓冲冰晶冰胀压力，利用减水组分减小可冻水量，提高混凝土强度等多重作用，使混凝土后期的硬化速度满足施工需要。

综合蓄热法扩大了蓄热法的应用范围。它适用于室外最低气温不低于−15℃，且结构表面系数 $5m^{-1}\leqslant M\leqslant15m^{-1}$ 的结构。围护层散热系数宜控制在 $50\sim200kJ/(m^3\cdot h\cdot K)$ 的范围。

综合蓄热法施工应选用早强剂或早强型复合防冻剂，并应具有减水、引气作用。混凝土浇筑后应在裸露混凝土表面采用塑料布等防水材料覆盖并进行保温。对边、棱角部位的保温厚度应增大到面部位的 $2\sim3$ 倍。混凝土在养护期间应防风防失水。

当采用组合钢模板时，考虑保温效果好，拆模时间易控制，可将保温材料固定在模板上，采用整装整拆方案。即当混凝土强度达到 $1N/mm^2$ 后，可使侧模板轻轻脱离混凝土后，再合上继续养护到拆模。

2. 负温养护法

在混凝土中加入适量的抗冻剂、早强剂、减水剂及加气剂，使混凝土在负温下能继续水化，增长强度。使混凝土冬期施工工艺简化，节约能源，降低冬期施工费用，是冬期施工有发展前途的施工方法。负温养护法适用于不易加热保温且对强度增长无特殊要求的混凝土结构工程。

（1）混凝土冬期施工中常用外加剂的种类：

1）减水剂：能改善混凝土的和易性及拌合用水量，降低水灰比，提高混凝土的强度和耐久性。常用的减水剂有木质素系减水剂、萘磺酸盐系减水剂、水溶性树脂减水剂。

2）早强剂：早强剂是加速混凝土早期强度发展的外加剂，可以在常温、低温或负温（不低于−5℃）条件下加速混凝土硬化过程。常用的早强剂主要有氯化钠（NaCl）、氯化钙（$CaCl_2$）、硫酸钠（Na_2SO_4）、亚硝酸钠（$NaNO_2$）、三乙醇胺〔$NH_3(C_2H_4OH)_2$〕、碳酸钾（K_2CO_3）等。

大部分早强剂同时具有降低水的冰点，使混凝土在负温情况下继续水化，增加强度，起到防冻的作用。

3）引气剂：引气剂是指在混凝土搅拌过程中，引入无数微小气泡，改善混凝土拌合物的和易性和减少用水量，并显著提高混凝土的抗冻性和耐久性。常用的引气剂有松香热聚物、松香皂、烷基苯磺酸盐等。

4）阻锈剂：氯盐类外加剂对混凝土中的金属预埋件有锈蚀作用。阻锈剂能在金属表面形成一层氧化膜，阻止金属的锈蚀。常用的阻锈剂有亚硝酸钠、重铬酸钾等。

（2）混凝土中外加剂的应用

混凝土冬期施工中外加剂的配用，应满足抗冻、早强的需要；对结构钢筋无锈蚀作用；对混凝土后期强度和其他物理力学性能无不良影响；同时应适应结构工作环境的需要。单一的外加剂常不能完全满足混凝土冬期施工的要求，一般宜采用复合配方。常用的复合配方有下面几种类型：

1）氯盐类外加剂，氯化钠、氯化钙价廉、易购买，但对钢筋有锈蚀作用，一般钢筋混凝土中其掺量按无水状态计算不得超过水泥重量的 1%。掺用氯盐的混凝土必须振捣密实，且不宜用蒸汽养护。在下列工作环境中的钢筋混凝土结构中不得掺用氯盐：

A. 在高湿度空气环境中使用的结构；

B. 处于水位升降部位的结构；

C. 露天结构或经常受水淋的结构；

D. 有镀锌钢材或与铝铁相接触部位的结构，以及有外露钢筋、预埋件而无防护措施的结构；

E. 与含有酸、碱和硫酸盐等侵蚀性介质相接触的结构；

F. 使用过程中经常处于环境温度为60℃以上的结构；

G. 使用冷拉钢筋或冷拔低碳钢丝的结构；

H. 薄壁结构、中级或重级工作制吊车梁、屋架、落锤或锻锤基础等结构；

I. 电解车间和直接靠近直流电源的结构；

J. 直接靠近高压（发电站、变电所）的结构；

K. 预应力混凝土结构。

2）硫酸钠-氯化钠复合外加剂由硫酸钠2%、氯化钠1%～2%和亚硝酸钠1%～2%组成。当气温在－3～－5℃时，氯化钠和亚硝酸钠掺量分别为1%；当气温在－5～－8℃时，其掺量分别为2%。这种配方的复合外加剂不能用于高温湿热环境及预应力结构中。

3）亚硝酸钠－硫酸钠复合外加剂由2%～8%的亚硝酸钠加2%的硫酸钠组成。当气温分别为－3、－5、－8、－10℃时，亚酸钠的掺量分别为水泥重量的2%、4%、6%、8%。亚硝酸钠-硫酸钠复合外加剂在负温下有较好的促凝作用，能使混凝土强度较快增长，且对混凝土有塑化作用，对钢筋无锈蚀作用。

使用硫酸钠复合外加剂时，宜先将其溶解在30～50℃的温水中，配成浓度不大于20%的溶液。施工时混凝土的出机温度不宜低于10℃，浇筑成型后的温度不宜低于5℃，在有条件时，应尽量提高混凝土的温度，浇筑成型后应立即覆盖保温，尽量延长混凝土的正温养护时间。

4）三乙醇胺复合外加剂由三乙醇胺0.5%、氯化钠0.5%～1%、亚硝酸钠0.5%～1.5%组成，当气温低于－15℃时，还可掺入1.0%～1.5%的氯化钙。三乙醇胺在早期正温条件下起早强作用，当混凝土内部温度下降到0℃以下时，氯盐又在其中起抗冻作用使混凝土继续硬化。混凝土浇筑入模温度应保持在15℃以上，浇筑成型后应马上覆盖保温，使混凝土在0℃以上温度达72h以上。

掺防冻剂混凝土在负温度下各龄期混凝土强度增长规律见表10-6。

掺防冻剂混凝土在负温度下各龄期混凝土强度增长规律　　　　表10-6

防冻剂及组成	混凝土硬化平均温度（℃）	各龄期混凝土强度（$f_{cu,k}$%）			
		7d	14d	28d	90d
$NaNO_2$（100%）	－5	30	50	70	90
	－10	20	35	55	70
	－15	10	25	35	50
$NaCl$（100%） $NaCl+CaCl_2$ $\left(\dfrac{70\%+30\%}{40\%+60\%}\right)$	－5	35	65	80	100
	－10	25	35	45	70
	－15	15	25	35	50
$NaNO_2+CaCl_2$ （50%＋50%）	－5	40	60	80	100
	－10	25	40	50	80
	－15	20	35	45	70
	－20	15	30	40	60

防冻剂及组成	混凝土硬化平均温度（℃）	各龄期混凝土强度（$f_{cu.k}$%）			
		7d	14d	28d	90d
K_2CO_3（100%）	−5	50	65	75	100
	−10	30	50	70	90
	−15	25	40	65	80
	−20	25	40	55	70
	25	20	30	50	60

采取负温养护法施工的混凝土，宜使用硅酸盐水泥或普通硅酸盐水泥，混凝土浇筑后的起始养护温度不应低于5℃，并应以浇筑后5d内的预计日最低气温来选用防冻剂。

混凝土的搅拌、浇筑及外加剂的配制必须设专人负责，严格执行规定掺量。搅拌时间应比常温条件下适当延长。

混凝土浇筑后，裸露表面应采用塑料薄膜覆盖保护。采用负温养护法应加强测温。当混凝土内部温度降到防冻外加剂规定温度之前，混凝土强度应达到受冻临界强度。

（3）硫铝酸盐水泥混凝土负温施工

硫铝酸盐水泥混凝土就是用硫铝酸盐水泥拌制混凝土，硫铝酸盐水泥具有快硬早强的特点，掺入适量 $NaNO_2$，作为防冻早强剂，可进一步改善早期抗冻性能，提高负温强度增长率，特别适用于混凝土的负温快速施工。硫铝酸盐水泥混凝土可在−25℃环境下施工，适用于下列工程：工业与民用建筑工程的钢筋混凝土梁、柱、板、墙的现浇结构；多层装配式结构的接头以及小截面和薄壁结构混凝土工程；抢修、抢建工程及有硫酸盐腐蚀环境的混凝土工程。硫铝酸盐水泥混凝土在80℃以上时，由于水化产物钙矾石脱水，对强度将产生不利影响，所以使用条件经常处于温度高于80℃的结构部位或有耐火要求的工程不宜采用硫铝酸盐水泥混凝土施工。

硫铝酸盐水泥混凝土可采用热水拌合，水温不宜超过50℃，拌合物温度宜为5～15℃，坍落度比普通混凝土增加10～20mm。水泥不得直接加热或直接与30℃以上热水接触。

采用机械搅拌和运输车运输，卸料时应将搅拌筒及运输车内混凝土排空，并应根据混凝土凝结时间情况，及时清洗搅拌机和运输车。混凝土应随拌随用，应在拌制结束30min内浇筑完毕。不得二次加水拌合使用。混凝土入模温度不得低于2℃。浇筑后应立即在混凝土表面覆盖一层塑料薄膜防止失水，并应根据气温情况及时覆盖保温材料。

混凝土养护不宜采用电热法或蒸汽法，可采用暖棚法养护，但养护温度不宜高于30℃，也可采用蓄热法养护。

3. 外部加热法养护

外部加热法养护是利用外部热源加热养护浇筑后的混凝土，让其温度保持在0℃以上，为混凝土在正温下硬化创造条件。这种方法的优点是混凝土强度增长迅速，短期内可达到拆模条件。但费用较高，一般在蓄热法和综合蓄热法不能满足要求时采用。工程中也可将外部短时热与蓄热法或负温养护法相结合，常可取得较好的效果。

外部加热法养护根据热源种类及加热方法不同，分为蒸汽加热养护法、电加热法养护和暖棚法等。

（1）蒸汽加热养护法

蒸汽加热养护法是用低压饱和蒸汽养护新浇筑的混凝土，使混凝土处于湿热环境，加速混凝土硬化。蒸汽加热养护法又可分为棚罩法、蒸汽套法、热模法和内部通汽法。内部通汽法，即在混凝土内部预留孔道，让蒸汽通入孔道加热混凝土。预留孔道可采用预埋钢管和橡皮管，成孔后拔出。如图 10-2 所示。孔道布置应能使混凝土加热均匀，埋设施工方便，位于受力最小的部位。孔道的总截面面积不应超过结构截面面积的 2.5%。内部通汽法节省蒸汽，温度易控制，费用较低。但要注意冷凝水的处理。

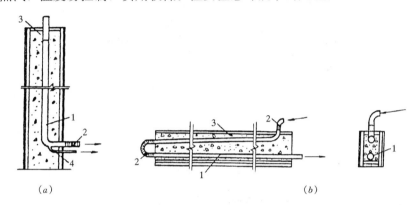

图 10-2　柱梁留孔形式
（a）柱留孔形式；（b）梁留孔形式
1—蒸汽管；2—胶皮连接管；3—湿锯末；4—冷凝水排出管

其他几种蒸汽加热养护法的特点和适用范围见表 10-11。

蒸汽养护的混凝土，采用普通硅酸盐水泥时最高养护温度不超过 80℃，采用矿渣硅酸盐水泥时可提高到 85℃。但采用内部通气法时，最高加热温度不应超过 60℃。整体结构的水泥用量不宜超过 350kg/m³，水灰比宜为 0.4～0.6，坍落度不宜大于 15cm。蒸气养护的混凝土，可掺入早强剂或非引气型减水剂。

整体浇筑的结构，采用蒸汽加热养护时，升温和降温速度不得超过表 10-7 规定。养护应包括升温-恒温-降温三个阶段，各阶段加热延续时间可根据养护结束要求的强度确定。

蒸汽加热养护混凝土升温和降温速度　　　　　　　　　　　表 10-7

结构表面系数（m⁻¹）	升温速度（℃/h）	降温速度（℃/h）
≥6	15	10
<6	10	5

注：厚大体积的混凝土，应根据实际情况确定。

（2）电加热法养护

电加热法是利用低压电流，通过电极、电阻丝、感应线圈及红外线加热器等媒介产生热量，加热模板或直接加热混凝土，使其在正温条件下迅速硬化。电加热法施工设备简单，操作方便，但耗电量较多。电加热法分为电极加热法、电热毯法、工频涡流法、线圈感应法和电热红外线加热器法。现以电极加热法为主介绍其施工方法，其他几种电加热法的特点和适用范围可参见表 10-11。

电极加热法是将电极放入混凝土内（或表面），通以低压电流，由于混凝土的电阻作用，电能变为热能并加热混凝土。电极加热法按电极布置不同，又可分为棒形电极法、弦形电极法和表面电极法。

图 10-3 所示为棒形电极布置示意。同极间距 h 和异极间距 b 可由表 10-8 取值。

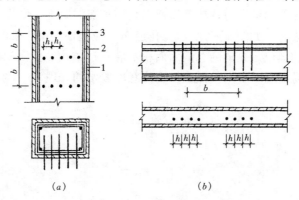

图 10-3　柱梁棒形电极布置

(a) 柱内棒形电极布置；(b) 梁内棒形电极布置

1—模板；2—钢筋；3—电极；b—电极组间距；h—电极间距

同极间距 h 和电极组间距 b 的取值　　　　　　　　　　　表 10-8

电压 （V）	距离 （cm）	最 大 功 率（kW/m³）								
		2.5	3	4	5	6	7	8	9	10
51	b	39	36	32	28	26	25	23	22	21
	h	15	13	12	10	10	10	8	7	7
65	b	51	48	42	37	34	32	30	28	24
	h	14	13	11	10	9	8	8	7	7
87	b	71	65	57	51	47	43	41	38	36
	h	13	13	11	10	9	8	8	7	7
106	b	89	81	71	69	58	54	51	48	76
	h	14	12	11	9	9	8	7	7	7
220	b	192	175	152	146	124	115	108	102	96
	h	13	12	10	9	8	8	7	7	7

注：1. 电压为开始电热加热时使用的电压。
　　2. 使用单相电时，b 值不变，h 值减小 10%～15%。

棒形电极和弦形电极应固定牢固，并不得与钢筋直接接触。电极与钢筋之间的距离应符合表 10-9 的规定。当因钢筋密度大而不能保证钢筋与电极之间的距离时，应采取绝缘措施。

电路接好应经检查合格后方可合闸送电。当结构工程量较大，需边浇筑边通电时，应将钢筋接地线，电热现场应设安全围栏。

电极加热法应使用交流电，不得使用直流电，混凝土仅应加热到设计强度

电极与钢筋之间的距离　　　　　　表 10-9

工作电压（V）	最小距离（cm）
65.0	5～7
87.0	8～10
106	12～15

标准值的 50%，电极加热应在混凝土浇筑后立即送电，送电前混凝土表面应保温覆盖。混凝土在加热养护过程中，其表面不应出现干燥脱水，并应随时向混凝土上表面洒水或洒盐水，洒水应在断电后进行。

电加热法养护混凝土的温度见表 10-10。

电加热法养护混凝土的温度（℃）　　　　　　　　　　表 10-10

水泥强度等级	结构表面系数（m⁻¹）		
	<10	10～15	>15
32.5	70	50	45
42.5	40	40	35

注：采用红外线辐射加热时，其辐射表面温度可采用 70～90℃。

（3）暖棚法

暖棚法是在被养护结构或构件周围搭成暖棚，棚内设置热源，使混凝土在正温环境下养护至临界强度或预期强度。热源可采取生火炉、热风机及蒸汽或热水管道等。其特点及使用范围参见表 10-11。

混凝土冬期施工常用方法选择　　　　　　　　　　表 10-11

施 工 方 法		施 工 方 法 的 特 点	适 用 条 件
养护期间不加热的方法	蓄热法	（1）原材料加热 （2）混凝土表面用塑料薄膜覆盖后，上铺高效保温材料进行保温蓄热，防止水分或热量散失 （3）混凝土温度降低到0℃以前要达到早期允许受冻临界强度值 （4）混凝土强度增长较慢，费用较低	（1）外界最低气温不低于—15℃ （2）表面系数 M 不大于 $5m^{-1}$ 的结构 （3）地下结构 （4）大体积混凝土结构
	综合蓄热法	（1）原材料加热 （2）混凝土中掺早强剂或早强型防冻剂 （3）混凝土表面用塑料薄膜覆盖后，铺以高效保温材料保温蓄热。防止水分和热量散失 （4）混凝土内温度降低到外加剂设计温度前要达到早期允许受冻临界强度值 （5）混凝土早期强度增长较好，费用较低	（1）室外最低气温不低于—15℃ （2）混凝土结构表面系数为 $5m^{-1}{\leqslant}M{\leqslant}15m^{-1}$ （3）围护层散热系数控制在 $50kJ/(m^3 \cdot h \cdot k)$～$200kJ/(m^3 \cdot h \cdot k)$之间
	负温养护法（防冻外加剂法）	（1）原材料加热视气温条件 （2）混凝土掺加防冻剂，亦可适当保温防护，防止失水 （3）混凝土内温度降低到防冻剂规定的设计温度前要达到早期允许受冻临界强度值 （4）混凝土强度增长慢，但费用低，方法简便	（1）自然气温不低于—25℃ （2）适用于不易保温的结构，野外裸露结构，高空框架，圈梁，且对混凝土强度增长无特别要求的结构 （3）防冻剂的品种及掺量选定根据气温及结构实际状况选用
	硫（铁）铝酸盐早强水泥混凝土	（1）原材料加热视气温条件 （2）水泥采用硫（铁）铝酸盐早强水泥，并掺用亚硝酸钠及其他专用外加剂 （3）混凝土浇筑后要用塑料薄膜覆盖防护，可适当用保温材料保温 （4）混凝土早期强度增长快，具有早强防冻性能 （5）水泥价格较贵	（1）适用于—25℃以内气温 （2）适用于梁、板、柱及预制构件接头的现浇混凝土 （3）抢修、抢建工程 （4）使用条件处于80℃以上及高温条件下的结构不适用

施 工 方 法		施 工 方 法 的 特 点	适 用 条 件
养护期间加热的方法	蒸气加热养护法	棚罩法： （1）构件用帆布或其他罩子做棚罩，罩内通蒸气养护混凝土 （2）设施灵活，施工简便，费用少，但蒸气量消耗大，温度不易均匀	适用于预制梁、板、柱以及地下基础，沟道等
		蒸气套法： （1）在构件模板外面做一密闭保温外套，往空腔内分段送蒸气养护混凝土 （2）温度能适当控制，加热效果取决于保温构造 （3）设施较复杂，费用较高	适用于梁、柱、板、墙、框架等
		热模板法： （1）在钢模板外面配置蒸气管，管内通蒸气加热钢模板养护混凝土 （2）养护时间短，加热均匀，温度易控制 （3）设备费用耗资较大	适用于柱、墙及框架结构
		内部通气法： （1）在结构构件内部预埋钢管或预留孔道，通以蒸气加热养护混凝土 （2）节省蒸气，费用较低，加热较快但温度不均匀 （3）入汽端易过热注意处理冷凝水	适于预制梁、柱、桁架，以及现浇的梁、柱、框架单梁
	暖棚法	（1）在结构周围增设暖棚，设热源使棚内保持正温 （2）封闭已施工完的外部围护结构，室内设热源使室内保持正温来养护混凝土 （3）原材料是否要加热视气温条件而定 （4）施工费用高	（1）适用于各种气温条件 （2）适用于工程比较集中的结构 （3）适用于地下结构 （4）适用于有外围护结构的工程
	电加热法	电极加热法： （1）以钢筋做电极埋入混凝土中通电加热养护混凝土 （2）方法简单，加热效率高 （3）温度分布不均电极附近易出现过热现象 （4）混凝土强度只能加热达50％的强度标准值	（1）适用于各种温度条件 （2）适用于少筋或无筋混凝土构件，如梁、柱、基础
		电热毯法： （1）以工业用电热毯覆盖混凝土构件表面，通电加热养护混凝土 （2）方法简单，加热均匀，效果好 （3）电热毯可重复利用，经济效果好	（1）适用于各种温度条件 （2）适用于板类结构，亦可用单梁、柱等构件
		工频涡流法： （1）采用涡流模板，通以交流电，使模板发热养护混凝土 （2）加热温度均匀，温度可控制，加热效率高 （3）制做涡流模板费钢材，一次投资大，但模板可重复利用	（1）适用于各种温度条件 （2）适用于梁、板、柱，大型墙板等结构 （3）亦适用现浇的梁、柱接头混凝土养护

施 工 方 法		施 工 方 法 的 特 点	适 用 条 件
养护期间加热的方法	电加热法	线圈感应法： （1）在构件钢模板外面用导线缠绕成线圈通电加热钢模板及混凝土构件内部的钢筋来养护混凝土 （2）方法简单，缠绕线圈的导线可重复利用 （3）加热时间及温度视构件体积及内部配筋多少来控制	（1）适用于−20℃以内温度 （2）适于配筋较多的梁、柱类构件，亦适用于现浇配筋较多的混凝土构件接头养护 （3）可用于钢板预热及受冻构件解冻
		电热红外线加热器法： （1）利用红外线加热器通电后，产生辐射热对混凝土进行加热养护 （2）加热器种类选择可根据构件类型选用 （3）加热温度均匀否，根据加热器布置具体情况而定 （4）方法简便、费用相对较高	（1）适用于−20℃以内的温度 （2）适用于板类薄壁构件，以及接头现浇混凝土 （3）用于梁、柱类构件要四面加热效果较好

暖棚法施工时，棚内各测点温度不得低于 5℃，并应设专人检测混凝土及棚内温度。暖棚内测温点应选择具有代表性位置进行布置，在离地面 50cm 高度处必须设点，每昼夜测温不应少于 4 次。养护期间应测量棚内湿度，混凝土不得有失水现象。当有失水现象时，应及时采取增湿措施或在混凝土表面洒水养护。

混凝土工程冬期施工各种养护方法的特点及适用范围列于表 10-11。

10.4.5 混凝土强度的测算

混凝土工程冬期施工中，往往需要掌握混凝土在不同阶段所能达到的强度值。最直接的办法就是通过留置同条件养护的试块，试压后便可确定。实际工程中，试块留置组数往往有限，而且施工人员掌握的仅是试压时刻的强度。另外，也可根据混凝土正温养护时间和在该时间内测得的平均温度值，利用温度、龄期对混凝土强度影响曲线查得。按这种方法估算，会由于采用的是平均温度且混凝土配合比有差异等因素带来较大误差。按热工计算方法，实际养护温度与计算温度也有出入。成熟度方法可以很方便地对混凝土早期强度进行预测，掌握混凝土强度增长情况，判定冬期施工方案的合理性。

所谓混凝土的成熟度是指养护温度和相应时间的乘积。其原理就是：相同配合比的混凝土，在不同的温度和时间下养护，当成熟度相等时，强度大致相同。

成熟度法的适用范围及条件：

（1）适用于不掺外加剂在 50℃ 以下正温养护和掺外加剂在 30℃ 以下养护的混凝土，亦可用于掺防冻剂负温养护法施工的混凝土。

（2）此法适用于预估混凝土强度标准值 60% 以内的强度值。

（3）使用本法预估混凝土强度，需用实际工程使用的混凝土原材料和配合比，制做不少于 5 组混凝土立方体标准试件在标准条件下养护，得出 1d、2d、3d、7d、28d 强度值。

（4）使用本法需取得现场养护混凝土的温度实测资料（温度、时间）。

1. 计算法步骤

（1）用标准养护试件的各龄期强度数据，经回归分析拟合成曲线方程，即：

$$f = a \cdot e^{-\frac{b}{D}}$$
(10-3)

式中　f——混凝土立方体抗压强度，N/mm^2；

　　　D——混凝土养护龄期，d；

　a、b——参数，根据试件各龄期强度数据回归分析确定。

（2）根据现场的实测混凝土养护温度资料，计算混凝土已达到的等效龄期（相当于20℃标准养护的时间）。

$$t = \Sigma(\alpha_T \cdot t_T) \tag{10-4}$$

式中　t——等效龄期，h；

　　　α_T——温度为 T℃的等效系数，见表10-12；

　　　t_T——温度为 T℃的持续时间，h。

温度 T 与等效系数 α_T 表 表 10-12

温度 T（℃）	等效系数（α_T）	温度 T（℃）	等效系数（α_T）	温度 T（℃）	等效系数（α_T）
50	3.16	28	1.45	6	0.43
49	3.07	27	1.39	5	0.40
48	2.97	26	1.33	4	0.37
47	2.88	25	1.27	3	0.35
46	2.80	24	1.22	2	0.32
45	2.71	23	1.16	1	0.30
44	2.62	22	1.11	0	0.27
43	2.54	21	1.05	−1	0.25
42	2.46	20	1.00	−2	0.23
41	2.38	19	0.95	−3	0.21
40	2.30	18	0.91	−4	0.20
39	2.22	17	0.86	−5	0.18
38	2.14	16	0.81	−6	0.16
37	2.07	15	0.77	−7	0.15
36	1.99	14	0.73	−8	0.14
35	1.92	13	0.68	−9	0.13
34	1.85	12	0.64	−10	0.12
33	1.78	11	0.61	−11	0.11
32	1.71	10	0.57	−12	0.11
31	1.65	9	0.53	−13	0.10
30	1.58	8	0.50	−14	0.10
29	1.52	7	0.46	−15	0.09

（3）以等效龄期 t 作为 D 代入式（10-3）可算出强度。

2. 图解法步骤

（1）根据标准养护试件各龄期强度数据，在坐标纸上画出龄期——强度曲线；

（2）根据现场实测的混凝土养护温度资料，计算混凝土达到的等效龄期；

（3）根据等效龄期数值，在龄期——强度曲线上查出相应强度值即为所求。

3. 当采用蓄热法或综合蓄热法养护时，亦可按如下步骤求算混凝土强度：

（1）用标准养护试件各龄期强度数据，经回归分析拟合成成熟度——强度曲线方程，即：

$$f = a \cdot e^{-\frac{b}{M}} \tag{10-5}$$

式中　f——混凝土抗压强度，N/mm²；

　　a、b——参数；

　　M——混凝土养护的成熟度，℃·h，按下式计算：

$$M = \Sigma(T + 15) \cdot \Delta t \tag{10-6}$$

式中　T——在时间段 Δt 内混凝土平均温度，℃；

　　Δt——温度为 T 的持续时间，h。

（2）取成熟度 M 代入式（10-5）可算出强度 f。

（3）取强度 f 乘以综合蓄热法调整系数 0.8。

根据以上这些方法，确定混凝土达到规定拆模强度后方可拆模。对加热法施工的构件，其模板和保温层，应在混凝土冷却到 5℃后方可拆模。当混凝土和外界温差大于 20℃时，拆模后的混凝土应注意覆盖，使其缓慢冷却。

10.4.6　混凝土温度测量和质量检查

1. 混凝土的温度测量

为了保证冬期施工质量，必须对施工全过程的温度进行测量监控。室外气温及环境温度每昼夜测量不少于 4 次，此外还需测量最高、最低气温。搅拌机棚温度，水、水泥、砂、石及外加剂溶液温度，每一工作班测量不少于 4 次。混凝土出罐、浇筑、入模温度，每一工作班测量不少于 4 次。

蓄热法或综合蓄热法养护，混凝土达到受冻临界强度以前，应每隔 4～6h 测量一次。负温养护法时混凝土在达到临界强度之前，应每隔 2h 测量一次。采用加热法养护混凝土时，升温和降温阶段应每隔 1h 测量一次，恒温阶段每隔 2h 测量一次。

全部测温孔均应编号，并绘制布置图。测温孔应设在有代表性的结构部位和温度变化大易冷却的部位。测温位置应处于结构表面下 20mm 处。

常用的测温仪有温度计、温度传感器和电热偶等。测温时，测温元件应采取与外界气温隔离措施，并留置在测量孔内不少于 3min。

2. 混凝土的质量检查

除按常温施工检查相应内容外，冬期施工还应检查外加剂质量及掺量。外加剂进场后应进行抽样检验，合格后方准使用。

检查混凝土表面是否受冻、粘连、收缩裂缝，边角是否脱落，施工缝处有无受冻痕迹。

检查同条件养护试块的养护条件是否与结构实体相一致。

采用成熟度法推定混凝土强度时，应检查测温记录与计算公式要求是否相符。

采用电加热养护时，应检查供电变压器二次电压和二次电流强度，每一工作班不少于两次。

10.5 装饰工程和屋面工程的冬期施工

室内外装饰装修工程施工的环境温度不应低于5℃，当必须在低于5℃气温下施工时，应采取保证工程质量的有效措施。

10.5.1 抹灰工程冬期施工

1. 热作法施工

热作法施工是利用房屋的永久或临时热源来保持操作环境的温度，使抹灰砂浆硬化和固结。常用于室内抹灰。热源有火炉、蒸汽、远红外线加热器等。

室内抹灰以前，宜先做好屋面防水层及室内封闭保温。室内抹灰的养护温度不应低于5℃。水泥砂浆层应在潮湿的条件下养护，并应通风、换气。用冻结法砌筑的墙，室外抹灰应待其完全解冻后施工；室内抹灰应待抹灰的一面解冻深度不小于砖厚的一半时，方可施工。不得采用热水冲刷冻结的墙面或用热水消除墙面的冰霜。砂浆应在搅拌棚中集中搅拌，并应在运输中保温，要随用随拌，防止冻结。

室内抹灰工程结束后，在7d以内，应保持室内温度不低于5℃。抹灰层可采取加温措施加速干燥。当采用热空气加温时，应注意通风，排除湿气。

2. 冷作法施工

冷作法施工是在砂浆中掺入防冻剂，在不采取保温措施的情况下进行抹灰。适用于装饰要求不高、小面积的外墙抹灰工程。

抹灰基层表面当有冰、霜、雪时，可采用与抹灰砂浆同浓度的防冻剂溶液冲刷，并应清除表面的尘土。

氯化钠或亚硝酸钠掺量分别见表10-13、表10-14。含氯盐的防冻剂不得用于高压电源部位和有油漆墙面的水泥砂浆基层内。

表 10-13

砂浆内氯化钠掺量（占用水重量的%）

项　目	室外气温（℃）	
	0～－5	－5～－10
挑檐、阳台、雨罩、墙面等抹水泥砂浆	4	4～8
墙面为水刷石、干粘石水泥砂浆	5	5～10

表 10-14

砂浆内亚硝酸钠掺量（占水泥重量的%）

室外气温（℃）	0～－3	－4～－9	－10～－15	－16～－20
掺　量	1	3	5	8

10.5.2 饰面工程

冬期室内饰面工程施工可采用热空气或带烟囱的火炉取暖，并应设有通风、排湿装置。室外饰面工程宜采用暖棚法施工，棚内温度不应低于5℃，并按常温施工方法操作。

饰面板就位固定后，用1:2.5水泥砂浆灌浆，保温养护时间不少于7d。

外面饰面石材应根据当地气温条件及吸水率要求选材。采用螺栓固定的干作业法施工，锚固螺栓应做防水、防锈处理。

釉面砖及外墙面砖在冬期施工时宜在2%盐水中浸泡2h，并在晾干后方可使用。

10.5.3 油漆、刷浆、裱糊、玻璃工程

油漆、刷浆、裱糊、玻璃工程应在采暖条件下进行施工。当需要在室外施工时，其最低环境温度不应低于5℃，遇有大风、雨、雪时应停止施工。

刷调合漆时，应在其内加入调合漆重量2.5%的催干剂和5%的松香水，施工时应排除烟气和潮气，防止失光和发粘不干。

室外刷浆应保持施工均衡，粉浆类料浆宜采用热水配制，随用随配并做料浆保温，料浆使用温度宜保持在15℃左右。

裱糊工程施工时，混凝土或抹灰基层含水率不应大于8%。施工中当室内温度高于20℃，且相对湿度不大于80%时，应开窗换气，防止壁纸皱褶起泡。

玻璃工程冬期施工时，应将玻璃、镶嵌用合成橡胶等材料运到有采暖设备的室内，操作地点环境温度不应低于5℃。

外墙铝合金、塑料框、大扇玻璃不宜在冬期安装。

10.5.4 屋面工程冬期施工

冬期进行屋面防水工程施工应选择无风晴朗天气进行，并应根据使用的防水材料控制其施工气温界限，以及利用日照条件提高面层温度。在迎风面宜设置活动的挡风装置。

在施工中有交叉作业时，应做到合理安排隔气层、保温层、找平层、防水层的各工序，并宜做到连续操作。对已完成部位应及时覆盖，以免受潮、受冻。

1. 保温层施工

冬期施工采用的屋面保温材料应符合设计要求，并不得含有冰雪、冻块和杂质。干铺的保温层可在负温度下施工，采用沥青胶结的整体保温层和板状保温层应在气温不低于 −10℃时施工，采用水泥、石灰或乳化沥青胶结的整体保温层和板状保温层应在气温不低于5℃时施工。

采用水泥砂浆粘贴板状保温材料以及处理板间缝隙，可采用掺有防冻剂的保温砂浆。防冻剂掺量应通过试验确定。

雪天或五级风及以上的天气不得施工。

2. 找平层施工

水泥砂浆找平层可掺入防冻剂。掺量见表10-15。当采用氯化钠防冻剂时宜选用普通硅酸盐水泥或矿渣硅酸盐水泥，严禁使用高铝水泥。砂浆强度不应低于3.5N/mm^2，施工温度不应低于−7℃。

采用沥青砂浆作找平层时，基层应干燥、平整，不得有冰层或积雪。基层应先满涂冷底子油1~2道，待冷底子油干燥后，方可作找平层。施工时应采取分段流水作业和保温等措施。沥青砂浆施工温度应符合表10-16规定。

氯化钠掺量（占水重量%）   表 10-15

项　　目	施工时室外气温（℃）		
	0~−2	−3~−5	−6~−7
用于平面部位	2	4	6
用于檐口、天沟等部位	3	5	7

沥青砂浆施工温度（℃）			表 10-16
施工时室外气温	搅拌温度	铺设温度	滚压完毕温度
5℃以上	140～170	90～120	60
5～－10℃	160～180	110～130	40

找平层应牢固坚实、表面无凹凸、起砂、起鼓现象。如有积雪、残留冰霜、杂物等应清扫干净。

3. 防水层、隔气层施工

沥青卷材施工的环境温度不应低于5℃。当气温较低且屋面防水层采用卷材时，可采用热熔法和冷粘法施工。

热熔法施工温度不应低于－10℃，宜使用高聚物改性沥青防水卷材。涂刷基层处理剂宜使用快挥发的溶剂配制，涂刷后应干燥10h及以上，干燥后应及时铺贴。卷材搭接缝的边缘以及末端收头部位应以密封材料嵌缝处理，必要时也可在经过密封处理的末端收头处再用掺防冻剂的水泥砂浆压缝处理。

冷粘法施工温度不宜低于－5℃，宜使用合成高分子防水卷材。涂布基层处理时应将聚氨酯涂膜防水材料的甲料：乙料：二甲苯按1∶1.5∶3的比例配合搅拌均匀，涂在基层表面上，干燥时间不应少于10h。采用聚氨酯涂料做附加层处理时，甲料：乙料按1∶1.5的比例，厚度不小于1.5mm，并应在固化36h以后，方能进行下一工序施工。铺贴立面或大坡面合成高分子防水卷材宜用满粘法。接缝采用配套的按缝胶粘剂，接缝口应用密封材料封严，其宽度不应小于10mm。

当采用涂料做防水层时应使用溶剂型涂料，施工环境温度不应低于－5℃，在雨、雪天、五级风及以上时不得施工。涂料贮运环境温度不宜低于0℃，并应避免碰撞，保管环境应干燥、通风并远离火源。基层处理剂可选用有机溶剂稀释而成，充分搅拌，涂刷均匀，干燥后方可进行涂膜施工。涂膜防水层应由两层以上涂层组成，总厚度应达到设计要求，其成膜厚度不应小于2mm。施工时可采用涂刮或喷涂。当涂刮施工时，每遍涂刮的推进方向宜与前一遍互相垂直，并在前一遍涂料干燥后，方可进行后一遍涂料施工。在涂层中夹铺胎体增强材料时，位于胎体下面的涂层厚度不应小于1mm，最上层的涂料层不应少于两遍。

隔气层可采用气密性好的单层卷材或防水涂料。用卷材时可采用花铺法施工，卷材搭接宽度不应小于80mm。采用防水涂料时，宜选用溶剂型涂料。隔气层施工的温度不应低于－5℃。

10.6 雨 期 施 工

雨季施工时，施工现场重点应解决好地面截水和排水问题。地面截水是在施工现场的上游设截水沟，阻止场外水流入施工现场。地面排水是在施工现场内合理规划排水系统，并修建排水沟，使雨水按要求排至场外。

10.6.1 土方和基础工程

大量的土方开挖和回填工程应在雨期来临前完成。如必须在雨期施工的土方开挖工程，其工作面不宜过大，应逐级逐片的分期完成。开挖场地应设一定的排水坡度，场地内不能积水。

基槽（坑）或管沟开挖时，应注意边坡稳定。必要时可适当放缓边坡坡度或设置支撑。施工时要加强对边坡和支撑的检查。对可能被雨水冲塌的边坡，可在边坡上挂钢丝网片，外抹 50mm 厚的细石混凝土，为了防止雨水对基坑浸泡，开挖时要在坑内设排水沟和集水井；当挖至基础标高后，应及时组织验收并浇筑混凝土垫层。

填方工程施工时，取土、运土、铺填、压实等各道工序应连续进行，雨前应及时压完已填土层，将表面压光并做成一定的排水坡度。

对处于地下的水池或地下室工程，要防止水对建筑的浮力大于建筑物自重时造成地下室或水池上浮。基础施工完毕，应抓紧坑四周的回填工作。当遇上大雨，水泵不能及时有效地降低积水高度时，应迅速将积水灌回箱形基础之内，以增加基础的抗浮能力。

10.6.2 砌体工程

（1）砖在雨期必须集中堆放，不宜浇水。砌墙时要求干湿砖块合理搭配。砖湿度较大时不可上墙。砌筑高度不宜超过 1.2m。

（2）雨期遇大雨必须停工。砌体停工时应在砖墙顶盖一层干砖，避免大雨冲刷灰浆。大雨过后受雨冲刷过的新砌墙体应翻砌最上面两皮砖。

（3）稳定性较差的窗间墙、独立砖柱，应加设临时支撑或及时浇筑圈梁，以增加墙体稳定性。

（4）砌体施工时，内外墙要尽量同时砌筑，并注意转角及丁字墙间的搭接。遇台风时，应在与风向相反的方向加临时支撑，以保持墙体的稳定。

（5）雨后继续施工，须复核已完工砌体的垂直度和标高。

10.6.3 混凝土工程

（1）模板隔离层在涂刷前要及时掌握天气预报，以防隔离层被雨水冲掉。

（2）遇到大雨应停止浇筑混凝土，已浇部位应加以覆盖。浇筑混凝土时应根据结构情况和可能，多考虑几道施工缝的留设位置。

（3）雨期施工时，应加强对混凝土粗细骨料含水量的测定，及时调整混凝土的施工配合比。

（4）大面积的混凝土浇筑前，要了解 2~3d 的天气预报，尽量避开大雨。混凝土浇筑现场要预备大量防雨材料，以备浇筑时突然遇雨进行覆盖。

（5）模板支撑下部回填土要夯实，并加好垫板，雨后及时检查有无下沉。

10.6.4 吊装工程

（1）构件堆放地点要平整坚实，周围要做好排水工作，严禁构件堆放区积水、浸泡，防止泥土粘到预埋件上。

（2）塔式起重机路基，必须高出自然地面 15cm，严禁雨水浸泡路基。

（3）雨后吊装时，要先做试吊，将构件吊至 1m 左右，往返上下数次稳定后再进行吊装工作。

10.6.5 屋面工程

（1）卷材层面应尽量在雨季前施工，并同时安装屋面的落水管。

（2）雨天严禁进行油毡屋面施工，油毡、保温材料不准淋雨。

（3）雨天屋面工程宜采用"湿铺法"施工工艺，"湿铺法"就是在"潮湿"基层上铺贴卷材，先喷刷1～2道冷底子油，喷刷工作宜在水泥砂浆凝结初期进行操作，以防基层浸水。如基层浸水，应在基层面干燥后方可铺贴油毡，如基层潮湿且干燥有困难时，可采用排气屋面。

10.6.6 抹灰工程

（1）雨天不准进行室外抹灰，至少应能预计1～2d的大气变化情况。对已经施工的墙面，应注意防止雨水污染。

（2）室内抹灰尽量在做完屋面后进行，至少做完屋面找平层，并铺一层油毡。

（3）雨天不宜作罩面油漆。

10.7 冬期与雨期施工的安全技术

冬期的风雪冰冻，雨期的风雨潮汛，给建筑施工带来了一定的困难，影响和阻碍了正常的施工活动。为此必须采取切实可行的防范措施，以确保施工安全。

10.7.1 冬期施工的安全技术

冬期施工主要应做好防火、防寒、防毒、防滑、防爆等工作。

（1）冬期施工前各类脚手架要加固，要加设防滑设施，及时清除积雪。

（2）易燃材料必须经常注意清理，必须保证消防水源的供应，保证消防道路的畅通。

（3）严寒时节，施工现场应根据实际需要和规定配设挡风设备。

（4）要防止一氧化碳中毒，防止锅炉爆炸。

10.7.2 雨期施工的安全技术

雨期施工主要应做好防雨、防风、防雷、防电、防汛等工作。

（1）基础工程应开设排水沟、基槽、坑沟等，雨后积水应设置防护栏或警告标志，超过1m的基槽、井坑应设支撑。

（2）一切机械设备应设置在地势较高、防潮避雨的地方，要搭设防雨棚。机械设备的电源线路绝缘要良好，要有完善的保护接零装置。

（3）脚手架要经常检查，发现问题要及时处理或更换加固。

（4）所有机械棚要搭设牢固，防止倒塌漏雨。机电设备采取防雨、防淹措施，并安装接地安全装置。机械电闸箱的漏电保护装置要可靠。

（5）雨期为防止雷电袭击造成事故，在施工现场高出建筑物的塔吊、人货电梯、钢脚手架等必须装设防雷装置。

施工现场的防雷装置一般是由避雷针、接地线和接地体三个部分组成。

1）避雷针应安装在高出建筑的塔吊、人货电梯、钢脚手架的最高顶端上。

2）接地线可用截面积不小于16mm² 的铝导线，或用截面不小于12mm² 的铜导线，也可用直径不小于8mm 的圆钢。

3）接地体有棒形和带形两种。棒形接地体一般采用长度1.5m、壁厚不小于2.5mm的钢管或5mm×50mm的角钢。将其一端打尖并垂直打入地下，其顶端离地平面不小于50cm。带形接地体可采用截面积不小于50mm²，长度不小于3m的扁钢，平卧于地下500mm处。

（6）防雷装置的避雷针、接地线和接地体必须焊接（双面焊），焊缝长度应为圆钢直径的 6 倍或扁钢厚度的 2 倍以上，电阻不宜超过 10Ω。

复 习 思 考 题

10-1　冬期施工和雨期施工应遵守哪些原则？

10-2　试述地基土保温防冻的方法。

10-3　地基土的冻胀性是如何分类的？

10-4　外加剂法施工中应注意哪些问题？

10-5　冻结法施工中应注意哪些问题？

10-6　何谓混凝土冬期施工的临界强度？

10-7　混凝土冬期施工的主要方法有哪些？其特点是什么？

10-8　混凝土冬期施工工艺有何特殊要求？

10-9　什么是综合蓄热法？适用于什么情况？

10-10　混凝土冬期施工中，常用的外加剂有哪些？其作用是什么？

10-11　何谓混凝土的成熟度？

10-12　冬雨期回填土施工要注意哪些问题？

10-13　雨期施工的特点是什么？

10-14　各分项工程雨期施工有什么要求？

10-15　冬雨期施工安全技术要注意哪几个方面？

实 训 题

我国北方某城市，钢筋混凝土框剪结构工程正处冬期施工，该工程带有一层地下室，其基础设计为"钢筋混凝土桩＋筏板"的复合基础。目前桩基已施工完成，冬休前将继续完成基础筏板和地下一层墙、柱、梁、板（均为现浇钢筋混凝土构件）等地下结构部分施工。根据施工进度安排和当地气象资料预测，当地下结构全部完成时，室外最低气温将达到－16℃。阐述该工程地下结构部分的钢筋混凝土工程施工可以采取的方法和措施？

参 考 文 献

1　土方及爆破工程施工及验收规范（GB 50201—2012），北京：中国建筑工业出版社，2012

2　建筑地基基础工程施工质量验收规范（GB 50202—2002），北京：中国计划出版社，2002

3　建筑地基基础工程施工规范（GB 51004—2015），北京：中国计划出版社，2015

4　砌体结构工程施工质量验收规范（GB 50203—2011），北京：中国建筑工业出版社，2011

5　砌体结构工程施工规范（GB 50924—2014），北京：中国建筑工业出版社，2014

6　组合钢模板技术规范（GB 50214—2013），北京：中国计划出版社，2013

7　钢筋机械连接技术规程（JGJ 107—2016），北京：中国建筑工业出版社，2016

8　混凝土结构工程施工质量验收规范（GB 50204—2015），北京：中国建筑工业出版社，2014

9　外墙外保温工程技术规程（JGJ 144—2004），北京：中国建筑工业出版社，2005

10　外墙内保温工程技术规程（JGJ/T 261—2011），北京：中国建筑工业出版社，2011

11　建筑节能工程施工质量验收规范（GB 50411—2007），北京：中国建筑工业出版社，2007

12　钢结构工程施工质量验收规范（GB 50205—2001），北京：中国建筑工业出版社，2001

13　钢结构工程施工规范（GB 50755—2012），北京：中国建筑工业出版社，2012

14　建筑工程冬期施工规程（JGJ/T 104—2011），北京：中国建筑工业出版社，2011

15　李顺秋. 建筑施工技术与机械，北京：中国建筑工业出版社，2003

16　李顺秋. 钢结构制造与安装，北京：中国建筑工业出版社，2005

17　姚谨英. 建筑施工技术（第四版），北京：中国建筑工业出版社，2012

18　吴洁，杨天春. 建筑施工技术，北京：中国建筑工业出版社，2009

19　王万德，刘丽，李玉甫. 建筑施工技术，北京：西安交通大学出版社，2012

20　王春琢. 施工机械基础知识，北京：中国建筑工业出版社，2016